행복한 삶을 위한

가족의
이해

행복한 삶을 위한

가족의 이해

전보영, 빈보경, 최여진 지음

교문사

'소확행'
일상에서 느낄 수 있는 작지만 확실하게 실현 가능한 행복
또는 그러한 행복을 추구하는 삶의 경향

우리의 삶에서 언제부터인가 '소확행'이라는 말이 자리 잡기 시작했다. 소확행을 바란다는 것은 아마도 일상의 행복을 꿈꾼다는 것을 의미하지 않을까? 눈에 띌만한 대단한 성과가 있거나 특별히 기쁜 일이 생기면 좋겠지만 그렇지 않더라도 자신에 대한 만족감, 가까운 사람과 좋은 관계를 유지할 때, '아, 이게 행복이구나'라고 느낄 것이다.

지난 10년간 강의와 상담을 통해 청년들을 만나면서 많은 사람들이 가족과 원만하지 않은 관계로 인해 일상의 행복을 잃어버리거나 자아존중감이 떨어지는 것을 보았다. 가족과 좋은 관계를 유지하는 것은 그리 쉬운 일은 아니지만 불가능한 일도 아니다. 이것은 자기 자신과 가족에 대한 깊은 이해를 통해서 가능하다. 이를 통해 우리는 실현 가능한 일상의 행복을 선물 받을 것이다. 저자들은 이 책을 읽는 독자들이 가족에 대한 인지적인 깨달음, 가족에 대한 소중함을 느끼는 감정적인 깨달음을 통해 조금이나마 행복해지길 바라는 마음에서 집필을 시작했다.

개인은 가족에 포함되어 있고, 가족은 사회에 포함되어 있다. 이런 맥락으로 이 책에서는 개인, 가족, 사회의 전반적인 이해를 돕고자 한다. 그중에서 핵심은 가족에 대한 이해이다. 자기 이해, 사랑, 결혼과 다양한 선택, 가족 안의 상호작용 등 미래 삶을 준비하는 사람을 위해 필요한 기본 지식으로 채워져 있다. 따라서 본 책은 대학의 교양과정 과목인 '결혼과 가족', '사랑과 가족', '가족의 이해', '행복한 가족 만들기' 등 다양한 과목에서 활용 가능하며, 가족을 깊이 있게 이해하고 싶은 성인들에게도 큰 도움이 될 것이다.

이 책은 총 13장으로 구성되어 있다. 1장과 13장은 현대사회의 가족을 이해하기 위해, 2장과 3장은 자신에 대한 깊은 이해를 돕기 위해 집필하였다. 4~7장은 사랑과 성, 이성교제, 배우자 선택, 결혼과 다양한 선택이라는 주제로 관계맺기와 일생의 중요한 과업 선택에 도움이 되는 내용으로 구성되었고, 8~12장은 가족학 이론을 바탕으로 가족 안에서 이루어지는 다양한 상호작용에 관한 내용을 담았다.

또한 이 책에는 함께하기, 탐색하기, 관심갖기, 나아가기 4가지 특별한 내용이 있다. 함께하기는 독자들이 각 질문에 답해봄으로써 더 깊은 이해와 성찰을 돕기 위해 구성하였고, 탐색하기는 자신과 가족에 대한 이해를 돕기 위해 제작된 다양한 검사도구를 제시하였다. 관심갖기는 본문에서 다루는 주제를 소재로 한 영화 및 기사를 소개하였고, 나아가기는 본문에 넣지 못한 심도 깊은 내용과 연관된 최신 변화들을 제시하였다. 위 4가지를 잘 활용해 보기를 바란다.

가족에 대한 깊은 애정을 가지고 있는 뼛속까지 가족학자인 집필진들이 바쁜 생활 가운데 시간을 쪼개어 집필에 몰두했다. 모쪼록 이 결과물을 통해 독자들이 단 1%라도 행복을 더 느낄 수 있길 바란다.

마지막으로 어려운 상황속에서 기꺼이 출판을 맡아 준 교문사 류제동, 류원식 공동대표님, 정용섭 팀장님, 김경수 팀장님 및 편집부 선생님들께 감사의 마음을 전한다.

2022년 2월
집필진 일동

CONTENTS

01

현대사회의 가족

가정에서 마음이 평화로우면 어느 마을에 가서도 축제처럼 즐거운 일들을 발견한다.

인도 속담

현대사회는 그 어떤 시대보다 빠르게 변화하고 있다. 그 변화의 흐름 속에서 가족도 변화하고 있다. 사회가 변화해서 가족이 변한 것인지, 가족이 변화해서 사회가 변화한 것인지는 정확히 알 수 없다. 하지만 확실한 것은 사회의 변화는 분명히 가족에 영향을 끼치고, 가족의 변화 역시 사회에 영향을 끼친다. 이러한 맥락에서 우리는 가족을 잘 이해하기 위해서 사회를 잘 이해할 필요가 있다. 개인은 가족에게 속해 있고, 가족은 사회를 이루는 기본 구성 단위(건강가정기본법 제3조)이다. 개인과 가족을 이해하기 위해서 우리가 살고 있는 현대사회의 변화를 이해해 보자.

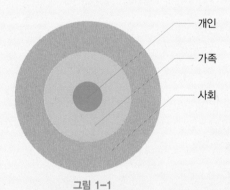

그림 1-1
개인, 가족, 사회의 관계
출처 : 본문의 내용을 그림으로 재구성

1장에서는 가족구조, 가족기능, 가족가치관의 변화를 중심으로 살펴보도록 하겠다. 이를 통해 현대사회의 가족에 대해 이해할 수 있는 계기가 되기를 바란다.

1. 가족구조의 변화

현대사회 가족의 모습에서 가장 눈에 띄는 변화는 무엇일까? 2020년 〈인구주택총조사〉 결과를 바탕으로 현대 가족의 변화를 살펴보도록 하겠다. 이 통계는 가구를 중심으로 다루기 때문에 실제 가족의 모습과는 다소 차이가 있을 수 있다.*
현대사회 가족의 모습을 가구 규모의 축소, 저출산·고령화, 가족유형의 다양화를 통해서 살펴보겠다.

1) 가구 규모의 축소

우리나라의 총 가구수는 2,148만 가구이다. 일반 가구**는 1인 가구 31.7%, 2인 가구 28.0%로 1인 가구가 가장 많고 1인 또는 2인 가구가 59.8%를 차지하고 있다(통계청, 2021). 장래 가구 추계(통계청, 2019)를 살펴보면 1인 가구와 2인 가구는 점차 늘어나고, 3인 이상의 가구는 점차 줄어들 것으로 예상한다(그림 1-2).

가구 규모의 축소에서 가장 눈에 띄는 것은 1인 가구의 증가이다. 2000년에는 1인 가구가 전체 가구의 15.5%에 불과하였으나, 20년 만에 2배 이상으로 증가하였으며, 현재는 가장 많은 가구를 차지하고 있다(그림 1-3). 그뿐만 아니라 1인

---

* 가족은 혈연·혼인·입양으로 연결된 일정 범위의 사람들로 구성된 집단이고, 가구는 1인 또는 2인 이상이 모여서 취사, 취침 등 생계를 같이 하는 생활 단위(통계청, 2021)이므로 가족과 가구의 구성원은 일치할 수도 있고, 불일치할 수도 있다. 하지만 가족만을 대상으로 한 통계 조사는 미비하므로 가구에 관한 조사를 통해서 가족의 모습을 보고자 한다. 가족과 관련한 다양한 용어는 8장에서 설명하고 있다.

** 일반 가구는 가족으로 이루어진 가족 또는 5인 이하 가구를 의미한다(통계청, 2021).

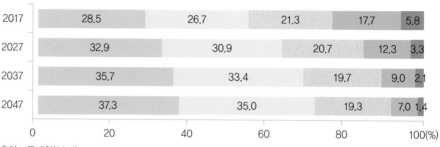

| | 1인 | 2인 | 3인 | 4인 | 5인 이상 |

2017	28.5	26.7	21.3	17.7	5.8
2027	32.9	30.9	20.7	12.3	3.3
2037	35.7	33.4	19.7	9.0	2.1
2047	37.3	35.0	19.3	7.0	1.4

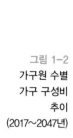

그림 1-2
가구원 수별
가구 구성비
추이
(2017~2047년)

출처 : 통계청(2019).

가구는 향후 한국의 인구 감소 예상 시점(2029년) 이후에도 계속 증가할 것으로 예측된다(정인·오상엽, 2020). 과거에는 1인 가구를 '비-가족생활(non-family living)', '가족이 아닌 가족(non-familial families)' 혹은 '탈가족적 가족(post-familial families)' 등으로 불렀다(Chandler et al., 2004). 하지만 이제는 1인 가구를 하나의 가족, 하나의 삶의 형태로 인정해야 하는 것과 더불어 현대 한국 사회의 주도적인 변화를 이끌고 있는 핵심적인 주체로 바라봐야 한다.

평균 가구원 수도 줄었다. 1980년 4.54명, 1990년 3.71명, 2000년 3.12명, 2010년 2.69명, 2020년에는 2.34명으로 점차 눈에 띄게 줄어들고 있음을 확인할 수 있다(그림 1-4). 가구 규모의 축소는 많은 것을 변화시켰다. 거주 공간과 가전 제품의 변화부터 음식 재료의 소포장, 완전 조리된 식품의 판매에 이르기까지 삶의 크고 작은 부분이 변화했다.

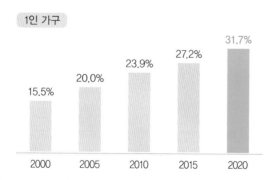

1인 가구

| 2000 | 2005 | 2010 | 2015 | 2020 |
| 15.5% | 20.0% | 23.9% | 27.2% | 31.7% |

그림 1-3
1인 가구
변화 추이
(2000~2020년)

출처 : 통계청(2020).

행복한 삶을 위한 가족의 이해

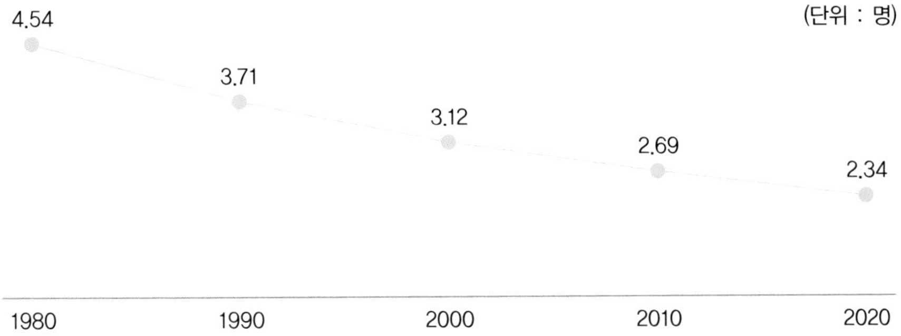

4.54

3.71

3.12

2.69

2.34

그림 1-4
**평균 가구원 수
변화 추이
(1980~2020년)**

| 1980 | 1990 | 2000 | 2010 | 2020 |

출처 : 통계청(2021).

저출산·고령화로 교육비 뚝, 의료비 쑥…'나홀로족' 늘며 식료품비 반토막

최근 소비자의 지갑은 의료나 외식할 때 주로 열린다. 반면 가계 지출의 1순위 항목이었던 식료품이나 교육비 지출은 점점 줄고 있다. 저출산·인구 고령화가 소비 트렌드를 바꾸고 있다. 17일 KEB하나금융경영연구소가 공공 데이터 분석을 통해 이런 내용이 담긴 '국내 인구 구조 변화에 따른 소비 트렌드 변화' 보고서를 발표했다.

보고서에 따르면 가구의 교육비 부담은 1990년 8.2%에서 2009년 13.8%까지 줄곧 늘어났다. 이후 저출산과 평균 가구원 수 감소가 변곡점이 됐다. 교육비 지출은 내림세로 돌아서 지난해 7.2%로 쪼그라들었다.

… 중략 …

1인 가구의 등장은 유통업계의 소비 흐름을 확 바꾸고 있다. 홀로 사는 이들은 집에서 번거롭게 요리를 하기보다 '외식'을 선호하기 때문이다. 현재 가구 소비의 지출 항목에서 식료품(비주류 음료 포함)이 차지하는 비중은 14%로 1990년(26.6%) 대비 절반 수준이다.

특히 '혼밥족(혼자 밥 먹는 사람)' 문화를 이끄는 20·30대 가구주의 감소폭은 같은 기간 17%로 가장 컸다. 식료품 지출을 줄인 대신 외식(숙박 포함) 씀씀이는 8.2%에서 14%로 늘었다.

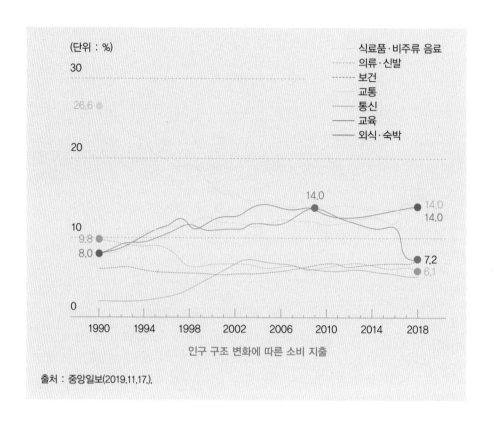

(단위 : %)

식료품·비주류 음료
의류·신발
보건
교통
통신
교육
외식·숙박

인구 구조 변화에 따른 소비 지출

출처 : 중앙일보(2019.11.17.).

2) 저출산 · 고령화

우리나라는 세계에서 유례를 찾아볼 수 없을 정도로 출산율이 급락하고, 고령화
가 가장 빠르게 진행되는 나라이다. 사실 저출산과 고령화 중 하나라도 빠르게
변화하면 이를 대처하는 것도 쉽지 않은데, 이 두 가지의 현상이 동시에 빠르게
진행되고 있어서 그 어려움이 배가 되고 있다. 우리나라는 저출산과 고령화로 인
해 생산 인구 감소, 국가 경제력 하락, 인구 절벽 등 심각한 사회적 어려움을 경험
할 것으로 예측된다.

행복한 삶을 위한 가족의 이해

(1) 저출산

현대 한국 사회의 가장 큰 화두 중 하나는 '저출산*'일 것이다. 우리 사회는 2013
년부터 '초저출산**' 현상이 지속되고 있다. 2018년에는 처음으로 합계출산율***이
0.98명으로 1명 미만으로 떨어진 뒤, 2020년에는 0.84명을 기록했다(그림 1-5).

OECD(Organization for Economic Cooperation and Development, 2019)
에 따르면, 38개국 회원국 중 합계출산율이 0명대인 나라는 우리나라가 유일하
다. 이는 미국 1.73명, 영국 1.68명, 일본 1.42명 등 주요 선진국의 합계출산율과
비교해도 현저히 낮은 수준이다(한겨레신문, 2021.08.25.). 또한 출산 여성의 첫째
아 출산 연령도 한국은 32.2세(2019년 기준)로 회원국 가운데 가장 높았다.

정부는 저출산의 원인을 사회경제적 요인, 문화·가치관 측면, 인구학적 경로 세
가지로 분석하였다(대한민국 정부, 2020). 사회경제적 요인으로는 첫째, 노동 시
장 격차와 불안정 고용 증가이다. 정규직과 비정규직, 대기업과 중소기업 등 고용
형태·기업 규모·직종에 따른 임금 격차, 고용 안정성 차이 등 노동 시장의 이중
구조가 심화되고 있으며, 특히 청년층이 선호하는 일자리(대기업, 공공 부문 정규
직 등)는 전체 일자리의 20%의 수준에 불과하다. 불안정한 고용, 낮은 임금 수준
등으로 인한 소득 불안은 혼인 시기의 지연, 출산의 연기·포기 요인으로 작용하

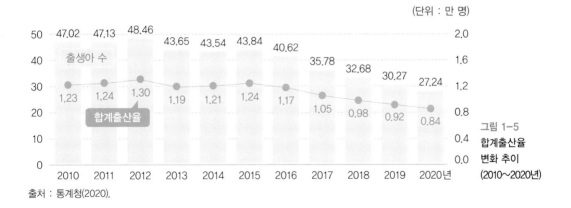

(단위 : 만 명)

출처 : 통계청(2020).

그림 1-5
**합계출산율
변화 추이
(2010~2020년)**

---

* 저출산(低出産)은 합계출산율이 인구 대체가 가능한 수준(평균 2.1명)을 밑돌게 되는 현상을 의미한다.

** 초저출산은 출산율이 1.3 미만인 국가를 의미한다.

*** 한 여성이 가임 기간(15~49세)에 낳을 것으로 기대되는 평균 출생아 수를 의미한다.

고 있다.

둘째, 교육에서의 경쟁 심화와 결혼·출산을 가로막는 주택 가격이다. 노동 시장에서의 격차는 취업 경쟁과 함께 교육 경쟁 격화를 초래하여 비혼·만혼 요인으로 작용하였고, 주택 가격의 가파른 상승(2000년 이후 2배 이상 상승)은 주거 비용을 높이고 소비 지출 여력을 감소시키는 요인으로 작용하였다. 이러한 주택 가격의 상승은 미혼 인구의 결혼을 어렵게 하고, 무주택자의 출산율을 낮추는 것으로 조사되었다.

셋째, 성차별적 노동 시장과 돌봄 공백을 저출산의 원인으로 꼽았다. 성별 고용률 격차 17.9%, 출산·양육기(35~39세) 격차 31.2%(통계청, 2019), 성별 임금 격차는 34.1%로 OECD 국가 중 최고 수준(OECD, 2018)이다. 또한 비정규직 중 여성 비율 55.1%, 최저 임금 미만 노동자 중 여성비율 62%, 시간 노동자 중 여성 비율 73.9%(통계청, 2019)으로 나타났다. 그뿐만 아니라 일·가정 양립 면에서도 여성의 어려움을 확인할 수 있다. 맞벌이 부부, 주중 가사·육아 시간은 아내 181.7분, 남편 32.2분(보건사회연구원, 2019)으로 약 5.6배 이상 차이가 난 것으로 확인된다. 여성은 노동자로서 생존을 위해 결혼·출산을 기피하거나, 출산·육아 여건을 감안하여 출산 후 노동 시장에서 이탈(경력 단절)하는 상황에 직면한 것으로 보인다. 물론, 맞벌이 가구 증가 등 돌봄 수요 증가로 돌봄 인프라가 확대되었다. 그러나 고용 친화적이지 못한 시스템으로 인해 여전히 돌봄 공백이 존재하고, 국공립 어린이집·유치원 서비스 질에 대한 신뢰 부족, 초등 저학년 대상 교육 및 돌봄은 수요 대비 공급 부족 현상으로 나타나고 있다. 결과적으로, 일하는 부모는 출산 후 마음놓고 장시간 아이를 맡길 곳이 없는 상황에서 직장에 복귀하지 못하게 될 가능성 남아 있다.

문화·가치관 측면에서 저출산 요인으로는 첫째, 전통적·경직된 가족 규범 및 제도의 지속으로 인해 혼인율의 감소와 함께 혼인·가족에 대한 관념의 변화, 가족 구성의 변화가 빠르게 진행되고 있다. 하지만 현재 가족 관련 법률·복지 제도

---

* OECD 국가의 성별 임금 격차는 평균 12.9%이다.

는 '법률혼 중심 정상 가족'을 근간으로 하며, 다양한 가족과 아동에 대한 포용과 존중이 부족하다. 둘째, 청년층의 인식과 태도 변화를 살펴볼 수 있다. 여성 인적 자본 수준 증가와 성역할 변화, 불안정 고용 증가 등 사회 변화에 따라 여성과 남성 모두 노동이 필연적인 사회로 전환되면서 "남녀 모두 일해야 한다"는 인식이 일반화되고 남녀 모두 '노동 중심 생애'를 중요하게 고려하고 있다. 하지만 양육과 돌봄은 여전히 여성의 몫이라는 '일·지향 보수주의'** 등 출산과 맞벌이 양립이 어려워 남녀 모두 결혼·출산 기피라는 결과가 나온다.

인구학적 경로에 따른 저출산 요인으로는 주출산 연령대 여성 인구 감소 및 혼인율 하락·초혼 연령 상승의 결과이다. 과거 산아제한정책으로 여성 인구(15~49세)가 감소가 되었고, 특히 주출산 연령대 여성 인구(25~34세)는 1995~2019년 사이 약 105만 명 감소되었으며, 이는 출생아 수 감소에 영향을 미쳤다. 또한 남녀 모두의 초혼 연령 상승 및 초산 연령 상승도 임신 가능 기간 축소 및 둘째 이상 출산에 어려움 초래하였다. 초산 연령의 경우 1995년 26.49세, 2005년 29.08세, 2015년 31.20세, 2018년 31.90세로 증가하였으며, 기혼 여성의 평균 출생아 수는 10년 사이 0.24명이 감소하였고, 15~49세 기혼 여성의 평균 출생아 수는 최근 10년 사이에 0.11명 감소하였다.

이처럼 우리나라 정부는 다양한 이유로 출산률이 낮아지고 있다고 평가했다. 그렇다면, 저출산이 우리 사회와 가족에게 미치는 영향은 무엇일까? 먼저 경제 성장 저하 및 재정 부담이 심화될 것으로 보인다. 즉, 생산 연령 인구 감소 등으로 인해 세입(노동+자본)은 감소하나, 사회 지출과 복지 비용은 매우 빠르게 증가하면서 한국 경제의 어려움이 초래될 것이다. 또한 사회 영역별 수급 불균형으로 이뤄질 것이다. 고용, 교육, 의료, 주택 등 각 영역별로 일부는 초과 공급, 일부는 초과 수요가 발생하는 등 사회 영역별 수급 불균형이 발생될 것이다. 세대간·지역간 격차와 불확실성이 심화되고 세대 간 사회경제적 자원 배분에 대한 형평성 이슈 및 갈등도 확대 심화될 것이다. 인구 이동 관점에서 '수도권 인구 집중 및 과밀'은

** 여성의 경제 활동은 인정하나 돌봄은 여성 몫이라는 규범을 말한다.

저출산의 핵심 요인 중 하나이며, 비수도권 지역의 고령화를 가속화하는 요인으로 작용할 것이다. 인구 과소 지역은 생산성 저하, 공공 서비스 질 저하 등으로 인구 유출·소멸 위기가 우려되며, 과잉 지역은 교통·환경 등 집적의 불경제가 심화될 것이다.

이처럼 저출산은 국가에 엄청난 위기를 몰고 올 것으로 예측된다. 그 위기는 우리 다음 세대에는 치명적인 결과로 나타날 것이다. 영국 옥스퍼드대학교 인구미래연구소 데이비드 콜맨 박사는 OECD 국가 중 첫 번째로 2305년에 한국이 세계지도에서 사라질 것이라는 무서운 예측을 하고 있다(투데이신문, 2016.03.14.). 저출산은 극복해야 하는 문제임에는 확실하다.

하지만 우리 사회에 초래될 심각한 위기가 예측됨에도 불구하고, 정부가 저출산을 극복하기 위해서 많은 재정적인 투자를 하고 있음에도 불구하고(2021년 기준, 저출산 예산 46조 원) 우리나라 저출산 현상은 더 심각해지고 있다. 저출산을 극복하기 위해서 육아 휴직을 확대하고, 아동 수당을 지급하는 정책적인 지원도 필요하지만, 사회가 전면적으로 변화하지 않으면 저출산 문제가 해결되기란 그리 쉬운 문제는 아닌 것 같다.

함께
하기

저출산

우리나라 정부는 노동 시장 격차와 불안정 고용 증가, 교육에서의 경쟁 심화와 결혼·출산을 가로막는 주택 가격, 성차별적 노동 시장과 돌봄 공백, 다양한 가족과 아동에 대한 포용과 존중 부족, 청년층의 인식과 태도의 변화, 주출산 연령대 여성 인구 감소 및 혼인율 하락·초혼 연령 상승을 저출산의 원인으로 파악하였습니다.

• 당신은 우리나라의 저출산 원인이 무엇이라고 생각하나요?

_____

_____

_____

• 저출산을 극복할 수 있는 방법은 무엇이라고 생각하나요?

_____

_____

_____

(2) 고령화

UN(United Nations)은 65세 이상 고령 인구 비율이 7%를 넘으면 고령화 사회
(aging society), 14%를 넘으면 고령 사회(aged society), 20% 이상이면 초고령
사회(post-aged society)로 분류했다. 한국은 2000년 고령화 사회에 진입한 지
17년 만인 2017년에 고령 사회로 들어섰다.

그림 1-6은 1960년부터 2067년까지 연령별 인구 구성비를 나타난 것이다. 전
체적으로 0~14세에 해당되는 유소년 인구는 줄고, 65세 이상 고령 인구는 늘어
나고 있음을 확인할 수 있다.

이뿐만 아니라 노인 인구의 고령화 현상도 나타나고 있다. 고령 인구의 연령 구
조에 따라 65~74세 비교적 젊은 노인들, 75~84세 노인, 85세 이상 초고령 인구
로 구분한다. 85세 이상 초고령 인구는 2017년 60만 명에서 2024년에 100만 명

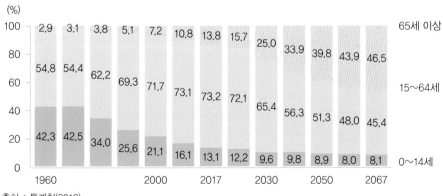

그림 1-6
**연령별 인구
구성비 추이
(1960~2067년)**

출처 : 통계청(2019).

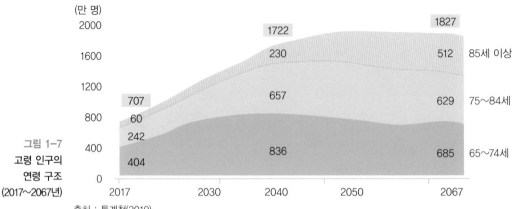

(만 명)

			1722	1827
	707		230	512	85세 이상

그림 1-7
고령 인구의
연령 구조
(2017~2067년)

2000 / 1600 / 1200 / 800 / 400 / 0

707 → 60, 242, 404
1722 → 230, 657, 836
1827 → 512, 629, 685

85세 이상
75~84세
65~74세

2017 2030 2040 2050 2067

출처 : 통계청(2019).

이 넘고 2067년 512만 명으로, 2017년 대비 8.6배 수준으로 증가될 것으로 예측한다. 85세 이상 인구 구성비는 2017년 1.2% 수준에서 2067년 13%로 증가할 것으로 전망된다(그림 1-7).

인구의 고령화는 세계적 현상이지만 우리나라의 인구 고령화는 급속하게 진행되고 있어서 선진국에서도 찾아보기 어려운 사례로 지적되고 있다. 표 1-1을 살펴보면, 2010년에는 G20 국가 중 노인 비율 순위가 10위였으나 20년 뒤 2030년에는 4위로 가파르게 상승하는 것으로 나타났다.

고령화 사회에서 초고령 사회로 진행되는 데 소요된 시간을 살펴보면(표 1-2), 프랑스는 154년, 미국은 94년, 독일은 77년 걸리거나 걸릴 것으로 예상된다. 현재 인구 대비 노인 비율도 최고 수준이고, 고령화 문제로 가장 큰 어려움을 겪는 것으로 알려진 일본의 경우도 고령화 사회에서 초고령 사회로 진입하는 데 36년이 걸렸는데, 우리나라는 불과 25년 만에 초고령 사회에 도달할 것으로 예측된다. 이것이 시사하는 바는 개인, 가족, 사회 모두 노후 준비를 할 수 있는 시간이 부족하다는 것이다. 특히, 국가는 초고령 사회를 대비하여 경제적, 정책적으로 대비를 해야 하는데 우리나라는 이를 준비하기에는 턱없이 시간이 부족하다. 결국 나이 들어감에 따라 생기는 어려움은 개인 혹은 가족이 떠맡아야 하는 상황이 초래될 수도 있다.

노인 인구의 증가 원인은 건강에 대한 관심 증가와 의학 기술의 발달, 교육의

행복한 삶을 위한 가족의 이해

표 1-1
G20 국가
노인 비율 순위

분류	2010년	2020년	2030년
1위	일본	일본	일본
2위	이탈리아	이탈리아	독일
3위	독일	독일	이탈리아
4위	프랑스	프랑스	한국
5위	영국	영국	프랑스
6위	호주	호주	캐나다
7위	캐나다	캐나다	호주
8위	미국	미국	영국
9위	러시아	한국	미국
10위	한국	러시아	러시아

출처 : 연합뉴스(2010.05.13.).

표 1-2
주요 국가들의
인구 고령화
속도

구분	도달 연도			증가 소요 연수		
	고령화 사회	고령 사회	초고령 사회	고령 사회	초고령 사회	고령화~초고령 사회
한국	2000	2017	2025	17	8	25
일본	1970	1994	2006	24	12	36
미국	1942	2015	2036	73	21	94
독일	1932	1972	2009	40	37	77
프랑스	1864	1979	2018	115	39	154

출처 : 통계청(2011).

대중화, 환경 위생과 주거 환경 개선 등에 따른 평균 수명의 연장으로 볼 수 있다
(김혜경 외, 2019). 한국인의 기대 수명*은 평균 83.5세로 남성 80.5세, 여성 86.5
세이다(통계청, 2020). 장래 인구 추계(2019)에 따르면, 2045년에는 남성 85.5세,
여성 89.7세, 2055년에는 남성 87.1세, 여성 90.7세, 2065년 남성 88.4세, 여성
91.6세로 지속적으로 늘어날 것으로 예측된다. 장수하게 되었다는 것은 개인에게
큰 기쁨이지만, 한국에서는 빠른 고령화로 인한 다양한 형태의 노인 문제가 발생

---

* 기대 수명(Life expectancy at birth)은 0세 출생자가 앞으로 생존할 것으로 기대되는 평균 생존 연수를 의미한다.

하고 있고, 문제의 정도로 심각해져서 노인 문제는 한 개인의 문제를 넘어서 사회 차원의 문제로 대두되었다.

고령 인구의 증가는 다양한 사회적 변화를 가져올 것으로 예측된다. 첫째, 노인 부양 부담이 증가한다. 총 부양비*는 2017년 36.7명에서 2038년에 70명을 넘고, 2056년에는 100명을 넘어설 전망이다. 유소년 부양비**는 유소년 인구와 생산 연령 인구가 동시에 감소함에 따라 2017년 17.9명, 2067년 17.8명으로 유사할 것으로 예상되지만, 노년 부양비***는 고령 인구의 빠른 증가로 인해 2017년 18.8명에서 2036년 50명을 넘고, 2067년 102.4명 수준으로 2017년 대비 5.5배로 증가할 전망한다(그림 1-8). 유소년 인구 1백 명당 고령 인구수인 노령화 지수는 2017년 105.1명에서, 2026년 206명, 2056년 502.2명으로 높아져, 2056년부터는 고령 인구가 유소년 인구보다 5배 이상 많아질 것으로 전망된다(통계청, 2019). 따라서 노

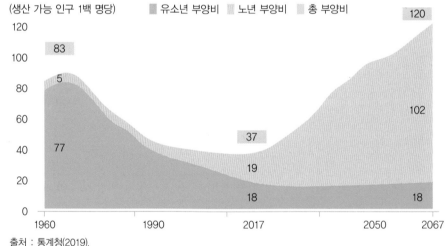

그림 1-8
총 부양비,
유소년 부양비
및 노년 부양비
(1960~2067년)

출처 : 통계청(2019).

---

* 총 부양비 : 생산 가능 인구(15~64세) 100명에 대한 유소년 인구(0~14세)와 고령 인구(65세 이상) 비, 유소년 인구+고령 인구/생산 가능 인구×100

** 유소년 부양비 : 생산 가능 인구(15~64세) 100명에 대한 유소년 인구(0~14세)의 비, 유소년 인구/생산 가능 인구×100

*** 노년 부양비 : 생산 가능 인구(15~64세) 100명에 대한 고령 인구(65세 이상)의 비, 고령 인구/생산 가능 인구×100

인의 부양 부담을 개인과 가족에게만 맡길 수는 없으며 사회와의 적절한 역할분담을 기초로 사회적 보호 체계를 마련해야 한다. 둘째, 이로 인한 경제 성장의 둔화와 노동 시간의 변화를 예상할 수 있다. 고령 인구의 증가와 경제 활동 인구의 감소는 노동력 부족으로 나타날 것이다. 셋째, 노후를 준비하지 못한 고령자들은 빈곤층으로 떨어질 가능성이 높다. 따라서 사회는 늘어날 사회비용 조달을 위한 방법을 모색해야 하고, 개인은 길어진 노후의 삶을 위한 경제적인 준비를 해야 한다.

3) 가족유형의 다양화

'전형적 가족'이란 이성애 부부(생계 부양자 남편과 전업주부 아내)와 생물학적 친자녀로 이루어진 핵가족을 의미한다(최선화 외, 2018). 최근 우리 사회에서 이러한 형태의 전형적 가족의 비율은 점점 감소하고 있는 반면, 다양한 유형의 가족이 증가하고 있다.

통계청의 〈인구주택총조사〉에 따르면 1인 가구와 1세대 가구의 비율은 지속적으로 증가하고 있지만 2세대 가구의 비율은 감소하고 있다(표 1-3). 이러한 변화로 미루어 볼 때 2세대 중심의 지배적인 유형이 사라지고 가구 유형이 다양해질 것이다.

전형적인 가족(the family)에서 다양한 가족(families)으로**** 가족의 개념을 확대해야 한다. 전통적인 가족의 혈연, 법률혼, 동거동재 등의 경계가 허물어지고, 다양한 방식의 관계 공동체가 가족으로 인정되어야 한다. 과거에는 다양한 가족의 한 유형인 한부모가족, 재혼가족, 비동거가족, 무자녀가족, 다문화가족, 조손가족, 1인 가구, 사회적 가족 등을 마치 문제가 있는 결손가족처럼 생각했지만 이제는 더 이상 가족의 유형만으로 그 가족이 문제가 있다고 말할 수 없다. 가족의 유형이 가족의 역기능성을 의미하는 것이 아니다. 가족 안에 긍정적인 상호작용

**** 13장 참고

표 1–3
일반 가구의
평균 가구원
수와 세대 구성
(1990~2019년)

연도	평균 가구원 수 (명)	세대별 구성 비율(%)				
		1인 가구	1세대 가구	2세대 가구	3세대 이상 가구	비친족 가구
1990	3.7	9.0	10.7	66.3	12.5	1.5
1995	3.3	12.7	12.7	63.3	10.0	1.4
2000	3.1	15.5	14.2	60.8	8.4	1.1
2005	2.9	20.0	16.2	55.4	7.0	1.4
2010	2.7	23.9	17.5	51.3	6.2	1.2
2015	2.5	27.2	17.4	48.8	5.4	1.1
2019	2.4	30.2	18.4	45.3	4.2	1.9

주 : 1) 1세대 가구는 부부, 부+기타 친인척 등 동일 세대로 이루어진 가구임
　　2) 2세대 가구는 부부+자녀, 부+자녀, 모+자녀 등 2개의 세대로 이루어진 가구임
　　3) 3세대 이상 가구는 부부+미혼자녀+양친 등 3개 이상의 세대로 구성된 가구임
　　4) 〈인구 주택 총조사〉의 1990~2010년 자료는 현장 조사 방식의 전수 조사 자료이며, 2015년 이후 자료는
　　행정 자료를 활용한 등록 센서스의 집계 자료 결과임
출처 : 통계청(2020).

이 얼마나 잘 이뤄지는지, 긍정적인 정서적 지지를 하고 있는지, 가족 내 평등한 역할분담이 이뤄지고 있는지 등이 더 중요한 요소이다. 각 유형의 가족은 특별한 요구나 어려움이 존재할 수 있으나, 특정 유형의 가족 자체가 기능적 결손을 내포하고 있다고 가정하거나 비정상적 가족으로 간주하는 것은 적절하지 않다. 우리 사회도 전형적 가족만이 '가족'이라는 시각에서 벗어나 다양한 가족 그 자체를 받아들이고 인정해야 한다.

2. 가족기능의 변화

가족은 개인과 사회를 매개해 주는 중간 체계로서, 사회의 하위 체계이자 개인의

표 1-4
가족기능의
유형

성격	대내적인 기능 (가족구성원 개개인에 대한)	대외적인 기능 (사회 전체에 대한)
고유 기능	애정·성	성적인 통제
	생식·양육	종족 보호(자손의 재생산), 사회구성원 충족
기초 기능	생산(고용 충족, 수입 획득)	노동력 제공, 분업에 참여
	소비(기본적, 문화적 욕구충족·부양)	생활 보장, 경제 질서의 유지
부차적 기능 (파생 기능)	교육(개인의 사회화)	문화 발달
	보호 휴식 ─ 심리적·신체적 ┐ 오락 종교 ─ 문화적·정신적 ┘ 사회의 안정화	

출처 : 김주수·이희배(1986); 유영주 외(2021). 변화하는 사회의 가족학. 파주 : 교문사. 39쪽에서 재인용.

상위 체계이다. 기능(機能)이라 함은 '하는 구실이나 작용을 함, 또는 그런 것'이다(네이버 국어사전). 기능이라는 말을 더 친숙한 표현으로 하자면 '역할'이라고 할 수 있다. 가족이 개인의 보호·성장을 위해서 하는 역할을 대내적인 기능이라고 하고, 가족이 사회의 발전·유지하기 위해서 하는 역할을 대외적인 기능이라고 한다(표 1-4).

1) 고유 기능

고유 기능은 가족만이 담당할 수 있는 역할이다. 대내적인 기능으로는 애정·성 기능과 생식과 양육의 기능이 있으며, 대외적인 기능으로는 성적인 통제와 종족 보존의 기능이 있다. 부부의 합법적인 성관계를 통해 개인의 성적 욕구를 충족시키며, 성관계를 규제하고 통제하는 것으로 사회의 성적 혼란을 방지할 수 있다. 자녀를 출산하는 생식의 기능은 가족만이 가질 수 있는 유일한 기능이며, 동시에 매우 중요한 기능이라고 여겨진다. 사회가 유지되고 발전하려면 일정 수준의 인구가 필요하기 때문에 생식의 기능은 사회구성원을 충족시키고 사회의 유지와 발전에 큰 영향을 끼친다.

2) 기초 기능

기초 기능은 경제적 기능으로 대내적으로는 생산·소비의 기능을 들 수 있으며, 대외적으로는 노동력 제공과 생활 보장의 기능이다. 가족은 공동 주거와 공동 재산을 전제로 일상생활에서 생산과 소비기능을 갖추고 있다. 산업화가 진행되면서 농어촌을 제외하고 생산은 고용 노동과 임금 획득의 형태로 변화되었지만 이는 다른 형태의 생산 기능이라고 할 수 있다. 또한 현대사회에서 가족은 소비 공동체라고 불릴 만큼 소비 기능이 중요해졌다. 생산과 소비의 기능은 대외적으로 사회에 노동력을 제공하고 분업에 참여하게 된 것이며, 이를 통해 사회가 생활 보장과 경제 질서를 유지할 수 있게 되었다.

3) 부차적 기능

부차적 기능은 파생적 기능이라고도 한다. 즉, 부차적 기능은 가족의 고유 기능과 기초 기능으로부터 출발 된 기능이라고 할 수 있다. 하지만 현대사회에서는 고유 기능과 기초 기능만큼이나 혹은 그 이상으로 중요한 기능이 되었다. 부차적 기능은 교육, 보호, 휴식, 오락, 종교 기능으로 나눌 수 있고, 이를 통해 문화 발달과 사회의 안정화를 추구할 수 있다.

교육 기능이라 함은 가족이 가족구성원의 사회화를 담당한다는 것이다. 현재 학교 교육을 비롯한 2차 교육 집단이 교육의 많은 부분을 담당하고 있기 때문에 과거에 비해 가족의 교육 기능이 축소되었다. 하지만 여전히 가족은 자녀에게 올바른 교육을 제공해야 하는 매우 중요한 장소이다. 보호 기능은 질병과 상해와 같은 외적 위험으로부터 가족구성원과 그 재산을 보호하는 것을 말한다. 가족의 보호 기능이 일부 사회기관으로 이전되기도 했지만 가족은 아동, 노인, 장애인 등 보호를 요구하는 이들의 주요 책임자이다.

바쁜 현대인에게 가장 필요한 것은 제대로 된 휴식을 취하는 것이지 않을까? 힘든 하루 일과를 마치고 우리는 자연스럽게 "아, 집에 가고 싶다"라는 말을 한다. 이것은 가족이 심리적·신체적 안정을 주는 곳이라는 것을 의미하기도 한다. 현대사회에서 가족은 구성원의 지친 심신을 위해 휴식을 제공하는 역할에 대한 기대가 커졌음을 알 수 있다.

오락 기능은 가족 내 재미와 흥미를 추구하며 여가 생활을 함께 보내는 것을 말한다. 오늘날 오락적인 욕구와 내용은 매우 복잡하고 다양해졌다. 과거에 비해 가족 단위의 여가 생활이나 오락을 추구하는 경향이 증가하고 있으나 미디어의 발달로 인해 가족 단위의 오락 기능을 위협하기도 한다.

종교 기능은 가족의 신앙적 욕구를 충족시켜 주는 기능이다. 과거에는 조상을 숭배하는 제사가 가족의 중요한 행사로 유지되었으나 지금은 조상 숭배를 위한 목적보다는 가족의 유대를 강화하는 의미로 작동한다. 예전에는 가족이 종교 공동체적인 성격을 지녔으나 오늘날은 그 의미가 감퇴하고 있는 것도 사실이다.

가족의 기능은 시대에 따라 상대적 중요도가 변화하고 있다. 과거에는 고유 기능(애정·성, 생식과 양육)과 기초 기능 중 생산 기능이 강조되었다. 이는 가족생활을 유지하는 기반이 되었기 때문이다. 또한 대부분의 사람들은 결혼을 하고 부모가 되어 자녀를 출산하고 경제적 활동을 통해 자녀를 양육하고 교육을 하는 것이 가족의 역할이자 기능이라고 생각했다. 하지만 현대사회에서는 기초 기능 중 소비의 기능을 매우 중요하게 생각한다. 소비 단위로서의 가족의 역할 강화로 인해 다양한 상품 중에서 현명하게 물자를 구입하고 소비하느냐가 중요한 문제가 되었다. 가족성원들의 소득 수준은 그 가족이 누릴 수 있는 생활 기회나 생활 양식을 결정하게 되었으며, 소비 생활 수준이 가족생활 만족에 직접적인 영향을 미치게 되었음을 의미한다(함인희, 2001). 또한 현대사회에서는 부차적인 기능 중 휴식의 기능이 매우 중요해졌다. 현대사회의 경쟁적 사회관계와 긴장이 높아짐에 따라 스트레스를 낮추고 정서적 위로를 위한 관계로서 가족의 중요성이 강조되고 있다. 즉, 스트레스가 많은 현대사회에서 각 개인은 가족에서 누리는 정서적 친밀감 통해 휴식과 안정을 취하고, 신체적·심리적인 안정을 누리길 원하는 것으로 보인다.

우리 가족의 기능

- 우리 가족이 가장 잘 수행되고 있는 가족기능은 무엇이라고 생각하나요? 그 이유는 무엇일까요?

_____

_____

_____

_____

_____

- 우리 가족에서 가장 수행이 안 되고 있는 가족기능은 무엇이라고 생각하나요? 어떻게 하면 우리 가족이 이 기능을 더 잘 수행할 수 있을까요? 구체적인 방법을 적어 보세요.

_____

_____

_____

_____

_____

〈가족실태조사〉는 건강가정기본법 제20조에 따라 가족의 삶에 대한 기초 자료를 수집하여 중장기 정책의 비전과 목표 수립에 활용하기 위해 3년 마다 실시하는 국가 승인 통계이다. 〈가족실태조사〉 결과 중 눈여겨볼 만한 내용을 중심으로 살펴보도록 하겠다.

배우자와의 관계

배우자와의 대화 시간, 의사소통 및 전반적인 만족도는 57%로 2015년(51.2%) 대비 5.8% 높아졌으며, 특히 30대(78%)와 40대(67.9%) 비교적 젊은 연령을 중심으로 긍정적인 변화가 두드러지게 나타났다.

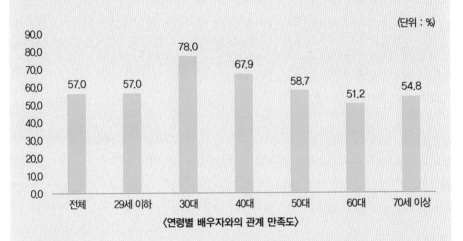

〈연령별 배우자와의 관계 만족도〉

부모-자녀관계

청소년 자녀가 있는 부모 응답자의 67.4%가 자녀와의 관계에 만족한다고 응답하여 2015년 대비 5.7% 상승했다. 청소년 자녀 중 부모와의 관계에 만족한다고 응답한 비율은 아버지와의 관계 65.6%, 어머니와의 관계 79.6%였다.

---

* 건강가정기본법 제20조에 ① 국가 및 지방 자치 단체는 개인과 가족의 생활 실태를 파악하고, 건강가정 구현 및 가정 문제 예방 등을 위한 서비스의 욕구와 수요를 파악하기 위하여 3년마다 〈가족실태조사〉를 실시하고 그 결과를 발표하여야 한다(개정 2020.5.19.). 2020년 법이 개정되기 이전에는 5년마다 한 번씩 〈가족실태조사〉가 이루어졌다. 1~4차까지의 〈가족실태조사〉는 5년에 한 번 이루어졌다.

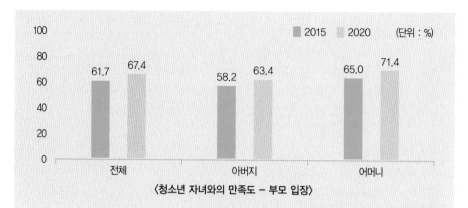

〈청소년 자녀와의 만족도 – 부모 입장〉

성인 자녀가 있는 응답자의 63.2%가 자녀와의 관계에 만족하고 있었으며, 부모–자녀간 지원은 '정서적 지원'이 상대적으로 높게 나타났다. 부모가 자녀에게 '경제적 도움'을 받는 경우는 32.5%로 2015년에 비해 4.7% 하락했으며, '정서적 지원'을 받는 경우는 56.7%로 6.4% 증가했다. 한편, 성인 자녀에게 부모님 생활비 마련 방법을 조사한 결과, '부모님 스스로 해결한다'는 응답이 61.4%로 2015년(41.6%) 대비 19.8% 증가하여, 부모–자녀관계에서 상대적으로 경제적 지원보다 정서적 친밀성과 유대가 중요해지고 있는 것으로 나타났다.

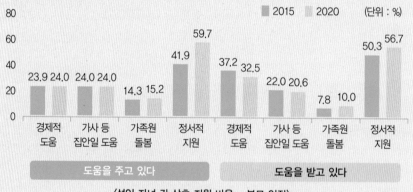

〈성인 자녀 간 상호 지원 비율 – 부모 입장〉

가족 의례

결혼식을 당사자 중심으로 치르는 것은 60.3%가, 장례식을 가족 중심으로 치르는 것에 10명 중 6명(58.9%)이 동의하는 것으로 나타났다. 연령이 낮을수록 동의 비율이 높아지고 있으나, 70세 이상도 절반 가까이 동의(당사자 중심 결혼 43.8%, 가족 중심 장례 48.8%) 하고 있어, 전통적 개념의 가족에 기반한 가족 의례에 대한 인식이 직계 가족(부모와 자녀)이나 당사자 중심으로 변화하고 있음을 확인하였다. 하지만, 제사를 지내지 않는 것과 가부장적·위계적 가족 호칭을 개선하는 것에 20~40대의 절반 이상이 동의했지만, 70세 이상의 동의 비율은 27% 수준에 그치며 세대별 격차를 보였다.

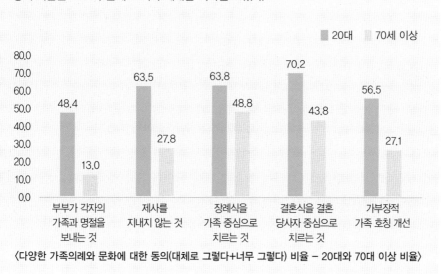

〈다양한 가족의례와 문화에 대한 동의(대체로 그렇다+너무 그렇다) 비율 – 20대와 70대 이상 비율〉

3. 가족가치관의 변화

가족에 대한 가치관의 변화는 한국 사회 규범이 급격히 변하고 있음을 보여주는 거울과도 같다. 지난 20년 동안 결혼과 출산에 대한 인식, 남성과 여성의 역할에 대한 인식, 이혼에 대한 인식 변화는 '비혼', '졸혼', '사회적 가족'과 같은 신조어에 반영되어 있다(진미정, 2020). 우리 사회에서 경험하고 있는 가족의 변화는 가족과 관련된 가치관의 변화와 서로 맞물려 있다고 볼 수 있다. 가족가치관에 대한 변화는 가족 형태나 구조의 변화를 가져오고, 이러한 사회적 변화는 가족과 관련된 가치관의 변화를 가속화시켰다고 볼 수 있다(박태영 외 2019).

따라서 현대사회의 가족의 변화를 이해하기 위해 결혼, 동거, 자녀 출산, 이혼과 재혼, 성역할 태도와 가사분담, 부모 부양, 다양한 가족에 대한 인식을 중심으로 가족가치관의 변화를 살펴보고자 한다.

1) 결혼

통계청의 〈사회조사〉에 따르면, 1998년 남성의 18.4%와 여성의 28.9%가 '결혼을 해도 좋고, 하지 않아도 좋다'고 응답하였으나 2020년에는 이 응답 비율이 남녀 각각 35.4%와 47.3%로 증가하여 결혼에 대한 유연한 태도가 확산되고 있음을 알수 있다. 또한 2020년 응답 결과에 따르면, 남성의 58.2%, 여성의 44.4%가 '결혼을 하는 것이 좋다'고 응답하여 남성이 여성보다 결혼에 대해 긍정적으로 인식하는 것으로 나타났다(그림 1-9).

결혼 여부에 큰 영향을 줄 수 있는 미혼 청년들을 대상으로 혼인에 대한 태도

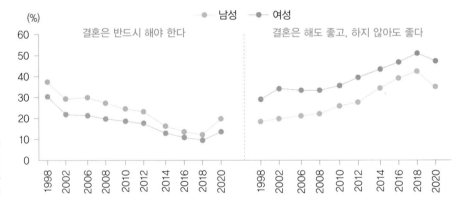

그림 1-9
성별 결혼에
대한 태도
(1998~2020년)

주 : 1) 1998~2010년은 만 15세 이상 인구, 2012년부터는 만 13세 인구를 대상으로 함
2) 설문 문항은 "귀하는 결혼에 대해 어떻게 생각하십니까?"라고 질문되었고, 응답 범주는 '반드시 해야 한다', '하는 것이 좋다', '해도 좋고, 하지 않아도 좋다', '하지 않는 것이 좋다', '하지 말아야 한다', '잘 모르겠다' 등 6개 범주로 구성되었음
3) 여기에서는 결혼에 대한 당위적 태도와 선택적 태도라고 할 수 있는 '반드시 해야 한다'와 '해도 좋고, 하지 않아도 좋다'의 응답률만을 제시하였음

출처 : 통계청(2020).

변화를 살펴보면 흥미로운 현상을 발견할 수 있다. 혼인에 대한 긍정적 태도 비율이 낮아지고 있는 것은 사실이지만, 그러한 경향이 혼인의 필요성을 부정하는 경향으로 흐르지 않고, 유보적 태도를 취하는 것으로 나타난다. 결혼에 대한 긍정적 태도('반드시 해야 한다'와 '하는 것이 좋다')는 1998년 남성과 여성이 75.5%와 52.1%에서 2018년도 각각 38.4%와 23.5%로 절반 가까이 줄어들었다. 반면에 부정적 태도('하지 않는 것이 좋다'와 '하지 말아야 한다')의 비율은 남녀 모두에서 증가하였다. 하지만 2018년 기준으로 10%에 미치지 못하는 것으로 나타났다. 결혼에 대한 유보적 태도('해도 좋고, 하지 않아도 좋다')의 비율이 2018년 남녀 모두에서 50%를 넘는 것으로 나타났다(남 54.4%, 여 66.8%, 그림 1-10). 이는 결혼을 의무로 여기는 전통적 가족 가치관은 약화되었지만, 상황에 따라 혼인을 선택할 수 있다는 비율이 증가한 것으로 해석할 수 있다. 이것은 다시 취업, 직업 안정성, 주거, 안전, 교육, 가족 내 성평등 등 다양한 사회적 여건의 변화에 따라 혼인을 선택할 수도 있음을 시사하면서 청년의 삶을 개선하는 정책 개입의 여지를 남겨 두고 있다고 할 수 있을 것이다(이상림, 2020)

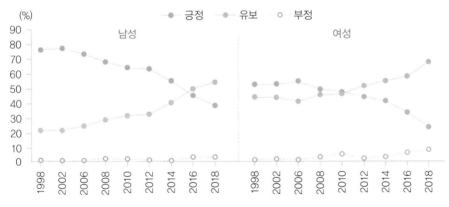

그림 1-10
미혼 청년의
성별 결혼에
대한 태도
(1998~2018년)

주 : 1) 만 20~39세 미혼 인구를 대상으로 함
    2) 설문 문항은 "귀하는 결혼에 대해 어떻게 생각하십니까?"라고 질문되었고, 응답 범주는 '반드시 해야 한다', '하는 것이 좋다', '해도 좋고, 하지 않아도 좋다', '하지 않는 것이 좋다', '하지 말아야 한다', '잘 모르겠다' 등 6개 범주로 구성되었음
    3) '긍정'은 '반드시 해야 한다', '하는 것이 좋다'를 합한 응답률이고, '유보'는 '해도 좋고, 하지 않아도 좋다'의 응답률이며, '부정'은 '하지 않는 것이 좋다'와 '하지 말아야 한다'를 합한 응답률임

출처 : 통계청(2020).

2) 동거

결혼하지 않고 남녀가 같이 사는 동거에 대한 태도도 계속 허용적으로 변화하고 있다. 2020년 〈사회조사〉에 따르면, '남녀가 결혼을 하지 않더라도 함께 살 수 있다'는 의견에 대해 남성의 62.4%와 여성의 57.0%가 '약간 동의' 혹은 '전적으로 동의'라고 응답하였다(그림 1-11). 남성이 여성보다 결혼의 필수성 및 동거에 대한 동의 정도가 모두 높아 이성 간 친밀한 관계에 대한 선호와 기대가 더 큰 것을 알 수 있다.

동거에 대한 수용성은 여성가족부(2021)의 〈다양한 가족에 대한 국민인식조사〉에서도 찾아볼 수 있다. '남녀가 결혼하지 않고 동거하는 것'에 대해서 사회적 수용도는 69.8%로 지속적으로 상승하는 것으로 나타났다. 남성(71.0%), 미혼(86.5%), 무자녀(86.1%), 경제적 생활 수준이 높은 응답자일수록 남녀가 결혼하지 않고 동거하는 것에 대한 사회적 수용도가 높았다.

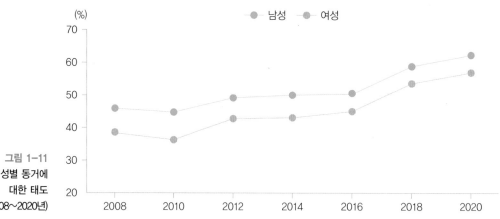

그림 1-11
성별 동거에 대한 태도 (2008~2020년)

주 : 1) 2008~2010년은 만 15세 이상 인구, 2012년부터는 만 13세 인구를 대상으로 함
　　2) 설문 문항은 "귀하는 남녀가 결혼을 하지 않더라도 함께 살 수 있다에 대하여 어느 정도 동의하십니까?" 라고 질문되었고, 응답 범주는 '전적으로 동의', '약간 동의', '약간 반대', '전적으로 반대' 등 4개 범주로 구성되었음
　　3) 통계치는 '전적으로 동의'와 '약간 동의'를 합한 응답률임
출처 : 통계청(2020).

그림 1-12
남녀가
결혼하지 않고
동거하는 것
(2019~2021년)

출처 : 여성가족부(2021).

3) 자녀 출산

이성간 친밀성에 대한 사회적 인식이 허용적으로 변화하고 있는 것에 비해 출산
과 양육에 대한 가치관은 더 부정적으로 변화하고 있다. 2018년 〈사회조사〉에 처
음으로 "결혼하면 자녀를 가져야 한다"는 질문이 포함되었는데, 2018년 기준 응답
자의 30.4%가 이에 동의하지 않았다. 2020년 조사에서는 32.0%가 여기에 동의

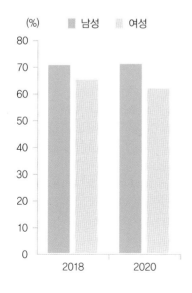

주 : 1) 만 13세 이상 인구를 대상으로 함
2) 설문 문항은 "귀하는 결혼하면 자녀를 가져야 한다에 대
하여 어느 정도 동의하십니까?"라고 질문되었고, 응답 범
주는 '전적으로 동의', '약간 동의', '약간 반대', '전적으로 반
대' 등 4개 범주로 구성되었음
3) 통계치는 '전적으로 동의'와 '약간 동의'를 합한 응답률임
출처 : 통계청(2020).

그림 1-13
성별 자녀
필요성에 대한
동의 태도
(2018~2020년)

그림 1-14
결혼한 부부가
자녀를 가지지
않는 것
(2019~2021년)

출처 : 여성가족부(2021).

하지 않아 반대 비율이 더 높아졌다. 특히 자녀 출산에 대하여 남성보다 여성의 반대 비율이 더 높았다. 이러한 태도의 변화는 저출산 현상의 심화와도 연관이 있는 것으로 보인다(그림 1-13).

비슷한 조사로 결혼한 부부가 자녀를 가지지 않는 것에 대한 수용 정도를 나타난 여성가족부(2021) 조사에 따르면, 응답자의 69.3%가 '결혼한 부부가 자녀를 가지지 않는 것'에 대해 수용할 수 있다고 응답하였다(그림 1-14). 성별로는 여성(75.0%)이 남성(63.6%)보다, 연령대가 낮을수록, 혼인 상태가 미혼(90.0%)인 경우, 자녀가 없는 경우(89.6%), 경제적 생활 수준이 높을수록 결혼한 부부가 자녀를 가지지 않는 것에 대한 수용이 높아지는 것으로 나타났다.

4) 이혼과 재혼

통계청의 〈사회조사〉에 따르면, 이혼*을 '할 수도 있고 하지 않을 수도 있다'고 응답한 사람의 비중은 48.4%로 증가하는 추세인 반면, '하지 말아야 한다'고 생각

---

* 이혼, 재혼과 관련된 내용은 13장에서 자세히 다룬다.

표 1-5
이혼에
관한 태도

분류	계	어떤 이유라도 이혼해서는 안된다	이유가 있더라도 가급적 이혼해서는 안된다	할수도 있고, 하지 않을 수도 있다	이유가 있으면 하는 것이 좋다	잘 모르겠다
2018	100.0	7.7	25.5	46.3	16.7	3.3
2020	100.0	7.4	22.9	48.4	16.8	4.6

출처 : 통계청(2020).

(단위 : %)

표 1-6
재혼에
관한 태도

분류	계	반드시 해야 한다	하는 것이 좋다	해도 좋고, 하지않아도 좋다	하지 않는 것이 좋다	하지 말아야 한다	잘 모르겠다
2018	100.0	0.8	11.6	64.6	11.5	3.4	8.1
2020	100.0	0.6	7.8	64.9	13.1	4.1	9.4

출처 : 통계청(2020).

하는 비중은 30.3%로 감소하는 추세이다. '이혼할 수도, 하지 않을 수도 있다'는 응답은 2012년 37.8%, 2016년 43.1%, 2020년 48.4%로 증가하였고, '해서는 안 된다'는 응답은 2012년 48.7%, 2016년 39.5%, 2020년 30.3%로 감소하였다. 이를 통해서 우리 사회에서 이혼에 대한 수용성이 높아지고 있음을 알 수 있다(표 1-5).

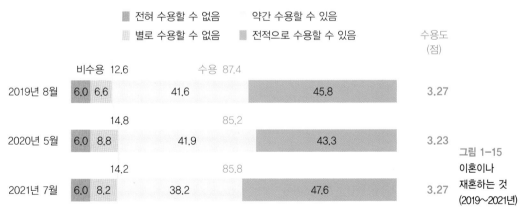

출처 : 여성가족부(2021).

그림 1-15
이혼이나
재혼하는 것
(2019~2021년)

재혼에 대해서도 '해도 좋고 하지 않아도 좋다'는 의견이 64.9%로 2년 전보다 소폭 상승하였으며, 남녀 모두 중립적인 의견이 가장 높으나 재혼을 해야 한다고 생각하는 비중은 남성이 여성보다 5.1%로 더 높았다(표 1-6).

여성가족부(2021) 조사에 따르면 '이혼이나 재혼하는 것'을 수용할 수 있다고 응답한 비중은 85.8%로 나타난 반면, 수용할 수 없다는 응답 비중은 14.2%로 나타났다. 여성(87.4%)이 남성(84.3%)보다, 연령대가 40대 이하일수록, 혼인 상태가 미혼(92.1%), 자녀가 없는 응답자(92.6%)일수록, 경제적 생활 수준이 높을수록 이혼이나 재혼하는 것에 대한 수용도가 높게 나타났다.

5) 성역할 태도와 가사분담

가족에 대한 가치관 변화 중 가장 뚜렷한 것이 바로 가족 내 남성과 여성의 역할 분담에 대한 태도이다. 통계청 〈사회조사〉에 따르면, '부부가 가사를 공평하게 분담해야 한다'는 의견에 동의하는 응답 비율은 2006년부터 계속 증가하여 2020년에는 남성 57.9%, 여성 67.0%에 이른다. 이런 가치관의 변화는 실제 가사분담 행동에도 영향을 미쳤다. 부부가 가사를 공평하게 분담하는 비율은 2020년 남

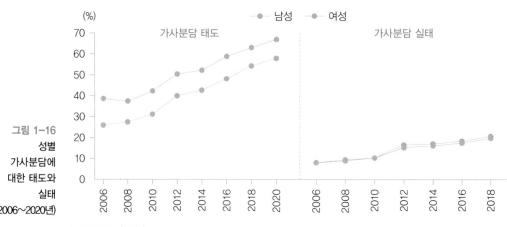

그림 1-16
성별 가사분담에 대한 태도와 실태 (2006~2020년)

출처 : 통계청(2020).

성 20.7%, 여성 20.2%로 2006년 남성 7.5%, 여성 7.9%보다 남녀 각각 13.2%, 12.3% 증가했다. 하지만 가사분담의 정도는 가치관과 실제 분담 정도에 여전히 큰 격차는 있다(그림 1–16).

성평등 가치관은 부부관계에서도 나타나고 있다. 과거 우리 사회의 가족은 중요한 사안에 대해서 주로 남편이 결정하고, 중요하지 않은 사안에 대해서는 아내가 결정하는 방식이었다. 하지만 최근 가족생활에서의 결정권은 중요한 사안(주택 구입, 투자 및 재산 관리 등)에 대해서 '부부가 공동으로', 그리고 가사 및 양육에 관해서는 오히려 아내가 결정권을 갖는 경향을 보이고 있다(박미은 외, 2015).

6) 부모 부양

부모 부양 책임에 대한 태도도 달라지고 있다. 통계청 〈사회조사〉의 2002년과 2020년 노부모 부양 책임에 대한 태도를 비교해 보면, 노부모 돌봄이 가족 책임이라는 견해는 70.7%에서 22.0%로 크게 감소하였고, 가족과 정부·사회의 공동

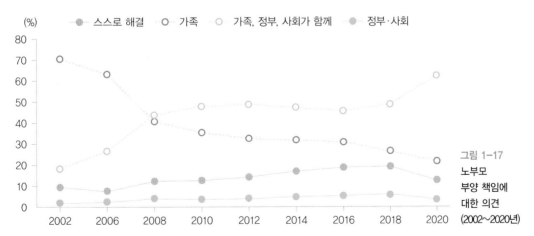

그림 1–17
노부모
부양 책임에
대한 의견
(2002~2020년)

주 : 1) 2002~2010년은 만 15세 이상, 2012년부터는 만 13세 이상 인구를 대상을 함
  2) 설문 문항은 '부모님의 노후 생계는 주로 누가 돌보아야 한다고 생각하십니까?'라고 질문되었음
  3) 통계치는 해당 응답 범주에 대한 응답률임
출처 : 통계청(2020).

책임이라는 견해가 18.2%에서 61.6로 크게 증가하였다(그림 1-17).

부모 부양 책임 의식의 약화를 반영하듯이 노부모가 스스로 생활비를 책임지는 비율이 높아지고 있다. 통계청 〈사회조사〉에 따르면, 2018년 현재 부모 세대의 절반 이상인 55.5%가 스스로 생활비를 책임지고 있다. 스스로 생활비를 책임지는 사람 비율이 2002년 46.3%였던 것에 비하면 9.2% 증가한 것이다. 최근으로 올수록 장남을 포함한 아들이 부모의 생활비를 책임지는 비율은 줄어들고 아들과 딸이 공동으로 책임지는 비율은 늘어나고 있다. 2002년에는 40.2%의 부모가 장남을 포함한 아들에게 생활비를 주로 지원받았으나 2018년에는 14.9%만이 아들에게 주로 생활비를 지원받고, 모든 자녀가 공동으로 책임지는 비율은 27.2%로 장남이 책임지는 비율과 아들이 책임지는 비율을 합한 것보다 더 높다. 이것으로 미루어 보았을 때, 부모 부양은 장남이 책임져야 한다는 인식이 자녀 모두가 동일하게 책임져야 한다는 인식으로 변화하고 있음을 알 수 있다(그림 1-18).

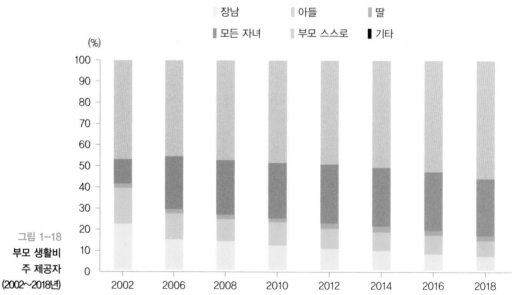

그림 1-18
**부모 생활비
주 제공자
(2002~2018년)**

주 : 1) 부모 중 한 사람이라도 생존해 있는 가구를 대상으로 함
2) 설문 문항은 "부모님의 생활비는 주로 누가 드리고 있습니까?"라고 질문되었음
3) 통계치는 해당 응답 범주에 대한 응답률임
출처 : 통계청(2020).

행복한 삶을 위한 가족의 이해

7) 다양한 가족

우리나라 사회에서 다양한 가족의 모습을 많이 볼 수 있다. 이를 반영하듯, 점차 다양한 가족을 수용하는 인식이 늘고 있다. 여성가족부의 제4차 〈가족실태조사〉에 따르면, 가족의 다양한 생활 방식에 대한 수용도가 2015년에 비해 전반적으로 높아졌다. 20대와 전체 연령 간 다소 차이는 있으나 전반적으로 비혼 독신, 비혼 동거, 무자녀, 비혼 출산에 대한 동의가 높아지고 있다. 우리 사회가 더 다양한 모습으로 변화될 것이 예측된다. 결혼과 자녀 출산처럼 당연하게 여겨졌던 개인의 삶의 과업들이 이제 더 이상 필수가 아닌 선택으로 자리 잡은 것으로 평가된다. 특히, 20대의 절반 정도가 비혼 독신(53%), 비혼 동거(46.6%), 무자녀(52.5%)에 동의하는 것으로 나타나 향후 가족 형태 및 생애주기의 변화에 영향을 미칠 것으로 보인다(그림 1-19).

〈다양한 가족에 대한 국민인식조사〉(2021)에도 지속적으로 사회적 수용도가 상승하고 있는 것으로 나타났다. 구체적으로 살펴보면, '외국인과 결혼하는 것(92.3%)', '이혼이나 재혼하는 것(85.8%)', '성인이 결혼하지 않고 혼자 사는 것(84.2%)'에 대한 수용은 80% 이상으로 꽤 높다. '남녀가 결혼하지 않고 동거하

그림 1-19
삶의 방식과
가족가치관에
대한 동의
(2015~2020년)

주 : 1) 대체로 그렇다와 매우 그렇다 비율을 합한 비율을 동의로 표시하였음
출처 : 여성가족부(2021).

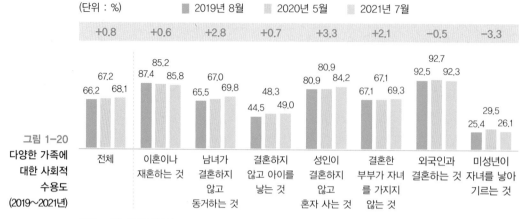

(단위 : %)　　■ 2019년 8월　■ 2020년 5월　■ 2021년 7월

| +0.8 | +0.6 | +2.8 | +0.7 | +3.3 | +2.1 | −0.5 | −3.3 |

그림 1-20
다양한 가족에
대한 사회적
수용도
(2019~2021년)

출처 : 여성가족부(2021).

는 것(69.8%)', '결혼한 부부가 자녀를 가지지 않는 것(69.3%)'에 대해서는 60% 이
상 동의하였다. 반면에 '결혼하지 않고 아이를 낳는 것(49.0%)'과 '미성년이 자녀를
낳아 기르는 것(26.1%)'에 대한 수용도는 상대적으로 낮은 것으로 나타났다(그림
1-20).

　이러한 추세를 반영하듯 다양한 형태의 가족을 지원하는 정책에 대해서도 필요
하다고 인식하고 있다. 가장 많은 응답자가 한부모가족 지원(70.7%)이 필요하다고
답했으며, 미혼 부모 가족 지원(61.3%), 1인 가구 지원(49.1%), 법률 외 혼인(사실
혼, 비혼 동거)에 대한 차별 폐지(35.7%)순으로 답했으며, 연령이 낮을수록 각 항
목에 대한 정책 필요성 동의 정도가 높게 나타났으며, 1인 가구 지원 항목은 20대
(56.0%)와 70세 이상(58.5%)에서 높은 경향을 보였다(그림 1-21, 22).

　다양한 조사를 통해서 본 가족가치관의 변화를 몇 가지로 정리하고자 한다. 첫
째, 결혼, 출산, 부모 부양 등 과거에는 인생에서 꼭 수행해야 한다고 생각했던 과
업들이 당위적인 것에서 선택적으로 변화하고 있다. 이는 개인주의 확산, 사회·경
제적인 생활 환경의 변화, 여성의 활발한 사회 진출로 인한 것이기도 하지만 개인
의 선택에 대한 존중의 결과이기도 하다.

　둘째, 이혼, 재혼, 다양한 가족의 형태 등 과거에는 가족 문제라고 여겼던 것들
이 문제라기 보다 개인의 선택으로 받아들여지고 있다. 이는 바람직한 가치관의

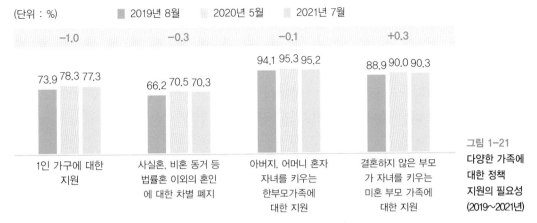

그림 1–21
다양한 가족에 대한 정책 지원의 필요성 (2019~2021년)

출처 : 여성가족부(2021).

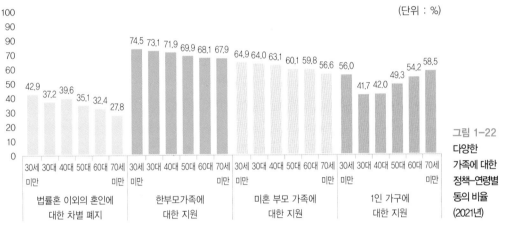

그림 1–22
다양한 가족에 대한 정책–연령별 동의 비율 (2021년)

출처 : 여성가족부(2021).

변화라고 생각한다. 가족구조 혹은 가족유형이 다르다고 건강하지 않은 가족이라고 할 수 없으며, 문제라고 할 수 없다. 개인과 가족의 선택을 존중하고 그것을 개인, 가족, 사회가 더욱 수용해야 한다. 더 이상 가족유형으로 인해 차별받지 않는 사회를 만들어야 한다.

셋째, 많은 조사 결과에 따르면, 여전히 성별 간, 세대 간, 사회계층 간의 차이가 나타나고 있다. 각 가치관의 차이는 존중해야 하지만, 너무 큰 차이는 사회의 분열을 초래할 수도 있다. 따라서 성별 간, 세대 간, 사회계층 간 차이를 극복하기 위한 적극적인 소통이 필요하다.

앞서 살펴본 바와 같이 현대사회의 가족은 분명히 변화하고 있다. 가족규모의 축소, 가족유형의 다양화 등의 외적인 모습도 변했고, 가족기능과 가치관 등의 내적인 모습도 변화하고 있다. 이것이 '옳다, 그르다'의 관점이 아니라 그 변화 자체를 존중해야 하고, 그 변화에 대응하기 위한 개인, 가족, 사회의 노력이 절실히 필요한 때이다.

02

자기 이해

명심하라, 행복은 당신을 위한 것이다.
행복을 최우선으로 두는 것을 망설이지 말라. 그러나 행복을 추구하는 것은 결코 경쟁이 아니다.
진정한 행복은 타인과 자신을 비교하지 않고, 자신을 가로막는 마음의 빗장을 풀 때 얻을 수 있다.
즐거운 인생은 스스로 창조하는 것이지 사용 설명서에 적힌 대로 따라 하는 것이 아니다.

리즈 호가드(Liz Hoggard)

우리는 일반적으로 10대 중반부터 '나는 누구인가?', '나는 무엇을 잘하는가?' 등의 생각을 하게 된다. 하지만 불행히도 대한민국 청소년들은 소위 입시지옥이라는 것을 경험하면서, 내가 무엇을 좋아하는지, 내가 무엇을 잘하는 사람인지, 내가 누구인지에 대한 생각과 고민을 할 기회도 시간도 부족한 경우가 많다. 대부분의 청소년들은 그저 어른들에 의해 주어진 삶을 살아간다. 결국, 자신에 대한 진지한 고민 없이 20대가 되고, 막상 성인이 되고 나면 무엇을 해야하는지 몰라서 고민하고 방황을 한다.

에릭 홈부르거 에릭슨(Erik Homberger Erikson)은 심리 사회적 발달 이론을 수립한 저명한 정신 분석가이다. 그에 따르면, 청소년기에는 '나는 누구인가?'에 대한 답을 찾는 '자아정체감(self identity)'을 형성하게 되는데, 이를 실패하게 되면 '자아정체감 혼란(role confusion)'을 경험하게 된다고 한다. 청년기 때는 깊은 관계에서 '친밀감(intimacy)'을 경험하게 되는데, 이것을 달성하지 못하면 '고립감(isolation)'을 경험하게 된다고 한다.

하지만 우리나라 청소년의 대부분이 자아정체감에 대한 깊은 고민 없이 청년기에 접어들기 때문에, 청년들은 자아정체감 성취와 더불어 친밀감 형성이라는 두 마리의 토끼를 잡아야 하는 정신적으로 부담스러운 상황에 놓여 있다. 그뿐만 아니라 경제적인 독립을 이루기 위해 취업이나 창업을 위한 준비를 해야 하고, 부모로부터 독립하여 홀로서기를 해야 한다. 인생의 꽃이라고 불리는 20대, 그 황금 같은 시기에 이들이 달성해야 할 것도 준비해야 할 것도 너무 많다.

그렇다면, 지금 청년들에게 가장 필요한 것은 무엇일까? 학점을 관리하는 것도 중요하고, 취업을 위한 스펙 쌓기도 중요하고, 이성 친구를 만나는 것도 중요하다. 하지만 그것보다 더 중요한 것은 자신에 대한 이해이다. 자신에 대해서 명확하게 이해할 때, 가장 좋은 선택을 하고, 가장 만족스럽게 살아갈 수 있다. 내가 어떤 감정을 느끼고 있는지, 어떤 생각을 하고 있는지, 어떤 행동을 하면서 살아가는지 탐색하면서 자기 자신에 대한 이해를 깊이 있게 해야만 한다. 또한 이해를 넘어서 자기 자신에 대한 수용과 만족감을 느낄 때 비로서 우린 행복을 꿈꾸게 된다.

2장에서는 자기 이해를 충분히 하기 위해서 우리에 대한 이해, 즉 청년기에 대한 이해를 먼저 학습하고 자아관을 다룬다. 자신에 대한 이해가 바탕이 될 때, 우리는 나다운 삶, 나다운 사랑, 나다운 행복을 누리게 될 것이다.

1. 청년기의 이해

생애(生涯)는 한 사람이 태어나서 사망할 때까지 한평생의 기간이다. 청년기는 일반적으로 20, 30대의 성인을 의미한다. 이 시기가 독특한 특징을 지닌 인생의 한 시기로 인정한 것은 20세기 초 홀(Hall)이 청소년기(adolescence)라는 용어를 처음 사용하면서부터이다. 특히, 20대가 주목을 받은 것은 특별한 시대적 배경이 있다. 1960년대 이후 베트남전 반전 운동 등 미국 시민운동의 주축을 이룬 세대가 20대였다. 우리나라에서도 4.19 이후 지난 40여 년 동안 민주화를 외치며 정치·사회적 시민운동의 한 가운데에 선 세대가 바로 20대이다. 이처럼 20대가 사회 변화의 주축이 되자 사람들의 관심이 이들에게 쏠리게 되었고, 심리학자들은 이 세대를 청소년기의 연장인 청소년 후기(late adolescence), 청년기(youth), 성인 초기 전환기(early adult transition)라고 부르기 시작했다(김애순, 2015).

레빈슨(Levinson)은 청년기를 성인 초기 전환기라 지칭하며, 이 시기를 성인 이전과 성인 초기 사이의 다리 역할을 하는 시기로, 사계절에 비유하면 봄과 여름 사이의 환절기라고 했다. 일반적으로 많은 사람들이 환절기에 감기, 비염 등의 신체적인 어려움을 경험하거나 정신적으로 우울감을 느끼기도 한다. 하물며 인생의 첫 번째 환절기를 경험하는 청년들은 그 기간이 편할 수만은 없을 것이다.

아넷(Arnett, 2007)의 연구에 따르면, 어른의 특성이 무엇인지 물었을 때 응답자의 90% 이상은 '자신의 행위에 대해 책임을 지는 것'이라고 대답했지만, 미국 20대의 절반 이상은 스스로의 행동을 책임지지 않는다고 말함으로써 자신을 '성인'으로 간주하지 않고 있었다. 이러한 시기를 청소년기는 벗어났지만 성인은 되지 못한 과도기적인 시기라고 하였으며, 후기 청소년기와 초기 성인기 사이를 '성인 모색기(emerging adulthood)'라고 지칭하였다.

성인의 사전적 의미는 다 자라서 어른이 된 사람으로 성인의 역할을 수행하는 사람을 지칭한다. 성인이 수행해야 할 역할은 일반적으로 공교육을 마친 뒤 안정된 직업을 갖고, 부모로부터 독립하여 결혼을 하거나 단독 가구를 형성하는 것이다. 그러나 경제 성장이 정체되면서 장기 불황이 지속되고, 고학력화 추세로 직업 현장의 수요와 공급이 일치하지 않으면서, 청년들은 취업의 어려움을 경험하고 있다. 연쇄적으로 연애, 결혼, 독립 등, 즉 성인기로의 이행이 지체되는 현상이 나타나고 있다. 이는 우리나라뿐 아니라 전세계적인 추세이다. 이처럼 성인기 이행이 지연됨에 따라 이를 문제로 보기보다는 자연스러운 발달 과정으로 보면서 청년기라는 독특한 시기의 생애 과정이라고 인식하기 시작했다. 정리하자면, 청년기란 봄에서 여름으로 진행되는 환절기이며, 청소년기에서 성인으로 변화해 가는 과정이며, 성인으로서의 삶을 모색하는 과정이며, 부모의 보호에서 살던 미성년들이 그 보호를 벗어나 독립을 추구하는 시기이다. 아마도 청년기가 대부분의 사람들이 경험하는 첫 번째 큰 변화이자 어려움일 것이다.

이 과정 속에서 고민도 없고 힘들어하지 않는 청년들이 누가 있을까? 참 쉽지 않은 시기이다. 고등학교 때까지는 비교적 유사한 환경에서 비슷한 사람들과 왕래하지만, 성인이 된 이후에는 자신의 생활 반경이 확대되고, 미디어의 영향으로 나와 다른 세상 살고 있는 사람들을 다양하게 접한다. 이를 통해 사람들이 나와는 다르다는 것을 알게 되면서 나름의 불안감과 두려움을 느낀다. 이런 감정과 함께 '나는 누구인가?', '나는 어떤 사람이 되기를 원하는가?', '과연, 어떻게 살아가는 것이 맞는가?' 등 많은 고민에 빠지게 된다. 이러한 질문은 누구도 쉽게 답을 할 수 있는 것이 아니라서, 청년기에 경험하는 불안과 혼란스러움, 두려움과 공포, 우울과 낙담 등의 감정을 느끼는 것은 어쩌면 너무 자연스러운 일이다. 하지만 이 시기를 힘들고 어렵다고만 생각할 것이 아니라, 우리는 더 건강하고 행복한 삶을 살기 위해서 준비해야만 한다.

인생의 첫 번째 전환기인 청년기에는 무엇을 해야 할까? 알포트(Alport)는 청년기란 자기에 대한 새로운 탐색기라고 했으며, 에릭슨은 자아정체감을 형성하는 것이 중요하다고 했으며, 레빈슨은 청년은 꿈을 형성하고 성인 초기를 살아갈 인생 구조를 설계할 준비를 해야 한다고 주장했다.

이를 바탕으로 청년기의 발달과업을 정리하자면 첫째, 자아관을 확립하는 일이다. '나는 누구인가'에 대한 답을 명확하게 내리는 사람은 없을 것이다. 하지만 그 어려운 질문에 대한 답을 찾기 위한 노력을 시작해야 하며, 자신에 대한 큰 그림을 그릴 수 있어야 한다. 둘째, 부모로부터 심리적인 독립을 하는 것이다.[*] 부모로부터의 독립은 관계의 단절을 의미하는 것이 아니라 성인 대 성인으로 새로운 관계를 형성해 나아가는 것이다. 셋째, 미래 자신의 삶에 대한 계획을 세우는 것이다. 미래 계획이라 함은 직업, 결혼 혹은 독신으로의 삶을 위한 준비를 하는 것이다. 이를 위해서 자신의 적성과 취미에 맞는 전공을 선택하고, 인생의 목표를 달성하는 데 필요한 학습 스타일을 길러야 한다. 교육을 통해 직업 계획을 세우고, 이를 위한 준비를 해야 한다. 또한 우정, 연애 등의 깊이 있는 인간관계를 통해서 친밀한 인간관계의 경험을 해보는 것이 필요하다.

이 모든 과정은 내가 어떤 사람인지, 무엇을 할 수 있는 사람인지, 내가 잘하는 것과 좋아하는 것이 무엇인지 등 끊임없이 자신에 대해서 묻고 답하면서 자아관을 확립해 가는 과정이다. 이를 토대로 세상 속에서 삶의 목적을 정하고, 인생 구조를 설계하는 데 필요한 인지적, 정서적, 사회적 자원을 함양하고 준비해야 한다. 미성년이었던 나의 삶을 정리하고, 성인이 된 나의 삶을 준비하는 것이 바로 청년기에 해야 할 발달과업이다.

---

[*] 3장 참고

자아 탐색

자신에 대해서 집중하는 시간입니다. 아래 질문에 성실하게 답하세요.

• 자신을 나타내는 단어 10개를 적어 보세요.

_____

_____

_____

_____

• 현재 자신의 핵심적인 정서(감정), 인지(생각), 행동(태도)을 적어 보세요.

_____

_____

_____

_____

• 현재 자신이 가장 하고 싶은 것, 가장 하기 싫은 것, 꼭 해야 하는 것을 적어 보세요.

_____

_____

_____

_____

• 자신을 한마디로 정의해 보세요.

_____

_____

_____

_____

2. 자아관

자아관(self-knowledge)이란 자기에 대한 이해, 즉 자기 인식을 말한다. 자아는 진정한 자신의 참모습으로 자신에 대한 감정(feeling), 사고(thinking), 행동(action)의 측면을 말한다. 즉, '나는 누구인가'에 대한 감정적인 측면을 자아존중감, 인지적인 측면을 자아개념, 행동적인 측면을 자아정체감이라 한다(김영희·김경미, 2018). 이것이 포괄적인 의미에서 자기 인식이다.

1) 자아존중감

자아존중감(self-esteem)은 '나는 누구인가'에 대한 정서적인 측면을 의미한다. 자신의 존재에 대한 자기가치감과 자기유능감이다. '나는 가치 있는 사람이다', '나는 사랑받을 만한 사람이다', '나는 괜찮은 사람이다'라고 자신을 평가할 때 생기는 것이 자기가치감이다. 또한 '나는 유능한 사람이다', '나는 나에게 맡겨진 일을 잘 해낼 수 있다고 믿는다'고 자신을 평가할 때 일어나는 감정이 자기유능감이다. 즉, 이러한 감정을 비교적 자주 느끼며, 이런 감정에 확신을 가진 사람이 자아존중감이 높은 사람이라고 할 수 있다. 자아존중감은 자기 자신을 이해하고, 자신을 있는 그대로 수용하며, 자신의 목표를 향해 나갈 수 있는 내면의 힘을 길러준다.

(1) 감정과 자아존중감의 중요성

자기 인식의 첫 단계는 자신의 감정을 이해하는 것이다. 감정을 이해하는 것이 왜 중요할까? 우리는 과거부터 감정이 중요하지 않다고 생각하고, 그것을 드러내지 않는 것이 미덕이라고 교육받아 왔다. 하지만 그렇지 않다. 감정은 너무 중요하다. 최근 활발하게 진행되는 뇌에 관한 연구가 감정의 중요성을 뒷받침하고 있다. 우리의 뇌는 호흡, 혈압 조절, 체온 조절, 심장 박동 등 생명을 유지하는 데 필요한 기능

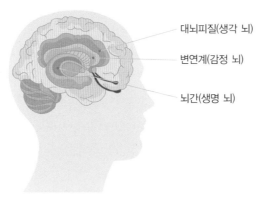

**그림 2-1
뇌의 3층 구조**

출처 : 존 가트맨·최성애·조벽(2011). 내 아이를 위한 감정코칭.
서울 : 한국경제신문. 57쪽.

대뇌피질(생각 뇌)

변연계(감정 뇌)

뇌간(생명 뇌)

을 담당하는 생명의 뇌라 불리는 뇌간, 감정을 다스리고 기억을 주관하며, 호르몬을 담당하는 감정과 본능의 뇌라 불리는 변연계, 생각하고, 판단하고, 우선순위를 정하고, 감정과 충동을 조절하는 생각의 뇌라 불리는 대뇌피질로 구성되어 있다.

뇌간은 태어날 때 이미 완성되어 있고, 변연계는 영·유아기, 아동기, 청소년기에 활발하게 발달하여 청소년기가 끝날 때쯤 거의 완성된다. 대뇌피질에서 가장 큰 전두엽은 초등학교 4~5학년쯤 가완성이 되다가 청소년기에 재정비가 되고 20대 중반 이후에 성숙해진다. 전두엽이 완성되지 않은 상태에서 우리는 이성적인 생각과 판단을 기대할 수 없다. 감정으로 먼저 수용하고 공감이 이뤄져야 이성적이고 합리적인 생각을 하며 행동을 선택할 수 있게 된다(존 가트맨 외, 2011).

감정이 이성적 판단을 방해한다고 믿는 사람도 많다. 분명 생각하고 판단하고 선택하는 것은 생각의 뇌, 전두엽의 몫이다. 하지만 감정의 뇌가 충분히 제 역할을 하지 못하면 생각의 뇌 또한 정상적으로 자기의 능력을 발휘하지 못한다. 따라서 우리는 우리의 감정을 먼저 인식해야 한다. 감정이 수용될 때 자아존중감이 높아진다.

자신의 감정을 인식했다면, 그 감정이 긍정적이든 부정적이든 그 감정을 있는 그대로 수용하는 것이 필요하다. 사람들이 살아가면서 힘들 때 경험하는 부정적인 감정은 건강한 것일 수도 있고, 건강하지 못한 것일 수도 있다. 감정을 경험하는 것은 자유로운 현상으로 불쾌하거나 해가 되는 자극을 실제로 경험하거나 떠올리게 되면 자동적으로 감정이 일어난다. 이런 과정 자체는 인간의 '건강한' 모습이다. 만약 부정적인 감정을 느끼지 못한다면, 부정적인 자극을 줄이거나 피하려는 노력을 하지 못할 것이고, 그러면 인간은 더 비참한 삶을 살게 되고 생존율도

행복한 삶을 위한 가족의 이해

감정의 중요성 _ 엘리엇의 사례

엘리엇(Elliot)은 뇌에 종양이 생겨 뇌의 일부를 제거하는 수술을 받았다. 그 수술은 복내측 전전두피질(ventromedial prefrontal cortex)이 손상되었는데, 이 부분은 감정과 사고를 종합해 감정을 통제하고 판단과 결정을 내리는 영역이다. 다행히 엘리엇의 사고 능력은 아무 문제가 없었다. IQ도 수술 전과 똑같았고, 운동이나 언어 능력, 기억력도 전혀 떨어지지 않았다. 단지 수술 후 엘리엇이 그 어떤 감정도 느끼지 못한다는 점만이 다를 뿐이었다. 엘리엇의 주치의도 엘리엇은 감정을 느끼지 못하지만 생각의 뇌는 지극히 정상이므로 정상적인 사회생활을 하는 데 문제가 없을 것이라고 확신했다. 그러나 엘리엇의 삶은 비극으로 끝났다. 엘리엇은 대기업에서 높은 연봉을 받는 경영인이었는데, 수술 후 회사에 적응하지 못하고 퇴사했다. 그는 어떤 결정도 하지 못했다. 꼭 고도의 어려운 판단을 필요로 하는 사항뿐만 아니라 파일을 정리하는 단순한 일부터, 식사할 장소를 정하는 일, 약속을 정하는 일 등의 간단한 것도 처리하지 못했다. 끝도 없이 세세한 부분까지 심사숙고하면서도 결정을 내리지 못하는 일들이 많았다. 결국, 그는 회사에서 물러날 수밖에 없었고, 사랑하는 아내와도 이혼하는 아픔을 겪었다. 엘리엇의 아픔을 통해 감정은 재평가되었다. 감정은 단순히 이성을 교란하는 요인이 아니라, 오히려 적절한 판단과 결정을 내릴 수 있도록 돕는 내비게이션과도 같은 역할을 한다.

감정은 우리가 생각하는 것보다 훨씬 지혜롭다. 어떤 어려운 사안을 놓고 결정하지 못해 우왕좌왕할 때 흔히 "마음을 따르면 돼, 그게 정답이야"라고 말한다. 여기서 '마음'이란 mind가 아니라 heart를 뜻한다. 최근 신경생리정서심리연구에 따르면, 심장 자체에 두뇌의 신경세포와 같은 뉴런이 있다고 한다. 심장은 매우 미세한 감정에도 즉각 반응하고 긍정적 감정, 특히 감사와 연민, 동정, 사랑을 느낄 때 매우 안정적인 심박 변동율을 보인다. 신경 생리학적으로 말하자면 교감과 부교감 신경, 각성과 이완이 조화와 균형을 이루어 집중이 잘되고 생각이 맑아지면 몸이 가뿐하고 힘이 거의 들지 않는 것처럼 느껴지는 상태에 이른다. 한마디로 생각과 감정, 행동이 일치한 상태를 의미한다. 이러한 상태가 '최적의 몰입 상태'이다. 감정을 주관하는 뇌의 일부분이 손상된 엘리엇은 생각, 논리, 사실 나열은 할 수 있었지만 우선 순위와 선택을 하지 못했다. 힘만 들고 성과가 나지 않은 것이다.

마음이 가는 곳에 감정이 영향을 받는다. 비록 감정이 그쪽 방향으로 쏠리는 이유를 논리적으로 설명할 수 없을지라도, 심장은 그동안의 경험을 바탕으로 감정에 즉각 반응하며, 아주 빠른 순간에 직관적으로 어느 방향으로 가야 하는지를 감지한다. 그래서 더더욱 감정이 중요하며, 감정이 엉뚱한 선택을 하지 않도록 자신이 경험하는 감정에 적절히 대응하는 방법을 터득해야 한다.

출처 : 존 가트맨·최성애·조벽(2011). 내 아이를 위한 감정코칭. 서울 : 한국경제신문, 59~61쪽, 재구성.

자아존중감 척도

사회학자 모리스 로젠버그(Morris Rosenberg)가 개발한 로젠버그 자아존중감 척도(RSES, Rosenberg self-esteem scale)는 사회 과학 연구에서 널리 사용되는 것입니다. 솔직하게 답변해 주세요.

문항	내용	매우 동의	동의	동의하지 않음	매우 동의 하지 않음
1	나는 전반적으로 나 자신에 만족한다.	4	3	2	1
2	가끔 나는 내가 전혀 잘하지 못한다고 생각한다.	1	2	3	4
3	나는 여러 가지 장점이 있다고 생각한다.	4	3	2	1
4	나는 다른 사람만큼 일을 잘할 수 있다.	4	3	2	1
5	나는 자랑할 것이 별로 없다.	1	2	3	4
6	나는 때때로 쓸모가 없다고 느껴진다.	1	2	3	4
7	나는 적어도 다른 사람들과 동등한 가치가 있는 사람이라고 생각한다.	4	3	2	1
8	나 자신을 좀 더 존중할 수 있다면 좋겠다.	1	2	3	4
9	나는 내가 결국 실패했다고 느끼는 경향이 있다.	1	2	3	4
10	나는 나 스스로에 대해 긍정적인 태도를 갖는다.	4	3	2	1

주 : 2, 5, 6, 8, 9는 역채점 문항입니다. 점수를 매길 때는 나와 있는 그대로 수행하시면 됩니다.

• 10~19점 : 자아존중감 낮은 편에 속함
• 20~29점 : 자아존중감 보통 수준
• 30점 이상 : 건강하고 바람직한 자아존중감
* 점수가 15점 미만이라면, 전문가의 상담을 받아보는 것을 추천함

출처 : Rosenberg, M. (1989). Society and the adolescent self image. Wesleyan University Press: Revised edition Co.

더 낮아질 것이다(김은영·이규은, 2014). 따라서 긍정적이든 부정적이든 감정을 제대로 충분히 느끼는 것이 우리의 삶에 살아가는 데 동시에 나를 이해하는 데 큰 도움이 될 것이다. 나에 대한 이해를 바탕으로 자신을 온전히 수용할 수 있을 때, 자아존중감이 높아진다.

자아존중감이 높은 사람은 자신의 욕구를 잘 성취해 낼 수 있을 것이라고 기대하고, 그 기대감에 충실하려고 노력하기 때문에 성공의 확률이 높다고 한다. 또한 자신에 대해서 객관적으로 점검할 수 있기 때문에 자기수용 능력뿐만 아니라 다른 사람을 수용하는 능력도 높아 만족스러운 대인관계를 유지할 수 있다.

반면에 자아존중감이 낮은 사람은 자신에게 부정적이며 거부적인 판단을 하게 된다. 평소에 열등감을 많이 느끼고 주변 사람들에게 자신의 가치를 인정받지 못한다고 느끼며, 자신의 부족한 면이 드러날까 봐 두려워하거나 불안해 한다(Stewart, 1998; 김영희·김경미, 2018에서 재인용). 이것이 바로 자신의 감정을 중요하게 여기고, 자아존중감을 향상시켜야 하는 이유이다.

(2) 자아존중감을 향상시키는 방법

자아존중감을 높이기 위해서 우리는 어떠한 노력을 할 수 있을까? 첫째, 자신의 감정을 있는 그대로 수용하는 것이다. 그 감정이 좋은 감정이라면, 의심하거나 불안해하지 말고 그 감정을 있는 그대로 즐긴다. 부정적인 감정이 지배적으로 느껴질 때는 부정적인 감정의 원인을 탐색하는 것이 필요하다. 감정의 원인을 알게 되면 부정적인 감정에 덜 휘말리게 된다.

둘째, 규칙적인 생활 습관을 길러 삶에 대한 근면성을 기르는 것이다. 우리는

자아존중감 향상을 위한 훈련 1 _ 감정 탐색

자아존중감의 향상은 자신의 감정을 존중하고 수용하는 데서 시작합니다. 하지만 지금껏 감정을 억누르며 이성적으로 사는 것이 옳다고 교육을 받은 사람들이 자신의 감정을 인식하고 존중하는 것은 그리 쉽지 않습니다. 따라서 감정을 느끼는 것도 연습이 필요합니다.

함께
하기

오랫동안 굳어진 습관을 단번에 바꾸기 어렵듯이, 오랜 시간 무감각하게 살았던 사람이라면 자기 감정과 친해지는 데 시간이 걸릴 수밖에 없습니다. 따라서 감정을 인식하고 친해지려면 약간의 연습이 필요합니다.

자신의 감정과 친해지기 위한 한 가지 도구는 '감정 일지'입니다. 감정 일지란 말 그대로 하루 동안 어떤 감정을 느꼈는지를 기록하는 것입니다. 감정 일지는 자신의 감정을 인식하는 것뿐 아니라 자기감정을 좀 더 객관적으로 바라보고 조절할 수 있는 힘을 키우도록 돕습니다. 하루를 마감하고 간단하게라도 어떤 감정을 어떤 상황에서 느꼈는지, 감정의 강도는 어느 정도였는지를 적어 두면 감정과 좀 더 빨리 친해질 수 있습니다. 감정과 친해지면, 감정을 더 잘 수용하게 되고, 감정의 수용은 자아존중감 향상이라는 좋은 결과를 가져올 수 있습니다. 최소 일주일 이상 기록하면, 감정을 이해하는 데 도움이 될 것입니다. 이것은 옳고 그름이 아니라 주관적인 느낌이니 최대한 솔직하게 적는 것이 좋습니다.

요일	감정	상황 (감정을 유발한 상황이나 장면)	주관적 감정의 정도 (1~10으로 기록)*
월			
화			
수			
목			
금			
토			
일			

* 가장 낮을 때가 1, 가장 강하게 느낄 때 10

출처 : 존 가트맨·최성애·조벽(2011). 내 아이를 위한 감정코칭. 서울 : 한국경제신문. 100쪽.

가끔씩 아무것도 하지 않은 채로 무기력한 삶을 살다 보면, 자신이 한심스럽고 미워질 때가 있다. 이런 상황이 지속 되면 자신이 가치없는 것처럼 느껴지게 된다. 근면성을 기른다는 것은 반드시 아침 일찍 일어나서 일과를 시작하고, 남들처럼 삶을 살아가라는 의미가 아니다. 자신의 방식대로 삶을 살아가되, 그 안에는 규칙성이 존재하고 자신의 행동을 스스로 통제할 수 있어야 한다. 규칙적으로 사는 삶에 익숙해질 때, 삶에 대한 근면성과 성실함을 기를 수 있다. 이렇게 길러진 근면성은 자아존중감을 높이는 데 큰 기여를 한다.

셋째, 성공 경험을 하는 것이다. 여기에서 성공이라 함은 남들이 보기에 인정할 만한 성과가 있는 대단한 것을 의미하는 것이 아니다. 무엇인가를 달성하는 것은 그리 간단하고 쉬운 일도 아니다. 따라서 작은 목표부터 단계적으로 목표를 세우고, 그것을 달성할 때마다 스스로 성공이라고 인지하는 것이 중요하다. 이를 위해서 자신이 잘하는 분야, 자신의 능력을 나타낼 수 있는 영역을 찾는 것도 필요하다.

넷째, 자신에게 긍정적인 피드백을 주는 것이다. 예를 들어, 자신이 스스로 다이어트를 하기로 결심을 했고, 이를 위해서 한 시간 동안 운동을 했다면 자신과 한 약속을 지킨 것이다. 이때 자기 자신에게 "잘했어", "할 수 있어", "오늘도 나와의 약속을 지켰구나. 너는 참 멋있는 사람이야"처럼 자신에게 긍정적인 피드백을 주는 것이다. 이와 같은 긍정적인 피드백은 자신이 한 행동이 성공이라는 것을 인식시켜 주기 때문에 자아존중감을 향상시키기 위해서 꼭 필요한 것이다.

자아존중감 향상을 위한 훈련 2 _ 장점 찾기

자아존중감이란 자신이 자기 자신에 대해서 어떻게 느끼는가에 대한 지극히 주관적인 감정입니다. 예를 들어 '항상 웃는다'라는 특성을 주변에 밝은 분위기를 준다고 긍정적으로 느끼는 사람이 있지만, 반대로 '왜 저 사람은 진지하지 못하지?', '가볍다', 혹은 '신뢰할 수 없다'고 느끼는 사람이 있을 수도 있습니다. 이처럼 모든 것은 느끼고 생각하기 나름이기 때문에 나의 단점도 장점이 될 수 있습니다. 자아존중감을 향상하기 가장 좋은 방법은 자신의 장점을 찾아보는 것입니다. 자신이 느끼는 자기 자신의 장점에 대해서 적어 봅시다.

1. _____

2. _____

3. _____

4. _____

5. _____

6. _____

7. _____

8. _____

9. _____

10. _____

11. _____

12. _____

13. _____

14. _____

15. _____

16. _____

17. _____

18. _____

19. _____

20. _____

21. _____

22. _____

23. _____

24. _____

25. _____

26. _____

27. _____

28. _____

29. _____

30. _____

여기에는 30개의 칸을 만들어 두었지만, 자신의 장점 100개, 200개를 넘어 500개 이상 적어보기 바랍니다. 하루에 1~2개씩 장점을 적어 보는 것은 자아존중감 향상에 큰 도움이 될 것입니다.

다섯째, 자신의 평가 기준은 자신이 정한다. 낮은 자아존중감을 가진 사람들은 다른 사람들에게 설득되기 쉽고, 타인의 기준을 받아들이는 경우가 많다. 이로 인해 자신이 그 기준에 미치지 못한다고 생각할 때, 한없이 초라해진다. 남들이 만들어 놓은 잣대에 나를 맞추고 사는 삶은 결코 행복할 수 없다. 따라서 남의 기준이 아닌 자신만의 평가 기준을 정하고, 자신이 원하는 목표를 달성하기 위해 노력해야 한다.

여섯째, 건강한 정서적 지지망을 만드는 것이다. 자신의 정서적인 지지망은 부모, 친구, 선생, 동료 등 가까운 사람이 될 수 있다. 인간은 혼자 살아가기 힘들다. 위기의 순간과 어려움이 몰려올 때, 내 편이 되어 주고 힘이 되어 줄 수 있는 존재가 있다는 것만으로 큰 힘이 될 때가 있다. 반대로 내가 누군가의 정서적 지지망이 되는 것도 좋다. 가까운 사람에게 나라는 존재가 힘이 된다는 것만으로 충분히 자신을 가치 있게 여길 수 있기 때문이다.

일곱째, 실패, 상실, 이별 등과 같이 삶의 역경에 처해 있을 때 느껴지는 고통스러운 감정을 인식하고, 자기 위안을 해주는 것이다. 주변 사람들의 위로와 위안도 큰 도움이 된다. 하지만 때로는 그 위로가 효과가 없을 때가 있다. 스스로가 자신을 위로하고 돌보는 것도 필요하다. 자신을 채찍질하고 자신을 과도하게 밀어붙였던 경험이 많은 사람들에게 꼭 자기 위안을 해보기를 권한다.

자아존중감 향상을 위한 훈련 3 _ 쓰담쓰담

'쓰담쓰담'이란 자아존중감을 향상하기 위해 고안한 방법으로, 긍정적인 피드백과 자기 위안을 동시에 할 수 있습니다. 아래 내용은 '쓰담쓰담' 실천 방법입니다.

1. 일어나자마자, 잠자기 직전에 하루 2회 이상 실시합니다.
2. 거울을 통해 자신의 모습을 보는 것을 추천합니다.
3. 자신에게 "수고했어", "괜찮아", "할 수 있어", "지금도 충분해", "내가 알고 있는 사람 중에 네가 가장 멋있고 훌륭해" 등의 자기 확신의 말을 소리 내서 합니다. 내 귀에 그 소리가 들릴 정도로 소리를 냅니다. 이때, 자신의 손으로 머리를 쓰다듬어 주거나 자신을 안아 주는 것이 더 좋습니다.
4. 단, 목표를 달성하고, 성과가 있어서 하는 조건이 있는 객관적인 칭찬과 피드백이 아니라 지금 현재 있는 그대로의 모습을 지속적으로 칭찬하는 것입니다.
5. 최소 6개월 이상 꾸준히 실천하길 바랍니다.

앞서 자아존중감을 높일 수 있는 7가지 방법을 제시했다. 이런 방법은 많은 시간을 투자하거나 경제적인 비용이 드는 일이 아니다. 다만, 꾸준하게 실천하고 노력해야 한다. 자신이 괜찮은 사람이 되길 원한다면, 자신이 진정한 행복을 꿈꾼다면, 자아존중감의 향상을 위해서 꾸준히 노력해 보기를 바란다.

2) 자아개념

자아개념(self-concept)은 '나는 누구인가?'에 대한 인지적인 측면(thinking)이다. 자신이 생각하고 있는 자신의 특성이 바로 자아개념이다. 자아개념은 개인이 자기 자신에 대해서 가지는 주관적인 지각 또는 태도이다. 내면의 일관성을 유지하고, 경험을 해석하고, 미래의 성취에 대한 기대 수준을 결정하는 인간 행동의 중요한 변인이다.

(1) 자아개념의 특성

자아개념은 몇 가지 특성이 있다(송관재 외, 2003). 첫째, 자아개념은 계속적으로 변화한다. 자아개념의 형성은 사회적 영향이 크기 때문에 변화하는 상황에 따라 다른 자아개념을 갖게 된다. 또한 나이들고 성장하면서 경험이 누적되고, 타인과의 지속적인 상호작용 속에서 점차 다른 자아를 발견하기도 한다. 즉, 자아개념은 상황의 변화와 새로운 자신의 발견을 통해 지속적으로 변화한다.

둘째, 자아개념은 타인의 영상 속에서 형성된다. 주변 사람들이 나를 어떻게 바라보는가에 대한 나의 생각이 내가 나를 평가하는 중요한 기준이 된다. 특히 자아개념에 영향을 끼치는 타인은 자신이 중요하게 생각하며 영향력이 있다고 여기는 사람들이다. 일반적으로 영·유아기는 주양육자를 비롯한 부모, 아동기와 청소년기는 친구를 비롯한 주변 또래의 영향을 많이 받고, 청년기 이후에는 가족, 친구, 가까운 직장 동료 등에게 많은 영향을 받는다.

셋째, 자아개념은 행동에 중요한 영향을 미친다. 스스로 만들어 낸 자아개념은 자신이 하는 행동에 직접적인 영향을 준다. 예를 들어, 내가 말을 잘하는 사람이라고 생각하면 어디서든지 당당하게 말을 하지만, 내가 말주변이 없다고 생각하면 말을 덜하게 된다. 즉, 자신이 생각 한대로 행동하면서 그 행동은 다시 자신의 사고를 정당화시키고 특정한 성격을 가진 사람으로 구체화한다.

(2) 자아개념의 기능

자아개념이 인간관계에 미치는 영향은 매우 크다. 건강한 자아개념은 대인관계에서 오는 스트레스 대처능력을 높여 주고 의사소통에 자신감을 갖게 해준다. 또한 긍정적인 부모-자녀, 부부, 연인, 친구 관계에 중요한 기여를 한다(임혜경 외, 2012)

자아개념의 기능은 대표적으로 3가지로 구분할 수 있다(이성태, 2006; 김혜숙 외, 2008). 첫째, 메시지 여과 수용 기능이다. 자아개념은 지각적 여과 장치로써 다른 사람과의 상호작용과 경험을 여과함으로써 인간관계에 영향을 미친다. 예를 들어, 우리는 사람들과 대화할 때 똑같은 메시지를 들었다고 해도 듣는 사람마다 이해하는 것은 다를 수 있다. 이는 자신의 자아개념 틀에 맞추어 경청할 메시지를 선택하고 각색하기 때문이다. 자아개념은 지각적 여과 장치로 타인과의 상호작용과 자신의 경험을 1차적으로 걸러 내는 기능을 한다.

둘째, 자성 예언 기능이다. 자성 예언이라 함은 우리가 믿고 생각한 것이 현실로 이루어져 내가 예언한 것처럼 되는 현상을 말하며, 피그말리온 효과(pygmalion effect)라도 한다. 스스로 잘할 수 있다고 믿고, 주변에서 잘할 것이라고 기대하는 경우 생각한대로 결과가 나오는 경우가 많다. 일상생활 속에서도 긍정적인 사고와 언어는 긍정적인 결과를 가져오고, 부정적인 사고와 언어는 부정적인 결과를 가져오는 경우가 많다.

셋째, 주변 정보의 해석 기능이다. 자아개념은 주변 정보를 해석하는 데도 영향을 준다. 자아개념이 분명할수록 다른 사람을 정확하게 지각할 수 있다. 자신을 수용하는 건강한 자아개념을 가진 사람은 다른 사람도 긍정적으로 보고, 타인의 평가에 지나치게 영향을 받지 않는다. 자신의 장점과 단점을 모두 인정하고 주변을 있는 그대로 수용하기 때문에 긴장하지 않고 편안하게 다른 사람과 관계를 맺을 수 있다.

나아
가기

생활 자세 _ OK 목장

생활 자세에 관한 내용은 교류 분석(TA, Transactional Analysis)에 근거한 것이다. 교류 분석은 성격의 형성 과정과 성격이 행동으로 표현되는 과정을 자아 상태로 설명하는 성격 이론이며, 일상생활 문제부터 심각한 심리적 장애까지 치료할 수 있는 방법을 제공하는 심리 치료 이론이다.

교류 분석의 주요 개념 중 하나가 생활 자세이다. 이를 인생 태도라고도 하는데, 자신과 타인에 대해 본질적인 가치를 부여하는 근본적인 태도를 의미한다. 즉, 자신과 타인에 대한 긍정적 또는 부정적 태도이다. 생활 자세의 유형은 자신과 타인에 대해서 긍정적 태도(OK)를 지니고 있는지, 아니면 부정적 태도(not OK)를 지니고 있는지에 의하여 구분된다. 자신과 타인에 대한 긍정적 태도·부정적 태도를 조합하여 네 가지 유형으로 구분되며, 네 가지 유형 중 자기 긍정-타인 긍정의 태도가 가장 바람직하다.

행복한 삶을 위한 가족의 이해

네 가지 유형은 다음과 같으며, 각각의 특성을 다음과 같다.

① 자기 긍정(I'm OK) – 타인 긍정(You're OK)
② 자기 긍정(I'm OK) – 타인 부정(You're not OK)
③ 자기 부정(I'm not OK) – 타인 긍정(You're OK)
④ 자기 부정(I'm not OK) – 타인 부정(You're not OK)

U+

I'm OK – You're OK (자타 긍정)	I'm not OK – You're OK (자기 부정 – 타인 긍정)
• 대인관계가 원만함 • 문제 해결이 효율적임 • 건강한 태도임 • 승자 각본	• 타인에 대해 열등감 느낌 • 위축된 행동을 함 • 신경증, 우울증 가능성 있음 • 희생자 역할
I'm OK – You're not OK (자기 긍정 – 타인 부정)	I'm not OK – You're not OK (자타 부정)
• 타인에 대해 우월감 느낌 • 고압적이고 공격적인 행동 • 투사, 편집증 가능성 있음 • 박해자, 구원자 역할	• 모든 것이 무의미함 • 아무것도 성취하지 못함 • 정신과적 질환 가능성 있음

I+   I–

U–

* I는 I(나)를, Y는 You(너)를, +는 긍정을, –는 부정을 의미

출처 : Stewart, I., & Joines, V.(1996): 김순옥 외(2012). 가족상담. 파주 : 교문사. 273쪽에서 재인용.

긍정적인 자아개념은 자기 자신을 의미 있는 존재로 인식하고 자신감을 갖게 하는 반면, 부정적인 자아개념은 자신을 보잘 것 없는 존재로 인식하고, 대인관계를 형성하고 유지하는 것에도 부정적인 영향을 미친다. 따라서 자기 자신을 다른 사람과 비교해서 우월하거나 열등하다고 느끼지 않고 자기 모습을 있는 그대로 받아들이는 것이 건강한 사람이다. 자아개념의 긍정적 발달은 한 사람의 인생을 성공적으로 이끌 수 있을 뿐 아니라 긍정적 자아개념을 갖고 있는 사람이 많을수록 그 사회는 성공적인 사회가 될 수 있다. 자아에 대한 정확한 이해가 사람이 살

아가는 데 있어 행복의 유일한 결정 요인은 아니지만, 매우 중요한 요인 중의 하나임은 확실하다(Schiraldi, 2001).

3) 자아정체감

자아정체감(self-identity)은 '나는 누구인가?'에 대한 행동적인 측면(action)을 말한다. 자아정체감에 대한 정의가 다양하기도 하고, 여러 가지 함축적 의미를 포함하고 있어서 한마디로 정의 내리기 어렵지만 개인이 갖는 여러가지 역할을 통합하고 수행하는 것이라고 할 수 있다(김영희·김경미, 2018). 즉, '나는 무엇을 하고 싶다', '무엇을 할 수 있다', '무엇을 해야만 한다'에 답할 수 있는 것을 말한다. 또한 에릭슨(1963)에 의하면, 자아정체감은 영·유아기와 아동기 등 여러 발달단계의 과정을 거치면서 자신의 기본 욕구와 타고난 재능, 그리고 환경과 기회 간의 성공적인 상호작용으로 이루어진 수많은 경험들의 결과로 생긴 자신감이라고 하였다.

에릭슨은 청소년기의 가장 중요한 발달 과제를 '자아정체감 성취(ego identity achievement)'라고 했다. 청소년들은 부모로부터 분리되어 독립된 자신의 삶을 설계하고, 인생의 중요한 선택들을 눈앞에 두고 있다. 이를 위해 청소년들은 지금까지 무심코 살아왔던 내 자신을 돌아보고 '나는 누구인가?'하고 물으며 새로운 자기 탐색에 나서게 된다. 이 과정은 평온할 수만은 없으며, 갈등과 혼돈의 위기가 찾아오는 것은 아마도 자연스러운 일인지 모른다(김애순, 2015).

이러한 방황과 갈등 속에서 '나는 누구이며 이러이러한 일을 할 수 있는 사람이다', '나의 인생 목표는 무엇이며, 나는 이런 방향으로 삶을 살아가야 되겠다'는 확신을 얻었을 때, 자아정체감 성취에 이르게 된다. 자아정체감 성취를 한 사람들은 내적인 자신감과 통합감이 있다. 대체로 자아정체감 성취 상태에 이른 청소년들은 성실성(fidelity)이 생긴다. 이것은 사회의 가치 체계, 윤리, 관습을 수용하고 지키

---

* 에릭슨은 자아정체감 성취가 청소년기에 달성해야 할 과업으로 여겼지만, 우리나라 청소년의 대부분은 자아정체감 성취를 하지 못하고 청년기에 이 부분에 대한 생각과 고민을 하기 때문에 본 책에서는 자아정체감 성취를 청년기 발달과업의 하나로 보았다.

려는 자질이다. 반면에 유예 기간 동안 관여의 대상이 너무 많고 실험적인 시도가 너무 빈번할 때, 사람들은 '자아정체감 혼란(identity confusion)' 상태에 처하게 된다. 이렇게 되면 무력감, 소외감을 경험하게 되고 더이상 직업적 추구를 하려 하지 않으며, 자아개념이 부정적으로 형성될 우려가 있다(이춘재 외, 1990).

(1) 자아정체감 발달

모든 사람이 자아정체감을 성취하거나 혼란에만 처해 있는 것은 아니다. 마르샤 (Marcia, 1975)는 반구조적 면접법을 이용하여 직업에 대한 확고한 신념, 종교적 이념, 정치적 가치관, 성적 지향 등의 차원에서 대학생들이 어느 정도 정체성을 발달시키고 있는지를 탐색했다. 그녀는 위기(crisis)와 수행(commitment)의 두 차원에 근거하여 정체감 발달 상태(status)를 정체감 성취, 정체감 유예, 정체감 상실, 정체감 혼란의 네 가지 상태로 분류했다(김애순, 2015, 표 2-1).

자아정체감 성취(identity achievement)는 위기와 수행을 모두 경험한 경우이다. 이들은 어린 시절부터 가지고 있던 이상, 가치, 동일시의 내용과 새로 부딪힌 경험과 자극들 사이에서 진지하게 고민과 갈등을 한 위기의 순간들을 실제로 겪은 경험이 있다. 그리고 나서 새로운 대안들을 신중히 탐색해 보고 자신을 재정립해서 직업적 방향, 가치와 이념 등에 대한 선택을 결정을 한 후, 이를 실현하는 데 필요한 활동에 참여하고 있는 경우이다.

자아정체감 유예(identity moratorium)는 아직 자기 탐색을 위한 위기에 있으며, 어떤 뚜렷한 대안을 설정해서 수행하고 있지 않은 상태이다. 직업, 결혼, 가치관, 삶의 방향 등 다양한 문제에 대한 고민과 갈등을 하고 가능한 대안을 찾기 위

정체감 발달 지위	위기 경험	과업 수행
자아정체감 성취	○	○
자아정체감 유예	○	×
자아정체감 상실	×	○
자아정체감 혼란	×	×

표 2-1
마르샤의
네 가지 정체감
발달

해 방황하고 있으나 아직 확실한 결정과 선택을 해서 적절한 활동을 하고 있지는 못한 상태이다.

자아정체감 상실(identity foreclosure)은 자기 탐색을 위한 위기를 경험한 적은 없으나, 어떤 대안을 가지고 수행하고 있는 경우이다. 즉, 이들은 직업적 추구나 가치관, 이념 등에 대해 확실한 선택과 우선순위가 설정되어 있으나, 이러한 결정은 부모나 타인의 권유에 그대로 따른 것이기 때문에 자신이 이런 문제들에 대해 심각하게 고민하고 갈등해 본 경험이 없다. 말하자면 자신을 탐색해서 자신이 원하는 삶을 기획할 기회를 놓쳐 버린 셈이다. 이런 경우 자신이 살아온 인생이 타인들의 기대에 부응하기 위한 가면 인생이었다는 것을 깨달았을 때 정체감의 위기가 재현될 가능성이 높다(김애순, 1993).

자아정체감 혼란(identity confusion)은 위기도, 수행도 해본 적이 없는 경우이다. 직업적 추구, 종교적·정치적 이념이나 가치에 대해 의문과 갈등을 느끼지 않을 뿐더러, 인생의 방향이나 목표에 대해 진지하게 탐색하려는 동기도 없이 여기저기 참여했다가 쉽게 중단해 버리는 경우이다.

지금까지 자아존중감, 자아개념, 자아정체감, 즉 자아관에 대해서 알아보았다. 우리는 자신의 정서, 인지, 행동 측면에서 '나는 누구인가?'에 대한 답을 찾아 자기 인식을 해야 한다. 하지만 정서, 인지, 행동은 서로 구분되는 인간의 기능은 아니며, 본질적으로 통합된 것이고 전체적인 것이다. 아주 예외적인 순간 외에는 인간이 오르지 느끼기만 하거나, 생각만 하거나, 행동만 하는 경우는 거의 없다 (Ellis & MacLaren, 서수균·김윤희 역, 2007). 하지만 조금 더 깊은 탐색과 이해를 위해서 자신의 정서, 인지, 행동의 측면에서 각각 집중해 보았으면 한다. 즉, 나는 지금 어떤 감정을 느끼고, 나는 어떤 생각을 하고 있으며, 나는 어떤 행동을 하고 있는지 생각하고 고민하면서 자기 인식을 위한 노력하기를 바란다.

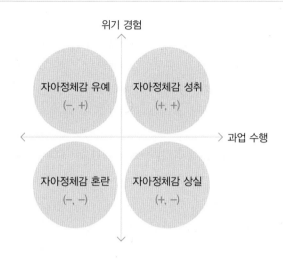

• 현재 나는 어디에 위치해 있다고 생각하십니까?

_____

_____

_____

_____

_____

• 그렇게 생각한 이유는 무엇인가요?

_____

_____

_____

_____

_____

• 만약, 자아정체감 성취 상태가 아니라면 어떤 노력을 통해서 자아정체감 성취로 발전할 수 있을까요?

_____

_____

_____

_____

_____

이를 통해 자기 이해를 했다면, 그 다음 과정은 자기 수용이다. 자기 수용은 자기 이해를 바탕으로 온전히 자신을 받아들이는 과정이다. 장점은 장점대로 받아들이고, 단점은 단점대로 받아들이면서 자신을 변화하려는 노력이 필요하고, 인정하는 것도 필요하다. 그렇게 스스로 자기 자신을 인정하게 되면, 그 다음 단계는 자신을 진정 사랑하는 것이다. '나를 사랑할 자는 나 자신이다'라는 것을 인식해야 한다. 자신을 사랑하기 위해서 밑받침에 되어야 하는 것은 자신이 주어진 상황에 적응하는 것이다. 우리에게 닥친 사회경제적인 상황을 혼자 힘으로 변화시키는 것은 쉬운 일이 아니다. 따라서 자신에게 주어진 상황 속에서 최선을 다해서 노력은 하지만, 자신에게 닥친 현실 속에서 내가 변화시킬 수 없는 일들은 포기하고 받아들이는 것이 건강한 자아관을 갖기 위해서 필요한 일이기도 하다(그림 2-2).

그림 2-2
건강한
자아관 확립

출처 : 본문의 내용을 그림으로 구성.

행복한 삶을 위한 가족의 이해

03

가족을 통한 자기 이해

이 세상에 태어나 우리가 경험하는 가장 멋진 일은 가족의 사랑을 배우는 것이다.

조지 맥도날드(George MacDonald)

자기 자신에 대해서 알 수 있는 가장 확실한 방법은 무엇일까? 요즘 선풍적으로 인기를 끌고 있는 MBTI (Myers-Briggs type indicator)를 비롯한 다양한 종류의 성격 검사나 심리 검사일까? 물론, 각종 성격 검사와 심리 검사가 자신을 이해하는 데 도움은 될 것이다. 하지만 이것만으로 복잡미묘한 자기 자신을 다 이해할 수는 없을 것이다. 그렇다면, 자기 자신을 이해하기 위해 도움이 되는 방법은 무엇일까? 3장에서는 자기 자신을 이해하는 또 다른 방법인 '가족'을 통한 자신의 이해를 돕고자 한다. 정확히 말하자면, 원가족*을 이해함으로써 자신을 이해하는 것이다.

대부분의 사람들은 가족과 함께 비슷한 환경에서 비슷한 것을 경험하면서 살아간다. 부모가 나를 낳아 준 혈연관계라면 유전자의 유사성 때문에 더 비슷할 수도 있다. 유전자의 유사성을 차치하더라도 부모(주양육자)**에 의해서 우리는 양육되고 교육받았기 때문에 자신을 이해할 때, 가족을 배제하고 생각할 수는 없다. 따라서 부모, 형제와의 관계를 통해서 가족의 영향을 탐색하고, 분석하는 과정을 통해서 자신에 대한 이해가 깊어지길 바란다.

---

* 원가족(family of origin)이란 개인이 태어나서 자라 온 가족 혹은 입양되어 자라 온 가족을 말하여 근원 가족 또는 방위 가족이라고도 한다.

** 주양육자는 '주요한', '1차적'으로 아이를 보살펴서 자라게 하는 사람을 의미한다. 많은 경우 부모가 주양육자이지만, 그렇지 않은 경우도 있다. 3장에서는 부모를 주양육자라고 가정하고 내용을 다루었지만, 주양육자가 부모가 아닌 경우는 '부모와의 관계'를 '주양육자와의 관계'라고 이해해도 무방하다.

인생 그래프 그리기

이번 '함께하기' 활동은 자신의 인생을 뒤돌아보면서 어떤 경험을 했고, 그것이 나에게 어떤 영향을 미쳤는지 대해 탐색하는 것입니다. 이 과정은 객관적인 것이 아니라 주관적으로 자신의 기억과 판단에 의해 진행됩니다. 그래프의 가로축은 시간이고 세로축은 자신이 느끼는 삶의 만족도입니다. 그래프를 그리고 자신의 인생에 중요한 사건들을 기록해 보세요. 연대기 순으로 기록하거나 사건을 중심으로 기록해도 좋습니다.

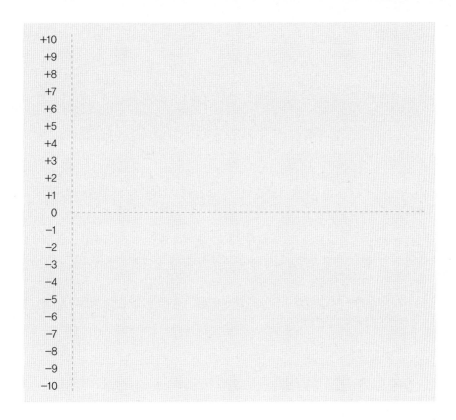

• 성장 과정 동안 가장 기억에 남는 사건은 무엇인가요? 그 이유는 무엇일까요?

_____

_____

• 성장 과정 동안 가족에게 받은 영향 중 가장 기억에 남는 것은 무엇인가요? 그 이유는
  무엇일까요?

　　　　　　　　　　　　　　　　　　　　　　　　　　　
　　　　　　　　　　　　　　　　　　　　　　　　　　　
　　　　　　　　　　　　　　　　　　　　　　　　　　　
　　　　　　　　　　　　　　　　　　　　　　　　　　　
　　　　　　　　　　　　　　　　　　　　　　　　　　　
　　　　　　　　　　　　　　　　　　　　　　　　　　　

• 성장 과정 동안 있었던 수많은 경험 중에 부모, 형제자매 등 가족에게 물어보고 싶은 것
  은 무엇인가요? 그 이유는 무엇일까요?
  예: 왜 부모님은 오빠만 더 좋아했어요? 왜 부모님은 내가 친구 때문에 힘들어 할 때, 아
  　　무런 도움을 주지 않았어요? 등

1. 부모와의 관계

부모는 자녀에게 절대적인 영향력을 행사하는 존재이다. 특히 생애 초기에 부모의 영향력은 전부라고 해도 과언이 아니다. 외모, 성격, 사회경제적인 지위 등 한 사람의 전반적인 부분이 부모에 의해서 결정된다. 즉, 부모에게 받은 영향력을 빼고 자기 자신을 설명하기란 불가능하다. 우리는 생물학적 아버지와 어머니 유전인자의 결합으로 태어났다. 부모의 유전인자는 주로 신체적인 특징, 두뇌와 신경 체계, 기질과 성격에 영향을 미친다. 외모가 너무 닮아서 '붕어빵'이라는 소리를 듣기도 하고, '피는 못 속인다'라는 말도 심심치 않게 한다. 하지만 우리에게 부모의 유전적인 영향만큼이나 중요한 것은 부모의 정서적 환경이다. 부모가 모두 있느냐 없느냐보다 부모가 정서적으로 성숙한지가 더 중요하고, 이러한 환경을 제공하는 것이 부모가 자녀에게 줄 수 있는 최고의 선물이다(김영희·김경미, 2018).

부모로서 준비가 된 정서적으로 건강하고 성숙한 부모는 자기 자신을 사랑하고, 자녀도 조건 없이 사랑한다. 부모의 정서적 안정감이 자녀에게 좋은 영향을 미치므로 자녀도 정서적으로 안정감 있게 자랄 수 있다. 그러나 정서적으로 미성숙한 부모는 자기 자신을 온전히 수용하지 못했기 때문에 이러한 불안감과 분노가 자녀에게 투사될 때가 많다.

어린 자녀에게 부모의 영향력은 절대적이기 때문에 자신을 긍정적으로 바라보고 자신에 대해 좋은 감정을 가지는 자기 사랑은 부모로부터 나온다. 에릭슨에 따르면, 태어나면서부터 생후 1년 사이에 경험하는 '신뢰감'은 부모의 양육 태도에 달려 있다고 한다. 이 시기에 부모가 자녀의 욕구를 만족스럽게 충족시켜 주면, 자녀는 자신이 안전한 곳에서 살아가고 있음을 경험하고, 이 세상은 살만한 곳이라고 믿게 된다. 이것이 바로 삶의 가장 밑바탕에서 버팀목이 되어 주는 '신뢰감'이다. 우리는 아이들이 낯선 사람과 환경을 접하면 울음을 터트리거나 두려워하는 경우를 종종 목격한다. 그때 부모가 나타나면 아기가 환하게 웃으면서 편안한 표정을 짓고, 낯선 사람과 환경을 탐색한다. 이것이 부모와 자녀의 신뢰감 형성의 단면적인 모습을 보여주는 것이다. 이러한 신뢰감을 바탕으로 자녀들은 '자신이 사랑받을 수 있는 존재'라고 느끼고 인식하게 되어 자기 사랑을 시작할 수 있게 된다.

그러나 부모가 자녀의 욕구를 충족시켜 주지 못하거나 무시하면, 자녀는 '불신감'을 형성하여 삶에 대한 불안감을 가지게 되고, 자기 사랑의 시작이 불안해질 수 있다. 자신이 성장할 때 부모로부터 건강한 사랑을 받지 못해 자기 사랑이 부족한 부모는 자녀에게 끊임없이 '나를 위해 존재하라'는 메시지를 주고, 자녀에게 지배적이고 강압적인 메시지를 준다. 또한 지나치게 헌신적인 부모도 강압적인 부모만큼 자녀를 지배하려는 욕망을 숨기고 있다. 부모의 헌신은 자녀의 성장을 위해 무조건 베푸는 것이다. 그러나 지나치게 헌신하는 부모는 그냥 베푸는 것이 아니라 자신의 헌신적인 삶을 돌려받기 위해 베푸는 것이다. 이와 같이 정서적으로 미성숙한 부모는 자신이 부모로부터 인정받고 존중받고자 했던 욕구를 강압적으로 자녀를 지배하면서 혹은 지나치게 헌신하며 자녀를 의존적으로 만들면서 충족하려고 한다(김영희·김경미, 2018에서 재인용).

문제는 부모-자녀의 지배와 의존의 관계 패턴이 한 세대에만 그치는 것이 아니라 다음 세대로 이어져 고통스러운 패턴이 그대로 되풀이되는 경우가 많다는 것이다. 이것은 바로 '익숙함' 때문이다. 예를 들어, 스트레스를 받으면 술을 과하게 마셔 가족을 괴롭히는 아버지를 보면서 성장한 자녀들은 '나는 커서 절대로 술을 마시지 말아야지', '술을 먹더라도 아버지처럼 술주정을 부리지 말아야지'라고 다짐을 한다. 하지만 자녀들도 스트레스를 받은 상황이 생기면 자기도 모르게 술을 찾고, 아버지처럼 술주정을 부리기도 한다. 이것을 심리학 용어로 적대적 혹은 부정적 동일시(hostility or negative identification)라고 한다. 이것은 성장 과정 동안 아버지가 스트레스를 해소하기 위해서 술을 먹고, 술주정을 하는 것을 보면서 자신도 모르게 학습되는 과정이다.

부모의 부정적인 영향력에서 벗어나지 못하면 관계 패턴이 의존적이거나 지배적이게 되어 친밀한 인간관계가 주는 정서적 교류와 특별한 만족감을 느끼지 못할 수도 있다. 이는 병적인 인간관계로 이어질 가능성도 높다. 그러므로 세대로 전이

행복한 삶을 위한 가족의 이해

되는 파괴되는 패턴을 누군가는 깨뜨려야 한다. 부정적인 패턴을 깨뜨린다는 것은 부모를 더 이상 따르지 않겠다는 뜻이 아니라 자신을 억누르는 고통스러운 패턴에서 벗어나서 해방된다는 것을 의미한다.

오랫동안 이어져 온 패턴을 깨뜨리기는 쉽지 않다. 그러나 자아 인식을 한 사람은 자신의 생각과 행동을 객관적으로 볼 수 있기 때문에 자기에게 일어난 일과 그것에 반응하는 것 사이에서 자신을 멈출 수 있다. 이런 과정 속에서 자아를 인식한 사람들은 앞으로 사랑하는 사람과 건강한 관계를 맺을 수 있고, 누군가에게 좋은 배우자, 좋은 부모가 될 수 있다. 따라서 부모와의 관계를 집중적으로 탐색하면서 좋은 부분은 배우고, 그렇지 못한 부분은 의식적으로 따라 하지 않도록 노력해야 한다.

1) 애착

우리는 인생 초기 부모와의 관계를 통해 애착(attachment)이라는 것을 경험한다. 볼비(Bowlby, 1969)에 의하면, 애착은 부모 각각에 대해 아동이 가지는 강하고 지속적인 유대이다. 이러한 애착 행동은 내적 작동 모델을 통해서 일반적으로 한 개인의 인생에서 맺어지는 모든 대인관계에 영향을 준다. 초기 애착 관계에서 아동이 부모에게서 신뢰감과 지지를 받았다면, 성인이 되어서도 타인과 신뢰가 있는 긍정적인 관계를 형성할 수 있다.

출생 초기 부모와의 애착 관계가 사랑, 배우자 선택, 부부관계, 부모-자녀와의 관계에 영향을 미친다고 한다. 즉, 우리 인간이 최초로 경험하는 인간관계인 부모와의 애착 관계가 영아기의 부모-자녀관계에만 국한되는 것이 아니라 이후 이성과의 애정 관계 및 다양한 인간관계에도 영향을 미친다는 것이다(정옥분·정순화, 2014). 초기의 애착이 전생애에 걸쳐 지속적으로 영향을 미친다는 관점은 볼비의 내적 작동 모델(internal working model)에 근거를 두고 있다. 내적 작동 모델은 영아가 양육자의 반응성과 접근 가능성을 바탕으로 자신과 타인에 대해 형성한 정신적 표상을 의미한다. 자신에 대한 표상은 자신이 가치 있고 사랑을 받을 만한 존재인가에 대한 것이며, 타인에 대한 표상은 도움이 필요한 상황에서 자기가 애착을 형성한 대상이 의지할 수 있고 믿을 만한 사람인가에 대한 표상이다. 볼비는 어린 시절 부모와의 관계를 통해 어떠한 유형의 애착 관계를 형성하였는가에 따라 상이한 내적 표상이 형성된다고 보았다. 나아가 일단 형성된 내적 표상은 이후의 관계에 지속적으로 영향을 미쳐 자신의 내적 표상을 확신시켜 주는 사회적 관계를 형성하게 된다고 한다.

따라서 부모와 내가 어떤 애착을 맺고 있는지 탐색하는 것도 필요하다. 애착은 사랑하는 대상과 관계를 맺고 유지하는 것을 말하며, 새로운 환경에 적응하고, 자신의 세계를 넓혀갈 때 안전 기지로서의 역할을 한다. 어린 시절 보살핌과 사랑을 받고 싶은 욕구를 부모로부터 충족한 아이들은 심리적 안정감을 갖게 되어 부모와 안정 애착을 형성한다. 하지만 어린 시절 부모가 자녀의 욕구에 일관적으로 반응해 주지 못한 경우, 자녀들은 부모와 불안정 애착을 형성하게 된다. 불안정 애착을 형성하게 되면 지나치게 높은 독립성을 추구하며, 다른 사람과 가까운 관계 맺기를 필요로 하지 않으며, 주변 사람들과 정서적 친밀감을 유지하는 것이 어려운 회피형 애착을 맺게 되거나 가까운 사람들에게 과도한 친밀감, 인정, 반응을 요구하면서 지나치게 의존적으로 살아가는 불안형 애착을 맺게 된다.

나아 가기

애착, 애착 행동, 애착 관계의 특성

애착 이론은 본질적으로 공간의 이론이다. 애착은 개인의 여러 가지 애착 상태와 질을 전반적으로 일컫는 용어이다. 애착은 안정 애착과 불안정 애착으로 나눌 수 있다. 많은 정신 역동 용어처럼 '애착'은 경험적인 면과 이론적인 면을 함축한다. 애착을 느낀다는 것은 안전하고 안정되어 있음을 느끼는 것이다. 대조적으로 불안정 애착을 느끼는 사람은 애착 대상에 대해 여러 가지 감정, 예컨대 강력한 사랑, 의존, 거부당할지 모른다는 두려움, 과민함, 조심스러움 등이 섞인 감정을 느낄지도 모른다. 안정감의 결핍은 가까이 있고 싶다는 소망을 가지면서도 약간의 버림받을 기미라도 보이면 애착 대상을 벌하겠다는 분노에 찬 결심을 갖는 상태로도 이론화할 수 있다.

애착 행동은 '사람이 차별화하여 선호하는 어떤 개인과 접근성을 성취하거나 유지하는 모든 형태의 행동'으로 정의된다. 애착과 애착 행동은 애착 행동 체계의 기초를 두는데, 이 체계는 자신과 중요한 타인들, 그들의 상호관계를 대표하는 세계, 그리고 한 개인이 보이는 특별한 애착 유형을 부호화하는 세계의 청사진 또는 모델이다.

애착 관계는 세 가지 주요한 특징이 있다(Weiss, 1982). 첫째, 선호하는 인물을 찾는 접근성이다. 애착 이론에서 아주 중요한 점은 애착이 차별화된 사람(또는 소수의 사람들)에 대하여 일어난다는 것이다. 볼비는 완전히 믿지 못하고 억지로 공유해야 하며, 궁극적으로는(그리고 종종 너무 일찍) 잃고 마는 애착 대상이 매우 중요하다는 데서 인간의 딜레마가 펼쳐진다고 본다. 애착 인물과 헤어지고 새로운 애착을 형성하는 능력을 갖추는 것이 사춘기와 청년기 발달상의 대표적인 어려움이다.

둘째, '안전 기저' 효과이다. 애착 대상이 애착을 느끼는 사람에 대하여 만들어낸 환경을 묘사하기 위해서 마리 에인스워스(1982)는 처음으로 '안전 기저'란 용어를 사용했다. 안전 기저는 본질적으로 호기심과 탐색을 위한 도약판을 제공한다. 위험하면 할수록 우리는 애착 대상에게 매달린다. 애착 대상이 안전 기저로부터 멀어질수록 애착이 당기는 힘은 더 강해진다. 애착 유대 관계를 형성하는 '고무 밴드'는 안전 기저가 있을 경우에는 느슨하고 감지할 수 없다. 그러나 안전 기저가 신뢰를 잃거나 탐험의 한계선이 도달하면 이 유대 관계는 마음을 몹시 흔들어 놓는다. 이러한 애착 행동은 영·유아기에만 제한되는 것이 아니며, 보살핌을 받는 사람뿐만 아니라 보살피는 사람에게도 적용된다. 이를 근본적인 '동반자적 상호작용' 욕구라고 한다. 안전 기저가 존재하지 않으면 개인은 무엇인가를 결정하지 못하는 상태에 빠지며 방어적인 책략을 사용하여 분리 불안이라는 고통을 최소화하려고 하며, 필요한 경우 진정으로 상호적인 동반자성을 희생하면서까지 지지를 조작한다. 하지만 우리는 안전한 안식처가 있음을 확신하면 거친 바다를 견디어 낼 수 있다. 즉, 애착을 통한 안전 기저가 확보되면 어려움이 있어도 나아갈 수 있는 힘이 생긴다.

셋째, 분리에 대한 저항이다. 애착 관계를 맺고 있는 사람에서 분리하려고 할 때, 대부분의 사람은 그 분리를 막아 보기 위해서 저항을 한다. 예를 들어서, 아이들이 부모와 떨어질 때 보이는 1차적인 반응으로 울고, 비명 지르고, 소리 지르고, 물어뜯고, 발로 차는 행위, 즉 이러한 '나쁜 행위'가 애착 유대감을 위협할 때 정상적으로 나타나는 반응이다. 애착 유대의 주목할 만한 특징은 영속성에 있다. 학대와 심한 처벌에 직면해서도 애착이 지속된다는 사실은 아동 및 성인 정신 병리학이 암시하는 바가 크다.

출처 : Holmes, J. 저, 이경숙 역(2005). 존볼비와 애착이론. 서울 : 학지사, 116~124쪽 재구성.

우리는 어린 시절 보살핌 받고, 의존하고 싶고, 사랑받고 싶은 욕구를 부모로부터 충족받았을 때 심리적으로 정신적으로 독립을 할 수 있다. 하지만 많은 사람들은 성장하는 동안 부모로부터 충족되지 않은 욕구로 인해 몸은 다 자란 성인이지만 그 내면은 아이 같은 경우가 많다. 이로 인해 성인이 되었음에도 불구하고 부모로부터 독립하는 것을 두려워하거나 반대로 단절하려는 경우가 많다. 청년기에 부모로부터 독립하는 것은 청년기의 발달과업 중에 하나이다. 하지만 여기서 말하는 독립은 부모와 연을 끊거나 남남처럼 지내라는 의미가 아니다. 부모와 정서적으로 유대감을 가지고 있는 동시에 자신의 삶을 주체적으로 사는 것을 의미한다. 즉, 독립은 부모로부터 분리되고 소외된다는 것을 의미하는 것이 아니라 부모와 상호의존의 관계를 맺는 것이다. 부모로부터 적절한 분리를 통해 상호의존적인 관계를 맺기 위해서는 부모와의 안정적인 애착을 형성했을 때, 부모로부터의 독립도 건강하고 안정적인 방식으로 할 수 있다.

2) 내면아이

신체는 성인이지만 자신의 내면은 아직 어린아이와 같다고 느낀 적이 있을 것이다. 특히, 내가 알지 못하는 낯선 모습이 자신에게 느껴질 때, 나의 이성적인 생각과는 다른 감정과 행동이라고 느껴질 때, 우리는 종종 나의 마음속 내면아이와 마주하게 된다. 그렇다면, 내면아이란 무엇일까? '내면아이'란 우리의 인격 중에서 가장 약하고 상처받기 쉬운 부분으로 감정을 우선시하는 '직감적인' 본능을 말한다(Margaret, P, 정은아 역, 2013). 다시 말해 우리가 태어났을 때의 본래 모습이자 핵심적인 자아, 타고난 인격인 셈이다. 내면아이란 어린 시절에 겪은 아이를 말하는 것으로 우리는 모두 자신 안에 이 어린아이를 가지고 있다. 이 어린아이는 행복하고 아름다운 것뿐 아니라 상처받은 것까지도 기억하고 있다.

어린 시절 행복하고 아름다운 기억은 성인이 되어서도 천진난만한 어린아이처럼 기쁨과 즐거움을 누릴 수 있게 한다. 하지만, 어린 시절 부모의 애정 어린 보살핌과 관심을 받지 못한 경우, 부모가 역할 모델을 제대로 해주지 못한 경우, 부모가 방임하여 제멋대로 행동하게 된 경우, 과보호하여 인생을 힘들고 고통스럽게 만든 경우, 학대를 한 경우에는 자신을 대하던 부모의 태도를 자연적으로 몸에 익혀 성인이 된 후에도 여전히 상처받은 아이를 마음속에 지니고 있다(김영희·김경미, 2018).

내면아이는 우리가 일상생활을 할 때, 의식하지 못하는 범위에서 우리의 삶에 영향을 미치기 때문에 큰 문제가 되지 않는다. 하지만 우리가 스트레스가 많은 어려운 상황 혹은 위기 상황에 놓일 때, 상처받은 내면아이와 접하게 된다. 이때 우리는 내면아이와 접촉할 수 있는 절호의 기회를 갖게 된다.

이것의 진정한 의미를 알기 위해서 내면아이를 성인 자아와 함께 이해할 필요가 있다. 성인 자아란 무엇일까? 성인 자아란 논리적인 생각을 담당하는 부분으로 현실 세계의 다양한 경험을 통해 지식을 축적한다. 즉, 우리의 지성적이고 좌뇌적 부분이며, 논리적이고 분석적인 의식인 셈이다. 성인 자아는 목적을 가지고 어떤 행동을 할 것인지 결정을 내린다. 사실 행동을 결정하는 것은 항상 성인 자아 쪽이다.

그러나 개인적인 위기나 갈등으로 스트레스를 받거나 불행이 찾아올 때, 성인 자아가 내면아이와 단절되고 소통하지 못해 감정적 균형을 잃는 것은 큰 문제가 될 수 있다. 이런 상황에서 우리는 '내면적 유대감 형성'을 해야 한다. 내면적인 유대감 형성의 과정은 우리가 타고난 자아인 내면아이를 사랑하고 그 아이와 연결되는 방법을 배우는 것이다. 이를 통해 우리 안의 이성적인 면과 감정적인 면 사이에 내면적인 유대감을 만드는 것이다.

잘못된 믿음은 어디에서 비롯되는 것일까? 바로 오래전에 들었던 잘못된 말이나 잘못된 생각 때문이다. 우리가 어린 시절 부모로부터 양육 받으면서 생겼던 것일 가능성이 크다. 완벽하지 않은 부모, 완벽하지 않은 생활 환경 속에서 우리가 완벽한 사람으로 성장하는 것은 불가능하다. 성장 과정 속에서 우리는 때로 상처를 주기도 하고, 상처를 받기도 한다. 그것은 부모의 잘못된 판단이나 양육 방식 때문일 수도 있고, 부모의 심리 정서적인 어려움 때문일 수도 있다. 또한 성장 과정 동안 어려웠던 사회경제적인 환경 때문일 수도 있고, 단순히 부모와 자녀의 성격 혹은 기질 차이 때문일 수도 있다. 이것으로 인해 우리는 자신의 삶을 괴롭힐 수도 있고, 부모–자녀간의 부정적인 영향을 미칠 수도 있고, 인간관계의 어려움을 경험할 수도 있다.

우리는 자신의 삶을 책임져야 하는 성인이 되었다. 성인이 된 지금에 와서 나의 불행했던 과거에 대해서 부모 탓만 할 수 있을까? 그럴 수 없다. 그렇다고 해서 과거에 받았던 어려움과 상처를 그대로 둘 것인가? 그렇지 않다. 우리가 지금 해야 하는 것은 '내면적 유대감 형성'을 통해서 내면의 어려움을 인정하고, 극복하는 것이 필요하다. 대부분 부정적인 내면아이는 우리 어린 시절의 불안, 수치심, 왜곡된 사건이나 기억 등 잘못된 믿음에 의해서 기인한다. 지금까지 아무런 의심 없이 믿으며 살아온 신념들, 수치심을 주며 자신을 제한하는 잘못된 믿음에 대해 의심하고 그것을 바로잡는 것이 필요하다. 이를 통해 우리는 자유로워질 수 있으며 사랑과 기쁨을 경험하고 더 키워갈 수 있다. 우리는 자신의 내면아이를 사랑할 때 마음을 열고 그 아이를 살펴봄으로써 많은 것을 알게 된다. 즉, 내면아이를 사랑한다는 것은 자신을 살펴보고 더 알아가는 것을 선택한다는 뜻도 된다. 내면아이를 사랑하고 그 사랑을 표현하는 행동은 자신과 다른 사람의 감정적·영적 성장을 돕고 지지하는 행동이다. 이 행동에는 자신의 고통과 행복을 책임지는 과정이 수반된다.

나아가기 **의미 있는 연구**

슬레이드(Slade, 1999)는 성인을 대상으로 어린 시절을 어떻게 보냈느냐에 따라 안정된 그룹, 극복한 그룹, 불안정한 그룹으로 나누어 연구했다. 안정된 그룹에 속한 사람들은 행복한 어린 시절을 보냈다고 말하고 원만하고 친밀한 관계를 맺고 있으며 자기 신뢰가 넘치고 정신적 증상도 발견하지 않았다. 극복한 그룹에 속한 사람들은 어린 시절이 불행하고 고통스러운 짐이 되었다고 기억하였다. 이들의 어린 시절 기억에는 부모의 끊임없는 다툼과 폭력, 부모의 이혼과 사망, 신뢰할 수 없거나 무관심한 부모의 태도, 부모의 과도한 기대와 강요, 학대 등과 같은 경험이 각인되어 있었다. 이 사람들은 어린 시절에는 불행하고 다른 사람을 잘 믿지 못하며 불안했지만 성인기에는 안정된 그룹과 비슷한 긍정적 가치를 획득하였다. 불안정한 그룹에 속한 사람들은 어린 시절의 불행한 경험이 장기간 영향을 미쳐 성장한 뒤에서 대인관계에 어려움을

많이 겪고 인생에 불만이 많으며 정신적인 문제에 시달리고 있었다.

출처 : Slade, A.(1999): 김영희·김경미(2018). 결혼과 가족. 고양 : 파워북. 70쪽에서 재인용.

3) 내면적인 유대감 형성

내면적인 유대감 형성을 통해 우리는 어린 시절에 접하지 못했던 새로운 관계를 맺을 수 있다. 바로 우리 안에 존재하는 내면아이와 성인 자아 사이에 사랑스러운 관계를 맺는 것이다. 이 관계 맺기를 통해서 우리는 비교적 내적 갈등 없이 살 수 있다. 내적 갈등은 어떤 방식으로 느끼거나 행동해야만 한다는 생각과 본능적 감정 및 사고방식 간의 차이에서 비롯된다. 내적 갈등을 해결하지 못하면 진정한 자신과 단절된다. 이러한 단절은 자신에 대한 불만족과 불행으로 이어지는 내면의 혼란을 가져온다(Margaret, P, 정은아 역, 2013).

하지만 오랫동안 내면과의 단절을 했더라도, 내면의 단절은 다시 연결할 수 있고 이러한 재개를 통해 내면 상처의 치유와 완전함이 찾아온다는 것이다. 내면적인 유대감 형성으로 성인 자아는 내면아이에게 사랑의 힘을 전해줄 수 있는데, 이를 통해 우리가 자신을 치유할 수 있다. 이 관계를 통해 우리는 혼자 있을 때나 다른 사람과 있을 때 자신을 잘 돌볼 수 있다. 궁극적으로 내면적인 유대감 형성을 통해 나를 괴롭혔던 많은 문제들에서 빠져나와 나를 더 이해하고, 수용하며, 사랑할 수 있게 된다. 이뿐만 아니라 부모와의 좋은 관계를 맺게 되고, 다른 사람들과 더 친밀하고 깊은 관계를 맺을 수도 있게 된다.

사람들은 살아가면서 인생 전반에 지속적으로 혹은 주기적으로 찾아오는 고통스러운 감정과 싸우고 있다. 고통스러운 감정이 반복되는 이유는 우리가 감정을 처리할 더 나은 방법을 몰라서이거나 다른 방법을 알고 있다고 해도 상황이 악화될 것이 두려워서 그 방법을 시도하지 않기 때문이다. 각자 다른 과거와 현재를 사는 우리 모두에게 더 자유롭게 사랑하고 살아갈 수 있는 또 다른 삶의 방식을 가르쳐주는 것이다. 이것이 내면적인 유대감 형성의 힘이자 약속이다(Margaret, P, 정은아 역, 2013).

　내면적인 유대감 형성을 위해서는 외면적 모습이 우리 내면의 자연스러운 부분이자 상처받기 쉽고 감정적인 내면아이와 의식적으로 연결되어야 한다. 내면적 유대감 형성의 첫 번째 단계는 마음속에 존재하는 어떤 불편함이나 갈등을 인식하는 것이다. 즉 나의 내면아이를 만나는 것이다. 이것은 우리가 느끼는 감정을 인식하는 것, 내 몸이 보내는 신호를 알아차리는 것, 그리고 기꺼이 자신의 고통을 마주하려는 의지가 있어야 한다. 다음의 탐색하기를 통해서 자신의 내면아이를 찾는 데 단초를 마련하기를 바란다.

나의 내면아이 찾기

스트레스 상황이나 위기에 처할 때마다 반복적으로 되풀이되는 마음속의 파괴적인 경험을 통하여 자신의 문제가 어린 시절의 경험과 어떻게 연관되어 있는지 살펴봅시다.

1. 나는 왜 '외롭다', '절망적이다', '불안하다', '자포자기한 심정이다', '자신감이 없다', '무기력하다', '무가치하다' 등의 감정에 자주 휘몰리는 것일까?
2. 나는 왜 사소한 일에 화를 내고 분노 폭발을 하는 걸까?
3. 나는 왜 이유도 없이 불안해서 안절부절못하는가?
4. 나는 왜 하찮은 것에도 질투나 시샘을 할까?
5. 나는 왜 사람들과 오랜 관계를 유지하지 못할까?
6. 나는 왜 아무도 믿지 못하는 것일까?
7. 나는 왜 다른 사람과 가까이 지내기를 바라면서도 정작 사람들이 다가오면 피하는 것일까?
8. 나는 왜 다른 사람들이 나를 좋아하는지 의심하고, 그 때문에 좋은 사람들과의 관계를 망치게 되는 것일까?
9. 나는 왜 내게 중요하지 않은 사람과의 관계에도 연연해 하는 것일까?
10. 나는 왜 사람들과 잘 어울리지 못할까?
11. 나는 왜 사람들의 인정을 받기 위해 그렇게 매달리는 걸까?
12. 나는 왜 혼자 있는 것을 견뎌 내지 못하는 것일까?
13. 나는 왜 걸핏하면 잘못된 행동을 하고, 그때마다 자책감에 시달리며 실망감을 맛보는 걸까?
14. 나는 왜 이렇게 게으르고 할 일을 자꾸 뒤로 미룰까?
15. 나는 왜 자주 변명이나 핑곗거리를 찾는 것일까?
16. 나는 왜 사소한 일조차도 내 힘으로 하지 못하는 것일까?
17. 나는 왜 어떤 일을 해도 몰두하지 못하는 것일까?
18. 나는 왜 그렇게 과로, 과음, 과식, 흡연을 하는 것일까?
19. 나는 왜 매번 후회하면서도 충동적인 행동을 하는 것일까?
20. 나는 왜 두통, 감기, 몸살에 시달릴 때가 많은가? 나는 왜 지치면 몹시 우울해지고, 우울증이 며칠 동안 지속되어 회복이 잘 안되는 것일까?
21. 나는 왜 모든 일을 내 힘으로 완벽하게 처리하려고 자신을 강박적으로 몰아치는가?
22. 나는 왜 언제나 착한 사람이 되려고 하는 것일까?
23. 나는 왜 남의 지배에서 통제하고 간섭해야 직성이 풀리는 것일까?

24. 나는 왜 이렇게 사람이나 물건의 소유에 집착하는 것일까?

출처 : 김영희 · 김경미(2018). 결혼과 가족. 고양 : 파워북. 66∼67쪽.

• 위 24가지의 질문 중에서 자신에게 가장 와닿는 문항은 무엇입니까? 그 이유는 무엇일까요?
  (마음에 와 닿은 문항이 여러 개라면, 그 문항을 적고, 마음에 와닿은 이유도 각각 적어 보세요.)

_____

_____

_____

_____

• 각 문항에 해당되는 것을 극복하기 위해서 지금까지 한 노력이 있다면, 그 노력이 무엇이었는지
  적어 보세요. 예를 들어, '나는 왜 이유도 없이 불안해서 안절부절못하는가?'의 문항이 자신의
  마음에 와닿았다면, 이것을 해결하기 위해서 '혼자 있지 않고, 사람들과 어울리는 시간을 늘렸
  다', '불안한 생각을 멈추기 위해서 하루종일 바쁘게 생활했다' 등 이것을 해결하기 위한 그동안
  의 자신의 노력이 있었다면 적어 보고 그 방법이 효과적이었는지, 효과적이지 않았는지도 적어
  보세요.

_____

_____

_____

_____

행복한 삶을 위한 가족의 이해

두 번째 단계는 내면의 감정에 마음을 여는 것이다. 즉, 사랑을 베푸는 성인으로서 반응하는 것이다. 자신의 감정에 책임지고, 내면에 집중하면서 자신을 살펴보고 알아가려는 의도로 내면아이에게 질문하는 것이다. "너는 그런 기분을 느껴서는 안돼"라고 말하지 않고 "너는 왜 그런 감정을 느끼는 걸까?"로 다가가야 한다. 나의 내면아이를 무시하지 말고, 배우려는 의도를 가지고 질문하고 내면에 집중하는 것이다. 성인 자아가 상처받은 내면아이를 달래 주고 위로하는 과정이다. 내면아이가 느끼는 고통과 열망에 대한 이유가 의식 위로 떠오를 때까지 기다렸다가 그 목소리를 들어야 한다. 성인 자아는 내면아이의 말을 잘 들어주어야 하고, 내면아이의 감정과 그 속에 숨은 잘못된 믿음이 무엇인지 알고자 노력해야 한다.

세 번째 단계는 적절한 행동을 취하는 것이다. 성인 자아가 내면아이와의 대화를 통해 자신의 감정을 이해하고 고통을 유발하는 잘못된 믿음이 무엇인지 알고 나면, 그런 생각을 바로 잡고 적절한 행동을 취할 수 있다. 행동이란 성인 자아가 지닌 생각과 내면아이의 욕구를 조화롭게 결합시키는 사랑을 표현하는 것이다. 이러한 행동을 하기 위해서는 반드시 용기가 필요하다.

예를 들어, 자신의 내면 속에 다른 형제자매들에 비해 부모로부터 사랑을 받지 못했다고 느끼는 내면아이가 있어서 항상 부모로부터 사랑과 인정을 받기 위해 자기 자신을 강박적으로 몰아 세웠다는 것을 알게 되었다고 가정을 해보자. 이때 그 내면아이와 성인 자아를 연결하는 방법은 성인 자아가 내면아이를 위로해주고 자신의 성장 과정에 대해서 이해시켜 주는 것이다. "그동안 부모님이 너를 사랑하지 않는 것 같아서 매우 속상하고 서글펐지. 때로는 화가 나기도 했을 거야. 그 마음 충분히 이해가 돼. 그때 너의 부모님은 너를 사랑하지 않아서가 아니라 선천적으로 약하게 태어난 언니, 너무 어린 동생을 돌보니라 상대적으로 너에게 표현을 못하신 것이지 너를 사랑하지 않아서가 아니야. 너의 부모님은 어린 너에게 많은 부담을 주는 것 같아서 항상 미안해 하셨고, 다른 형제자매들에 비해 덜 신경을 써도 늘 언제나 씩씩하게 자라와 준 너에게 고마워하고 계셔. 그러니 너를 괴롭히는 행동은 그만해도 돼. 너는 충분히 사랑받고 인정받아 왔어. 그러니 지금은 너를 너무 몰아세우지 말고, 더욱 사랑해줬으면 좋겠어'라고 자기 위안과 사랑을 전달하고 그에 맞는 행동을 하는 것이다.

내면적인 유대감 형성을 위해서 추천하고 싶은 또 다른 방법은 나의 어린 시절에 대해서 알만한 사람들, 예를 들어 부모, 가족, 친척 등과 함께 이야기를 나누어 보는 것이다. 우리의 기억은 단편적이고 편협적이기 때문에 나의 기억 속에서만 과거를 탐색한다면 한계가 있을 수 있다. 나의 기억 속에서 나를 괴롭혔던 사건과 경험에 대해서 부모 및 가족들과 깊이 있는 대화를 하면 내가 잘못 기억했거나 오해했던 사건이 있을 수도 있다. 대화를 통해 그 당시 상황을 이해하고 오해를 풀 수 있다. 즉, 과거에 대한 감정적인 접근이 아니라 대화를 통해 그 경험이나 사건을 보다 객관적이고 이성적으로 이해하는 것이다. 대부분의 내면아이는 두려움과 수치심을 가지고 있는데, 나의 성장 과정을 비교적 객관적으로 보려고 하는 노력은 어린 시절의 잘못된 믿음에서 자신을 해방시킬 수 있다. 이것은 나의 내면아이와 나의 행복을 위해서, 미래 나의 친밀한 인간관계와 가족 관계를 위해서 반드시 필요한 과정이다. 두려워하지 말고 자신의 내면아이를 만나 보자.

부모와의 애착 관계 분석과 내면아이와의 유대감 형성을 통해서 '부모와 나는 다른 존재'라는 것을 정확하게 인정하게 되고 이를 바탕으로 비로소 부모로부터 안정적이고 정상적인 독립이 가능해진다. 부모로부터의 독립은 청년기의 주요한 발달과업인 동시에 자신의 삶에 주인은 자신이라는 것을 명확하게 알 수 있는 기회를 제공한다.

2. 형제자매와의 관계

우리가 인생에 있어서 가장 오랫동안 지속해 오는 관계는 무엇일까? 예상치 못한 사건 사고가 없다면, 그것은 아마도 형제자매와의 관계일 것이다.

형제자매관계란 출생과 함께 시작되어 한 형제가 죽을 때까지 지속되는 관계이며, 유전, 문화, 그리고 가정에서의 초기 경험을 공유하는 관계이다. 형제자매관계는 성장 발달에 매우 중요한 영향을 미치는데, 가장 큰 이유는 비슷한 유전자를 가지고 태어나 공통된 환경에서 함께 보내는 시간이 많고 가족의 자원을 공유하는 유사성이 있기 때문이다(배매리·이규미, 2006).

부모-자녀가 수직적 관계라면, 형제자매관계는 비교적 동등한 힘을 가진 수평적 관계이다. 권위와 힘을 가진 부모는 일방적으로 자녀를 돌보고 사랑을 주며 요구도 하지만, 형제자매는 놀이 친구이자 협력자이며 지지자이다. 동시에 형제자매는 부모의 사랑과 관심, 가족의 한정된 자원을 공유하는 관계이며, 종종 경쟁해야 하는 상대이기도 하다. 형제자매관계는 양면성을 지니고 있어 친밀감, 협동심과 같은 긍정적인 정서와 질투심, 경쟁심, 소외감 등의 부정적인 정서를 동시에 경험하게 한다.

형제자매 간의 친밀도는 매우 다르다. 어떤 형제자매들은 평생 친한 친구처럼 서로를 의지하며 돕고, 어떤 형제자매는 한쪽이 다른 쪽을 평생 돌보며 살아가고, 어떤 형제자매는 매번 경쟁하며 서로를 공격하고, 또 어떤 형제자매는 남보다 더 소원하게 지낸다. 하지만 어떠한 관계를 갖든지 형제자매관계는 우리의 삶에 알게 모르게 영향을 미쳐 왔고, 죽을 때까지 서로 영향을 주고받을 관계이다. 그러므로 형제자매와의 관계에서 발생할 수 있는 다양한 경험은 자신은 물론 다른 사람과의 관계에 많은 영향을 미친다. 특히 형제자매와의 관계는 수평적 관계이기 때문에 삶의 과정에서 필요한 인간관계 기술, 즉 협동, 방어, 갈등 등 상호작용 기술을 습득할 수 있는 중요한 관계이다. 또한 형제자매관계는 자아개념 형성, 상호 규제, 직접적인 봉사, 상호 봉사, 중재와 교섭, 개척과 지도, 가사분담, 성역할 개발, 규범 학습과 권력관계 형성을 통해 상호 영향을 미치는 중요한 관계이다(정현숙·옥선화, 2015).

형제자매관계에 대해서 분석한 다양한 이론(정현숙·옥선화, 2015; 정현숙, 2019)을 통해서 형제자매관계에 대한 더 깊이 있는 이해를 해보자. 첫째, 사회심리적 관점에 따르면, 출생 순위, 성별 구조, 형제자매 수 등의 구조적 변수가 전

생애에 걸쳐서 개인의 발달과 적응 및 사회심리적인 과정에 영향을 미친다는 것이다. 그 이유는 출생 순위와 성별 구조에 따라 자녀에게 권리와 책임이 부여되고, 부모의 차별적인 양육행동으로 인해 역할과 행동의 차이가 나타나기 때문이다. 둘째, 발달적 관점은 인생 초기의 형제자매관계의 경험을 강조하면서 형제자매 간의 경쟁 등 사회적 교환 등이 생애 과정에 걸쳐 영향을 미친다는 것이다. 셋째, 사회학습 관점에 따르면, 형제자매들은 강화와 관찰 학습을 통해 서로 역할 모델로 작용하면서 영향을 주고받는다는 것이다. 넷째, 유전 환경적 관점에서는 유사한 유전과 성장 환경에서 자란 형제자매의 행동에서 나타나는 유사성과 차이성이 유전과 환경의 상호작용을 통해 이루어진다는 것이다. 다섯째, 가족 치료적 관점은 다양한 가족 내 하위 체계 중 형제자매 하위 체계는 서로 어울리고 경쟁하면서 사회적 기술과 문제 해결 능력을 습득하는 중요한 통로로써 동일시와 분화 기능의 기회를 제공한다는 것이다. 여섯째, 비교 문화적 관점은 형제자매 관계에서 문화마다 공통적으로 나타나는 보편성과 다른 특수성에 대해서 설명하고 있다. 이는 형제자매의 역할과 관계에 대해 문화가 부여하는 의미가 다르다는 것이다. 예를 들어, 한국에서는 장자에게 차자에 대한 보호와 돌봄에 대한 기대를 많이 하고, 특히 여아에게는 동생들에 대한 보호와 경우에 따라서는 양육의 역할을 강조하였다.

　이처럼 형제자매 관계가 자신에게 어떤 영향을 미쳤는지에 대한 다양한 시각이 존재하고, 강조하는 부분도 다르다. 하지만 확실한 것은 형제자매가 있는 경우, 형제자매관계는 분명히 한 개인에게 지대한 영향을 미쳤다는 것이고, 특히 인간관계를 맺는 데 큰 영향력을 끼쳤다는 것이다.

형제자매의 영향

만약 형제자매관계가 있다면, 형제자매가 자신에게 어떤 영향을 끼쳤는지 기록해 봅시다.

　본 장에서 다루는 내용이 다소 모호하고 혼란스러울 수는 있지만 가족을 통한 자기 이해가 중요한 이유는 다음과 같다. 우리는 혼자 태어나서 혼자 살지 않았다. 우리가 어떤 가족을 만났고, 어떤 환경에서 살았고, 어떤 것을 배우고 느끼면서 살아왔는지가 나의 감정, 생각, 행동에 다 녹아 있다. 따라서 가족을 통해서 자기를 이해하는 것은 진짜 자신의 내면을 만나고 이해하는 일이다. 내면의 나를 이해하고 수용하는 것이 자기 이해의 핵심이자 자기 사랑의 기본 바탕이다.

　성인이 된 내가 과거를 탐색하는 것이 의미 없는 일이라고 생각할 수 있다. 하지만 과거의 내가 있기에 현재의 내가 있고, 미래의 내가 있다. 따라서 과거의 나를 이해하는 것은 매우 중요하다. 과거의 나를 이해하는 것의 핵심은 원가족을 이해하는 것이다. 본문에서도 언급했지만, 나의 성장 과정을 이해하기 위해서 부모(혹은 주양육자)와 반드시 깊은 대화를 나눠보길 바란다. 내가 성장할 때 부모님은 어떤 감정이었으며, 어떤 상황이었으며, 어떤 마음으로 나를 양육했는지에 대해 묻고 답하면서 자기 자신에 대한 이해가 확장될 것이며 부모도 이해하게 될 것이다. 부모를 이해하는 과정은 부모를 위해서가 아니라 나 자신을 위한 길이자 자신의 진정한 독립을 위해서 필요한 과정이다.

　가족을 통한 자기 이해가 중요한 또 다른 이유는 나의 원가족에서의 삶은 미래 내가 만들어나갈 결혼생활 혹은 독신생활에 엄청난 영향을 미치기 때문이다. 원가족과 함께 맺어 온 관계 맺기 방식, 삶에 대한 태도 등이 나의 미래의 삶에 영향을 미친다. 그러므로 원가족으로부터 받은 긍정적인 영향은 미래 나의 친밀한 인간관계와 가족생활로 이어지도록 하며, 부정적인 영향은 그것이 나의 미래 삶에 영향을 미치지 못하도록 의식적으로 끊어내야만 한다. 이것이 가족을 통한 자기 이해의 핵심인 것이다.

어린 시절 자체가 인생을 결정하는 것이 아니라 어린 시절을 보는 자신의 태도가 인생을 결정한다는 말이 있다. 살면서 한 번쯤은 힘든 일을 겪거나 어려운 일을 겪을 수 있다. 하지만 그 사건 자체가 나에게 중요한 것은 아니다. 그 일을 어떻게 느끼고, 생각하고, 행동하는지는 자신에게 달려 있다는 것을 잊지 말기 바란다. 나와 가족과의 관계는 이성 관계, 배우자 선택, 미래 부부관계와 부모-자녀관계에 모두 영향을 미친다. 이러한 탐색을 통해서 원가족의 긍정적인 영향은 더 긍정적으로, 부정적인 영향은 덜 영향을 미칠 수 있도록 우리는 지금부터 준비해야 한다.

04

사랑과 성

사랑하려면 존재하지 않는 누군가에게
당신이 가지고 있지 않은 무언가를 주어야 한다.

자크 라캉(Jacques Lacan)

사랑은 인간의 존재 역사와 함께하고 있다. 사랑은 문학, 음악 등 모든 예술 활동에 가장 중요한 주제(thema)로 작동하고 있으며, 동양과 서양, 과거와 현재를 막론하고 인간 삶에 있어 중요한 이슈임에 틀림이 없다. 사랑은 사람이 경험하는 가장 원초적인 감정 중 하나이지만 누군가에게 사랑이 무엇이냐고 묻는다면 사랑의 실체를 명확하게 표현하기는 쉽지 않다(임지룡, 2005). 그래서인지 아직 사랑에 대한 학자들 간 명확하게 일치된 정의는 없으나 사랑의 요소를 찾아 사랑을 정의하기 위한 노력은 현대에도 계속되고 있다.

표준국어대사전에 따르면, 사랑은 '어떤 사람이나 존재를 몹시 아끼고 귀중히 여기는 마음'이다. 그러나 얼마나 아껴야 사랑인지 또는 상대방을 귀하게 여기는 마음이 명확히 무엇인지 정의하기 어렵다. 사랑을 경험했다고 자부하는 사람도, 아직 사랑을 해보지 않았다고 생각하는 사람도 국어사전의 정의로는 사랑이라는 감정을 충분히 담기에는 무언가 부족하다는 생각을 할 것이다.

사랑이 무엇인지 설명해 보자. 어떤 이는 부모가 자녀에게 주는 내리사랑을, 어떤 이는 남녀 간의 열정적인 사랑을, 어떤 이는 세상을 향한 이타적인 사랑을, 어떤 이는 국가를 향한 충성스러운 사랑을 말할 것이다. 사랑의 방향이 꼭 타인을 향하지 않을 수도 있고, 사랑의 대상이 꼭 사람이 아닐 수도 있다. 단 몇 시간 만에 사랑에 빠질 수도 있고, 금방 사랑에 빠졌다 쉽게 감정이 식을수도 있다. 그만큼 사랑은 개인마다 가지는 이미지가 조금씩 다르다. 사랑은 눈에 보이거나 만질 수는 없지만, 사랑하기 때문에 상대방을 위한 희생도 대가 없는 헌신도 가능하다. 이 장에서는 남녀 간의 사랑에 대해 알아보고, 나아가 남녀 관계에서 나타나는 성(性)에 대해 살펴보자.

사랑이란?

• 사랑하면 어떤 이미지가 먼저 떠오르나요?

_____

_____

_____

_____

_____

• 내가 정의하는 사랑이란 무엇인가요? 그 이유를 생각해 봅시다!

_____

_____

_____

_____

_____

• 나는 어떤 사랑을 하고 싶나요? 그 이유는 무엇인가요?

_____

_____

_____

_____

_____

• 내가 생각하는 사랑의 조건은 무엇인가요? 그 이유를 생각해 봅시다.

_____

_____

_____

_____

_____

• 나는 어떤 것을 볼 때, 사랑이라고 느끼나요? (생각, 행동, 태도 등)

_____

_____

_____

_____

_____

1. 사랑의 정의

인간은 누구나 사랑을 한다. 사랑은 정의와 함께 인간 공동체 사회를 안정되게 유지하는 데 필수 조건으로 작용한다(이경래, 2018). 사랑의 대상, 사랑을 시작하는 시기, 사랑을 지속하는 기간 등 사랑에 대한 조건은 개인마다 다르지만, '인간은 사랑을 한다'는 대전제는 변하지 않는다. 이렇듯 인간사에서 흔하게 언급되는 사랑은 모두 알지만, 사실 모두 모른다. 즉, 사랑이 무엇인지 알고는 있지만, 사랑이 무엇인지 명확하게 설명할 수 있는 사람은 없다.

먼저 사랑에 대한 사전적 정의를 살펴보자. 앞서 기술했듯 표준국어대사전에서는 '어떤 사람이나 존재를 몹시 아끼고 귀중히 여기는 마음', '열렬히 좋아하는 대상'이라고 정의한다. 옥스퍼드 사전(OED, The Oxford English Dictionary)에 따르면, 사랑(love)은 '애정 및 애착과 관련된 감각으로 어떤 사람에 대한 깊은 애정이나 호감의 감정이나 성향', '자신의 국가 또는 다른 비인격적인 애정 대상에 대해 경험하는 자비로운 애착의 감정 또는 성향'이다. 사전에서 정의한 사랑은 애정, 이끌림, 이해와 헌신하려는 마음과 태도를 포함하고, 이성 등 성적 욕망의 대상보다 상위의 개념을 말한다. 따라서 사랑의 대상은 사람을 비롯해 비인격적인 대상인 국가나 어떤 것(things)도 될 수 있다.

학자들은 사전적 정의보다 조금 더 구체적으로 사랑을 정의한다. 철학자인 플라톤(Platon)은 '다른 반쪽과 결합하여 하나가 되려는 열망'으로, 토마스 아퀴나스(Thomas Aquinas)는 '좋아하는 것을 갈망하는 경향'이라고 정의한다(서배식, 2001). 이 둘이 말하는 사랑은 본능에 가깝다. 센터스(Centers)는 '보상을 주는 상호작용'으로, 루빈(Rubin)은 '한 사람이 다른 사람에 대해 가지고 있는 생각, 느낌, 행동하는 태도'로, 에리히 프롬(Erich Fromm)은 '고독감 및 공허감을 극복하기 위한 수단'으로 사랑을 표현한다. 프롬은 조금 더 확장된 사랑을 말하는데, 요약하면 '자발적인 행위로, 관심 있는 상대를 존중하는 태도'이다(김향숙, 2001, 표

학자	내용
플라톤	• 다른 반쪽과 결합하여 하나가 되려는 열망
토마스 아퀴나스	• 좋아하는 것을 갈망하는 경향
센터스	• 보상을 주는 상호작용
루빈	• 한 사람이 다른 사람에 대해 가지고 있는 생각, 느낌, 행동하는 태도
에리히 프롬	• 고독감 및 공허감을 극복하기 위한 수단 • 관심을 바탕으로, 자발적으로 반응이 나타나며, 상대를 있는 그대로 보고, 상대방의 개성을 존중하는 태도
헬렌 피셔	• 도파민 등의 신경전달물질 분비로 나타나는 화학 작용

표 4-1
사랑의 정의

출처 : 본문의 내용을 표로 구성.

4-1).

    심리학의 큰 틀에서는 사랑을 감정으로 제한하지 않는다. 사랑은 어떠한 태도(attitude)로, 신념, 느낌, 행동의 조합이다(Kalat & Shiota, 민경환 외 역, 2007). 뇌를 연구하는 신경 과학자인 헬렌 피셔(Helen Fisher)는 사랑을 '도파민 등의 신경전달물질 분비로 나타나는 화학 작용'이라고 주장하기도 하는데(Fisher et al., 2006), 사랑은 감정만으로 나타나지 않고, 사랑에 빠지면 심장의 두근거림, 홍조, 반복되는 생각 등 반드시 신체적 반응을 수반한다.

    사랑에 대한 정의만큼 어려운 것은 사랑을 연구하는 것이다. 사랑을 정확한 수치나 무게로 표현하기 어렵기 때문에 사랑에 대한 연구는 다른 분야에 비해 성과나 발전이 더디다.

    그 원인은 첫째, 사랑을 신비화하려는 낭만적 성향이 있다. 사랑이 해부되고, 해체되어 명확한 과학적 근거를 가진다면, 사랑에 대한 신비성이 사라지고, 사랑의 가치가 상실되고, 희석될 것 같은 미신적인 불안감이 존재한다. 주변 지인들에게 사랑에 빠진 순간을 설명할 때를 상상해 보자. 우리는 '상대방의 성격이 평균 80점 이상'이 되어 사랑에 빠진다고 설명하지 않는다. 그러나 어떤 사람은 사랑에 있어 조건이 가장 중요한 요소라고 주장한다. 그렇다면 그 사람은 조건을 충족하는 모든 사람을 사랑해야 한다. 사랑에 빠지는 이유를 돈이 많아서, 외모가 뛰어나서, 누군가를 닮아서라고 답을 한다면 대부분의 사람들은 잘못된 이유라고 생각할 것이다(양선이, 2014).

    둘째, 사랑은 배우는 것이 아니라는 통념이 존재하기 때문이다. 사람들은 사랑이 자연스럽게 나타나는 것으로 인식한다. 인터넷 신조어인 '자만추'라는 용어에서 볼 수 있듯이 사람들은 자연스러운 만남을 통해, 자연스럽게 사랑에 빠지기를 기대한다. 누군가의 개입을 통해 만남이 전개되어도 마찬가지이다. 지인의 소개로 누군가를 만나러 가면서 "오늘 만나는 사람과 사랑에 빠져야지"라는 결심을 하는 사람은 드물고, 설령 그런 결심을 했다고 하더라도 쉽게 사랑에 빠지기 어렵다. 그

---

* 자만추는 '자연스러운 만남을 추구'를 줄인 인터넷 신조어이다(네이버 오픈사전).

만큼 사랑은 자발적이면서 자연스러운 과정이다.

이러한 태도는 학술 분야뿐 아니라 대부분의 사람에게도 적용된다. 우리는 사랑을 낭만적인 것에만 비유하거나 사랑에 학습이 필요하지 않다고 생각한다. 쉽게 말해 사랑에 조건이 중요하다고 말하는 사람이나 배움을 통해 사랑을 실천하려는 사람을 보면서 진정한 사랑을 한다고 생각하지 않는다. 그러나 사랑을 유지하기 위해서는 현실 감각과 학습이 무엇보다 중요하게 작용한다. 사랑에 빠지는 것은 낭만적인 일이고, 본능적인 자연스러운 과정일 수 있으나 낭만과 본능만으로는 사랑을 유지하기 어렵다. 따라서 본능으로 시작된 낭만적 사랑일지라도 시행착오를 통한 직접적 학습을 비롯해 관찰이나 조언, 영화, 드라마 등의 간접적인 경험을 통해 사랑에 대한 개인적 태도를 발달시켜야 한다. 결국 사랑을 시작하는 것은 본능에 가까운 일이나 사랑을 유지하는 것은 학습을 통한 사회화가 필요하다.

2. 사랑의 특성

사랑과 관련된 용어를 생각해 보자. 사랑과 관련된 몇 개의 단어가 떠오르는가? 사랑과 연관된 단어는 4,000개 이상 존재한다(Lee, 1974). 사랑과 연관성이 낮다고 생각하는 단어도 의외로 사랑과 연관될 수 있다. 예를 들어, '용서'나 '미움'과 같이 사랑과 동떨어진 것 같은 단어도 '사랑하기 때문에' 등과 같은 말을 붙이면 쉽게 이해된다.

사랑은 변하지 않는 진리의 속성이 아니라 주변 체계와 문화의 영향을 받는다. 실제로 언어학자들은 우리가 번역해서 사용하는 love와 사랑이 대중적으로 다르게 쓰인다고 주장하며, 문화의 영향 때문인지 동양에서는 자비(慈悲)나 인(仁)으로, 서양에서는 사랑(love)으로 표현된다(이경래, 2018).

사랑의 정의에서도 살펴보았듯이 사랑은 양면적이고, 역설적인 속성을 가진다. 사랑의 시작은 애정일 수 있지만, 그 끝은 증오가 될 수 있다. 사랑은 기쁨을 주기도 하지만 동시에 고통을 주기도 한다. 사랑의 시작은 자발적이고, 자유로운 개인의 의지로 시작하지만, 사랑이 억압이 될 수도 있다. 사랑은 환희이지만 동시에 광기가 될 수 있다. 세상의 불가사의한 일도 사랑이라는 이름으로 설명이 가능하다. 이렇듯 역설적인 속성을 가진 사랑은 과연 무엇일까? 이제는 사랑을 조금 더 깊이 살펴보자.

1) 사랑의 유형

매슬로우(Maslow)는 사랑을 결핍적 사랑과 실존적 사랑으로 구분하여 설명한다(옥선화, 1993: 한송이, 2009에서 재인용). 결핍적 사랑(deficiency love)은 정서적으로 안정되지 못한 상태에서 출발한다. 정서적으로 불안정하기 때문에 자신의 결핍을 사랑을 통해 보상받기 위해 노력한다. 흔히 어린 시절 부모로부터 충분한 사랑을 받지 못하면, 쉽게 사랑에 빠진다고 알려져 있는데, 이 경우가 바로 결핍된 사랑이다. 실존적 사랑(being love)은 정서적으로 안정되어 있으며, 사랑을 통해 자아실현을 시도하고, 자신과 타인의 성장이 사랑의 동기이자 목적이 된다. 사랑을 하면서 성장을 하고, 이타심이 강해지고, 성숙되는 경우를 말한다.

버세이드와 월터(Bersheid & Walster)** 는 사랑을 심리-정서적 차이에 따라, 열정적 사랑과 동반자적 사랑으로 구분한다. 열정적 사랑(passionate love)은 문

---

* 대중음악에 사용된 '사랑(love)'을 분석한 결과, 우리나라는 영국이나 미국에 비해 간접적이고, 우회적인 것으로 사랑을 표현하였고, 사랑에 대한 긍정적인 표현(37.8%)보다 부정적인 표현(62.2%)이 더 많았다(백경숙, 2009).
** 일레인 하트필트 월터(Elaine Hatfield Walster, 1937)는 미국의 사회심리학자이다. 1966년부터 1978년까지는 일레인 월터(Elaine Walster)로 연구를 출판하였으나 최근에는 일레인 하트필드(Elaine Hatfield)로 연구를 출판하고 있다(Reis et al., 2013).

자 그대로 열정적인 감정 상태를 말한다. 사랑에 대한 열정, 상대에 대한 흥분이나 성적 욕망 등 긍정적인 요소를 비롯해 질투, 불안 등도 열정적인 사랑에 해당한다. 열정적인 사랑의 방식은 상호간의 주고받는 사랑(양방향)과 짝사랑(일방향)으로 나뉜다(Hatfield et al., 2008). 양방향의 사랑은 서로의 사랑을 확인하고, 함께 있고, 결합하고 싶은 욕구를 가진다. 그러나 짝사랑은 상대방과 관계를 맺고 싶은 욕구는 양방향과 같지만, 절망과 불안, 외로움을 느끼기 쉽다.

동반자적 사랑(compassionate love)은 열정적 사랑보다는 덜 강렬한 감정 상태이다. 신뢰, 친밀감, 헌신 등 나의 삶과 깊이 연관된 사람들에게서 느끼는 감정과 유사해서 애착으로 표현되기도 한다. 흔히 시간이 지나면서 열정적 사랑이 동반자적 사랑으로 발달한다고 알려져 있다. 일부에서는 열정적 사랑에서 볼 수 있는 열정이나 흥분이 없다는 이유로 동반자적 사랑을 권태기로 묘사하기도 하는

표 4-2
열정적 사랑과
동반자적 사랑

분류	소분류	내용
열정적 사랑	특성	• 사랑하는 사람에 대해 낮과 밤을 가리지 않고 끊임없이 생각한다. • 서로가 운명적이고, 완벽한 짝이라고 믿는다. • 자신이 사랑하는 사람에 대해 모든 것을 알고 싶어한다. 마찬가지로 상대방이 자신에 대해서도 모든 것을 알기를 원한다. • 사랑이 어긋나기 시작하면 정서적으로 황폐해질 수 있다. • 사랑하는 사람과 신체적으로 가까이 있으려고 노력한다.
	주요 정서	• 열정, 성적 욕망, 흥분, 갈망, 질투, 불안
	순기능	• 삶에 대한 흥분과 기대, 창의성
	역기능	• 지나친 집착, 질투, 불안, 성적 문란
	단계	• 사랑에 빠지는 초기 단계
동반자적 사랑	특성	• 관계가 오래 지속되고, 지속적인 헌신이 나타난다. • 감정과 관심사를 비롯해 서로의 모든 면을 공유할 수 있다. • 상대방을 깊이 신뢰한다.
	주요 정서	• 신뢰감, 친밀감, 헌신
	순기능	• 높은 자아존중감, 높은 관계만족도
	역기능	• 권태기, 무감각한 태도
	단계	• 사랑을 하는 유지 단계

출처 : 본문의 내용을 표로 구성.

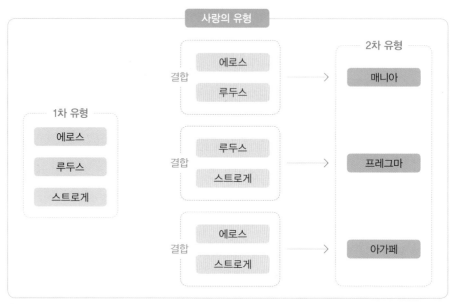

그림 4-1
존 앨런 리의
사랑의 유형

출처 : Hendrick, C., & Hendrick, S. (1986). A theory and method of love. Journal of Personality and Social Psychology, 50, 392-402. 393쪽 재구성.

데, 동반자적 사랑의 보편적 정서가 부드러움과 강한 정서적 유대감, 우정, 상대방과 함께하는 즐거움 등이지 열정과 흥분이 전혀 없는 것은 아니다. 열정적 사랑이 삶에 대한 흥분이나 기대, 창의적 태도를 유발한다면 동반자적 사랑은 높은 자아존중감과 높은 관계만족도와 연관된다(Acevedo & Aron, 2009). 쉽게 말하면 열정적인 사랑은 '사랑에 빠지는' 초기 단계에 가깝고, 동반자적 사랑은 '사랑을 하는' 유지 단계로 비유할 수 있다(Myers & Berscheid, 1997). 따라서 강력하고 오래 지속되는 사랑을 하려면 열정적인 사랑과 동반자적 사랑 사이에서 균형을 찾는 것이 무엇보다 중요하다(표 4-2).

마지막으로 존 앨런 리(John Alan Lee, 1973, 1974)는 사랑과 관련된 용어를 분석한 결과를 토대로 사랑을 1차적 유형(primary style)과 2차적 유형(secondary style)로 구분했다(그림 4-1). 리(Lee)는 특징에 따라 사랑을 여섯 가지로 구분했는데, 육체적 사랑을 의미하는 에로스(eros), 게임 플레잉(game playing) 같은 사랑을 의미하는 루두스(ludus), 친구·우정 같은 사랑을 의미하

표 4-3
사랑의 유형에
따른 특성

사랑의 유형	구분	특징
에로스	• 열정적 사랑 • 낭만적 사랑	• 강한 정서적 감정 • 첫눈에 반함 • 시각적, 신체적 매력에 끌림 • 감정적 동화가 빠름 • 상대방이 자신에게만 몰두하기를 기대 • 연인과 함께하는 것을 삶의 중요한 요소로 인식 • 말과 접촉을 통해 사랑을 표현하는 것을 즐김 • 경쟁자의 존재를 두려워하지 않음 • 어린 시절 행복했다는 기억이 있음
루두스	• 유희적인 사랑	• 사랑을 일종의 게임이라고 인식 • 사랑에 빠지거나 헌신할 의사가 없으며, 언제든 다른 대상을 찾아 떠날 준비가 되어 있음 • 한 사람에게만 몰입하지 않음 • 여러 대상을 동시에 사랑할 수 있음 • 성관계를 재미를 위한 것으로 인식 • 어린 시절 평범했다고 생각하지만 성인 이후에는 종종 좌절을 경험한 사람이 많음
스트로게	• 친구 같은 사랑 • 우애적 사랑	• 시간 경과에 따라 서서히 무르익는 사랑 • 첫눈에 반하기보다 시간이 흐르면서 사랑에 빠지게됨 • 지속적인 정(情)에 근거한 사랑을 추구 • "사랑해"와 같은 언어적 표현을 어색해함 • 장기간 안정적인 관계를 추구 • 식구가 많고, 안정적이고, 우호적인 공동체 안에서 성장했을 가능성이 높음
매니아	• 소유적인 사랑	• 열정적 사랑 + 유희적 사랑의 결합 • 극도의 의존성과 강한 질투가 특징 • 사랑이 기쁨에서 슬픔으로 변하는 등 감정 기복이 심한 편 • 사랑받고 있다는 지속적인 확인이 필요 • 상대로부터 더 많은 애정과 헌신을 요구 • 받는 사랑보다 주는 사랑이 많지 않도록 관계를 조정하지만, 잘되지 않음 • 어린 시절 불행했다고 인식하며, 성인 이후에는 외로움을 경험하고 일에 만족을 하지 못함
프레그마	• 실용적인 사랑 • 실리적인 사랑 • 쇼핑 리스트 같은 사랑	• 유희적 사랑 + 친구 같은 사랑의 결합 • 자신의 기준에 맞는 상대인지 의식적으로 판단하여 적절한 사람을 찾음(적절한 상대가 없을 경우, 유희적인 사랑을 하기도 함) • 상대방을 제대로 파악하기 전까지는 헌신이나 미래와 같은 말을 꺼림 • 친구, 부모와 함께 자신의 선택에 대해 상의해서 자신과 가장 어울리는 배우자를 선택하기도 함 • 어린 시절과 현재의 삶이 거의 비슷하다고 인식

사랑의 유형	구분	특징
아가페	• 헌신적인 사랑 • 이타적인 사랑	• 열정적 사랑 + 친구 같은 사랑의 결합 • 사랑을 선물이나 책임, 의무라고 인식하기 때문에 상호성을 기대하지 않음 • 특정한 사람이 아니더라도 조건 없이 베풀고, 돌봐 줌 • 상대방을 돌봄이 필요한 수많은 사람 중 한 명으로 인식하기도 함 • 상대방이 자신보다 더 나은 사람이 나타나면 상대방을 위해 관계를 포기할 수 있음

출처 : 이정은·최연실(2002). 미혼남녀의 심리경향에 따른 사라의 유형 분석-Jung의 심리유형론과 Lee의 사랑유형론을 중심으로-. 대한가정학회지, 40(3), 137~153. 140쪽; 한송이(2009). 미혼남녀의 사랑유형과 자아존중감, 관계 만족도, 신뢰도와의 관계. 명지대학교 사회교육대학원 석사학위논문. 9~11쪽 재구성.

는 스트로게(storoge), 소유에 대한 의지가 강한 사랑인 매니아(mania), 실용적인 사랑을 추구하는 프레그마(pragma), 헌신적 사랑인 아가페(agape)가 그것이다(표 4-3).

2) 사랑의 발달

철학자 바디우(Badiou)는 사랑을 둘로 출발하고, 우연을 전제하며, 욕망을 품고 있다고 정의하였다(Badiou & Truong, 조재룡 역, 2010). 바디우에 따르면, 사랑은 두 사람이 시작하는 것이다. 여기서 두 사람이란 반드시 양방향의 주고받는 사랑을 의미하지 않는다. 일반적으로 짝사랑이라고 부르는 일방향의 사랑도 사랑을 하는 주체와 사랑을 하는 대상, 두 사람이 존재한다. 우리는 '사랑을 해야지'라는 결심을 하고 만남을 시작하지 않는다. 우연한 만남이든 아니면 우연한 계기든, 사랑은 언제나 뜻하지 않게 시작되지만, 사랑도 발전하는 단계가 존재한다.

첫 만남에서 안정적인 사랑으로 발달하기까지 5단계를 거친다(Altman & Taylor, 1973). 첫 번째 단계는 첫인상 단계(first impression stage)이다. 이 단계에서는 상대방의 외모나 행동 등을 관찰하면서 상대방에 대한 전반적인 인상을 형성한다. 만약 이 단계에서 긍정적인 인상을 가지게 되면, 상대방에 대한 호감도

사랑의 유형

존 앨런 리(John Alan Lee, 1973)의 여섯 가지 사랑 구분에 기초하여, 핸드릭과 핸드릭(Hendrick & Hendrick, 1998)이 만든 검사이다. 본문에 사용된 척도는 한송이(2009)의 연구에서 사용한 척도이다.

현재 사귀고 있는 연인에 대해 응답해 주시기 바랍니다. 만약 사귀고 있는 연인이 없다면 최근에 사귄 연인에 대해 응답해 주셔도 됩니다. 이성 교제 경험이 없다면, 연인이 있다는 가정을 하고 응답해 주십시오.

번호	내용	전혀 그렇지 않다	대체로 그렇지 않다	약간 그렇다	대체로 그렇다	매우 그렇다
1	나와 내 연인은 처음 만난 후 서로에게 이끌렸다.	1	2	3	4	5
2	내 연인이 나에 대해 모르는 것이 있어도 그것이 그(녀)에게 상처를 주지 않을 것으로 믿는다.	1	2	3	4	5
3	가장 최선의 사랑은 오래된 우정으로부터 발전되는 것이다.	1	2	3	4	5
4	내가 연인을 선택하는 데 있어서 주된 고려 사항은 그(녀)가 우리 가족에게 어떤 영향을 미칠 것인가 하는 점이다.	1	2	3	4	5
5	내 연인이 나에게 관심을 두지 않을 때면, 나는 병이 난 것 같이 몸이 아프다.	1	2	3	4	5
6	내 연인이 고통을 당하는 것을 그냥 두고 보고 있기보다는 차라리 내가 대신 당하겠다.	1	2	3	4	5
7	나와 연인은 하늘이 정해 준 짝이라고 생각한다.	1	2	3	4	5
8	나는 때때로 내 연인이 나에게 또 다른 연인이 있다는 것을 알지 못하도록 조심해야 한다.	1	2	3	4	5
9	우리의 우정은 시간이 지남에 따라 사랑으로 점차 발전되었다.	1	2	3	4	5

번호	내용	전혀 그렇지 않다	대체로 그렇지 않다	약간 그렇다	대체로 그렇다	매우 그렇다
10	연인을 선택하는 데 있어 중요한 고려 사항은 그(녀)가 훌륭한 부모가 될 수 있는지의 여부이다.	1	2	3	4	5
11	사랑을 하고 있을 때면, 다른 것에 집중하기가 어렵다.	1	2	3	4	5
12	내 연인의 행복이 나의 행복보다 우선시되지 않는다면 나는 행복할 수가 없다.	1	2	3	4	5
13	나와 내 연인은 서로를 진정으로 이해한다.	1	2	3	4	5
14	내 연인은 실제로 내가 다른 사람들과 관계를 맺은 적이 있다는 것을 알게 되면 굉장히 화를 낼 것이다.	1	2	3	4	5
15	사랑은 알 수 없고, 신비스러운 것이 아니라 실제로는 깊은 우정과 같은 것이다.	1	2	3	4	5
16	연인을 사귈 때 그(녀)가 내 장래의 경력에 어떠한 영향을 미칠지에 관해 고려해야 한다.	1	2	3	4	5
17	내 연인이 다른 이성과 함께 있다는 생각이 들기 시작하면 나는 가만히 있을 수가 없다.	1	2	3	4	5
18	내 연인의 행복을 위해서라면 나 자신의 소망도 기꺼이 포기할 수 있다.	1	2	3	4	5
19	내 연인의 신체적 매력은 내 이상형과 일치한다.	1	2	3	4	5
20	나는 내 연인과 기타 여러 명의 여성(남성)들과 장난 삼아 사랑하기를 즐긴다.	1	2	3	4	5
21	좋은 우정으로부터 발전된 것이 가장 만족스러운 사랑 관계이다.	1	2	3	4	5
22	나는 어떤 이성과 깊게 사귀기 이전에, 그 사람의 유전적 배경이 이후 자식을 가지게 될 경우에 나의 것과 잘 조화되는지를 생각해 본다.	1	2	3	4	5
23	만약 내 연인이 한동안 나를 등한시 한다면, 나는 그(녀)의 주의를 끌기 위해 바보 같은 짓도 할 수 있다.	1	2	3	4	5

행복한 삶을 위한 가족의 이해

번호	내용	전혀 그렇지 않다	대체로 그렇지 않다	약간 그렇다	대체로 그렇다	매우 그렇다
24	내 연인을 위해서라면 기꺼이 모든 것을 참을 수 있다.	1	2	3	4	5

채점

구분	문항 번호	점수 합계
열정적 사랑(에로스)	1, 7, 13, 19	
유희적 사랑(루두스)	2, 8, 14, 20	
친구 같은 사랑(스트로게)	3, 9, 15, 21	
소유인인 사랑(매니아)	4, 10, 16, 22	
실용적인 사랑(프레그마)	5, 11, 17, 23	
헌신적인 사랑(아가페)	6, 12, 18, 24	

• 점수가 가장 높은 것이 자신의 유형을 의미합니다.

출처 : 한송이(2009). 미혼남녀의 사랑유형과 자아존중감, 관계만족도, 신뢰도와의 관계. 명지대학교 사회교육대학원 석사학위논문. 54~55쪽.

와 관심이 상승한다. 호감도는 단순히 긍정적인 감정에서 끝나지 않고, 상대방에 대해 더 알고 싶은 호기심으로 발전하고, 나아가 상대방의 개인적인 정보에 대해서도 관심을 가지게 된다.

두 번째 단계는 지향 단계(orientation stage)이다. 이 단계는 단어 그대로 오리엔테이션(orientation)을 하는 단계이다. 오리엔테이션은 진로와 방향을 정한다는 뜻을 담고 있는데, 이 단어가 가진 뜻에 걸맞게 서로간 피상적인 정보를 교환하면서 서로를 탐색하는 단계이다. 상대방에게 좋은 인상을 주기 위해 노력하고, 상대방이 자신에게 호감이 있는지를 타진하기도 한다. 이 단계에서 서로가 수집한 정보에 근거해 관계를 지속할지, 중단할지 여부가 결정된다. 많은 경우 지향 단계에서 만남을 중단하는데, 이때 만남이 종결되면 자존심의 손상이나 마음의 상처가 적다.

세 번째 단계는 탐색적 애정교환 단계(exploratory affective exchange stage)이다. 세 번째 단계에서는 이전보다 친밀한 태도를 취하고, 대화의 내용이나 범위가 확장되며, 자발성이 높아진다. 상대방에 대한 호감을 기초로 관계를 쌓아가는데, 아직 초기 단계이기 때문에 자신의 사랑을 전달하기 위해 노력하고, 마찬가지로 상대방이 자신을 사랑하는지 확인하려는 시도가 지속된다. 따라서 예민하고, 불안정한 특징이 있다. 상대방의 말이나 행동에 쉽게 상처를 받고, 상대방의 반응에 따라 감정의 변화 폭이 크다. 쉽게 말해 사소한 것에 의미를 부여하고, 사소한 것에 상처를 입기도 한다. 너무 갑작스러운 애정 표현이나 신체 접촉은 상대방에게 부담을 주거나, 이별의 가능성을 높이기 때문에 낮은 수준의 애정교환이 이루어진다. 이 단계는 상대방에 대한 실망이나 상대방의 거부로 인해 관계가 종결될 가능성이 높고, 이미 어느정도 감정적 교류와 개입이 일어났기 때문에 관계가 종결될 경우 상당한 아픔을 경험할 수 있다.

네 번째 단계는 애정교환 단계(affective exchange stage)이다. 이 단계는 서로간 사랑을 확인하고, 신뢰감을 형성하는 단계이다. 관계를 확실히 하기 위한 시도가 나타나고, 적극적이고 확실한 방법으로 사랑을 표현한다. 만남 빈도가 높고, 선물이나 편지, 농담이나 장난을 주고 받으면서 친밀감을 형성하고 교환한다. 사랑을

행복한 삶을 위한 가족의 이해

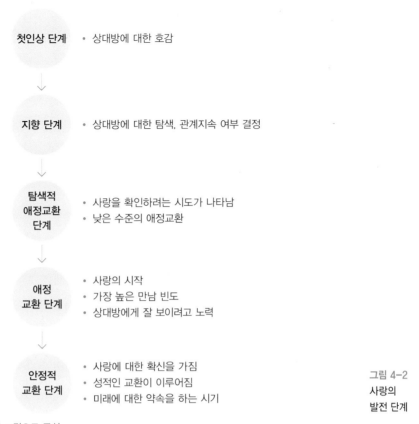

첫인상 단계	• 상대방에 대한 호감
지향 단계	• 상대방에 대한 탐색, 관계지속 여부 결정
탐색적 애정교환 단계	• 사랑을 확인하려는 시도가 나타남 • 낮은 수준의 애정교환
애정 교환 단계	• 사랑의 시작 • 가장 높은 만남 빈도 • 상대방에게 잘 보이려고 노력
안정적 교환 단계	• 사랑에 대한 확신을 가짐 • 성적인 교환이 이루어짐 • 미래에 대한 약속을 하는 시기

그림 4-2
사랑의
발전 단계

출처 : 본문의 내용을 그림으로 구성.

시작하는 단계이기 때문에 조심성이 아직 남아 있으며, 상대방에게 자신의 약점이나 단점을 보이지 않기 위해 노력한다. 사랑을 시작했으나 확신으로는 발달하지 않는 단계이기 때문에 사랑이나 미래에 대한 약속을 하기에는 성급하다고 느낀다.

마지막 단계는 안정적 교환 단계(stable exchange stage)이다. 이 단계에서는 서로간 사랑에 대한 확신이 있기 때문에 신뢰와 친밀감을 바탕으로 안정된 애정을 교환한다. 자신의 감정이나 속마음을 솔직하게 터놓고, 서로의 소유물에 쉽게 접근한다. 관계가 안정기에 들어섰다는 믿음으로 상대방에게 자신의 단점이나 약점을 쉽게 드러낸다. 일반적으로 이 시기에 결혼을 약속하는 경우가 많고, 성적인 애정교환이 이루어지기도 한다. 만약 이 시기에 결혼에 이르지 못하고 이별을 하게 되면 상실감, 박탈감 등을 비롯해 강한 마음의 상처를 입게 된다(그림 4-2).

3. 사랑의 이론

1) 사랑의 삼각이론

사랑의 삼각이론(triangular theory of love)은 사랑의 행동과 경험을 연구한 로버트 스턴버그(Robert Sternberg, 1986)가 제시한 이론이다. 스턴버그는 거의 모든 사랑이 세 가지 성분인 정서적 측면의 친밀감, 동기적 측면인 열정, 인지적 측면인 결심/헌신의 조합으로 설명될 수 있다고 주장한다.

스턴버그에 따르면, 친밀감(intimacy)은 사랑하는 관계에서 상대방과 가깝게 연결되고 결합된 느낌이다. 친밀감에는 사랑하는 사람과의 관계에서 경험하는 따뜻함이 포함된다. 친밀감에 도달한 사람들은 동반자적인 의식을 공유하면서 정서적 일체감을 경험한다. 친밀감은 이성과의 관계뿐 아니라 타인과의 관계에서도 중요하게 작용한다. 친밀감은 우정, 사랑, 헌신 등의 형태로 다른 사람과 상호작용할 수 있는 능력이며(차정화·전영주, 2002), 배우자를 선택하기 전에 필수적으로 획득해야만 한다.

열정(passion)은 사랑하는 사람과의 관계에서 낭만적 감정, 신체적 매력, 성적인 몰입으로 이끄는 욕망을 의미한다. 열정은 다른 사람들과의 관계를 연결해 주는 역할을 한다. 열정은 사랑하는 사람과 하나가 되려는 강력한 욕구와 신체적 자극을 끌어내는 것으로 친밀감과 달리 빠른 속도로 증가한다. 초기에는 뜨겁고 격렬한 열정을 느끼지만, 습관화되면서 점차 이러한 강도를 상실한다. 열정이 성적인 관계에 조금 더 밀접하게 연관되지만, 이 외에도 자아존중감, 타인과의 친화, 타인에 대한 지배와 복종, 자아실현 같은 욕구도 열정과 관련된다. 열정은 사랑에 몰입하게 만드는 중요한 요소이며, 강렬한 감정을 토대로 현대사회에서 결혼의 동기로 인식되기도 한다.

결심(decision)과 헌신(commitment)은 기간으로 구분할 수 있다. 결심은 단기적인 측면이 강하며, 누군가를 사랑하기로 결심 또는 약속하는 것을 의미한다. 헌

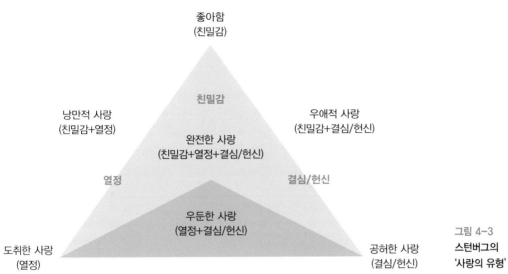

출처 : Nurcahyo, F. A., & Liling, E. R.(2011). Exploring the important component of love in marriage relationship. 2쪽.

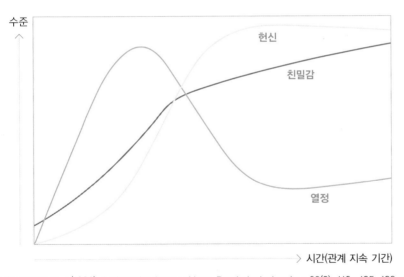

그림 4-4
관계 지속
기간에 따른
사랑요소의
변화

출처 : Sternberg, R. J.(1986). A triangular theory of love. Psychological review, 93(2), 119~135. 126~127
쪽 재구성.

신은 장기적인 측면으로, 사랑을 지속하겠다는 의지와 헌신하는 태도이다. 헌신은
사랑을 지속시키고 성장하도록 해주는 요소로 작용한다. 결심과 헌신은 반드시
함께 작용하지 않는다. 쉽게 말해 사랑을 하겠다고 결심을 했다고 해서 상대방에

게 헌신하겠다는 것은 아니며, 마찬가지로 상대방에게 헌신한다고 해서 사랑을 결심하는 것도 아니다(이우금, 2012). 그러나 대부분 헌신 이전에 사랑에 대한 결심을 먼저 하는 경우가 많다. 이러한 발달 과정은 직선적이어서 친밀감이나 열정보다 이해하기 쉽다. 예를 들어 어떤 사람을 처음 만날 때는 무(無)의 상태에서 출발하지만 서로를 잘 알게 되면서 헌신 정도가 점차 증가하게 됨을 의미한다. 만약 관계

표 4-4 스턴버그의 8가지 사랑의 특성	사랑의 유형	특징
	좋아함	• 친밀감 요소만 있는 경우 • 열정과 결심/헌신 요소가 결여된 채 친밀감 요소만이 경험될 때 나타남
	도취한 사랑	• 열정 요소만 있는 경우 • "첫눈에 빠진 사랑" 또는 상대를 있는 그대로가 아니라 이상적인 대상으로 상상하는 망상적인 사랑을 의미 • 친밀감, 결심/헌신의 요소가 결여된 열정적 흥분만으로 이루어짐
	공허한 사랑	• 결심/헌신 요소만이 있는 경우 • 친밀감이나 열정이 전혀 없이 상대를 사랑하겠다고 결심함으로써 발생 • 서로간에 감정적 몰입이나 육체적 매력을 전혀 느끼지 못하는 정체된 관계에서 발견
	낭만적 사랑	• 친밀감+열정의 결합 • 육체적 매력을 포함해 다른 매력들이 포함된 좋아하는 감정 • 서로에게 육체적, 감정적으로 밀착되어 있음 • 헌신은 낭만적 사랑의 필수가 아니며, 연인들은 영원성이 있을 것 같지도, 가능하지도 않다고 생각하며 단순하게 생각
	우애적 사랑	• 친밀감+헌신의 결합 • 육체적 매력이 약해진 오래된 우정 같은 결혼에서 자주 발견 • 대부분의 낭만적 사랑은 점차 우애적 사랑으로 변함
	얼빠진 사랑	• 열정+헌신의 결합으로, 친밀감이 결여되어 있음 • 영화나 드라마 등에서 접하는 사랑
	성숙한 사랑	• 친밀감+열정+헌신의 결합 • 낭만적 관계에 있는 사람들이 도달하려고 노력하는 사랑 • 성숙한 사랑은 얻는것도 유지하는 것도 어려움
	사랑이 아닌 것	• 모든 요소들의 부재 • 우리가 경험하는 다수의 대인관계에서 나타남 • 사랑과 우정이 단편적이어서, 이렇게 알게된 사람들에 대해 많은 것을 알려고 하지 않음

출처 : 이우금(2012). 기독청년과 비기독청년의 사랑에 관한 내러티브 탐구. 평택대학교 피어선신학전문대학원 박사학위논문. 34쪽 재구성.

행복한 삶을 위한 가족의 이해

나의 '사랑의 삼각형'은 어떤 모양일까?

현재 사귀고 있는 연인에 대해 응답해 주시기 바랍니다. 만약 사귀고 있는 연인이 없다면 최근에 사귄 연인에 대해 응답해 주셔도 됩니다. 이성 교제 경험이 없다면, 연인이 있다는 가정을 하고 응답해 주십시오.

번호	내용	전혀 그렇지 않다	대체로 그렇지 않다	약간 그렇다	대체로 그렇다	매우 그렇다
1	나는 그(녀)와 함께 있으면 따뜻하고 편안하게 느껴진다.	1	2	3	4	5
2	나는 그(녀)와 함께 있을 때 가장 행복하다.	1	2	3	4	5
3	우리의 관계는 영원할 것이다.	1	2	3	4	5
4	나는 그(녀)에게 모든 것을 고백할 수 있다.	1	2	3	4	5
5	내게는 그(녀)와의 관계가 그 어떤 사람과의 관계보다 중요하다.	1	2	3	4	5
6	나는 어떤 어려운 일이 있어도 우리 관계를 유지할 수 있다.	1	2	3	4	5
7	나는 그(녀)를 행복하게 해주고 싶다.	1	2	3	4	5
8	우리의 관계는 매우 낭만적이다.	1	2	3	4	5
9	나는 그(녀)에게 정서적으로나 성적으로 충실하다.	1	2	3	4	5
10	우리는 서로를 잘 이해하고 존중한다.	1	2	3	4	5
11	지금의 그(녀)가 없는 나의 삶을 상상도 할수 없다.	1	2	3	4	5
12	나는 그(녀)에 대한 나의 사랑을 백 퍼센트 확신한다.	1	2	3	4	5

번호	내용	전혀 그렇지 않다	대체로 그렇지 않다	약간 그렇다	대체로 그렇다	매우 그렇다
13	그(녀)는 나를 정서적으로 상당히 지지해 준다.	1	2	3	4	5
14	나는 그(녀)를 열렬히 사랑한다.	1	2	3	4	5
15	나는 그(녀)를 영원히 사랑하기로 마음먹었다.	1	2	3	4	5
16	내가 도움이 필요할 때 그(녀)는 기꺼이 최선을 다해 나를 도와줄 것이다.	1	2	3	4	5
17	나는 하루에도 여러 번 수시로 그(녀)를 생각한다.	1	2	3	4	5
18	나는 그(녀)와 관계를 계속 유지하기로 마음먹었다.	1	2	3	4	5
19	그(녀)가 도움을 필요로 할 때면 나는 언제든지 달려가 도와준다.	1	2	3	4	5
20	그(녀)를 보는 것만으로도 가슴이 설렌다.	1	2	3	4	5
21	우리의 관계를 서로가 신중하게 결정한 것이다.	1	2	3	4	5
22	지금의 그(녀)는 내 삶에서 매우 중요하다.	1	2	3	4	5
23	그(녀)는 신체적으로 매우 매력적이다.	1	2	3	4	5
24	어떤 일이 있어도 나는 그(녀)를 책임질 것이다.	1	2	3	4	5
25	내 삶과 그 모든 것을 그(녀)와 기꺼이 나누고 싶다.	1	2	3	4	5
26	지금의 그(녀)가 바로 내가 찾던 이상형이다.	1	2	3	4	5
27	나는 우리의 관계가 안정되어 있다고 확신한다.	1	2	3	4	5

행복한 삶을 위한 가족의 이해

번호	내용	전혀 그렇지 않다	대체로 그렇지 않다	약간 그렇다	대체로 그렇다	매우 그렇다
28	나는 그(녀)와 함께 있으면 매우 행복하다.	1	2	3	4	5
29	우리의 관계에는 이상한 힘 같은 것이 있다.	1	2	3	4	5
30	앞으로도 늘 그(녀)에게 강한 책임감을 느낄 것이다.	1	2	3	4	5
31	나는 그(녀)와 정서적으로 가깝다고 느낀다.	1	2	3	4	5
32	우리의 관계는 매우 활력이 넘친다.	1	2	3	4	5
33	평생토록 그(녀)만을 사랑할 것이다.	1	2	3	4	5
34	나는 그(녀)를 정서적으로 상당히 지지해 준다.	1	2	3	4	5
35	나는 그(녀)에게 선물을 주는 것을 좋아한다.	1	2	3	4	5
36	내가 그(녀)와 헤어지는 것은 상상할 수도 없다.	1	2	3	4	5

채점

구분	문항 번호	점수 합계
친밀감	1, 4, 7, 10, 13, 16, 19, 22, 25, 28, 31, 34	
열정	2, 5, 8, 11, 14, 17, 20, 23, 26, 29, 32, 35	
책임감	3, 6, 9, 12, 15, 18, 21, 24, 27, 30, 33, 36	

• 각 문항의 점수를 합산한 후 평균 점수를 이용해 삼각형을 그려봅시다.

  예: 친밀감의 점수 = 합산 점수 ÷ 12(문항수)

    친밀감의 합산 점수가 33점일 경우.

    친밀감의 점수 = 33 ÷ 12 = 2.75(반올림) → 2.8점

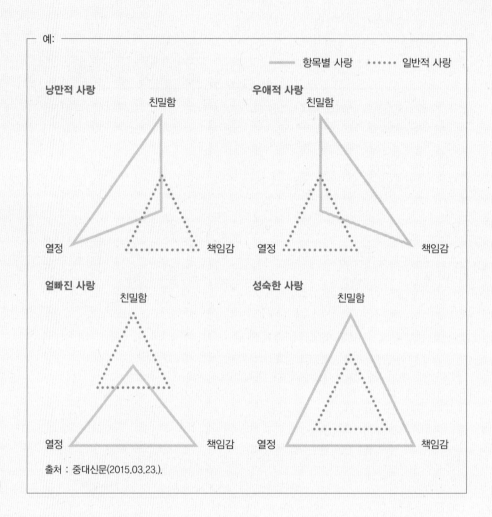

예:

항목별 사랑 ……… 일반적 사랑

낭만적 사랑
친밀함
열정   책임감

우애적 사랑
친밀함
열정   책임감

얼빠진 사랑
친밀함
열정   책임감

성숙한 사랑
친밀함
열정   책임감

출처 : 중대신문(2015.03.23.).

행복한 삶을 위한 가족의 이해

(   )의 사랑의 삼각형

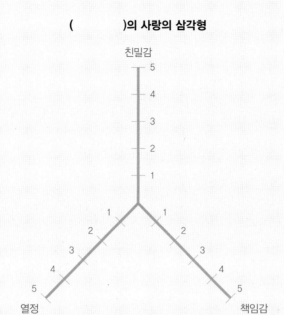

출처 : Sternberg, R. J. 저, 이상원·류소 역(2002), 사랑은 어떻게 시작하여 사라지는가. 서울: 사군자.

가 오래 지속된다면 헌신의 수준은 자연히 증가하고 안정적인 수준으로 정착된다.

스턴버그는 친밀감, 열정, 결심/헌신의 세 가지 성분을 조합해 각기 다른 8가지의 사랑으로 발달할 수 있다고 주장한다(그림 4-3, 표 4-4). 또한 관계 지속 기간, 즉 시간에 따라 세 가지 성분의 수준은 달라질 수 있다(그림 4-4).

2) 사랑의 수레바퀴 이론

사랑의 수레바퀴 이론(wheel theory)은 레스(Reiss, 1971)가 제시한 이론이다. 두 사람의 상호관계는 친근감(라포형성), 자기노출, 상호의존, 친밀감 욕구충족의 4단계가 마치 수레바퀴가 굴러가듯이 끊임없이 회전하며 계속된다고 보았다. 4단계는 순환적인 과정으로, 처음 만난 두 사람의 사회-문화적 배경이나 가치관이 비슷할 경우 원활한 의사소통이 가능하고, 공감대 형성이 쉽게 이루어진다. 서로간 친밀감을 느끼게 되면 자연스럽게 자신의 경험이나 견해, 느낌 등 자기를 노출하는 데 수월해지고, 충분한 대화를 통해 서로간 이해가 높아질 수 있다. 시간을 공유하고, 경험을 나누면서 상호의존성이 높아지고 서로를 필요로 하게 된다. 결과적으로 친밀감의 욕구가 충족되면서 나아가 애정의 관계를 맺게 된다는 개념이다(김승권, 2000). 친밀감의 욕구가 충족되면 상대방에 대한 친근감이 증가하고, 다음 단계로 발전하여 사랑이 극대화된다. 반대로 서로간 친밀감이 감소하면, 자기노출도 감소하고 그 결과 상호의존성이 약화되고, 친밀감 욕구충족도 감소하게 되어 결국 사랑이 식고 관계가 종료된다. 마찬가지로 친밀감의 욕구가 충족되지 않으면 상대방에 대한 친근감이 감소하면서 점차 수레바퀴의 회전이 멈추게 된다.

이제 사랑의 수레바퀴의 구성요소를 살펴보자(그림 4-5). 첫 번째 단계는 친근감의 바탕이 되는 라포형성 단계(rapport)이다. 이 단계는 두 사람이 서로를 좋아하고, 서로 원하게 되는 단계이다. 서로 마음을 열고 우호적인 감정을 느끼면서 라포를 형성하게 되는데, 라포는 상호신뢰를 바탕으로 생성되는 감정으로서 유사한 문화적 배경, 사회계층, 종교, 교육 등 개인을 둘러싼 환경과 배경이 유사할 때

이러한 감정 생성이 용이하다. 설사 이러한 배경이 다르다 하더라도 서로의 다른 점에 흥미를 느끼거나 각자가 동경하는 자질을 발견한다면 쉽게 라포가 형성될 수 있다(Strong & DaVault, 1995).

두 번째 단계는 자기노출 단계(self-disclosure)이다. 자기노출이란 자신에 관한 사적인 정보를 보여주고, 나누는 과정을 말한다. 자기노출 단계에서는 라포형성을 바탕으로 타인에게 쉽게 말하지 못하는 사적인 정보를 공유하게 되고, 점차 자기 표현의 수준을 높이게 된다.

세 번째 단계는 상호의존 단계(mutual dependency)이다. 이 단계에서는 두 사람이 좀 더 많은 시간을 함께 보내면서 서로에 대한 의존도를 높이게 된다. 둘 사이의 공통된 습관을 만들어 나가고 서로의 욕구에 반응하며, 같이 행동하는 데 익숙해져 혼자서 무엇을 할 때 고독을 느끼게 된다. 상대방에게 의존을 시작하면서 서로가 서로의 존재를 필요로 하게 되며, 자신이 원하는 만큼 상호의존이 되지 않을 경우, 상대방을 비난하면서 관계를 종료할 가능성이 높다. 실제로 상호의존 단계에서 연인간 다툼이 가장 많이 일어나고, 이별을 하는 경우도 많다.

네 번째 단계는 친밀감 욕구충족 단계(intimacy need fulfillment)이다. 사랑을 주고받으면서 서로를 이해하고, 격려를 주고받으면서 감정적인 욕구를 충족하는 단계를 말한다. 이 단계에 접어들면 더 깊은 라포를 형성하고, 자기노출이 더 많아지며, 상호의존이 심화되고, 욕구만족이 증대된다. 이렇듯 두 사람의 관계가 발전하게 되면 서로가 상대를 통해 정서적 욕구를 충족하게 된다. 이처럼 정서적 욕구가 만족되면 친화력이 크게 향상되고, 자기노출이나 상호의존 역시 깊어져서 욕구 만족도가 극대화된다. 결국, 상호 정서적 교환과 협조의 안정적인 유형이 확립되고, 실제적으로 개인의 정서적 욕구를 만족시키게 된다.

사랑의 수레바퀴 이론의 과정은 총 4단계로 이루어져 있으나 거시적인 의미에서는 하나의 과정으로 인식된다(Reiss, 1971). 사랑이 지속적으로 유지되는 한 이러한 4단계가 계속적으로 회전하며 진행되지만, 어느 한 시점에서 그 정도가 감소되면 다른 단계에도 연속적인 영향을 주게 되어 그 회전이 멈추게 되고, 결국 그 사랑은 약화된다(Borland, 1975; Strong & DaVault, 1995). 사랑이 발달하

그림 4-5
사랑의
수레바퀴

출처 : Strong et al.,(2013). The marriage and family experience : Intimate relationships in a changing society(9th ed.). 143쪽.

는 과정은 순환적이고 가역적이기도 해서 특정한 단계에서 어려움에 봉착할 경우, 사랑의 발달을 거꾸로 회전시켜 애정이 진전되는 것을 멈추게 한다(Borland, 1975). 따라서 사랑을 유지하기 위해서는 각 단계를 증가시키는 요인과 감소시키는 요인을 탐색하여 보완할 필요가 있다.

4. 성과 성관계

남성과 여성의 생물학적 성별을 의미하는 'sex'는 라틴어 'sexus(나누다, 구별하다, 떼어놓다)'에서 유래했다(배정원, 2010). 성(性, sex)은 남성과 여성을 구분하기 위한 목적이었으나 많은 사람들이 성이라는 단어를 들으면 '성관계', '야하다' 등

표 4-5
성과 관련된
용어

용어	개념	의미
성	• 사람이나 사물 등의 본성이나 본바탕	• 남성과 여성, 수컷과 암컷 • 남성이나 여성의 육체적 특징
섹스	• 남녀를 구분하는 의미 • 생물학적인 성별	• 남성과 여성을 생식기의 모양 등 생물학적 특성에 따라 구분한 것으로, 신체적 생김새나 성관계, 생식에 관한 모든 것을 포괄한 개념
젠더	• 사회문화적 성 • 만들어진 성	• 타고난 성별 외에 사회적, 문화적, 심리적인 환경 등에 의해 학습된 후천적으로 주어진 성 • 자신의 성에 적절하다고 규정되는 성격, 행동 양식을 습득으로써 남성성, 여성성을 내면화하게 됨
섹슈얼리티	• 인격적인 성 • 생물학적 성과 사회문화적 성을 포함하는 개념	• 성적인 행위를 비롯해 성에 대한 태도, 문화, 가치관 등을 포괄하는 성을 의미 • 남성과 여성의 인격체의 모든 행동을 포함 • 선천적·생물학적으로 결정된 내면 특성과 후천적으로 학습된 성역할과 성 정체성을 인격적으로 통합시킨 개념
해빙 섹스	• 직접적인 성행위	• 성행위를 뜻하는 용어
섹슈얼 오리엔테이션	• 성적 지향성	• 사랑의 감정이 누구에게 향하는지 성 방향성을 나타내는 개념

출처 : 김은정(2016). 고등학생의 성의식과 학교성교육에 대한 요구. 우석대학교 대학원 박사학위논문. 6~7쪽; 배정원(2010). 성을 어떻게 이야기할 것인가 –3H SEX(Sexual Health, Sexual Harmony, Sexual Happiness)를 지향하며. 가정의학회지, 3(11), 239~245, 240쪽 재구성.

성관계에 초점을 맞춘다. 물론, 성에는 성별에 대한 구분뿐 아니라 성적인 관계를 포함하기 때문에 아주 다르다고는 할 수 없지만, 성은 더 다양한 의미를 담고 있다. 성과 관련된 대표적인 용어로는, 성(性), 섹스(sex), 젠더(gender), 섹슈얼리티(sexuality), 해빙 섹스(having sex), 섹슈얼 오리엔테이션(sexual orientation) 등이 있다. 이제 성과 관련되는 용어를 살펴보고, 그 의미를 구분해 보자(표 4-5).

표 4-5에서 살펴봤듯이 성은 단순히 성별에 대한 구분이나 성적인 행동보다 포괄적인 개념을 가지고 있다. 따라서 성행위나 성별 등에 생각을 제한하기보다 인간의 삶을 총체적으로 구성하는 범주로 이해하는 것이 좋다. 나아가 성은 사람과의 관계나 문화적인 요소로부터 파생될 수 있음을 이해하고, 보다 넓은 개념으로 성을 바라보는 것이 좋다. 그렇다면 우리는 성에 대해 얼마나 알고 있을까? 성에 대해 살펴보기에 앞서 성에 대해 얼마나 알고 있는지 점검해 보자.

나의 '성 지식'은 어느 수준일까?

다음 문항은 나의 성지식을 알아보는 문항입니다. ○, ×로 응답해 주세요.

번호	문항 내용	○	×
1	남성의 정자는 사정 시에만 방출된다.		
2	전립선은 남녀 모두에게 있는 성 기관이다.		
3	처녀막은 첫 번째 성교 시에만 파열된다.		
4	모든 여성은 처녀막을 갖고 태어난다.		
5	월경 주기의 중간 부분이 임신 가능 기간이다.		
6	젖가슴이 클수록 임신을 할 가능성이 높다.		
7	아기의 성은 난자와 정자가 수정되는 순간에 결정된다.		
8	피임 기구인 콘돔을 사용하면 완전한 피임이 보장된다.		
9	인공 유산은 수술을 받지 않고 조제 약물로도 가능하다.		
10	정자의 생존 기간은 대략 48~72시간이다.		
11	키스를 통해서는 성병이 전염되지 않는다.		
12	임질은 항생제를 먹거나 주사를 맞으면 완치될 수 있다.		
13	흡연은 성기능 장애의 원인이 된다.		
14	성병에 감염된 산모는 신생아에게 성병을 감염시킬 수 있다.		

번호	문항 내용	○	×
15	성병을 완치한 후에는 그 성병에 대한 면역성이 생긴다.		
16	에이즈 감염자와 면도기를 같이 사용할 때 감염될 수 있다.		
17	성관계 후 성기를 깨끗이 씻으면 성병에 걸리지 않는다.		
18	남성은 한 번의 성관계에서 여러 번의 사정이 가능하다.		
19	성관계 시 남성의 흥분 속도는 여성보다 빠르다.		
20	자위 행위는 일반적으로 건강에 해롭다.		
21	여성이 느끼는 오르가즘은 남성의 성기 크기와 직접 관련 있다.		
22	남성은 완전히 발기해야 사정할 수 있다.		
23	남성은 여성에 비해 성적 욕구가 강하다.		
24	개인의 성적 성향은 치료에 의해 쉽게 바뀔 수 있다.		
25	동성애적 사랑을 한 번 경험하면 동성애자가 된다.		

정답

1	×	2	×	3	×	4	×	5	○	6	×	7	○	8	×	9	×	10	○
11	×	12	○	13	○	14	○	15	×	16	○	17	×	18	×	19	○	20	×
21	×	22	×	23	×	24	×	25	×										

출처 : 전라북도교육청(2009). 성폭력 피해·가해학생을 위한 교사용 지도서. 전북 : 전라북도교육청. 26쪽.

'젠더'라는 단어를 사회로 파생시킨 영화 : 세상을 바꾼 변호인(on the basis of sex, 2018)

남녀 차별이 당연시 되던 시대에, 로스쿨을 수석으로 졸업했지만 변호사가 될 수 없었던 '긴즈버그'. 1970년대 우연히 남성 부양자와 관련된 사건을 접하면서 남성과 여성을 향한 사회적 차별의 근원을 무너뜨리기 위한 힘든 법정 싸움을 시작한다. 후천적으로 주어진 성별 특성인 젠더(gender)라는 단어가 어떻게 사회로 되는 나오게 되는지 알려 주며, 성별로 인한 차별에 대해 생각하게 해준다.

출처 : 다음영화.

1) 성의 사회화

동양은 서양에 비해 성에 대해 보수적인 경향을 보인다. 성은 개인적이고 사적인 영역이지만 사회문화 규범의 영향을 받고, 사회적 승인을 필요로 한다. 예를 들어 길거리에서 남성과 여성이 진한 키스를 한다고 가정해 보자. 분명 개인의 자유로운 성적 표현으로, 무어라 제재하기는 어렵다. 하지만 이를 보는 사람이 눈살을 찌푸리거나 이상하게 쳐다보는 이유는 아직까지 우리 사회의 규범 내에서 승인을 얻지 못했기 때문일 것이다. 이러한 실제 행위가 아니더라도 누구나 한번쯤은 부모님과 함께 TV를 보다가 남녀의 성행위가 담긴 영상이 나오면 화들짝 놀라 채널을 돌리거나 자리를 피한 경험이 있을 것이다. 과거에 비해 성에 개방적인 사회가 되었다 하더라도 여전히 우리 사회는 성을 드러내지 않고 감춰야 하는 것, 말하기 쑥스럽고 부끄러운 것, 음란한 것, 많이 알아서는 안되고, 알아도 아는 척하지 말아야 하는 금기의 영역으로 간주한다(배정원, 2010).

　성에 대한 인식은 유아기와 아동기를 거치면서 조금씩 구체화된다. 프로이트(Freud)에 따르면, 유아는 부모에서 형제로, 나아가 좀 더 넓은 인간관계로 경험을 확장하면서, 남녀 간의 성적인 차이를 이해하게 된다고 하였다(정형숙, 2007에

제도 구분		역할
가정		• 성 행동 영역의 기준이 됨 • 성에 대한 부모의 태도를 학습
학교		• 또래 집단과의 상호작용을 통해 성에 관한 사고, 감정, 행동 등을 학습 • 성에 관한 정보 교환
매체		• 성적인 메시지 전달을 통해 개인에게 성의 표현이나 태도에 영향을 미침
종교	• 기독교	• 모든 성 행동을 결혼 이후로 제한
	• 유교	• 성에 대한 언급을 금기시 • 남존여비 문화 형성에 기여
	• 불교	• 성적 욕망을 극복해야 하는 것으로 인식

출처 : 배정원(2010). 성을 어떻게 이야기할 것인가 -3H SEX(Sexual Health, Sexual Harmony, Sexual Happiness)를 지향하며. 가정의학회지, 3(11), 239~245, 242쪽.

표 4-6
성의 사회화를
돕는 대표적인
제도들

서 재인용). 유아는 가족 내에서 부모가 보여주는 행동을 통해 성역할을 간접적
으로 체험하고, 무의식적으로 학습하면서 성장한다. 이러한 과정이 성의 사회화
(sexualization)이다.

성의 사회화는 성과 관련된 태도나 인식, 행동, 규범 등의 문화를 습득하는 총
체적인 과정이며, 남성 또는 여성으로 어떻게 살아가야 하는지, 성적인 존재 방식
(sexual being)이 무엇인지를 학습하게 된다(장필화 외, 1992: 유혜정, 2006에서
재인용). 쉽게 설명하면, 남성에게 '남자답게'를, 여성에게 '조신하게'를 요구하는 것
도 성의 사회화 과정의 결과이다. 우리가 성을 부끄러운 것, 알아도 아는 척 하면
안 되는 것이라고 생각하는 근본적인 이유는 성 자체가 가지고 있는 부정적인 이
미지라기보다 우리 사회가 성을 대하는 인식이 내면화된 결과라고 할 수 있다. 개
인은 다양한 경로를 통해 성의 사회화를 진행한다. 성의 사회화를 돕는 대표적인
제도는 표 4-6과 같다.

'섹슈얼리티'에 대해 알아봅시다!

다음은 섹슈얼리티에 대한 생각을 알아보기 위한 것입니다. 먼저 다음 문장이 설득력이 있는지 그렇지 않은지 Yes 혹은 No로 표기해 보세요. 그리고 왜 그렇게 생각하는지 이유를 적고, 이야기를 나눠 봅시다.

문항	Yes	No
옷을 야하게 입는 여성은 성관계를 자유롭게 할 것이다.		
이유 :		
성적 욕구를 적극적으로 표현하는 여성은 여자답지 못하다.		
이유 :		
남성의 성욕은 참기가 어렵다.		
이유 :		
남성이 성관계를 요구할 때 상대 여성이 가만히 있으면 어느 정도 동의한 것이다.		
이유 :		
새벽에 여성이 낯선 남성과 함께 술을 마시는 건 위험을 자초하는 행동이다.		
이유 :		
남녀 문제에 관해서 '열 번 찍어 안 넘어가는 나무 없다'는 말은 어느 정도 사실이다.		
이유 :		
숙박 업소(여관, 모텔, 호텔 등)에 같이 간다는 것은 섹스를 허락한다는 의미이다.		
이유 :		
여성들은 가끔 오해하도록 행동한다.		
이유 :		
키스나 성적 접촉에 대한 동의 여부는 상대방의 눈빛이나 암묵적 동의 의사 표현을 통해 판단할 수 있다.		
이유 :		
사회적으로 모범을 보여야 할 여교사나 여성 공직자가 성적으로 자유로운 생활을 하는 것은 좀 문제가 있다.		
이유 :		

문항	Yes	No
언론을 통해 알려진 'XX의 섹스 비디오' 등으로 알려진 사건의 당사자인 여성 또는 남성은 사회적으로 물의를 일으켰다.		
이유 :		
먼저 성관계를 요구하는 여성은 헤픈 여자일 것 같다.		
이유 :		
자위, 특히 청소년기의 자위는 바람직하지 않다.		
이유 :		
'용기 있는 자가 미인을 얻는다'는 말을 믿는다.		
이유 :		

• 위의 문항에 'Yes'라고 응답한 비율이 높을수록 '사회적 통념'에 가까운 경직된 성의 개념을 가지고 있음을 의미합니다. 이러한 의식과 가치관이 어디에서 비롯되었는지, 무엇에 근거해 형성된 의식인지 검토가 필요합니다. 앞으로 인격에 기초한 합리적인 성으로 이해할 수 있도록 노력합시다!

출처 : 변혜정·조중신(2005). 성폭력 피해자 치유·가해자 교정 프로그램 매뉴얼. 서울 : 여성가족부. 17쪽.

2) 건강한 성

건강한 성을 살펴보기에 앞서, 건강한 성의 바탕이되는 성(sex)관계를 먼저 살펴보자. 성관계는 친밀한 애정 관계에서 비롯된다. 가벼운 관계에서도 성관계가 일어나지만 대부분은 친밀한 관계, 사랑, 신뢰감, 성적 친밀감 등이 바탕이 된다. 성관계는 표면적으로는 직접적인 성적행위를 의미하지만, 그 속에는 신체 접촉 이상의 깊은 감정적 교류와 애정 표현이라는 의미를 담고 있다. 과거 성관계는 부부의 전유물이었고, 성관계는 곧 임신과 출산으로 인식되었다. 현대사회에도 성관계에 대한 보수적인 측면을 살펴볼 수 있다. 예를 들면 연인과 여행을 간다고 상상해 보자. 부모님께 솔직하게 연인과 여행을 간다고 말할 수 있을까? 많은 경우 친구들과 여행을 간다거나, 일 핑계를 댈 것이다. 연인과의 여행은 성관계를 암시한다는 생각 때문에 솔직하게 털어놓지 못하는 경우가 많다. 이렇듯 현대사회에서도 성관계에 대한 편견이 남아 있지만 과거에 비해 안전하고, 다양한 피임법이 개발되어 보급되었고, 성관계가 성인의 자연스러운 과정이라는 인식이 확대되었다. 그 결과 성관계를 임신, 출산, 종족 보존의 의미와 연관 짓기보다 친밀감의 표현이나 사랑 추구 행동, 연인간의 애정 표현으로 인식하게 되었다. 따라서 성관계는 관계 전반을 평가할 수 있는 지표가 되기도 한다(Schwartz & Rutter, 1998).

성관계의 기능은 다음과 같이 분류할 수 있다. 첫째, 생식의 기능이다. 성관계의 궁극적인 기능은 종족 번식과 보존을 위한 생식적인 성(reproductive sex)의 기능이다. 둘째, 유대감 강화의 기능이다. 성행위는 친밀한 관계를 바탕으로 하기 때문에 성관계를 통해 유대감이 강화되고, 더욱 친밀해지기도 한다. 셋째, 애정 표현과 친밀감 도모의 기능이다. 성관계는 욕구의 해소, 긴장 완화, 서로의 사랑을 확인하는 기능을 가지며, 성관계 자체가 생활의 에너지원으로 활용될 수 있다. 넷째, 호기심 충족의 기능이다. 성관계에 있어 다양하고, 새로운 방법을 끊임없이 탐구함으로써 타고난 호기심을 해소하고, 충족한다. 같은 맥락에서 사랑하는 사람을 더 알고, 탐색하고 싶은 욕망도 충족될 수 있다. 다섯째, 마음의 안정 기능이다. 성관계는 신체적, 정서적 흥분을 자극할 뿐 아니라 마음의 안정을 돕는 기

표 4-7
성적으로
건강한 사람의
특징

태도	특징
자신에 대한 긍정적인 정서	• 자신의 신체와 외모에 대해 긍정적으로 생각
인간관계에 대한 존중	• 대인관계를 맺을 때 남녀를 구분하지 않고, 모두 존중하는 태도를 가짐
성향에 대한 존중	• 자신의 성적 성향에 대해 자신감을 가지고, 다른 사람의 성향도 존중
적절한 감정 표현	• 사랑과 애정, 친밀한 감정을 적절하게 표현
친밀한 관계성	• 친밀한 관계를 쉽게 만들 수 있고, 유지할 수 있음
안전한 관계 추구	• 원치 않는 임신을 피하기 위해 효율적으로 피임을 함
책임 있는 행동	• 에이즈를 비롯해 다양한 성병에 노출되지 않도록 위생에 신경 쓰고, 책임 있게 행동
객관적 판단 능력	• 가족, 문화, 종교 등 사회 규범이 자신에게 어떠한 영향을 미치는지 알고 있으며, 그 영향력에 대해 객관적으로 판단할 수 있음

출처 : 배정원(2010). 성을 어떻게 이야기할 것인가 -3H SEX(Sexual Health, Sexual Harmony, Sexual Happiness)를 지향하며. 가정의학회지, 3(11), 239~245, 242쪽.

능도 있다. 마지막으로 쾌락의 기능이다. 성적 쾌락은 성관계를 하도록 유도하는 강력한 수단이면서 동기가 된다.

성관계는 성(性)이라는 단어에서 알 수 있듯이, 마음(心)과 몸(生)의 결합으로, 정신과 육체 즉, 궁극적으로 마음과 몸의 조화를 통해 전인적 인간이 됨을 의미한다(김은정, 2016). 성을 매개로 관계를 맺는 것이기 때문에, 두 사람의 몸과 마음의 교류가 필요하고, 그에 따른 책임감이 뒤따르는 중요한 과업이다. 성관계를 포함한 모든 성적 활동은 자연에 의해 확립된 영역이지만 남용될 여지가 있기 때문에 도덕적 문제와 연관될 수 있다(홍은영, 2011). 따라서 건강한 성은 성행위에 도덕적인 측면을 포함해야 한다. 건강한 성관계를 갖고, 성적으로 건강한 사람의 특징 몇 가지를 제시하면 표 4-7과 같다.

성적 자기결정권 체크리스트

다음 체크리스트를 통해 몸에 대한 자신의 권리를 얼마나 자율적으로 결정할 수 있는지 점검해 봅시다.

번호	내용	전혀 그럴지 않다	대체로 그럴지 않다	보통 이다	대체로 그렇다	매우 그렇다
1	좋아하다가도 싫어지는 감정이 생길 수 있다는 걸 인정하고 받아들일 수 있다.	1	2	3	4	5
2	나는 나의 성적 욕망이나 지식에 대해 상대에게 이야기할 수 있다.	1	2	3	4	5
3	상대에게 화났을 때, 고마울 때 나의 감정을 상대에게 그대로 표현할 수 있다.	1	2	3	4	5
4	비록 상대가 어떻게 반응할지 걱정되더라도 감정을 감추거나 왜곡하지 않는다.	1	2	3	4	5
5	상대의 일방적인 요구에 대해 '부당함'을 이야기 할 수 있다.	1	2	3	4	5
6	나는 원하지만 상대가 싫다고 하면 강요하지 않고 상대의 의사를 존중한다.	1	2	3	4	5
7	나는 여전히 좋아하는데 상대는 헤어지려할 때, 억지로 붙잡지 않는다.	1	2	3	4	5
8	나는 내가 가진 성적인 욕망에 대해 정확히 잘 알고 있다.	1	2	3	4	5
9	나는 나에게 맞는 안전한 피임법에 대해 알고 있다.	1	2	3	4	5
10	나는 성적 욕망이 생기면 나름대로 해소할 수 있는 방법을 알고 있다.	1	2	3	4	5
11	나는 성관계를 하지 않고 상대와 여행을 함께할 수 있다.	1	2	3	4	5
12	내 감정과 느낌이 소중한 만큼 상대방의 상태를 충분히 고려할 수 있다.	1	2	3	4	5
13	상대방의 감정을 통제, 조정하기 위해 내 감정을 과장, 왜곡 표현하지 않는다.	1	2	3	4	5

번호	내용	전혀 그렇지 않다	대체로 그렇지 않다	보통 이다	대체로 그렇다	매우 그렇다
14	서로 합의된 신체적 접촉(예: 키스)을 하는 중에 내 맘대로 다른 행동을 하지 않는다.	1	2	3	4	5
15	상대방의 신체 접촉에 대한 제안을 내가 원하지 않을 경우에는 거절할 수 있다.	1	2	3	4	5
16	교제하고 싶은 사람이 생길 때, 상대에게 제안해 볼 수 있다.	1	2	3	4	5
17	나는 사람을 사귈 때 '이 사람은 내 것이다'라는 생각을 먼저하지 않는다.	1	2	3	4	5
18	내가 고백했을 때 상대가 관심 없다고 말해도, 자존심 상하지만 받아들일 수 있다.	1	2	3	4	5
19	상대가 취해서 정신없을 때를 기회로 평소에 원했던 신체적 접촉을 시도하지는 않는다.	1	2	3	4	5
20	성적으로 끌리는 대상에게 성적인 접촉을 시도할 때, 상대방의 동의를 구할 수 있다.	1	2	3	4	5

위 문항의 총점에 따른 결과

93점 이상	파란불	당신은 자신의 감정이나 욕구에 대해 알고 있으며, 상대의 감정이나 욕구를 이해하려고 노력하는군요. 앞으로도 열심히 자신의 성적 자기결정권 향상을 위해 노력하시기 바랍니다.
80~92점	노란불	노력하고 있지만 상황에 따라 감정과 의지에 많은 변화가 있네요. 성적 자기결정권 향상은 무엇보다 자신의 감정과 욕구를 잘 파악하고 상대를 배려하는 감수성을 얼마나 갖추고 있느냐에 달려 있습니다. 잘하고 있지만 좀 더 노력합시다.
80점 이하	빨간불	자신의 감정과 욕구에 대해 잘 알지 못하고 주장하지 못하는 당신은 위험합니다. 지금과 같은 상태라면 원치 않는 성관계의 피해자나 가해자가 될 수 있습니다. 성적 자기결정권 향상을 위해 훈련을 할 필요가 있습니다.

출처 : 울산광역시교육청(2011). 안전한 학교 만들기 위한 아동·청소년 성폭력 대응 매뉴얼. 48~49쪽.

5. 성적 자기결정권

헌법에서는 '인간으로서 존엄과 가치 및 행복을 추구할 권리(헌법 제10조)'와 '신체의 자유(헌법 제12조)'를 보장하고 있다(국가법령정보센터). 이 권리는 인간은 누구나 자신의 운명을 스스로 결정할 수 있다는 '자기결정권(자기운명결정권)'을 의미하며, 자기결정권에는 성적행동에 대한 내용을 포함한다(헌법재판소).

성적 자기결정권(right to sexual autonomy)은 자신의 몸에 대해 스스로 결정하고, 조정할 수 있는 총체적인 권리이며, 나아가 개인에게 부여되는 성과 관련된 자율적인 행복 추구권이라고 할 수 있다(이은진, 2015). 성적 자기결정권은 '성적 자기주장'과 '성적 자기'라는 용어로도 활용되었다. 성적 자기주장은 이성과의 관계에서 원치 않는 성적 행위로부터 자신을 보호할 때 사용하는 효과적인 의사소통 기술로, 성적 접촉을 피할 수 있도록 하고, 분별력과 대응력을 발휘할 수 있도록 한다(이지연·이은설, 2005). 성적 자기결정권을 침해하는 요소는 가정폭력, 데이트폭력, 성폭력 등으로 다양하다(이은진, 2015). 성적 자기결정권은 성별을 구분하지 않고, 다양한 폭력으로부터 자신을 보호하고, 주체성을 지키기 위해서 반드시 필요하다. 즉, 성과 관련된 모든 행위에서 두려움을 느끼지 않고, 자발적으로 성적 관계를 결정하고 통제할 수 있는 권리이며, 성적 자기결정권을 통해 피임, 원치 않는 임신, 성병, 자신의 뜻과 상관없이 행해지는 상대방의 요구와 강제, 성희롱, 성폭력 등으로부터의 자유를 얻고, 스스로를 보호할 수 있다(전라북도교육청, 2009).

성적 자기결정권은 '몸에 대한 소유권'과 '성적 요구에 대한 거부권'으로 구분할 수 있다(전라북도교육청, 2009). 몸에 대한 소유권은 내 몸의 주인은 '나'라는 것을 인식하는 것이다. 몸에 대한 소유권을 명확히 하려면 본인의 몸과 몸의 상태에 대해 충분히 알아야 한다. 자신의 몸에 대한 결정권이 본인에게 있기 때문에, 피임 등 성관계를 통해 나타날 수 있는 다양한 문제들을 예방하는 책임에서도 주체적인 결정권을 가져야 한다. 예를 들어, 연인과의 성관계에서 상대방이 다양한 이유로 피임을 거부한 채 성관계를 갖게 되면 내 몸에 대한 소유권을 내가 아닌 상대방이 갖고 있다는 것이다. 쉽게 말해 피임을 거부한 상대방은 성적 자기결정권을 주장하였으나 나는 나의 성적 자기결정권을 주장하지 못하고, 몸에 대한 소유권을 명확하게 표현하지 못했음을 의미한다. 내 몸에 대한 소유권은 나에게 있으므로 '내 몸이 가진 권리(피임, 원치 않는 성적 접촉, 성적 불편감 등)를 적극적으로 주장해야 한다. 만약 상대방이 나의 성적 자기결정권을 수용하지 않는다면 성관계를 하지 않아야 한다.

성적 요구에 대한 거부권은 강압적인 성적 요구 등 원하지 않는 모든 성적인 요구를 거부할 수 있는 권리이다. 타인과의 관계에서 성적 요구를 거부했음에도 상대방이 받아들이지 않고 강압적이고 지속적으로 요구하는 상황이 성폭력이다. 즉, 성적 요구에 대한 거부권의 침해가 바로 성폭력인 것이다. 주의할 것은 성적 자기결정권은 특정 성별이 가지고 있는 권리가 아니라는 것이다. 성적 자기결정권은 남성과 여성 모두에게 있는 보편적인 권리이며, 성적 자기결정권을 침해하는 대상은 연인, 부부를 포함해 누구든지 될 수 있다.

6. 성행동 윤리

성행동 윤리가 무엇인지 생각해 보자. 성행동 윤리의 가장 기본은 성에 대해 특별한 가치나 관념을 부여하는 것이 아니라 상대의 인격과 자율성을 존중하고, 서로 호혜적인 관계를 맺는 것이다(김은희, 2014). 앞서 건강한 성에서도 살펴보았듯이 성적인 행위들은 단독적으로 행해지는 행위가 아니라 타인과의 관계를 통해 맺어진다. 상대방과 나의 관계 속에서 의미가 만들어지기 때문에, 나의 행위로 인하여 타인의 성적 자율성이나 성평등이 침해되지 않도록 해야 한다.

성행동 윤리의 특징은 두 가지로 요약할 수 있다. 첫째, 다른 행위와 구별된다.

성관계는 개인의 사고, 태도에 중요한 영향을 미치고, 잘못된 성행동은 상대방의 행복과 불행을 좌우할 수 있기 때문에 다른 행위와 구별된다.

둘째, 가변적이다. 앞서 우리는 성관계의 목적이 과거 생식의 기능에서, 현대사회의 사랑 추구 행동으로 변화한 것을 살펴보았다. 성관계의 목적도 고정되지 않고 정황, 세대에 따라 변하기 때문에 그와 관련된 성행동 윤리도 달라질 수 있다. 예를 들면, 보수주의 성행동 윤리에서는 성행동을 결혼, 출산과 동일시했지만 자유주의 성행동 윤리에서는 타인에게 해를 끼치지 않는 선에서의 성적 자유를 제시한다(천명주, 2014).

성행동 윤리에서 중요한 원칙을 제시하면 다음과 같다. 첫째, 자발성이 존중되어야 한다. 성관계에 참여하는 사람은 자유로운 의사에 따라 충분한 정보에 근거한 자발적 동의가 있어야 한다. 그러나 가끔 침묵을 동의로 오해하거나 알코올 등 외부 자극으로 인해 자발적 동의를 하지 못하는 상황도 발생할 수 있으므로 주의가 필요하다. 중요한 것은 명확하게 동의를 확인할 수 있어야 하고, 의사결정을 할 수 있는 능력이 있는 상태에서 이루어져야 한다는 것이다.

둘째, 성의 표현에 있어 속이지 않고 솔직해야 한다. 자유주의 관점에서는 성관계를 일종의 계약으로 본다. 상대방에게 해가 될 수 있는 정보를 의도적으로 감추거나, 성관계를 맺기 위한 목적으로 감정을 의도적으로 가장하여 상대방을 기만해서는 안된다.

셋째, 권력관계가 아닌 인간관계로 보아야 한다. 성관계에서 나의 성적 욕망을 충족하기 위해서 상대방을 수단으로 사용해서는 안된다. 성관계는 성적인 접촉뿐 아니라 인간관계의 측면을 가진다. 성관계에 참여하는 사람들은 성적 욕망을 실현하는 과정에서 서로를 인격적으로 대우해야 한다.

넷째, 상대방의 성적인 신념(beliefs)과 가치(values)를 존중해야 한다. 만일 상대방이 개인이나 종교적인 이유로 혼전순결에 대한 신념을 가지고 있다면 그 신념을 존중해야 한다. 같은 맥락에서 상대방이 시간 경과에 따른 충분한 유대감이 형성된 사랑과 성관계를 동일한 가치로 인식한다면 상대방의 동의가 있을 때까지 기다려야 한다.

05

이성 교제

사랑은 언제나 하나의 이유로 시작되고
단지 그 이유 때문에 사랑은 끝난다.

앙귀자

청년기의 발달과업에서 중요한 요소 중 하나는 이성 교제를 하는 것이다. 과거 이성 교제는 결혼의 준비단계로 인식되었으나 현대사회에서는 이성 교제가 결혼을 의미하지 않는다. 실제로 과거에는 이성 교제가 성인들의 전유물이었으며, 결혼을 전제로 하지 않은 이성 교제는 부모에게 들키면 안되는 음지의 영역이었다. 드라마에 등장하는 부모들은 주인공의 이성 교제 사실을 알게 되면 "집에 데려 오라"는 주문을 하는 것과 같이 과거의 이성 교제는 부모의 승인을 필요로 했고, 결혼으로 가는 길 중 하나였다.

하지만 최근 현대사회에서는 유치원에 다니는 유아부터, 청소년 할 것 없이 이성 친구와 교제 중에 있음을 당당히 밝힌다. 활발한 소통 창구로 활용되는 SNS(social networking service)에서는 이성 교제 중임을 알리는 게시글이 넘쳐 난다. 이성 교제는 결혼의 단계라는 의미보다 이성과 애정을 바탕으로 한 친밀한 관계를 나눈다는 의미가 강화되었다. 현대사회에서 이성 교제는 자신의 능력이나 사교성 등 존재를 증명하는 수단으로 활용되기도 하고, 이성 교제를 통해 정서적 안정감을 경험하고, 관계를 시작하고, 유지하는 경험을 통해 사회적 대처능력이 개발되는 등의 순기능을 가지고 있다.

이성 교제 경험을 떠올려 보자. 현재 이성 교제 중에 있다면, 상대방의 얼굴이나 행복한 감정이 먼저 생각날 수도 있고, 어쩌면 관계를 지속할지, 관계를 끝내야 할지 고민할 수도 있다. 이성 교제에 대한 경험이 없다면, 이성 교제를 시작하고 싶다는 조급함을 느낄 수도 있고, 반대로 이성 교제에 흥미가 없어져 이성에 대한 관심 자체가 감소할 수도 있다. 우리는 하루에도 수십, 수백 번 이성과 접촉을 하지만 마주치는 모든 사람들과 교제를 시작하는 것은 아니다. 그렇다면 나는 어떤 계기로 이성 교제를 시작하게 되는지, 어떤 이성에게 끌리는지, 이성 교제에 어떤 기대가 있는지 등 생각할 시간이 필요하다.

이성 교제에 앞서 생각해 봅시다.

• 내가 평소에 원하는 이성 유형(이상형)은 무엇인가요? 다음 조건에 따라 개인적으로 선호하는 이성의 유형이나 비선호하는 이성 유형이 무엇인지 생각해 봅시다. 선호하는 유형, 비선호하는 유형 모두 작성할 수도 있고, 어느 한쪽이 떠오르지 않을 수도 있습니다. 방향에 관계없이 떠오르지 않는다면 그 칸은 비워 두어도 좋습니다. 단, 모든 항목의 어느 한쪽은 채워져 있어야 합니다.

조건		선호하는 유형	비선호하는 유형
신체적 조건	얼굴		
	키		
	몸매		
	전체적인 이미지		
직업-경제적 조건	직업 특성		
	소득 수준		
	소비 습관		
	저축 습관		
문화적 조건	취미 생활		
	활동성		
관계적 조건	가족 관계		
	친구 관계		
	이성 관계		
기타			

• 어떤 상황에서 이성에게 호감을 느끼나요?

_____

_____

_____

_____

_____

• 이성 교제를 시작하기 전에 '나'는 어떤 사람인지 생각해 봅시다. 나와 '내가 호감을 가졌던 이성'을 생각하면서 다음 질문에 솔직하게 응답해 봅시다.

나는 누구이며, 어떤 사람인가요? _____

_____

_____

_____

나의 내·외적 조건은 어떠하며, 무엇을 강화하거나 보완해야 하나요?

분류	내적 조건	외적 조건
조건		
강점		
보완점		

나는 사람들에게 어떤 사람(성격, 외모, 전체적 인상 등)으로 기억되고 싶은가요? _____

_____

_____

_____

나는 사람들과의 관계에서, 어떤 사람이고 싶은가요? _____

_____

_____

_____

다른 사람들은 나를 어떤 사람이라고 평가하나요? _____

_____

다른 사람들과의 관계에서 자신이 진정으로 원하는 것은 무엇인가요? _____

_____

_____

_____

내가 생각할 때, 나만이 가진 특별한 매력은 무엇이라고 생각하나요? _____

_____

_____

_____

다른 사람들이 말하는 자신의 매력은 무엇이고, 어떻게 반응하나요? _____

_____

_____

_____

다른 사람들이 알아주기를 바라는 나만의 매력은 무엇인가요? _____

_____

_____

_____

1. 만남

이성 교제는 당연한 사실이지만 이성과의 만남을 통해 시작된다. 앞서 4장 〈사랑과 성〉에서도 살펴봤듯이, 이성 교제는 처음 만난 사람과 첫눈에 반해 시작될 수도 있고, 오랜 시간 친구로 지내던 사람과 우정에서 사랑으로 발전할 수도 있다. 이성과의 만남은 자신의 감정에 대한 인식, 자신의 몸에 대한 관심과 연결되기 때문에 자아존중감 향상에 중요한 원인이 될 수 있다. 실제로 흥미와 끌림을 유발하는 이성이 나타나면 스스로 태도, 표현 방식, 옷차림 등 자신의 외모나 표현방식 등을 점검한다. 이성에게 끌리는 이유는 각양각색이다. 어떤 사람은 얼굴, 키, 몸매, 옷차림 등 겉으로 보이는 외모 특성으로 인해, 어떤 사람은 유머감각, 자상하거나 정열적인 태도 등 평소 바라던 성격을 가진 사람에게 이끌려 만남을 시작한다. 우리는 이러한 끌림을 흔히 이상형이라고 말한다.

이성 교제에서 물리적인 '만남' 그 자체는 우연으로 전개된다. 우연히 길에서 부딪히든 다른 사람의 개입이 있든 만남 자체는 우연적인 형태이다. 그러나 물리적인 만남이 이성과의 애정적 관계를 의미하는 이성 교제로 발달하는 것, 즉 어떤 사람과 사귈 것인지는 대해서는 개인마다 기준이나 패턴이 있다.

1) 호감의 요인

호감(好感)은 좋게 여기는 감정을 의미한다.* 일반적으로 외모가 뛰어난 사람에게 호감을 느끼고, 능력이 출중한 사람에게도 호감을 느낀다. 우리는 어떤 사람에게 호감을 느끼는가? 사람에게 호감을 느끼게 만드는 요인은 다양하지만, 몇 가지로 정리하자면 근접성, 친숙성, 보상성, 인지적 균형, 유사성, 개인적 특질, 사회적 매

---

* 국립국어원 표준국어대사전

력 등으로 구분할 수 있다.

첫째, 근접성(proximity)은 가까이 있는 대상에게 매력을 느낀다는 의미이다. 가까이 있다는 것은 거주에 대한 근접성과 지속적인 상호작용으로 구분할 수 있다. 우리는 처음 만난 이성이 같은 지역에서 성장했거나 거주하고 있다는 정보를 취득하게 되면 무의식적으로 친밀감을 느끼게 된다. 이러한 거주근접성은 보다 쉽게 만남의 빈도를 높이기 때문에, 상대에 대한 호감을 높이는 데 도움이 된다. 근접성은 단순히 가까이 거주한다는 의미도 있지만 빈번한 상호작용의 측면도 가지고 있다. 특정한 사람과 함께 프로젝트나 조별 작업을 한다고 가정해 보자. 자주 만나고, 반복적인 상호작용을 하게 되면 상대방에게 친숙함, 익숙함을 느끼고, 상대방이 무엇을 좋아하는지, 싫어하는지, 언제 무엇을 하는지 등 행동을 예측하게 한다. 이러한 근접성은 접촉을 증가시키고, 행동에 대한 예언을 가능하게 함으로써 상대방에 대한 호감도를 상승시키는 데 도움이 된다. 흔히 '몸이 멀어지면 마음도 멀어진다'는 의미가 바로 근접성에 기인한 것이다.

둘째, 친숙성(familiarity)은 빈번한 노출로 상대방이 무언가를 인식하는 것을 의미한다. 친숙성은 다른 말로 단순노출효과(mere exposure effect)로도 알려져 있는데(Zajonc, 1968), 단순히 노출되는 횟수가 많아질수록 상대방에 대한 호감도가 상승할 수 있다는 의미이다. 흥미롭게도 이러한 단순노출은 상대방에 대한 인식이 없을 때라도 상대방에 대한 호감을 상승시킬 수 있다. 예를 들어, 특정한 사람과 반복적으로 마주친다고 가정해 보자. 이러한 만남은 단순노출로 두 사람 사이에 어떠한 상호작용도 일어나지 않지만, 상대방에 대한 호기심을 자극하는 데 도움이 된다. 매일 같은 시간 버스 정류장에서 마주치는 사람에게 호감을 느끼는 것이 바로 이러한 맥락이다. 그러나 대부분의 경우 단순노출로 인한 호감은 호기심을 자극하는 데서 끝나기 마련이다. 과도한 노출은 오히려 호감을 반감시킬 수 있으며(Miller, 1976), 호감으로 발전하기 위해서는 직접적인 상호작용을 해야 한다.

셋째, 보상성(rewardingness)은 자신에게 직·간접적인 보상을 주는 사람에게 호감을 느낀다는 원리이다. 여기서 보상이란 정서적 보상과 물리적 보상을 모두 포함한다. 정서적 보상이란 정서적 만족감을 의미한다. 어떤 이성과 만났다고 상상해 보자. 상대방과 특별한 무언가를 하지 않아도 함께 보내는 시간이 항상 재밌거나 때로는 나의 모든 것에 감탄하고, 칭찬과 지지 등 긍정적인 피드백을 아낌없이 하거나, 애정을 표현하거나, 내가 말한 사소한 것을 기억하고 반응해준다면 우리는 상대방에게 호감을 느끼게 된다. 물리적 보상은 물질과 물리적 행동의 측면이다. 물질적 측면은 발렌타인데이나 화이트데이에 선물을 주는 행위나 만날 때마다 꽃을 선물하는 등 직접적인 형태를 말하며, 물리적 행동 측면은 다른 이성에게 하지 않는 행동을 나에게만 하는 등의 물리적 행동으로 나타난다. 예를 들어, 다른 사람들과 함께 있는 자리에서 유독 나만 도와주거나, 내가 싫어하는 음식을 먼저 다른 음식으로 바꿔주거나 하는 등의 행동을 한다면 호감이 생길 수 있다. 쉽게 말해 사람은 정서적이든, 물질적이든 자신에게 보상을 주는 사람, 즉 자신을 능력 있고, 매력적이고, 가치 있고, 특별하다고 느끼게 해주는 사람을 좋아하게 되어 있다.

넷째, 인지적 균형(cognitive balance)은 자신과 의견이 자주 일치하는 사람에게 호감을 느낀다는 것이다. 사람은 감정과 의지, 사고의 균형을 추구하기 때문에 타인과의 의사소통에서 불일치나 논쟁을 경험하면 스트레스를 경험한다. 하이더(Heider)는 이것을 인지 균형모형(balance model)으로 설명한다(김재휘, 2013). 예를 들어, 내가 어떤 이유로 특정한 연예인을 좋아한다고 해보자. 상대방도 같은 이유로 특정 연예인을 좋아한다면 처음에는 동질감을 경험하고, 위와 같은 상황이 반복된다면 동질감이 호감으로 발전할 수 있다. 마찬가지로 많은 사람과 토론을 하거나 의견을 교환하는 자리에서 빈번하게 나와 같은 의견을 표현하는 사람이 있다면 호감을 느끼기 쉽다. 결국 나와 '잘 통하는 사람'에게 관심과 호감을 느낀다.

다섯째, 유사성(similiarity)은 자신과 유사한 특성을 가진 사람에게 호감을 느낀다는 원리이다. 게슈탈트 법칙에 따르면, 사람들은 비슷한 것끼리 하나로 묶어서 지각하는 경향이 있다. 집단 안에서 나와 종교가 같거나, 성격이 유사하거나, 취향이 같으면 쉽게 호감을 느끼게 된다. 예를 들면 내가 관심을 가지고 있는 대상이 특정 영화나 음악을 좋아한다면 그 분야에 관심을 가지면서 유사한 특징을 가지려고 노력한다. 이러한 유사성은 자신의 신념이나 태도, 성격 등이 존중받고, 자신의 선택이 틀리지 않았다는 증명을 비롯해 자신이 정당한 평가를 받았다는 기분을 느끼게 해준다(김문성, 2018). 하지만 가끔은 정반대 성향을 가진 사람끼리 호감을 느끼는 경우도 있다. 이 경우에는 상호보완의 특징을 가진 경우이다. 만약 성격이나 취향이 전혀 다르다 하더라도 서로 다른 특성이 나의 결핍된 부분을 보완해줄 수 있다고 느끼면 그 역시 호감으로 발전할 수 있다(Mayer & Pepper, 1977: 배행자·이인선, 2004에서 재인용). 자신은 예민하지만 상대방이 온화하다면, 자신은 성격이 덤벙대는데 상대방이 꼼꼼하다면, 자신은 치킨 다리를 좋아하는데 상대방이 치킨 가슴살을 좋아한다면, 서로 갖지 못한 특성을 상대방이 보완해줄 수 있다고 느껴 호감으로 발전할 수 있다.

여섯째, 개인적 특질(personal qualities)은 개인이 가지고 있는 성격이나 외모적인 부분을 의미한다. 성격으로는 주로 정서적 따뜻함을 의미하는 온정성, 상대방에게 솔직한 태도를 의미하는 정직성, 상대방에게 몰두하는 특성인 성실성, 자신의 능력을 믿는 태도인 자신감, 상황에 적응하고 변화할 수 있는 능력인 유연성 등을 말한다. 외모는 말 그대로 신체적인 매력도이다. 외모는 개인의 취향이 반영되기 때문에 반드시 '잘' 생겨야만 하는 것은 아니다. 사람이 실제 호감을 느끼는 것은 상대방의 신체적-심리적 특성이 아니라 상대방의 행동한 결과에 따라 달라진다(배행자·이인선, 2004). 아무리 외모가 뛰어난 사람이라고 하더라도 나를 대하는 태도가 냉담하거나 행동에 거짓이 있거나 나에게 충실하지 않으면 상대방에 대한 호감도는 감소하기 마련이다.

마지막으로, 사회적 매력(social attraction)은 집단 내·외부에서 발생하는 존경(respect)과 호감(liking)의 측면을 말한다. 집단 내 구성원으로 있을 때, 본인을 포함해 다른 구성원들보다 유능한 사람으로 인식되는 사람에게 호감을 느끼게 된다. 공부를 잘하거나 운동을 잘하거나 하는 사람에게 쉽게 호감을 느끼는 것이 바로 이러한 맥락이다. 마찬가지로 평소 관심 없던 대상이지만 집단 구성원들이 공통적으로 호감을 느끼는 대상이 있다면, 자연스럽게 그 사람에게 관심이 모아지기도 한다. 집단 외부에서 느끼는 존경과 호감도 마찬가지이다. 이 경우에는 집단의 근거한 호감이 높게 작용한다. 개인적인 조건보다 특정집단이 가지고 있는 조건이 더 우월할 경우, 집단에 소속되어 있다는 이유만으로 호감을 느낄 수 있다(Hogg et al., 1995). 공부나 운동 등 특정한 부분에서 뛰어난 능력을 가진 집단이 있다고 가정해 보자. 사람들은 개인이 가진 매력보다 그 집단이 가진 매력을 더 크게 인식하기 때문에, 개인적인 매력도는 떨어질 수 있으나 그 집단에 소속되어 있다는 이유만으로 호감도가 상승하는 경우를 말한다. 예를 들어, 상대방에게 큰 관심이 없었지만, 상대방이 명문대학교에 다니고 있다거나 전문 직종에 근무하는 사람이라면 호감도가 상승하기도 한다.

2. 이성 교제의 기능

이성 교제는 이성과의 직접적이고, 애정적인 접촉을 의미한다. 이성 교제는 친밀함을 근거로 하며 두 사람의 관계를 전제하기 때문에 서로간 소속감이 중요하게 작용한다. 만약 친밀한 관계를 맺는 이성과의 관계어서 어떠한 소속감, 즉 서로가 '내 사람이다'라는 느낌을 경험하지 못한다면 그 관계는 더 깊은 관계로 발전하기 어렵다.

이성 교제는 신체적, 정신적 건강에 긍정적인 영향을 준다. 그뿐만 아니라 이성과의 지속적이고, 친밀한 관계는 대인관계를 형성하고 유지하는 데도 긍정적인 역할을 담당한다(Braithwaite et al., 2010). 이성 교제는 일반적으로 낭만적 경험이라고 알려져 있으나, 알려진 것보다 더 많은 기능을 가지고 있다(표 5-1).

이성 교제가 가지고 있는 다양한 기능을 살펴보자. 첫째, 사회화의 기능이다. 대부분 첫 이성 교제를 경험하는 시기에는 자신이 타인에게 어떠한 영향을 미치

표 5-1
이성 교제의
기능

기능	내용
사회화 기능	• 이성의 역할 및 이성과의 적응 방법을 경험 • 기대되는 성인 남녀의 역할수행을 학습 • 상호관계 기술의 발달을 돕고, 사회인으로서의 역할수행을 도움
자아 평가의 기능	• 남녀 간 상호 접촉에 대한 상대방의 반응을 통해 자신에 대한 이해도가 높아짐 • 자신의 장단점, 매력 등을 알게 해줌 • 자기 평가와 자아성찰의 기회를 제공
인격 형성의 기능	• 자신의 말과 행동이 타인에게 어떠한 영향을 미치는지 고민의 기회를 제공 • 이성의 행위에 대해 대처하면서 인격 형성 및 성숙에 도움
자신감과 안정의 기능	• 이성에게 주목받는 경험은 긍정적 자기 인식에 도움을 제공 • 낭만적 경험을 통해 정서적 만족감을 경험 • 지지, 우정, 친밀감을 제공
오락의 기능	• 생활의 흥미를 주고, 자신의 존재 의미를 생각하게 함 • 여가 시간을 공유하는 데이트는 생활의 활력을 제공
배우자 선택의 기능	• 이성 교제의 궁극적인 기능은 배우자 선택으로, 이성과의 발전적 관계를 준비하는 기능을 수행 • 자신이 원하는 이상적인 이성의 모습을 알게 하여, 배우자 선택에 도움을 줌

출처 : 곽금주(2013). 현대 청소년의 이성교제 문화. 서울 : 한국청소년상담복지개발원. 8~9쪽 재구성.

는지 깨닫기 어렵다. 이성 교제를 시작하면서 성숙한 이인(二人) 관계를 시작하고, 서로가 기대하는 성인 남성과 여성의 역할을 수행하게 된다. 자신의 말투나 사소한 행동들이 이성에게 어떠한 영향을 미치는지 경험하고, 학습하면서 사회적 상황에서 자신의 행동을 돌아보고, 조절할 수 있는 능력을 기른다. 주변에서 이성 교제 경험이 많은 사람들을 떠올려보자. 이들은 이성과의 관계에서 보다 사교적이고, 유연한 태도를 가진 경우가 많다. 개인적 성향에 따라 다를 수 있지만 이성 교제를 통해 상호관계 기술을 비롯해 사회인으로서의 역할수행 능력이 향상되는 경우가 많다. 나아가 상대방이 형성하고 있는 네트워크와 관계를 맺고, 확장함으로써 대인관계의 영역이 넓어지면서 사회성 발달에도 도움이 된다.

둘째, 자아 평가의 기능이다. 자신의 매력이 무엇인지, 장점이나 단점이 무엇인지 등을 이성 교제를 통해 객관적으로 확인하는 것이다. 예를 들어, 나는 콤플렉스로 느끼는 신체 부위를 호감을 가진 이성이나 대다수의 이성이 좋아한다고 상상해 보면 이해가 빠를 것이다. 어느새인가 그 부위는 콤플렉스가 아닌 가장 자신 있는 부위로 바뀌어 있을 것이다.

셋째, 인격 형성의 기능이다. 사회화의 기능이 사회적 기술 능력에 가깝다면 인격 형성의 기능은 개인적 성숙의 관점과 가깝다. 쉽게 설명하면 평소 냉정하게 말하는 습관을 가졌거나 화를 주체하지 못하는 성격을 가진 사람도, 사랑하는 사람 앞에서는 평소와 같은 행동 습관을 자제하려고 노력한다. 본인이 가지고 있는 성향이 상대방에게 어떠한 영향을 미치는지, 어떻게 보일지 판단하고, 행동 습관을 교정하려고 노력한다. 이러한 노력은 개인의 성격이나 습관으로 정착되면서 보다 성숙한 사람으로 발전하게 된다.

넷째, 자신감과 안정의 기능이다. 앞서 자아평가의 기능을 통해 이성에게 받는 관심이 자기평가에 긍정적인 요소가 될 수 있음을 확인하였다. 예를 들어 이성에게 인기 있는 사람을 떠올려 보자. 그 사람은 이성 앞에서 위축되지 않고, 항상 자신감에 차 있다. 그 이유는 이성이 보내는 관심이 자기평가에 긍정적 영향을 미치고, 결국 '내가 꽤나 괜찮은 사람이구나'하는 자신감으로 연결되기 때문이다. 또한 드라마나 영화에서 '사랑하면 달라지는' 주인공의 모습을 많이 볼 수 있다. 이성에게 관심을 받는다는 것은 개인의 자신감을 향상시키는 데 도움이 된다. 그뿐만 아니라 낭만적 경험을 통해 정서적으로 만족감을 느끼고, 안정감을 느끼게 된다. 사랑을 하면 성격이 편안해지는 것이 바로 안정의 기능에 기인한 것이다.

다섯째, 오락의 기능이다. 이성 교제를 시작하면 둘만의 데이트를 시작한다. 영화관을 비롯해 평소 가보고 싶었던 곳 등 다양한 장소를 탐색하게 된다. 새로운 곳에 대한 경험을 가장 많이 하는 시기가 바로 이성 교제를 시작할 때일 것이다. 상대방과 여가 시간을 공유하고, 가벼운 여행을 떠나고, 새로운 곳을 탐색하는 것 모두 생활의 활력을 제공한다.

마지막으로, 이성 교제의 궁극적인 기능인 배우자 선택의 기능이다. 모든 이성 교제가 배우자를 선택하기 위한 목적을 갖지 않는다. 하지만 배우자 선택은 교제 기간이나 방법에 상관없이 이성 교제 없이는 불가능하다. 이성 교제를 통해 상대방이 나와 취향이나 성격이 잘 맞는지, 어려움을 함께 해결할 수 있는지 등 평소 자신이 생각하는 이상적인 이성의 모습을 깨닫게 된다. 따라서 이성 교제는 배우자 선택에 도움을 주는 중요한 과정이다.

3. 이성 교제의 단계

이성과의 친밀한 애정적 관계는 청소년기부터 시작된다. 이성 교제는 이성과 만남을 시작함과 동시에 이루어진다고 생각하지만 실제로는 보다 복잡한 단계를 거친다. 일반적으로 '썸*'으로 시작되지만 여러 단계를 거쳐 이성 교제로 완성된다. 이성 교제의 단계는 연령 발달의 측면과 관계의 측면으로 구분할 수 있다.

연령 발달의 측면에서 살펴보면, 이성 교제는 청소년기부터 시작되며 송아지 사랑, 강아지 사랑을 거쳐 본격적인 연애로 발전된다(Hurlock, 1955: 곽금주, 2013에서 재인용). 처음 이성 교제를 시작하는 시기는 16~18세라고 알려져 있는데, 이 시기보다 이전의 연령에서는 이성에 대한 호기심이 반감으로 표현되는 경우가 많다.

첫 번째, 송아지 사랑(calf love)은 연예인이나 선생님 등 이성의 연장자를 존경하고, 숭배하는 형태와 사랑하는 감정이 혼합된 형태로 나타난다. 이성에게 호기심도 있고, 신체적 관심도 있지만 이성과 직접적으로 접촉할 용기나 기회가 없는 사춘기 시기에 주로 일어나는 현상이다.

두 번째, 비슷한 또래의 이성에게 관심을 갖게 되는 강아지 사랑(puppy love) 단계이다. 이 단계에서는 이성과 사물에 대한 판단력이 생겨 연장자를 멀리한다. 또래에게 이성적인 관심은 있지만 아직은 이성과 개인적으로 접촉하는 것보다 다른 사람들과 함께 어울리는 것에 더 흥미를 느낀다. 이 모습이 강아지가 모여 장

---

* 썸은 '정확하지 않은'이라는 의미의 영단어 something과 '—하다'의 단어가 결합된 인터넷 신조어이다. 즉, 호감 가는 이성과 사귀기 전에 느끼는 불확실한 감정을 의미한다(위키백과).

표 5-2
이성 교제의
단계

단계		내용
자유로운 교제	그룹 이성 교제	• 이성 교제에 익숙하지 않은 사람이 여러 사람과 함께 데이트를 하는 경우 • 대학 신입생들이 많이하는 데이트 형태
	임의적 이성 교제	• 특정 상대를 정하지 않고, 자유롭고 부담없이 즐기는 데이트 • 오락의 형태를 가짐 • 지속적인 데이트 상대를 선택하는 과정 중 나타남
고정된 이성 교제		• 많은 데이트 상대 중에 가장 매력적인 이성을 선정하여 고정적으로 만나는 형태 • 미래에 대한 생각을 시작 • 서로에 대한 객관적 평가를 하기도 함 • 관계에 책임감을 느끼고, 관계 유지에 협조적이며, 긍정적 태도로 변화함
결정적 이성 교제		• 특정한 사람과 지속하던 고정적인 이성 교제가 만족스럽게 진행되면 구혼을 하는 단계 • 결혼을 약속하고, 미래에 대한 진지한 논의가 시작되는 단계 • 육체적 친밀도 및 서로의 가족이나 친구와도 친밀한 관계를 갖는 등 상대방의 인간관계에 깊숙이 개입함

출처 : 김경은(2008). 성인애착이 남녀 이성교제에 미치는 영향. 총신대학교 선교대학원 석사학위논문. 20~21쪽 재구성.

난하는 모습과 비슷하다고 하여 강아지 사랑이라고 이름 붙여졌다.

마지막으로, 둘만의 만남을 시작하고, 상대방에게 집중하는 단계인 연애 (romantic love)에 돌입하게 된다. 또래 집단과 어울리면서 집단 내에서 가벼운 데이트를 한다. 함께 어울려 놀다 특정 이성에게 관심이 고조되면, 결국 두 사람에게 집중하는 데이트를 시작하게 되고, 이전보다 강렬하게 서로에게 집중하게 된다(Furman & Shaffer, 1999).

관계 발달의 측면에서는 자유로운 이성 교제(그룹 이성 교제 group date, 임의적 이성 교제 random date), 고정된 이성 교제(pinning date), 결정적 이성 교제 (court ship) 등으로 구분한다(표 5-2).

4. 이성 교제의 형성과 유지

이성 교제를 형성하고 유지하기 위해서는 무엇보다 중요한 네 가지 요소가 있다. 첫 번째는 안전감(security)이다. 안전감은 단어 그대로 상대방과 있을 때, 정서적-신체적으로 안전하다고 느끼는 것이다. 안전감은 직접적인 안전감과 간접적이 안전감이 있는데, 직접적인 안전감은 상대방과 있을 때 안전하다고 느끼는 감정이다. 만약 이성 교제를 시작한 상대가 감정 기복이 심하고, 감정을 제어하지 못해 나에게 소리를 지르고, 화를 낸다고 가정해 보자. 상대방과의 만남은 긴장의 연속일 것이며, 관계에서 신체적·정서적으로 보호받고 있다는 느낌을 받기 어렵다. 간접적인 안전감은 비밀보장의 측면이다. 이성 교제는 다른 사회적 관계보다 사적(private)으로, 신체적으로 친밀할 수밖에 없다. 다른 사람에게 말하지 못하는 비밀이나 미래 계획 등을 편하게 터놓을 수 있는 관계이며, 신체적인 친밀감을 가질 수 있는 관계이다. 나와 교제하는 사람에게만 어렵게 털어놓은 비밀을 다른 사람에게 이야기하는 사람이나, 두 사람만의 은밀하고, 사적인 성적관계를 친구들에게 쉽게 이야기하는 사람과는 관계를 오래 지속하기 어렵다.

　두 번째는 편안함(comfortability)이다. 관계를 발달시키고, 만남이 지속되려면 서로를 있는 그대로 받아들일 수 있는 편안함이 제공되어야 한다. 이성 교제를 시작하면 두 사람이 정서적으로, 물리적으로 공유하는 시간이 많아진다. 자신에게 편안함을 제공하는 사람과는 관계가 유지되지만 반대의 경우에는 쉽게 관계가 해소된다. 이성 교제를 시작하는 초기 단계에서는 편안함이 크게 중요하게 작용하지 않지만, 관계가 유지되고 장기적 관계로 발전하기 위해서는 편안함이 반드시 필요하다. 이성 교제를 시작하는 초기 단계에는 상대방에게 매력적으로 보이기 위해 불편한 옷이나 불편한 신발, 불편한 장소도 감수하는 경우가 종종 발생한다. 그러나 관계가 오랫동안 지속되어도 늘 불편함을 감수해야 한다면 그 관계는 오래 지속하기 어렵다. 예를 들어, 데이트를 위해서 매일 하이힐을 신거나 매일 정장을 착용하고 만난다거나, 관계가 몇 년이 지속되어도 '이 말을 해도 되는지, 안되는지' 고민한다고 가정해 보면 쉽게 이해가 될 것이다.

　세 번째는 안정감(stability)이다. 안정감은 관계가 지속됨에 따라 관계가 점차 안정되고, 평온함을 가지는 것을 의미한다. 이성 교제는 흥분과 두근거림으로 시작하지만 어느 정도 시간이 경과하면서 점차 안정 궤도에 들어서게 된다. 이러한 안정감은 상호신뢰가 바탕이 된다. 안정감은 개인적 측면과 상대적 측면에서 살펴볼 수 있다. 먼저 개인적 측면의 안정감은 이성 관계에서 자신의 역할을 잘 수행할 때 경험하게 된다. 연인에게 잘 보이기 위해 공부, 일 등의 과업 수행을 더 열심히 하는 태도, 연인에게 충실하고 헌신하는 자신의 모습을 관찰할 때 자신이 '꽤나 괜찮은 사람'임을 확인하게 되고, 정서적인 안정감을 경험하게 된다. 상대적 측면은 상대가 나에게 미치는 영향력을 고려한 측면이다. 이성 교제의 기능에서도 살펴보았듯이 나를 존중하고, 사랑해 주는 사람이 있다는 사실 자체로 정서적인 충족을 경험할 수 있다. 실제로 주변에서 이성 교제를 하는 동안 정서적 안정감이 생겨 훨씬 더 부드러워지고, 웃음이 많아지고, 행동과 생활에 활력을 느끼는 사람을 관찰할 수 있다. 규칙적으로 만나는 이성이 있다는 사실만으로 사회적으로 개인의 지위가 향상될 수 있으며, 자아존중감 향상 및 심리적 안정감에 긍정적 영향을 준다(이영선 외, 2013).

　마지막으로 성숙함(maturity)이다. 이성과의 관계가 지속되면서 사람들은 상대가 진정으로 잘 되기를 바란다. 기회가 된다면 서로의 성장을 돕기위해 전폭적인 지원을 아끼지 않는다. 주변에서 이성 친구의 취업을 돕거나, 수험생 시절을 뒷바라지할 수 있는 감정과 태도는 서로의 성장을 진심으로 바라는 성숙함이 바탕이 된다. 만약 오래 만난 연인이 나의 성장이나 성취를 질투하거나, 깎아내리는 미성숙한 태도를 보인다면 불타던 사랑도 식어 버리기 마련이다. 나아가 이성 교제의 성숙함은, 서로가 함께하는 미래에 대한 고민을 시작하게 한다. 관계가 오래 지속되면서 충분한 신뢰가 바탕이 되면 더욱 성숙된 관계로 발전하기를 기대한다. 오래 지속된 관계는 이성 교제가 결혼의 연장선에 있다고 인식하는 경우가 많다. 상대방을 아끼는 마음이 커질수록 관계를 성숙한 태도로 진지하게 바라보는 경향이 강해진다(박종환, 2007).

나의 이성 교제 만족도는?

현재 연인과의 관계를 생각하면서 질문에 응답해 주시기 바랍니다. 만약 사귀고 있는 연인이 없다면 최근에 사귄 연인과의 관계를 생각하면서 응답해 주셔도 됩니다. 이성 교제 경험이 없다면, 친구, 가족 등 다른 관계를 생각하고 응답해도 좋습니다.

번호	내용	Yes	No
1	나는 우리의 이성 교제 관계가 꽤 행복하다고 생각한다.		
2*	우리는 우리의 차이점을 해결하는 방법을 개선할 필요가 있다.		
3*	우리는 같이 이야기할 주제가 많지 않다.		
4*	내 이성 교제 관계는 여러 가지 점에서 실망스럽다.		
5*	내 파트너는 때때로 내가 어떻게 느끼는지 이해하지 못한다.		
6*	우리 관계의 미래는 너무 불확실해서 중요한 계획을 세울 수 없다.		
7*	우리는 다툴 때마다 같은 문제를 반복하는 것 같다.		
8*	우리는 지금보다 예전에 함께 했던 시간들이 더 즐거웠던 것 같다.		
9*	내 파트너는 어떤 문제에 대해서는 너무 민감해서 내가 말조차 꺼낼 수 없는 경우가 있다.		
10	우리는 함께 취미 생활을 즐기는 데 많은 시간을 보낸다.		
11	우리는 내가 알고 있는 대부분의 연인들보다 더 행복하다.		
12*	내 파트너는 종종 내 생각을 이해하지 못한다.		
13	나는 우리 만남에서 거의 불행함을 모르고 지내왔다.		

번호	내용	Yes	No
14*	내 파트너는 화가 나면 때때로 나에게 고함을 치거나 소리를 지른다.		
15	내 생각에 우리 만남은 성공적이다.		
16*	우리는 매우 자주 말다툼을 한다.		
17	나는 파트너와 여가 시간을 보내는 방식에 꽤 만족하고 있다.		
18	우리 만남에는 나쁜 점보다 좋은 점들이 훨씬 많다.		
19*	내 파트너와의 사소한 의견차이가 종종 큰 다툼으로 발전한다.		
20	우리 관계가 내가 아는 사람들의 이성 교제 관계만큼 즐겁다고 생각한다.		
21	나는 내 이성 교제 관계의 많은 부분에 대해 만족스럽게 느낀다.		
22*	내 파트너는 때때로 내 성격의 어떤 면을 의도적으로 변화시키려는 것처럼 보인다.		
23	우리는 일상생활에서 함께할 수 있는 재미있는 일이 매우 많다.		
24	우리는 서로에게 사랑과 애정을 많이 표현한다.		
25*	내 파트너는 종종 내가 자신을 이해하지 못한다고 불평한다.		
26	우리는 취미와 여가 생활에서 서로가 원하는 것을 얻고 있다.		
27	내 이성 교제는 매우 만족스럽다.		
28*	내 파트너는 너무 쉽게 감정이 상한다.		

채점

구분	문항 번호	점수 합계
전반적 만족도	1, 4*, 6*, 8*, 11, 13, 15, 18, 20, 21, 24, 27	
의사소통 만족도	2*, 5*, 7*, 9*, 12*, 14*, 16*, 19*, 22*, 25*, 28*	
공유 시간 만족도	3*, 10, 17, 23, 26	

- Yes : 1점, No : 0점
- 문항 번호 뒤에 * 표시된 것은 역채점 문항임
  (예: 2* 문항에 'Yes'로 응답한 경우, 점수는 1점이 아니라 0점이 됨)
- 점수가 높을수록 각 항목과 관련한 이성관계에 만족함을 의미합니다.

출처 : 김경선(2017). 대학생의 내면화된 수치심과 이성관계만족도의 관계에서 관계진솔성의 매개효과. 아주대학교 교육대학원 석사학위논문. 56~57쪽.

5. 이성 교제의 해소

연인은 언제 이별을 하게 되는가? 서로의 일상을 공유하고, 시간을 함께 보내고, 인간관계의 큰 축이었던 연인과의 이별은 매우 고통스러운 사건이다. 사랑하는 연인과의 이별은 개인의 미래에 악영향을 미치기도 하고, 개인적인 신념이나 가정을 파괴하기도 하며, 다양한 심리적-신체적 증상을 유발한다(Carnelley & Janoff-Bulman, 1992).

1) 이별에 대한 '애도'

애도는 사랑하는 사람을 상실할 때 경험하는 슬픔을 표현하는 행위나 슬픔과 관련된 감정들이 단계를 거치면서 안정적으로 변화되는 총체적인 과정*을 의미한다. 사랑하는 대상과 이별하는 상실경험은 누구도 피할 수 없는 경험이기 때문에, 이별로 인한 상실경험을 잘 마무리하는 것, 즉 이별에 대한 애도를 하는 것이 무엇보다 중요하다.

프로이트는 이별에 대한 애도를 정상적인 애도와 비정상적인 애도로 나누었다(김형경, 2012). 누군가와 이별했을 때 나타나는 슬픔은 지극히 당연한 감정이기 때문에 충분히 슬퍼하는 것은 이별을 애도하는 작업으로 정상적인 반응이다. 그러나 지나치게 낙심하거나 외부 세계에 대한 관심을 끊어 버리거나, 다시 사랑할 수 없다고 느끼거나, 자신에 대한 지나친 죄책감을 느끼는 것은 비정상적인 애도 반응, 즉 우울증으로 보았다. 프로이트는 이별을 잘 마무리하지 못할 경우 우울증이라는 마음의 병이 될 수 있다고 설명한다.

애도 이론의 초기 모델을 제안한 퀴블러로스(Kübler-Ross, 1969)는 애도 과

---

* 슬픔 : 상실감을 대하는 반응 / 애도 : 상실감을 수용하고 대처하기 위한 총체적 과정으로, 슬픔보다 포괄적인 개념(하이닥, 2021.04.21).

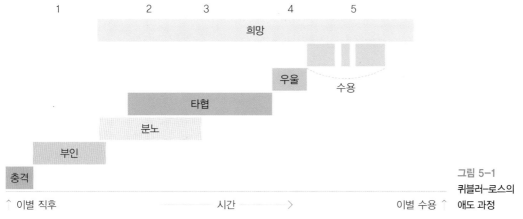

출처 : 류성곤(2016). 완화의학. 서울 : 시그마프레스. 18쪽 재구성.

정을 부인—분노—협상—우울—수용의 5단계(five stages of grief)[주] 로 설명하였다. 퀴블러로스에 따르면, 5단계는 상실, 이별과 관련한 모든 감정을 깔끔하게 해결할 수 있는 마법적인 단계가 아니며, 모든 사람이 모든 절차를 거치거나 정해진 순서에 따라 진행되지 않는다고 주장한다(Kübler-Ross & Kessler, 2009). 그러나 5단계는 애도를 위한 기본적인 틀을 제공하기 때문에, 이별에 대한 애도를 설명하는 데 유용하다(그림 5-1).

첫 번째 단계는 '부인(denial)'하는 단계로, 상실에 대한 경험을 거부하는 단계이다. 이별로 예를 들면, 헤어짐을 받아들이지 못하는 단계로 설명할 수 있다. 두 번째 단계는 '분노(anger)'하는 단계이다. 주변 사람들에게 화를 내거나 스스로 자책하기도 한다. 분노를 표출하는 양상은 개인의 성격 구조와 깊은 연관이 있다. 세 번째는 '협상(bargaining)'의 단계이다. 사랑하는 사람과 헤어지면 '그래도 친구로 남을 수 있지 않을까?', '상대방도 후회할지모르니 연락을 해볼까?'라는 식의 협상을 시도한다. 네 번째는 '우울(depression)'이다. 현실을 직면하면서 이별이 현실임을 깨닫게 된다. 혼자서 슬퍼하거나 괴로워하면서 고통스러운 이별 감정을 표출한다. 다섯 번째는 '수용(acceptance)'하는 단계이다. 정서적으로 점차 안정되

[주][주] 퀴블러로스는 약 200명 이상의 임종 환자를 대상으로 죽음에 임박한 환자의 심리상태를 연구하였다. 따라서 일반적으로 'five stages of grief'는 죽음의 5단계로 알려져 있다(류성곤, 2016).

표 5-3
이별로 인한
반응

반응 구분		증상
신체적 반응	섭식 장애	• 식욕 감퇴, 폭식증 등의 섭식 장애가 나타남
	무기력	• 이별 감정에 압도되어 해야할 일을 하지 못함 • 지나치게 많이 자는 과수면 현상이 나타남
	불면증	• 이별의 원인이나 상대방에 대한 그리움, 분노, 슬픔 등의 감정이 지나쳐 깊은 수면을 취하지 못함
	집중력 저하	• 공부나 일, 평소 생활에 집중하지 못하는 등 일상생활에 어려움을 호소함
	알코올 의존	• 이별을 견디기 위해 알코올 등에 의존하기도 함
	자해나 자살	• 자해나 극단적 시도 등을 유발하기도 함
정서적 반응	우울, 불안	• 정신적인 괴로움을 유발 • 이별은 우울 장애를 예측하는 요인이기도 함 • 이별의 원인이 무엇인지 강박적으로 생각하며, 정신적으로 피폐해짐
	분노	• 이별이 자기만의 책임이 아니라고 생각하면서 점차 분노하게 됨
	죄책감	• 자신이 상대방에게 했던 행동에 대한 후회 및 죄책감을 경험
	실패와 좌절	• 사랑에 실패했다고 느끼면서 좌절감을 경험

출처 : 헬스조선(2014.08.08.); 김은미(2015). 애착과 자아탄력성이 대학생의 이별 후 성장에 미치는 영향 : 의도적 반추와 문제중심대처를 매개변인으로 한 구조적 관계분석. 충북대학교 대학원 박사학위논문. 16~17쪽 재구성.

고, 이별에 대한 객관화를 시도한다. 수용은 종종 '괜찮아짐(all right or OK)'과 혼동되지만, 실제 수용은 상처가 치유되어 괜찮아지는 것이 아니라 이별을 받아들이는 것을 의미한다. 즉, '이제 진짜 헤어졌구나'를 인식하는 것과 가깝다. 수용이 중요한 이유는 이별에 대한 진정한 수용과정을 거쳐야 새로운 연결, 관계, 새로운 상호의존성을 획득할 수 있기 때문이다(Kübler-Ross & Kessler, 2009).

사랑하는 사람과 이별을 하게 되면 일반적으로 상실감, 슬픔, 무기력 등을 생각하지만, 이별로 인한 증상은 생각보다 다양하다. 학자들이 말하는 이별로 인한 신체적-정서적 반응을 정리하면 표 5-3과 같다.

2) 이성 교제 해소의 단계

이성 교제가 해소되는 원인은 두 가지일 것이다. 내가 먼저 상대방과 헤어지고 싶은 마음이 들 때와 상대 쪽에서 먼저 관계를 정리하고 싶을 때이다. 이성 교제는 단 한가지의 사건으로 해소되지 않는다. 감정적, 행동적, 인지적, 사회적인 행위의 누적된 결과인 경우가 많다. 서운함이 쌓여 누적된 결과가 이별을 초래하고, 마찬가지로 냉담한 행동들이 쌓여 나타날 수 있는 결과가 이성 교제의 해소인 이별인 것이다. 결국, 이별은 두 사람이 오랜 시간 쌓아 온 행동의 결과라고 할 수 있다.

덕(Duck)은 이성 교제가 해소되는 단계(relationship dissolution)를 5단계로 정리한다(김은숙, 2006; Rollie & Duck, 2006). 첫 번째는 개인 내 단계(intrapsychic phase)로, 연인에 대한 불만이나 서운함이 쌓여 혼자 이별을 고민하는 단계이다. 연인의 사소한 행동이나 문제들이 반복되면서 관계를 지속할지 해소할지 끊임없는 고민을 한다. 관계를 지속함에 있어 관계 편익을 생각하기 때문에 상대방보다 자신이 더 많은 노력이나 배려 등을 하고 있다고 생각하며, 상대방의 행동이 자신에게 미치는 영향력을 객관적으로 평가한다. 친한 친구들에게 관계 지속 여부나 상대방의 행동에 대해 상담을 하지만 혼자서 고민하는 단계이기 때문에 상대방은 이러한 생각을 알지 못한다.

두 번째는 관계적 단계(dyadic phase)에서 이별을 고민하는 단계이다. 당사자 간 개입이 나타나는 단계로, 이성 관계의 해소를 협상하기도 한다. 이별을 고민하고, 준비하는 사람의 연락빈도가 감소하거나 데이트에 집중하지 못하고 건성으로 반응하는 등 태도나 행동의 변화가 눈에 띄게 나타난다. 이러한 상황이 지속되면 상대방도 이별을 직감하게 되고, 서로 시간을 갖거나 헤어짐에 대해 비유적으로 언급하면서 시간을 보내게 된다. 아직 직접적으로 헤어짐에 대해 이야기하거나 합의를 이룬 것이 아닌 상태로, 헤어진 것도 사귀는 것도 아닌 모호한 관계가 유지된다. 협상이 잘 이루어져 관계를 회복하는 경우도 있으나 대부분의 커플이 이 단계를 극복하지 못하고 이별을 경험한다.

세 번째 사회적 단계(social phase)는 관계의 해소가 공식적으로 외부에 알려지는 단계이다. 주변 사람들에게 두 사람의 이별을 알림으로써, 두 사람의 관계는 공식적으로 해소가 된다. 만약 겹치는 지인이 많다면 잠시 혼란을 경험하기도 한다.

네 번째는 추억의 장례식 단계(grave dressing phase)이다. 이별에 대한 자기

합리화를 시작하면서 관계를 종결짓고, 사회적-심리적으로 극복하는 단계를 의미한다. 일반적으로 지난 기억과 감정을 정리하는 이별의 마지막 관문으로 인식되며, 새로운 관계를 시작할 준비가 되었음을 의미한다.

다섯 번째는 부활단계(resurrection phase)이다. 고통스러웠던 이별 과정을 마무리하고, 연인과의 관계 전반을 돌아본다. 이러한 과정은 지나간 기억을 되새김질하는 고통과 자신의 행동에 대한 반추와 반성, 직면에 대한 고통을 수반한다. 그러나 지나간 관계를 돌아보고, 반성하고, 고통을 견딤으로써 개인적 성장을 경험할 수 있다. 앞서 언급했듯이 이별에서 가장 중요한 것은, 이별을 마무리하는 것이다. 이별을 피할 수 없다면 충분한 애도를 통해 상대방을 잘 떠나보내고, 감정을 표출하고 위로를 받아야 한다. 이별에서 가장 중요한 과업은 충분한 애도 과정을 통해 감정의 정화를 이루는 것이다.

함께
하기 ### 연인과 헤어지기 전에 고려해야 할 점

- 다음은 연인과 헤어지기 전에 고려해야 할 점이다. 충분히 생각한 후 솔직하게 응답해 보자.

이별 Yes or No – part I

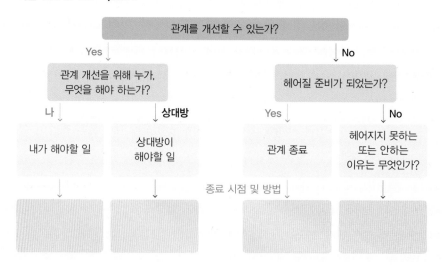

행복한 삶을 위한 가족의 이해

이별 Yes or No — part II

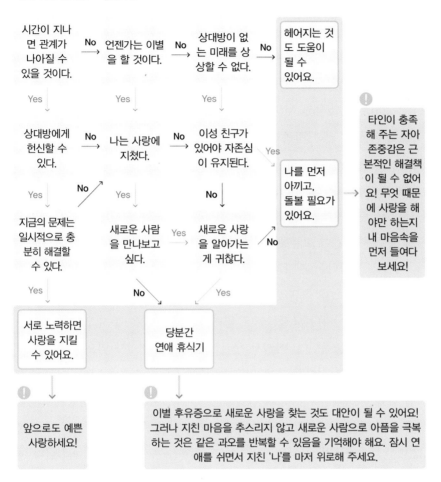

시간이 지나면 관계가 나아질 수 있을 것이다. → No → 언젠가는 이별을 할 것이다. → No → 상대방이 없는 미래를 상상할 수 없다. → No → 헤어지는 것도 도움이 될 수 있어요.

Yes ↓ (시간이 지나면)
Yes ↓ (언젠가는)
Yes ↓ (상대방이 없는)

상대방에게 헌신할 수 있다. → No → 나는 사랑에 지쳤다. → No → 이성 친구가 있어야 자존심이 유지된다. → Yes → 나를 먼저 아끼고, 돌볼 필요가 있어요.

Yes ↓ / No ↗
Yes ↓ (나는 사랑에)
No ↓ (이성 친구가)

지금의 문제는 일시적으로 충분히 해결할 수 있다. → Yes → 새로운 사람을 만나보고 싶다. → Yes → 새로운 사랑을 알아가는 게 귀찮다. → No

Yes ↓
No ↘ (새로운 사람을)
Yes ↓ (새로운 사랑을)

서로 노력하면 사랑을 지킬 수 있어요.

당분간 연애 휴식기

타인이 충족해 주는 자아존중감은 근본적인 해결책이 될 수 없어요! 무엇 때문에 사랑을 해야만 하는지 내 마음속을 먼저 들여다보세요!

앞으로도 예쁜 사랑하세요!

이별 후유증으로 새로운 사랑을 찾는 것도 대안이 될 수 있어요! 그러나 지친 마음을 추스리지 않고 새로운 사람으로 아픔을 극복하는 것은 같은 과오를 반복할 수 있음을 기억해야 해요. 잠시 연애를 쉬면서 지친 '나'를 마저 위로해 주세요.

6. 이별을 위한 매너

이별을 받아들이지 못하는 사람은 사랑을 자신이 느끼는 모든 고통에서 탈출시켜 줄 도구로 생각한다. 따라서 끊임없이 친밀한 관계를 추구하는 관계 중독(relationship addiction)이 될 가능성이 높다. 관계 중독은 심각한 의존성을 보이고, 관계에 온전히 만족하지 못하고, 집착하거나 매달리는 특징을 보인다(Whiteman & Petersen, 김인화 역, 2004). 이러한 관계 중독은 학자에 따라 사랑 중독, 사람 중독, 성 중독으로 구분하기도 한다(Peabody, 류가미 역, 2010). 여기서는 사랑 중독과 사람 중독을 중심으로 살펴보자.

사랑 중독은 자신이 고통에서 벗어날 수 있는 수단이나 탈출구로 사랑을 활용한다. 이들은 사랑하는 사람과의 관계가 아니라 사랑을 하고 있다는 데 몰두한다. 끊임없이 로맨스를 꿈꾸고, 누군가와 사랑에 빠지기를 기대한다. 사랑하는 사람과의 관계에서 나타나는 갈등이나 문제 해결에 관심을 두지 않고, 낭만적이고 마법적인 사랑에 중독된다. 따라서 현실적인 사랑과 거리가 있으며, 이러한 사랑만을 추구하기 때문에 이성 교제가 단기에서 해소되는 경우가 많다.

사람 중독은 특정한 사람에게 집착하는 것이다. 이루지 못한 사랑에 집착하는 경향이 강하고, 결과적으로 강박장애 등의 병리적인 증상을 경험할 수 있다(김은미, 2015). 특히 버림받는 것을 두려워하고, 이별을 사랑의 실패로 인식한다. 따라서 사랑에 실패한 자신을 아무것도 아닌 사람, 무가치한 사람으로 인식하는 경향이 있다. 사랑받지 못했다는 감정은 좌절감으로 경험되고, 파괴적이고 왜곡된 형태로 나타난다(장정은, 2018). 사랑 중독이나 사람 중독자들은 자신의 결핍을 인정하지 못하고, 상대방 탓을 하는 등의 투사적인 형태로 나타나며, 지나친 경우 상대방을 향한 공격성으로 표출되기도 한다.

위와 같은 사랑 중독과 사람 중독자들은 자신의 현실, 즉 이별을 했다는 자각을 하지 못한다. 지금-여기(here & now)가 되지 않기 때문에 과거에 상대방과 얼마나 즐거웠는지, 자신이 상대방을 얼마나 즐겁게 만들었는지, 당시 얼마나 행복했는지 등 과거의 상황에서 빠져나오지 못한다. 헤어짐을 인정하지 않고, 현재 행복하지 못한 이유를 상대방과의 이별에서 원인을 찾는다. 사랑 중독자들은 사랑을 다시 시작하면, 사람 중독자들은 상대방과의 관계를 회복하면 다시 행복해질 수 있다고 기대한다. 이러한 왜곡된 신념은 낮은 자아존중감, 낮은 현실 인식, 불안과 분열 등이 원인이 되어 나타나기 때문에 사랑 중독자들은 전체적인 현실의 상황을 보기 어렵고, 사람 중독자들을 상대방의 의사나 감정을 고려하지 않는다. 이 둘의 공통점은 타인보다 내 감정이나 내가 놓인 상황만을 중요하게 생각한다는 것이고, 때때로 상대방을 향한 폭력이 나타날 수 있다는 것이다.

사랑 중독자들은 불안정 애착을 가진 사람에게서 흔히 나타나며, 사랑과 관계에 집착하지만, 관계의 본질에는 크게 관심이 없다. 이들은 다른 중독과 마찬가지로 금단 현상을 경험하기도 하고, 알코올이나 쇼핑, 일 등 다른 것에 빠지는 등 부가적인 중독을 경험하기도 한다(송연주, 2019). 사람 중독자의 행동은 시대적으로 다르게 받아들여지기도 한다. 불과 얼마 전까지 우리나라에서도 '열 번 찍어 안 넘어가는 나무 없다'는 등의 표현을 사용하면서 특정한 사람에게 하는 반복적인 구애와 집착을 용인하기도 했다. 하지만 현대에는 이러한 행위를 폭력으로 간주한다

이별이나 거절의 경험을 '나' 또는 '상대방'과 분리하는 것이 중요하다. 편의점에서 특정한 물건을 산다고 가정해 보자. 물건의 재고가 없어 살 수 없을 때 우리는 '내'가 거절당했다고 생각하지 않는다. 같은 맥락에서 친구와 저녁 식사 약속을 할 때, 거절하는 것은 '나'의 본질이 부정당하는 것이 아니라 조건이나 상황 등의 사유로 '저녁 식사'를 거절한 것과 같은 맥락이다. 이성과의 관계에서도 마찬가지이다. 호감을 가진 상대에게 고백했을 때, 거절당하는 것은 '나'라는 사람의 본질이 부정당한 것이 아닌 단순히 '만남'이 거절된 것이다. 우리가 친구와의 저녁 식사가 좌절되었을 때, 그에게 과도한 분노를 쏟아 내지 않는 것은 본질과 비본질의 차이를 구분하기 때문이다. 이성 관계에서도 이러한 구분은 필수이다. 호감가는 대상이나 이별한 상대에게 만남을 요구하는 것은 자유 의지를 가진 나의 권리이다. 마찬가지로 상대방도 나와의 만남을 거절할 권리가 있음을 기억하자.

결국 사랑 중독자가 사랑에 중독되어 끊임없이 사랑을 갈구하고, 사람 중독자
들이 이별을 받아들이지 못하고 집착하는 원인은 자아존중감이 부족하기 때문이
다. 이들은 자신을 사랑하고 신뢰하는 방법을 모르기 때문에 자기 존재의 확인을
타인을 통해 얻고자 한다. 이러한 태도는 사랑이 아닌 집착이며, 병리적인 증상임
을 깨닫는 것이 중요하다. 만약 헤어짐을 견디지 못하고 다른 사랑을 찾아 헤매거
나, 지금 이별한 누군가에게 집착을 하고 있다면 상대방이 아닌 자기 자신을 돌봐
야 한다. 자신을 즐겁고 행복하게 만드는 것이 무엇인지 찾아야 하고, 경우에 따
라 의료적인 도움을 받는 것도 필요하다. 무엇보다 중요한 것은 나를 행복하게 해
줄 수 있는 것은 상대방이 아닌 '나 자신'이 가지고 있다는 것을 깨닫는 것이다.

이성과 교제할 때 나는 어떠한가?

다음 질문을 읽고 자신과 일치하는 문항이 있다면 박스에 체크를 해주세요. 단, 문항이 자신과 일치하지 않는다면 아무것도 체크하지 않아도 좋습니다.

질문	유형		
	A	B	C
파트너에게 더 이상 사랑받지 못할까 봐 두렵다.	☐		
파트너에게 쉽게 애정을 갖는다.		☐	
파트너가 내 본 모습을 알게 되면 나를 좋아하지 않을까 봐 두렵다.	☐		
이별 후 회복이 빠르다. 누구든 쉽게 잊을 수 있는 자신이 신기할 정도다.			☐
파트너가 없으면 불안하고 불완전한 사람처럼 느껴진다.	☐		
기분이 저조한 파트너를 격려하는 일은 힘들다.			☐
떨어져 있는 동안 내 파트너가 다른 사람에게 관심이 생길까 봐 두렵다.	☐		
나는 파트너에게 의지하는 것이 편하다.		☐	
관계보다 독립성이 더 중요하다.			☐
깊은 속내까지 파트너에게 털어놓기는 싫다.			☐
파트너에게 내 감정을 드러냈을 때 파트너가 나와 같은 감정이 아닐까 봐 두렵다.	☐		
나는 파트너와의 관계에 대체로 만족한다.		☐	
연인 관계에 특별한 연출이 필요하다고 생각하지 않는다.		☐	

질문	유형		
	A	B	C
관계에 대해 생각을 많이 한다.	☐		
파트너에게 의지하는 것이 불편한다.			☐
파트너에게 금방 애착을 갖는 편이다.	☐		
별 어려움이 없이 나의 욕구나 욕망을 파트너에게 표현할 수 있다.		☐	
가끔 이유 없이 파트너에게 화나 짜증이 날 때가 있다.			☐
파트너의 기분에 매우 민감하다.	☐		
대부분의 사람들은 정직하고 신뢰할 만하다고 생각한다.		☐	
늘 같은 사람과 하는 섹스보다는 낯선 사람과의 가벼운 섹스가 좋다.			☐
얼마든지 내 개인적인 생각을 파트너와 공유할 수 있다.		☐	
지금의 파트너와 헤어지면 다른 사람을 만나지 못할까 봐 걱정된다.	☐		
파트너와 너무 친밀해지면 불안하다.			☐
싸울 때는 논리보다 감정에 치우쳐 나중에 후회할 말이나 행동을 하는 편이다.	☐		
싸웠다고 해서 내 파트너와의 관계에 회의를 품지는 않는다.		☐	
부모님은 종종 나에게 불편할 정도의 친밀감을 기대하신다.			☐
내 매력이 부족할까 봐 걱정이다.	☐		

행복한 삶을 위한 가족의 이해

질문	유형		
	A	B	C
극적인 사건을 일으키지 않아 종종 지루한 사람처럼 보이기도 한다.		☐	
떨어져 있을 때는 파트너가 보고 싶지만 함께 있을 때는 벗어나고 싶다.			☐
상대방과 의견이 다를 때도 편하게 이야기 할 수 있다.		☐	
누군가가 내게 의지하고 있다는 느낌이 너무 싫다.			☐
좋아하는 사람이 다른 사람에게 관심을 보여도 당황하지 않는다. 질투가 생겨도 잠깐이다.		☐	
좋아하는 사람이 다른 사람에게 관심을 보이면 오히려 안심이 된다. 나에게 자기 말고 다른 사람은 만나지 말라고 하지 않을 것이기 때문이다.			☐
좋아하는 사람이 다른 사람에게 관심을 보이면 우울해진다.	☐		
파트너가 차가운 태도로 나를 멀리하기 시작하면 왜 그러는지 궁금해지지만 나 때문은 아닐 것이라고 생각한다.		☐	
파트너가 차가운 태도로 나를 멀리하기 시작해도 상관없다. 오히려 안심이 된다.			☐
파트너가 차가운 태도로 나를 멀리하기 시작하면 내 잘못 때문일까 봐 걱정된다.	☐		
파트너가 나와 헤어지려고 하면 나는 최선을 다해 그가 놓치게 될 것을 상기시켜 줄 것이다(질투심을 약간 유발하는 것도 괜찮다).	☐		
몇 달 동안 사귀었던 사람이 그만 만나자고 하면 처음에는 상처 받겠지만 곧 괜찮아질 것이다.		☐	
연인 관계에서 원했던 것을 얻고 나면 더이상 원했던 것이 무엇인지도 모르겠다.			☐
옛 연인과 (철저히 플라토닉하게) 계속 연락을 주고받아도 불편하지 않다. 아직도 우리 사이에 공통점이 많다.		☐	
총점(체크한 박스를 세로로 합산)			

- 체크한 항목의 수가 많은 유형이 나의 애착유형을 의미합니다.

- **A형의 점수가 높으면 '솔직하게 감정을 드러내야 하는 불안형'**

  친밀감을 느끼고자 하는 욕구가 강하고, 파트너가 자신을 사랑하고 존중하는지 항상 확인하고 싶어하는 성향을 의미합니다. 파트너와 관계에 어려움이 느껴지면 금방 부정적인 감정에 휘말리곤 합니다. 파트너에게 긍정적인 반응을 기대하지 않으며, 연인관계를 언제든 헤어질 수 있는 연약하고 불안정한 것으로 인식하는 경향이 있습니다. 따라서 파트너에게 자신을 솔직하게 드러내지 못하는 경우가 많습니다. 자신이 진짜 원하는 것이 무엇인지, 지금 내 감정이 무엇인지 파악하고, 안정을 되찾은 후 효과적인 의사소통을 할 필요가 있습니다.

- **B형의 점수가 높으면 '의사소통의 일인자 안정형'**

  격한 반응을 보이거나 감정에 압도당하는 일이 별로 없습니다. 비교적 쉽게 사람들과 친해지는 성향이 있습니다. 자신의 감정과 욕구를 효과적으로 전달하는 방법을 알고 있습니다.

- **C형의 점수가 높으면 '연인을 이해시켜야 하는 회피형'**

  파트너와 정신적-육체적으로 적당한 거리를 유지하고 싶어하는 등 독립성을 추구하는 성향을 의미합니다. 친밀한 관계를 불편해하며, 자신의 욕구가 무엇인지 인식하지 못하는 경우가 많습니다. 도망가고 싶은 느낌을 받지만 이유를 알지 못하기 때문에, 파트너에게 관심이 없어졌다고 생각하는 경향이 있습니다. 누군가와 친밀해졌다고 느끼면 본능적으로 거리를 두고 싶다는 욕구가 생긴다는 것을 깨달을 필요가 있으며, 자신이 느끼는 감정과 욕구를 전달하는 방법을 배울 필요가 있습니다.

출처 : Levine & Heller, 저, 이후경 역(2011). 그들이 그렇게 연애하는 까닭: 사랑에 대한 낭만적 오해를 뒤엎는 애착의 심리학. 서울: 랜덤하우스코리아. 47~49쪽, 249~260쪽 재구성.

7. 데이트폭력

최근 이성 관계에서 중요한 이슈 중 하나는 '데이트폭력'이다. 경찰 등의 조직에서는 '연인간 폭력'이라는 용어로도 사용된다. 데이트폭력은 처음 보는 사람과의 관계에서 발생하는 것이 아니라 친밀하고, 사적인 관계에서 발생하기 때문에 다른 사람들에게 알려졌을 때는 이미 심각한 상태에 이르는 경우가 많다. 데이트폭력은 연인이라는 특수한 지위를 이용한 것으로, 상대방이 '내 것', '내 소유'라는 왜곡된 인식을 기반으로 한다(김한중·강동욱, 2019).

일반적으로 데이트폭력은 연인과의 관계에서 발생한다고 생각하는 경우가 많다. 하지만 실제 데이트폭력은 좁게는 연인 관계, 헤어진 관계, 넓게는 호감을 가지고 있는 단계나 맞선, 소개팅, 채팅, 부킹 등의 관계를 포함한다(서울특별시, 2018). 데이트폭력은 모르는 사람과의 관계가 아닌 친밀하거나 사적인 사람과의 관계에서 발생하기 때문에 심리적 충격이 더 클 수밖에 없고, 데이트폭력이 가지고 있는 편견, 이를테면 '맞을 짓을 했겠지', '걔(가해자), 착하고 순하던데', '알면서 계속 만나는 너(피해자)도 문제가 있을 것'이라는 편견으로 인해 외부에 알리기 어렵다.

1) 데이트폭력의 개념 및 종류

초기 데이트폭력은 신체적 폭력에 집중하였으나 후에는 성적·정서적·언어적·경제적·통제 등이 포함되었고, 최근에는 스토킹 범죄도 데이트폭력으로 규정하고 있다(박현정, 2015). 데이트폭력이란 부부나 가족이 아닌 남녀 사이에 발생하는 모든 종류의 폭력을 말하며, 구체적인 데이트폭력의 종류는 표 5-4와 같다.

표 5-4
데이트폭력의
종류

데이트폭력의 종류	데이트폭력의 예시
신체적	• 팔목이나 몸을 힘껏 움켜쥠 • 세게 밀침 • 팔을 비틀거나 머리채를 잡음 • 폭행으로 삐거나 살짝 멍이나 상처가 생김 • 뺨을 때림
성적	• 개인의 의사와 상관없이 가슴, 엉덩이, 성기 등을 만짐 • 개인이 원하지 않는 상황, 장소 등에서 몸을 만짐 • 개인이 원하지 않는데 애무를 함 • 나의 기분과 상관 없이 키스를 하거나 몸을 만짐 • 개인이 원하지 않는데 섹스를 강요 • 개인의 신체나 성관계 장면의 촬영을 요구
정서, 언어, 경제적	• 위협을 느낄 정도로 소리를 지름 • 주변의 물건 또는 상대방의 물건을 던지거나 부수는 행위 • 안 좋은 일이 있을 때 '너 때문이야'라는 말을 자주 함 • 욕을 하거나, 모욕적인 말이나, 성적 수치심을 유발하는 말을 자주함 • 나를 괴롭히기 위해 악의적인 말을 하거나 소문을 냄 • 끊임없이 비난함 • 돈을 빌리거나 마음대로 가져간 후 반환하지 않음 • 이별에 대한 거부나 복수, 상대방을 괴롭힐 목적으로, 데이트 비용의 반환을 요구
통제	• 누구와 함께 있는지 항상 확인함 • 옷차림 등을 제한함 • 내가 하는 일이 마음에 들지 않으면 그만 둘 것을 종용함 • 일정을 통제하고, 간섭함 • 휴대폰, 이메일, SNS 등을 점검하고, 감시함 • 연락처를 허락 없이 삭제함 • 나의 의사와 상관없이 어떤 일을 하기를 바람
스토킹	• 접근하거나, 따라다니거나, 진로를 막아서는 행위 • 정보 통신망(전화, 우편 등)을 이용하여 물건이나 글, 말, 부호, 사진, 영상 등을 보내는 행위 • 주거지나 주변에 놓여 있는 물건을 훼손하는 행위 • 직접 또는 제3자를 통해 물건을 전하거나 주거지나 그 주변에 물건 등을 두는 행위
협박, 납치 및 살인	• 개인의 신체나 성관계 사진이나 영상을 유포하겠다고 암시하거나 협박함 • 만나주지 않을 경우, 자살 등의 암시를 함 • 나의 의사와 상관없이 차에 강제로 태우거나 다른 장소로 이동함 • 지나친 폭력으로 상대방을 죽음에 이르게 함(=살인)

출처 : 박현정(2015). 데이트폭력의 위험요소와 대책에 관한 고찰. 법학논총, 22(2). 499~521, 502~504쪽; 서울특별시(2018). F언니의 두 번째 상담실-데이트폭력 대응을 위한 안내서. 28쪽; 한국여성인권진흥원. 스토킹, 데이트폭력 페이지 재구성.

2) 데이트폭력의 원인

데이트폭력의 가장 큰 무서움은 관계가 해소되거나 신고를 했다고 하더라도 보복 폭행의 위험이 남아 있다는 것이다. 데이트폭력의 원인은 낮은 자아존중감을 비롯해 박탈감, 불안감, 상대를 통제하고 싶은 욕구, 이성에 대한 과도한 집착 등이 있다. 특히, 데이트폭력 가해자들은 이성과의 관계에서 자신의 감정을 조절하지 못하고, 갈등 상황을 긍정적이고 성숙하게 해결한 경험이 거의 없다. 일부 가해자들은 갈등 상황을 회피하고, 상대방의 탓을 하는 경향이 있고, 갈등 상황이 극에 치달았을 때 분노를 폭력으로 표출한다.

일부 연구에서는 데이트폭력 가해자들이 가정폭력이나 상습적 폭력 상황에 노출된 경험이 있고, 때로는 히스테리성 인격 장애를 가진다고 보고한다(박현정, 2015). 그러나 데이트폭력 가해자들은 단순히 폭력에 노출된 경험으로 인해 발생하는 것은 아니다. 개인이 가지고 있는 콤플렉스를 극복하지 못하거나, 어린 시절 폭력에 노출되거나, 친밀한 사람과 애착 형성의 경험이 부재하거나, 사회생활의 스트레스를 극복하지 못하거나, 알코올의 영향을 받는 등 다양한 요소에 영향을 받는다. 데이트폭력 가해자들은 하나의 원인이 아니라 복합적 요소들이 자극된 결과이다.

데이트폭력 가해자들에 대한 주변의 평가는 상반되는 경우가 많다. 데이트폭력 가해자들이 평소 폭력적일 수 있지만 반대로 주변 사람들에게는 친절하거나 내향적이거나 온순하다는 평가를 받기도 한다. 결국 데이트폭력 가해자들은 평소 행동 습관을 통해 가려내기 어렵다. 그뿐만 아니라 '남자 또는 여자답다', '리더십 있다', '사랑해서 그렇다', '네가 부족한 부분을 보완하기 위함이다' 등 주변 사람들에게 옹호받기도 한다. 이러한 데이트폭력은 사회문화적 요인에 영향을 받는다. 과거에는 옷차림을 통제하거나 개인의 사생활을 통제하는 행위가 '사랑하기 때문에' 가능한 일로 여겨졌다. 따라서 많은 데이트폭력의 피해자들이 가해자들의 통제 행위를 데이트폭력으로 인식하지 못하고 '나를 사랑하고 있구나'라는 생각을 가지기도 했다(그림 5-2).

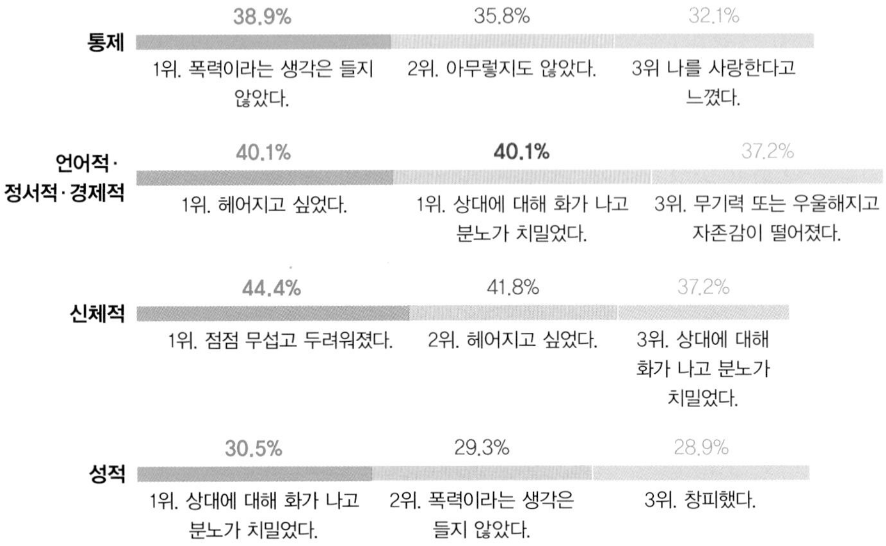

그림 5-2
데이트폭력
직후의 느낌

통제	38.9%	35.8%	32.1%
	1위. 폭력이라는 생각은 들지 않았다.	2위. 아무렇지도 않았다.	3위 나를 사랑한다고 느꼈다.
언어적·정서적·경제적	40.1%	**40.1%**	37.2%
	1위. 헤어지고 싶었다.	1위. 상대에 대해 화가 나고 분노가 치밀었다.	3위. 무기력 또는 우울해지고 자존감이 떨어졌다.
신체적	44.4%	41.8%	37.2%
	1위. 점점 무섭고 두려워졌다.	2위. 헤어지고 싶었다.	3위. 상대에 대해 화가 나고 분노가 치밀었다.
성적	30.5%	29.3%	28.9%
	1위. 상대에 대해 화가 나고 분노가 치밀었다.	2위. 폭력이라는 생각은 들지 않았다.	3위. 창피했다.

출처 : 서울특별시(2018). F언니의 두 번째 상담실-데이트폭력 대응을 위한 안내서. 28쪽.

그러나 분명한 것은 처음 사소하게 인식되던 데이트폭력은 반드시 신체적 폭력으로 발전하고, 상습 폭행으로 발전한다는 것이다. 데이트폭력의 일반적 패턴은 '폭력 발생 후 가해자의 반성과 사과—피해자의 용서—다시 폭행이 가해짐'의 순서로 나타난다(박현정, 2015). 또한 데이트폭력 가해자의 의식 구조는 '행동이나 옷차림, 친구 관계를 통제한다—의심할 만한 행동한 너의 잘못이다—너만 문제를 일으키지 않으면 우리 관계는 문제가 없다' 등으로 나타나면서 모든 문제의 원인이 상대방에게 있다고 지목한다.

여전히 우리 사회는 데이트폭력을 사회적 문제가 아닌 개인의 문제로 인식하는 경향이 남아 있다. 따라서 데이트폭력의 행동이 나타났을 때, 명확하게 불쾌하거나 두려운 감정을 이야기하는 것이 좋다. 만약 데이트폭력의 상황이 너무 무섭거나 위협적으로 느껴져 상대방과 도저히 이야기로 해결할 수 없는 상황이라면, 우선 폭력의 상황에서 안전하게 벗어나고, 가해자와 분리되는 것이 중요하다. 그 후 주변 사람들에게 적극적으로 도움을 요청하거나 사법제도를 이용하는 방법이 있다. 중요한 것은 데이트폭력은 남성과 여성을 구분하지 않고 누구에게나 발생할 수 있는 폭력으로, '내가 잘못한 것이 아니라는 것', '사랑의 형태가 폭력이 될 수 없다는 것', '부성이나 모성으로 상대방을 변화시키기 어렵다는 것', '생각보다 나를 응원하는 사람이 많다는 것'을 기억하는 것이 중요하다.

이것도 데이트폭력일까?

현재 연인과의 관계를 생각하면서 질문에 응답해 주시기 바랍니다. 만약 사귀고 있는 연인이 없다면 최근에 사귄 연인과의 관계를 생각하면서 응답해 주셔도 됩니다. 이성 교제 경험이 없다면, 이 정도는 '해도 괜찮다', '하면 안 된다'라고 행동을 가정한 후 응답해도 좋습니다.

번호	문항	○	×
1	나에게 큰 소리로 호통을 친다.		
2	하루 종일 많은 양의 전화와 문자를 한다.		
3	내 통화 내역이나 문자 등 휴대전화를 체크한다.		
4	내 옷차림이나 헤어스타일 등을 자기가 좋아하는 것으로 하게 한다.		
5	내가 다른 사람들을 만나는 것을 싫어한다.		
6	날마다 만나자고 하거나 기다리지 말라고 하는데도 막무가내로 기다린다.		
7	만날 때마다 스킨십이나 성관계를 요구한다.		
8	내 과거를 끈질기게 캐묻는다.		
9	헤어지면 죽어 버리겠다고/죽여 버리겠다고 한다.		
10	둘이 있을 때는 폭력적이지만 다른 사람과 함께 있으면 태도가 달라진다.		
11	싸우다가 외진 길 또는 모르는 곳에 나를 버려두고 간 적이 있다.		
12	문을 발로 차거나 물건을 던진다.		

• 위의 문항은 모두 데이트폭력으로 볼 수 있습니다. 데이트 상대가 위의 문항에 있는 행동 중 하나라도 한다면, 위험 신호일 수 있습니다. 그냥 넘어가거나 혼자 고민하지 말고 꼭 상담하세요. 주변에서 데이트폭력으로 의심되는 상황이 있을 때도 함께 이야기 나눠 보는 것도 도움이 될 수 있습니다.

출처 : 서울특별시(2018). F언니의 두 번째 상담실-데이트폭력 대응을 위한 안내서. 82쪽.

06

배우자 선택

우리가 사랑할 때, 우리는 항상 더 나은 사람이 되려고 노력합니다.
우리가 더 나은 사람이 되기 위해 노력할 때 우리 주변의 모든 것이 더 나아집니다.

파울로 코엘료(Paulo Coelho)

결혼에 관한 개인적, 가족적, 사회적 인식이 변화함에 따라 결혼을 하는지 안 하는지, 언제 하는지는 그리 중요한 문제가 아닌 것 같다. 다만, 결혼을 하게 된다면 가장 중요한 것은 누구와 결혼하는지 일 것이다.

배우자란 부부의 한쪽에서 본 다른 쪽, 남편 쪽에서는 아내를, 아내 쪽에서는 남편을 이르는 말이다(네이버 국어사전). 사람들은 배우자를 자신의 반쪽이라고 이야기할 만큼 매우 중요한 관계라고 생각한다. 본 장에서는 배우자 선택의 중요성, 배우자 선택 이론, 배우자 선택 시 고려할 점과 함께 배우자 선택을 위한 자기 탐색 활동을 다루고 있다.

1. 배우자 선택의 중요성

배우자 선택은 왜 중요할까? 사람들은 배우자란 평생 함께해야 하는 사람이기 때문에, 배우자로 인해 자신의 삶이 달라질 수 있기 때문에, 자기 자녀의 부모가 되는 사람이기 때문에 등등 다양한 답을 한다. 이와 같은 답도 배우자 선택의 중요성을 말해 주고 있다. 실제로 배우자 선택은 내 삶의 절반 이상을 함께하는 사람을 찾는 것이기도 하고, 삶의 동반자를 찾는 것이기 때문이다.

하지만 다른 의미로 배우자 선택의 중요성에 대해서 생각해 보았으면 한다. 배우자는 자신의 가족관계 중 선택할 수 있는 유일무이한 사람이다. 이 세상 그 누구도 부모나 형제를 선택한 사람은 없다. 그러나 배우자는 자신이 스스로 선택할 수 있는 사람이다. 이것이 의미하는 바는 그 선택에 대한 책임도 오롯이 자신에게 있다는 것이다. 내가 사람을 만나고, 그 사람과 사랑을 하고 결혼을 하는 그 모든 과정은 자신의 선택이기에 그에 따른 책임도 자신 스스로가 감당해야 한다. 물론 한번 결정을 했다고 해서 수정하거나 변경할 수 없는 것은 아니다. 결혼을 한 후, 결혼생활을 이혼으로 끝낼 수도 있고, 다른 새로운 판단을 할 수도 있다. 하지만 자신이 한 선택에서 그 선택을 변경하기 위해서는 그만한 대가를 치러야 한다. 따라서 우리는 자신에 대해서 정확하게 이해하고, 자신에게 가장 잘 맞는 배우자가 어떤 사람인지를 알고, 최선의 선택을 해야 한다. 배우자 선택은 매우 중요하다. 인생에서 그 어떤 선택보다도 가장 신중하고 가장 중요한 결정이다.

배우자 선택을 위한 자기 탐색 1 _ 내가 원하는 배우자 특성

자신과 잘 맞는 배우자를 선택하기 위해 내가 어떤 배우자를 원하는지 살펴볼 필요가 있습니다. 워렌(Warren, 1994)은 '자신이 이성적으로 생각하는 배우자 상을 분명히 해야 한다'고 했습니다. 내가 어떤 사람을 좋아하는지, 어떤 사람과 조화롭게 살아갈 수 있는지 깊이 있게 고민해 보고 자신이 원하는 배우자의 상을 명확하게 해야 합니다. 가치관, 성격, 외모, 취미, 취향, 성장 과정, 직업, 경제력 등 여러 가지 영역에서 자신이 원하는 배우자 상을 구체화해 봅시다.

내가 원하는 배우자의 특성

1. _____
2. _____
3. _____
4. _____
5. _____
6. _____
7. _____
8. _____
9. _____
10. _____
11. _____
12. _____
13. _____
14. _____
15. _____
16. _____
17. _____

18. _____

19. _____

20. _____

21. _____

22. _____

23. _____

24. _____

25. _____

26. _____

27. _____

28. _____

29. _____

30. _____

이번 함께하기 활동에서는 30개만 적도록 했지만 다양한 영역에서 구체적으로 자신에게 가장 적합한 배우자는 어떤 사람인지 100개 이상 적어 보는 것을 추천합니다. 자신의 원하는 배우자 상을 고민해 보는 과정 속에서 자신에 대한 이해가 한층 더 깊어질 것이며, 더불어 이 활동은 자신이 배우자를 선택하게 될 때 큰 도움이 될 것입니다.

배우자 선택을 위한 자기 탐색 2 _ 배우자 선택의 우선순위

함께
하기

배우자 선택의 우선순위(조건)를 생각해 봅시다. 이 활동을 하다 보면 많은 부분 고민을 하게 되는데, 여러 가지 조건 속에서 자신이 배우자를 선택할 때 어떤 조건을 더 우선적으로 고려하는지를 알게 될 것입니다. '2018년 전국 출산력 및 가족 보건·복지 실태 조사'(보건사회연구원, 2018)에서 미혼 남녀(20~44세)를 대상으로 배우자 조건에 대한 태도를 조사하였습니다. 이때 배우자의 조건으로는 학력, 직업(직종 및 직위), 경제력(소득, 재산 등), 성격, 외모 등 신체 조건, 건강, 공통의 취미 유무, 일에 대한 이해 협조, 가사·육아 태도, 가정 환경으로 조사되었습니다. 응답 결과를 보면 남성과 여성 간의 다소 차이가 나타났는데, 남성의 경우에는 성격(95.9%), 건강(95.1%), 가사·육아에 대한 태도(91.9%), 일에 대한 협조(90.8%), 공통의 취미 유무(76.9%)의 순으로 중요하다고 응답하였습니다. 반면 여성은 성격(98.3%), 가사·육아 태도(97.9%), 건강(97.7%), 일에 대한 이해 협조(95.6%), 소득, 재산 등 경제력(92.7%)의 순으로 나타났습니다.

내가 정하는 배우자 선택의 우선순위

본 활동지는 음영이 들어간 부분은 작성하지 않고 빈칸만 작성하는 것입니다. 가로 열과 세로 열에서 만나는 2개의 조건 중 배우자 선택 시 어떤 조건이 나에게 중요한지를 고민해 보고 중요하다고 생각하는 조건을 기록해 보세요. 가장 많이 작성된 조건이 내가 우선적으로 생각하는 조건입니다. 작성해서 보면 배우자 조건 중 내가 우선으로 생각하는 조건에 대해서 명확하게 알게 될 것입니다.

조건	학력	직업	경제력	성격	신체적 조건	건강	공통의 취미	일에 대한 이해·협조	가사·육아 태도	가정 환경
학력										
직업										
경제력										
성격										
신체적 조건										
건강										
공통의 취미										
일에 대한 이해·협조										
가사·육아 태도										
가정 환경										

・ 자신이 정하는 배우자 우선순위 결과에 대해서 적어 보세요.

1. _____

2. _____

3. _____

4. _____

5. _____

6. _____

7. _____

8. _____

9. _____

10. _____

・ '내가 정하는 배우자 선택의 우선순위'을 작성하면서 가장 고민되었던 선택은 무엇인가요? 그 이유는 무엇입니까?

_____

_____

_____

_____

배우자 선택을 위한 자기 탐색 3 _ 내가 절대로 참을 수 없는 상대방의 특성   함께
                                                                          하기

배우자 선택을 위한 자기 탐색 세 번째 함께하기 활동은 '내가 이성을 볼 때 절대로 참을 수 없는 것 세 가지'를 적어 보는 것입니다. 사람들이 결혼생활을 통해 배운 교훈은 절대 다른 사람을 변화시킬 수 없다는 것, 바꿀 수 있는 것은 오직 자신뿐이라는 것입니다(김영희·김경미, 2018). 또한 상대방의 장점이 좋아서 배우자로 선택했다가 그 장점이 오히려 상대방

과의 불화를 야기시키는 경우도 많습니다. 결과적으로, 배우자 선택 시 가장 중요한 것은 상대방을 변화시킬 수는 없기에 처음부터 내가 이성에게 절대로 참을 수 없는 것이 무엇인지 탐색하여, 그런 특성을 가진 사람을 배우자로 선택하지 않는 것입니다. 결혼생활은 서로가 배려하면서 조율해 가는 과정입니다. 배우자를 선택할 때, 최소한 내가 참을 수 없는 부분을 가지고 있지 않는다면 다른 요인은 서로 맞춰 가면서 살아갈 수 있을 것입니다. 아래 질문에 성심성의껏 답해 보세요.

• 내가 이성을 볼 때, 가장 참을 수 없는 세 가지 특성과 그 이유를 적어 보세요(우선순위를 정해서 적어 보기).

1. _____

_____

2. _____

_____

3. _____

_____

배우자 선택을 위한 자기 탐색 1, 2, 3을 통해서 자신이 원하는 배우자 상, 배우자 조건, 배우자의 특성에 대해 더욱 깊이 있게 알아보았습니다. 각 사람이 다르듯 사람마다 자신에게 적합한 배우자의 모습은 다릅니다. 가장 중요한 것은 자신에게 가장 적합한 배우자를 찾는 것입니다.

관심
갖기

선호하는 이성의 조건, 나이 따라 바뀔까

최근에는 남성과 여성이 연령대에 따라 좋은 배우자의 조건으로 중요하게 생각하는 요인이 다르다는 연구 결과도 나왔다. 특히 이번 연구에서는 그간 젊은 층에 치우쳤던 연구와 달리 50세 이상도 포함해 나이에 따른 배우자의 선호도 차이가 확인됐다.

스티븐 화이트 호주 퀸즐랜드 공대 행동경제학 및 공공정책센터 부소장이 이끄는 연구팀은 2016년 국가 차원의 온라인 호주 성별 조사에 참여한 7,325명의 응답을 토대로 연령대별로 남성과 여성이 배우자 선택에서 중요하게 생각하는 요인을 조사했다. 연구진은 개인의 특성(나이, 매력도, 신체적 특징), 자원(지적 능력, 교육, 수입), 심미적 특성(신뢰, 개방성, 감정적 연결) 등 3개 부문에서 총 9가지 요소를 제공하고 각각에 대해 0~100 사이의 점수를 매기게 했다. 응답자의 나이는 18~65세였다.

분석 결과 60세 이상에서 남성은 개방성 등 성격적 특성을 배우자의 조건으로 더욱 중요하게 생각했지만, 여성은 교육 수준, 수입 등 개인의 능력을 우선시하는 것으로 나타났다. 특히 지적 능력, 교육 수준, 수입 등 3개 요소의 경우 60세 이상에서 남성과 여성의 점수 차가 가장 컸다. 또 18~25세에서는 여성이 남성보다 나이, 체격 등 개인의 특성을 중요하게 생각했지만, 60세 이상에서는 남성이 여성보다 개인의 특성을 더 중요하게 판단하는 것으로 조사됐다. 상대방과의 감정적 교류는 모든 연령층에서 전반적으로 중요하다고 평가했지만, 18~25세 남성이 가장 선호하는 조건으로 나타났다.

… 중략 …

화이트 부소장은 "현재는 성별 형평성, 노동 시장의 변화, 출산율, 정치, 종교 등 다양한 요인이 배우자 선택에 영향을 미친다"며 "이런 요인들에 따라 연령별로 배우자에 대한 선호도가 다르다는 사실을 이번 연구로 확인했다"고 말했다.

출처 : 동아사이언스(2021.05.20.).

2. 배우자 선택 이론

배우자 선택 과정에서 각 개인은 자신에게 가장 적합한 최선의 배우자를 선택하기 위해 복잡한 심리적 의사결정의 과정을 거치게 된다(정옥분·정순화, 2014). 배우자 선택에 있어서 각자가 처한 상황은 다 다르기 때문에 어떠한 의사결정 과정을 거치는가에 대한 통합적인 설명은 불가능하지만, 이를 설명하고자 시도했던 여러 이론적 관점을 살펴보면 다음과 같다.

1) 사회교환 이론

사회교환 이론(social exchange theory)은 '최소의 비용으로 최대의 효과를 얻는다'는 고전적인 경제학의 원리를 사회적인 상황에 적용한 것이다. 모스(Mauss), 레비-스트로스(Levi-strauss) 등의 인류학자, 호만스(Homans)와 브라우(Brau), 에머슨(Emerson) 등의 사회학자가 이론의 기초를 구축하였다(김춘경 외, 2016). 교환은 금전, 재물, 서비스 등의 물질적인 것과 사랑, 승인, 정보 등의 심리적인 것이 있다. 이와 같은 것을 주고받는 일반적인 원리를 배우자 선택 상황에 적용한 것이다. 즉, 배우자 선택을 일종의 교환 과정으로 이해한 것이다.

사회교환 이론의 핵심은 결혼할 당사자들은 결혼할 가능성이 있는 모든 후보자 중에서 자신에게 가장 많은 보상을 줄 수 있는 사람을 배우자로 선택한다는 논리이다. 교환 과정에서 비용이나 보상은 시대나 사회에 따라 차이가 있지만 일반적으로 경제적 조건, 사회적 가치, 신체적 매력, 사랑, 직업, 학벌, 가정 환경 등이 중요한 기준이 된다.

2) 공평 이론

공평 이론(equity theory)은 사회교환 이론처럼 배우자 선택을 일종의 거래로 생각했다. 그러나 공평 이론은 사회교환 이론처럼 많은 보상을 추구하고 보다 적은 비용을 기대하는 것이 아니라 공평한 것을 추구하는 거래에 더 큰 만족감을 느낀다는 것이다. 지나치게 한쪽이 보상을 많이 받게 되면 다른 한쪽은 불편한 감정을 갖게 되므로 사람들은 자신과 유사한 조건을 가진 사람을 선택하려 한다. 즉, 인간관계도 준 만큼 받는 것이 공평하다고 생각한다.

배우자 선택에 있어서 공평성에 대한 판단은 상대방의 가치를 어느 정도 인정하는가의 심리적 요인이 개입된다. 상대방이 내가 가진 것(물질적인 부분과 비물질적 포함)과 비슷하다고 느낄 때 배우자로 선택할 수 있다는 것이다.

3) 동질혼 이론

사람들은 자기와 비슷한 사람들을 배우자로 선택하는 경향이 있다(Olson & DeFrain, 1994). 이를 동질혼 이론(homogamy principal)이라고 한다. 대체로 사람들은 자신과 비슷하다고 느껴지는 사람에게 매력을 느낀다. 결혼에 있어서도 연령, 교육 수준, 가치관, 삶의 태도 등이 비슷한 사람을 배우자로 선택한다. 이 밖에도 사회적 지위나 종교, 인종, 취미, 흥미 등이 비슷한 사람끼리 결혼한다. 사회적 결합이라고 간주되는 결혼의 경우, 사회적 지위에서 차이가 많이 날수록 그들의 결혼 가능성은 낮아진다. 그 결과 사람들은 교육 수준이나 사회경제적 지위, 종교나 가치관 등에서 자신과 유사한 사람과 결혼을 하려는 경향이 있다(Blackwell & Lichter, 2000).

동질혼이 유지되는 이유는 유사한 가치관과 생활 양식은 관계에서 갈등이 적으며 관계 유지가 수월하다. 또한, 사회적 배경이나 속성이 유사할수록 서로 접촉할 기회가 많아진다. 왜냐하면 빈번한 상호작용은 배우자로 선택될 가능성을 높여 주기 때문이다(이기숙 외 2016).

4) 보완 욕구 이론

윈치(Winch, 1958)는 두 사람 사이에 서로를 보완해 줄 수 있는 요인이 있을 때 매력을 느낀다는 보완 욕구 이론(complementary needs theory)을 제시하였다(Olson & DeFrain, 1994). 자신과 비슷한 특성보다는 서로의 성격이나 욕구가 다른 것이 보완적 역할을 하여 서로에게 매력을 느끼고 배우자로 선택하게 된다. 즉, 상대가 나의 결점을 보완해 줄 때 배우자가 된다는 것이다. 예를 들어 지배력이 강한 자에게는 복종적인 사람이, 모성적이고 양육적인 사람에게는 의존적인 사람이, 성취 지향적인 사람에게는 대리 성취를 하는 사람이 더 적합하다는 관점이다.

그러나 윈치의 이론은 배우자 선택의 현상을 설명하는 데 한계점을 가진다. 기본적인 인생관과 가치관을 서로가 공유하는 가운데 서로의 성격이 상호보완을 추구해야 한다는 것이다. 상호보완하는 관계라고 성격의 큰 틀을 공유하지 못한 가운데 상반된 성격을 가진 사람이 배우자로 선택된다는 의미는 아니다(이기숙 외 2016).

5) 여과망 이론

컬코프와 데이비스(Kerkoff & Davis, 1962)는 이성 간의 관계에 있어서 발달적 관계를 도입하여 배우자 선택을 설명하였다(Olson & DeFrain, 1994). 이를 여과망 이론(filter theory)이라고 한다. 서로의 관계가 발전됨에 따라 친밀감과 사랑이 형성되는 데 작용하는 요인이 각각 다르다는 것이다. 이러한 관점을 발전시켜 하나의 모형을 제시한 우드리(Udry, 1971)에 따르면, 여러 가능한 상대자들 가운데 결혼할 배우자를 선택하는 데에는 6개의 여과망을 거치게 된다(그림 6-1).

첫째, 근접성(propinquity) 여과망이다. 모든 데이트 가능한 상대, 즉 가능성이 있는 수많은 파트너로부터 시간과 공간 상 가까운 지역에 살면서 접촉하기가 쉬운 사람들만 선택하게 된다는 것이다. 물론 정보화 사회가 되면서 세계 반대편에 사는 사람들도 쉽게 온라인으로 만날 수 있지만 견고한 관계를 맺기 위해서는 직접 보고 만나는 것이 필요하다. 즉, 이 단계에서는 너무 멀리 떨어져 자주 만날 수 없다면 서로가 깊고 친밀한 관계를 이룰 수 없다는 것을 설명하고 있다.

둘째, 매력(attractiveness) 여과망이다. 가까이 살거나 만날 기회가 많은 남녀의 경우 중 상호간의 매력을 느끼고 끌리는 사람으로 그 대상이 좁혀진다. 매력을 느끼는 요인은 개인마다 다르지만, 일반적으로 매력은 신체적 외모, 긍정적인 성격 특성, 유사성, 근접성, 익숙성, 화학적 반응 등의 요소가 영향을 끼친다.

셋째, 사회적 배경(social background) 여과망이다. 상호 매력을 느낀 사람 중에 인종, 나이, 종교, 사회계층, 직업, 교육 수준 등의 사회적 배경이 유사한 사람

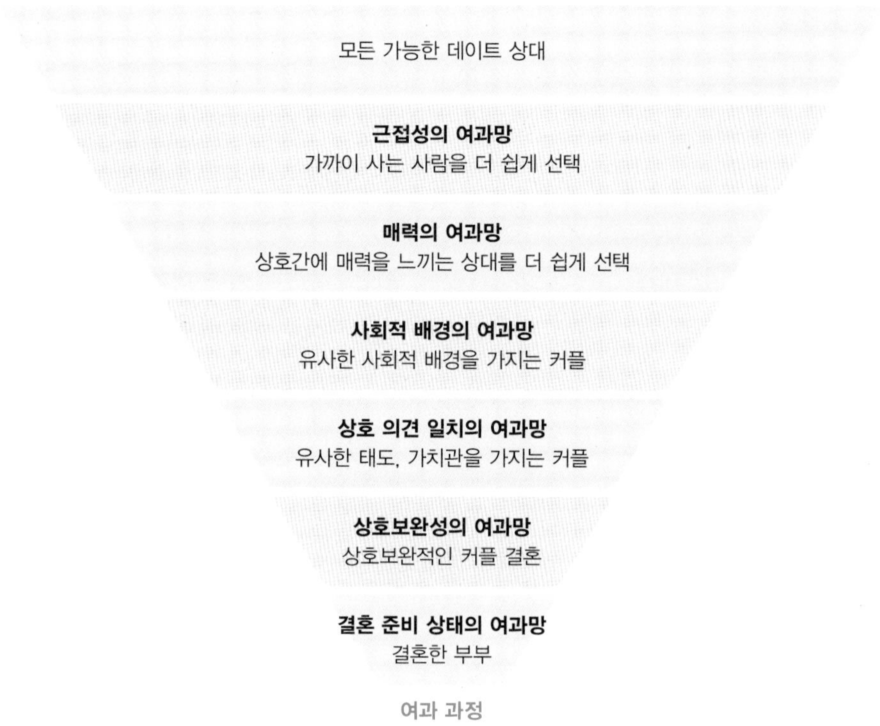

모든 가능한 데이트 상대

근접성의 여과망
가까이 사는 사람을 더 쉽게 선택

매력의 여과망
상호간에 매력을 느끼는 상대를 더 쉽게 선택

사회적 배경의 여과망
유사한 사회적 배경을 가지는 커플

상호 의견 일치의 여과망
유사한 태도, 가치관을 가지는 커플

상호보완성의 여과망
상호보완적인 커플 결혼

결혼 준비 상태의 여과망
결혼한 부부

여과 과정

그림 6-1
여과망 이론

출처 : Udry, R(1971). The social context of Marriage. New York: Lippincott Co.

들로 더욱 범위가 좁혀진다. 유사성은 서로를 알고 절충해 나가는 과정을 단축시켜 더 편안함을 느끼게 하고, 익숙하므로 더 많은 대화를 하게 되어 친밀감 형성이 비교적 쉽게 이루어질 수 있다.

넷째, 상호일치(consensus) 여과망이다. 세 번째 여과망까지 통과한 사람들 중에 인생관, 결혼관 등 삶을 살아가는 데 중요한 문제에 대해 유사한 가치나 견해, 태도를 가진 사람들만 남게 된다. 삶에 대한 태도나 가치가 유사한 두 사람은 서로를 배우자로 선택할 가능성이 더 높고, 결혼 후에도 적응이 용이하고 더 조화롭게 살 가능성이 있다.

다섯째, 상호보완(complementarity) 여과망이다. 태도나 가치관이 유사한 커플은 상호간의 욕구와 필요를 서로 충족시켜 줄 수 있고, 단점을 보완해 줄 수 있을 때 결혼 가능성이 높아진다. 상호보완성은 성격, 역할, 기질, 요구, 습관 체계 등에 있어서 조화를 이룰 수 있는 능력을 말한다.

마지막, 결혼 준비 상태(readiness for marriage)의 여과망을 통과함으로써 비로소 결혼을 하게 된다. 결혼은 타이밍이라는 말도 있듯이 두 사람 사이에 결혼 준비 상태에 따라 결혼을 하게 된다. 결혼 준비 상태라는 것은 주관적인 측면이라서 어떠한 상태가 결혼 준비가 되었다고 확답할 수는 없지만, 흔히 우리 사회에서는 결혼에 대한 준비를 군복무 완료, 졸업, 취업, 경제적 기반 마련 등을 의미한다. 결혼에 대한 부모나 사회의 압력, 결혼에 대한 욕구 등이 결혼 준비 상태에 영향을 주기도 한다. 이처럼 배우자 선택 과정까지 총 6개의 여과망을 거쳐서 비로소 자신의 배우자가 선택된다는 것이 여과망 이론의 핵심이다.

6) 자극-가치-역할 이론

머스틴(Murstein, 1970)은 컬코프와 데이비스(Kerkoff & Davis, 1962)의 여과망 이론을 기초로 배우자 선택의 자극-가치-역할 이론(stimulus-value-role theory)을 제시하였다.

첫 번째 자극 단계는 상호간에 서로 매력을 느끼는 단계이다. 상대방의 외모, 직업, 사회계층, 성격 등 외적으로 나타나는 특성으로 인해 감정적인 자극을 받게 된다. 이때, 서로가 가진 속성들이 공평하게 균형을 이룬다고 판단하게 되면 서로에게 끌리는 관계가 지속된다.

두 번째 가치 단계는 서로가 더욱 친밀해졌을 때 자신의 가치와 태도에 대해 관심을 가지고 상대방의 가치와 태도를 비교하게 되는 단계이다. 인생의 지향점, 결혼 및 가족관, 성역할, 정치·사회체계에 대한 태도와 사상 등 주요 영역에 대한 가치관을 탐색하며, 서로의 가치관이 어느 정도 일치하면 관계가 유지되고 깊어지게 된다. 특히, 결혼은 삶을 함께하는 과정이므로 핵심적인 영역에서 비슷한 가치관과 태도를 가지고 있는 것은 매우 중요하다.

세 번째 역할 단계는 역할의 조화(role fit)를 판단하는 과정이다. 가치의 일치는 결혼의 필요조건은 되지만 충분조건이 될 수는 없다. 따라서 역할 단계에서 상호간의 역할에 대한 기대가 자신의 욕구나 성향과 일치하는지 점검하게 된다. '두 사람이 현재와 미래의 결혼생활에서 서로의 역할에 대한 합의를 할 수 있는가?'에 관한 질문을 하게 된다. 남편으로서, 아내로서, 부모로서, 사위로서, 며느리로서 새로 생긴 역할을 수행하게 될 수 있을지, 역할을 수행하는 부분에 대해서 합의된 생각이 있는지 등을 맞춰 보아야 한다. 미래의 역할기대 및 수행에 대해 상대방을 검토함으로써 이후 그들의 관계를 성공적인 결혼으로 이끌 수 있을 것인지, 그렇지 않으면 자신을 위해 관계를 끝낼 것인가를 결정하게 된다. 상호간에 역할기대가 일치되고 이를 수행할 능력이 있다고 생각되면 결혼으로 발전되며, 그렇지 못할 경우에는 관계가 종결된다. 이 단계가 연속적으로 단계적으로 이루어지기도 하지만 반드시 순서대로 진행되는 것만은 아니며 동시에 세 단계가 이뤄질 수도 있다.

7) 결혼 전 배우자 관계 형성 이론

루이스(Lewis, 1973)는 결혼 전 배우자 관계 과정을 6단계로 설명한다. 1단계는 유사성 인식 단계로, 서로의 비슷한 점을 인식할수록 관계가 더욱 발전할 수 있다. 앞서 살펴본 것처럼 유사성은 매력을 더 느끼도록 한다. 2단계는 친화력을 이루는 단계로, 서로간에 적극적인 의사소통을 하면서 친밀감이 형성되어야 두 사람 사이의 관계가 지속된다. 3단계는 자기노출 단계이다. 자신의 개인적인 부분을 상대방에게 보여줄 수 있어야 친밀감이 더 깊어진다. 자기노출은 상호적이어서 한쪽에서 노출하는 만큼 상대방도 노출하게 된다. 4단계는 역할 취득 단계이다. 자기노출이 일어나면 상호간의 역할에 대한 명확한 개념 파악이 가능하게 된다. 정확하게 스스로의 역할이 무엇인지를 알게 되고 상대의 역할에 대한 공감이 이루어질 때 두 사람의 관계가 발전될 수 있다. 5단계는 역할 적합화 단계이다. 두 사람의 유사성과 차이를 알고 함께 살아갈 수 있는 가능성을 파악하면서 역할분담에 대한 의견 일치에 따라 역할을 적합하게 조화시켜 나갈 때 관계가 지속될 수 있다. 6단계는 배우자 관계 결정화 단계이다. 두 사람이 한 쌍으로서 정체감을 발달시키고, 모든 가능한 후보자들을 다 배제하고 배우자 관계로 발전하게 되며 '우리'라는 개념을 발달시켜 나가는 단계이다. 이처럼 결혼 전 배우자 관계를 만들기 위해서는 6단계를 거쳐서 배우자가 확정된다.

3. 배우자 선택 시 고려할 점

배우자 선택은 어떤 배우자를 선택하느냐에 따라 자신이 삶에 많은 변화가 있기 때문에 인생에 있어서 매우 중요한 결정이다. 그러므로 배우자를 선택함에 있어서 심사숙고해야 하고 고려해야 할 부분이 많다.

유영주(1997)는 배우자 선택 시 다음과 같은 세 가지 기준을 제시하였다. 첫째, 배우자는 본인이 원하는 사람이어야 한다. 결혼생활은 감정 교환의 연속이므로 서로 원하고, 호감이 가야 하며, 감정의 교환이 가능해야 한다. 부모나 타인에 의해서 배우자를 선택하는 것은 매우 위험한 일이며 본인이 진정으로 원하는 사람이어야 한다. 둘째, 본인이 필요로 하는 사람이어야 한다. 배우자를 통해서 경제적·감정적 안정감을 가질 수 있어야 하며, 원하는 생활 수준을 유지할 수 있어야 한다. 셋째, 배우자는 현실적으로 선택이 가능한 위치에 있어야 한다. 비교할 수 없이 차이가 나는 환경 수준이라든가 너무 먼 거리에 있어 현실성이 없는 사람은 배우자로 적합하지 않다.

스티넷과 그의 동료들(Stinnett, Walters, & Kaye, 1984)은 배우자 선택에서 고려할 점을 다음과 같이 제시하였다. 첫째, 자신에 대해 알아야 한다. 자신의 욕구가 무엇이고, 어떤 상대를 원하며, 결혼을 하려는 동기가 무엇인지를 알아야 한다. 자신에 대한 이해와 자신이 원하는 결혼에 대한 생각을 정확하게 알아야 자신에게 잘 맞는 배우자를 선택할 수 있다. 둘째, 결혼 상대자를 알아야 한다. 상대방의 욕구, 성격, 관심, 가치를 알아야 한다. 상대방에 대한 정확한 이해가 바탕이 될 때, 성공적이고 안정적인 결혼생활을 할 수 있다. 셋째, 두 사람의 관계가 타인에게 어떤 영향을 미칠 수 있는지를 고려해야 한다. 가까운 사람은 서로에게 미치는 영향이 상당히 크기 때문이다. 넷째, 상호간의 일치성을 고려해야 한다. 특히, 삶에 대한 가치관과 태도, 경제관, 성역할 태도 등 삶에 중요한 결정에 영향을 미치는 요인들이 어느 정도는 일치되어야 한다. 다섯째, 사랑이 있어야 한다. 사랑이 결혼생활에서 나타나는 모든 어려움을 해결해 주는 것은 아니지만, 사랑이 없이는 결혼생활이 원활하게 유지되기 어렵다. 여섯째, 결혼의 지속성을 고려해야 한다. 이는 결혼안정성에 영향을 미치는 요인들을 고려해야 한다는 것을 의미한다.

다음으로는 워렌(Warren, 1994)이 주장한 배우자 선택 시에 고려할 점 10가지를 자세히 알아보자.

① 배우자 선택에서 가장 흔히 저지르기 쉬운 다음과 같은 일곱 가지 잘못들을 제거한다.

- 결혼 결정을 너무 빨리 한다.
- 두 사람이 함께한 경험의 토대가 너무 약하다.
- 너무 이른 나이에 결혼 결정을 한다.
- 한쪽 혹은 양쪽 모두 열렬히 결혼하고 싶어한다.
- 한쪽 혹은 양쪽 모두 자신이 아닌 상대방의 행복을 위해 배우자를 고른다.
- 두 사람이 결혼에 대한 비현실적인 기대를 가지고 있다.
- 한쪽 혹은 양쪽 모두 중요한 성격적 혹은 행동적 문제를 갖고 있지만, 이를 간과하고 있다.

위의 내용을 자세히 살펴보면, '결혼 결정을 너무 빨리 한다', '두 사람이 함께한 경험의 토대가 약하다'는 것은 스턴버그(Sternberg, 1986)가 주장했던 사랑의 3

요소* 중 친밀감과 깊은 관련이 있다. 오랜 기간을 만났다고 해서 무조건 친밀감이 깊어지는 것은 아니지만, 오랜 기간 동안 시간을 공유하는 것은 두 사람 사이에서 친밀감을 높이는 데 큰 기여를 한다. 두 사람 사이에서 견고하게 형성된 친밀감은 서로 이해의 폭을 넓히고, 위기 상황에서 효과적으로 대처해 나갈 수 있는 힘을 준다. 따라서 교제한지 얼마 되지 않아서 결혼 결정을 하거나 두 사람이 함께한 경험이 적다는 것은 친밀감이 부족하다는 것을 의미하기도 하고, 두 사람 사이에 위기가 생겼을 때 갈등을 원만하게 극복하기 어려울 수 있다.

'너무 이른 나이에 결혼 결정을 한다'는 것도 결혼생활을 하는 데 어려움을 초래할 수 있다. 나이가 어리다고 해서 성숙하지 못하고, 나이가 많다고 해서 다 성숙한 것은 아니다. 하지만 일반적으로 나이들어 갈수록 경험이 많아지고, 이 경험을 통해서 성숙해 간다. 개인적인 성숙이 이뤄진 다음에 결혼생활을 하는 것이 더 안정적이다.

'한쪽 혹은 양쪽 모두 열렬히 결혼하고 싶어한다'는 것이 왜 잘못인지, 왜 문제인지 의문을 가질 수 있다. 결혼은 뜨거운 열정만을 가지고 하는 것은 아니다. 열렬히 결혼하고 싶어한다는 것은 감정적인 측면이 부각된 것으로, 평정심을 찾은 후에 배우자를 선택해야 한다. 흔히 사람들이 말하는 '콩깍지'가 벗겨진 이후에 이성적인 판단에 따라 배우자를 결정해야 한다. 지나치게 감정적으로 서로를 원하고 필요로 할 때, 중요한 결정을 내리는 것은 위험할 수 있다.

'한쪽 혹은 양쪽 모두 자신이 아닌 상대방의 행복을 위해 배우자를 고른다.'는 것은 매우 위험한 선택이다. 배우자를 선택할 때 가장 중요한 것은 '나의 행복'이다. 상대방을 위해서 결혼을 하는 것이 아니다. 결혼과 배우자 선택이 나의 행복을 위한 선택일 때, 결혼생활을 행복하게 유지할 수 있다.

'두 사람이 결혼에 대한 비현실적인 기대를 가지고 있다.' 결혼은 현실이다. 자신의 결혼이 실패라고 말하는 많은 사람들은 결혼을 하게 되면 배우자가 자신의 삶을 책임져 줄 것이라는 기대, 내가 원하는 배우자로서 혹은 며느리나 사위로서의

---

* 4장 참고

역할을 온전히 해줄 것이라는 비현실적인 기대를 한 경우가 많다. 이런 비현실적인 기대가 결혼생활을 어렵게 만든다. 따라서 자신과 배우자 모두 결혼에 대한 비현실적인 기대가 있는지 확인해 보고, 비현실적인 기대를 현실적인 기대로 변경해야 한다.

'한쪽 혹은 양쪽 모두 중요한 성격적 혹은 행동적 문제를 지니고 있는데, 이를 간과하고 있다.' 이 경우는 결혼생활에 큰 어려움을 초래할 수 있다. 사랑을 하고 연애를 하다 보면 '나라면 저 사람의 문제를 고칠 수 있어' 혹은 '내가 그 사람 옆에 있어 줘야 그 사람이 살아갈 수 있어'라는 착각을 종종하게 된다. 하지만 우리가 정확하게 알아야 할 것은 결혼을 통해 누군가의 구원자로 살아갈 수 있는 사

관심
갖기

가족센터*

가족센터는 여성가족부가 시행하는 가족 정책의 주요 전달체계로서, 다양한 가족지원정책을 제안 및 실행하기 위해 설립된 기관이다. 전국의 가족센터는 가족문제의 예방과 해결을 위한 가족돌봄나눔사업, 생애주기별 가족교육사업, 가족상담사업, 가족친화문화 조성사업, 정보제공 및 지역사회 네트워크사업을 추진하고 있다. 일반 가족은 물론 한부모가족, 조손가족, 다문화가족, 일탈 청소년 가족, 군인가족, 수용자가족, 맞벌이가족, 이혼 전후 가족 등의 다양한 가족지원을 위한 상담, 교육 및 문화 프로그램이 결합된 맞춤형 통합 서비스를 제공하며, 아이돌보미 지원, 공동 육아 나눔터 사업 등의 돌봄지원사업, 취약 가족과 위기 가족을 위한 취약·위기 가족지원사업, 미혼모부자가족 지원사업, 기타 타 부처와 유관 기관과의 협력 사업 등을 통해 다양한 가족사업을 수행하고 있다.

출처 : 가족센터 홈페이지.

가족센터에서 시행하고 있는 많은 프로그램 중에 예비부부를 대상으로 하는 결혼준비교육은 결혼에 대한 비현실적인 기대를 깨고, 현실적인 결혼생활에 대한 체계적이고 전문적인 교육이다. 가족센터는 2021년 기준으로 211개소가 운영 중이다. 현재 전국 시군구 단위로 가족센터가 설치되어 있고, 교육 및 상담프로그램은 대부분 무료이기 때문에 이용이 용이하다.

* 기존에는 건강가정·다문화가족지원센터로 불렸지만 2021년 10월 13일부터 '가족센터'라는 명칭으로 변경되었다.

람은 단 한 명도 없다. 교제하는 기간 동안 상대방의 성격적 혹은 행동적인 문제가 있다고 판단되면 헤어지는 것이 옳다. 결혼은 절대로 누군가를 위해서 하는 것이 아니다.

② 자신이 이성적으로 생각하는 배우자 상을 분명히 한다.

한눈에 반해서 결혼하는 것은 매우 위험한 일이다. 감정에 치우쳐서 결혼을 하는 것 또한 위험한 일이다. 이것을 방지하기 위해서 우리는 평소에 이성적으로 생각하는 배우자 상을 분명히 하는 것이 필요하다. 나이들어감에 따라, 경험에 따라 원하는 배우자 상이 변할 수 있으므로 지속적으로 나의 배우자 상에 대해서 생각하고 기록하면서 나에게 잘 맞는 배우자 상을 구체화하는 것이 좋다.

③ 자신을 아주 좋아하는 사람을 찾는 것이 바람직하다.

결혼생활은 자신의 삶을 파트너와 공유하는 것이다. 자신의 단점이나 치부를 보일 수 밖에 없다. 그렇기 때문에 자신의 약점까지 보듬어 줄 수 있는 자신을 매우 좋아하는 사람, 자신을 많이 이해하고 배려해 줄 수 있는 사람을 찾는 것이 바람직하다.

④ 결혼 전에 건강한 사람이 되도록 노력해야 한다.

- 분노를 효과적으로 다루기
- 자아도취에서 벗어나기
- 조울증과 같은 문제 증세들을 다스리기
- 중독적인 심리 상태를 다루기
- 부모와의 관계에서 오는 문제들을 처리하기

정신적으로 건강한 배우자를 만나길 원한다면, 자신이 정신적으로 건강한 사람이 되어야 한다. 분노가 생겼을 때 다른 사람에게 피해가지 않도록 스스로 분노를 조절할 수 있어야 한다. 또한 자신만 옳고 다른 사람은 잘못되었다는 자아도취에서 벗어나야 한다. 자아도취는 자아존중감이 높은 것과 차원이 다르다. 자아도취가 심한 사람은 자신만을 위한 선택을 하지만, 자아존중감이 높은 사람은 우리를 위한 선택을 할 수 있다. 중독은 '특정 행동이 건강과 사회생활에 해가 될 것임을 알면서도 반복적으로 하고 싶은 욕구가 생기는 집착적 강박'이다(하지현, 2012). 중독은 자신의 일상생활을 원활하게 할 수 없도록 만들 뿐만 아니라 가까운 사람도 불행하게 만든다. 알코올, 인터넷, 폭력 등 모든 중독은 본인 스스로 결혼하기 전에 해결해야 한다. 부모와의 관계에서 오는 문제들을 처리하기는 3장에서도 살펴보았지만 생식가족의 삶을 건강하게 살기 위해서 꼭 필요한 부분이다. 부모와의 관계에 갈등이 있다면 해결하는 것이 원칙이며, 혹시 해결하기가 어려운 상황이라면 자신의 내면에서 부모와의 관계로부터 생긴 여러 가지 문제를 인식하고 이를 수용 또는 극복하는 과정이 필요하다. 가족 내 '세대 간 전이'가 이뤄지지 않도록 결혼 전에 원가족과의 관계 회복 및 수용 과정을 거쳐야 한다.

⑤ 자신의 마음속에서 사랑을 느끼는 사람을 찾아내고 그것을 조심스럽게 표현하도록 한다.

열정적인 사랑은 강한 신체적 매력을 포함하기 때문에 그로 인해 육체적 접촉에 대한 욕구가 생길 수 있다. 상대방의 신체적 매력을 느끼는 것은 매우 중요하지만, 그것은 관계의 다른 부분들과 함께 조화를 이루면서 발전해야 한다. 열정적이고 육체적인 사랑이 사랑의 일부이기는 하나 그것이 사랑의 전부가 아님을 기억해야 한다. 상대방을 진심으로 이해하고 수용할 수 있을 때 진정한 사랑을 느낄 수 있다.

⑥ 결혼을 결정하기 전에 열정적인 사랑이 무르익어야 한다.

열정적인 사랑은 관계를 발전시키는 데 있어 결정적인 역할을 한다. 관계가 어느 정도 안정적인 수준에 이르고 사랑이 무르익으면, 상대방에 대한 신뢰감이나 우애의 감정이 중요하게 작용된다. 우애적인 사랑은 동반자적 감정으로 관계 지속에 기여한다(표 6–1). 배우자는 모든 인간관계 중에서 자신과 가장 친밀한 사람이

표 6-1
우애적 사랑의
특성

분류	특성
1	상대방의 행복을 위해 이타적으로 헌신한다.
2	상대방이 즐기는 것을 자신도 즐기고자 한다.
3	사랑하는 관계에서 세 가지 공간(자신을 위한 공간, 상대방을 위한 공간, 두 사람을 위한 공간)이 필요함을 인식하고 수용한다.
4	상대방과 자신의 진정한 자아를 공유할 자유를 제공한다.
5	서로의 신뢰를 요구한다.
6	각자가 원하는 것에 도달하는 계획을 공유한다.

다. 좋을 때나 힘들 때나 함께 삶을 공유하고 서로의 삶을 지지해 주고 공동 책임을 지는 관계이다. 이는 열정적인 사랑뿐만 아니라 상대방의 행복을 위해 이타적으로 헌신하면서도 기쁘고 행복한 마음이 생기는 것이다.

⑦ 서로에 대한 높은 친밀감을 느껴야 한다.

친밀감은 주로 시간이 많을 때, 일상적인 일에서 벗어나 있을 때, 한쪽이 위기나 고통을 당하고 있을 때, 두 사람이 규칙적으로 만나서 내적으로 들여다볼 수 있을 때 생겨나기 쉽다. 결국에는 삶의 다양한 경험을 함께할 때 친밀감이 발달한다. 따라서 상대방과 함께하는 시간과 공간을 합의하에 조금씩 늘려가는 것이 필요하다.

⑧ 사랑의 부담으로부터 생기는 갈등을 처리하는 방법을 배우도록 한다.

사랑의 부담이 무엇일까? 상대방과 교제를 하다 보면 자신의 시간, 에너지, 경제적인 것 등을 상대방과 공유하고 기꺼이 나의 것을 상대방에게 내어 주어야 한다. 이로 인해 혼란이 올 수도 있고 어려움이 생길 수도 있다. 여기에서 오는 다양한 갈등과 스트레스를 잘 처리해야 한다. 상대방과 데이트하는 시간을 함께 즐기고, 상대방의 고민을 자신 문제처럼 여길 때 사랑의 부담으로 기인하는 다양한 갈등을 처리할 수 있게 된다.

⑨ 평생에 걸친 관계를 서약할 수 있을 때까지는 관계가 진행되는 것을 거절하는 것이 바람직하다.

누군가와 앞으로 인생을 함께한다는 것은 매우 중요한 선택이자 결정적인 선택이다. 결혼은 절대로 서두르면 안 된다. 사랑은 감정으로 하는 것일 수 있으나 결혼은 이성적 판단에 의해 결정해야 한다. 따라서 상대방을 배우자로 결정할 때까지는 충분한 시간을 두고 심사숙고해야 한다.

⑩ 가족과 친구들의 충분한 지원을 받으면서 자신들의 결혼을 결정하는 것이 좋다.

결혼은 쉽지 않은 과정이자 과업이다. 두 사람 자체가 가지고 있는 갈등 요인이 있을 수도 있고, 사회경제적인 어려움이 있을 수도 있다. 즉, 결혼생활 자체는 위험 요인을 포함하고 있다. 이 상황에서 가족과 친구들까지 결혼에 대해서 지지하지 않는다면 결혼생활의 또 하나의 위험 요인이 추가된 셈이다. 가족과 주변 사람들 때문에 결혼을 하는 것은 잘못된 선택이지만, 가족과 주변 사람들의 지지는 결혼생활에 도움이 될 수 있다.

이상으로 유영주, 스티넷과 동료들, 워렌의 연구를 바탕으로 배우자 선택 시 고려할 점에 대해서 알아보았다. 배우자를 선택하는 것은 인생에 있어서 매우 중요한 결정이므로 자신과 상대방에 대한 깊은 이해를 바탕으로 심사숙고해서 결정해야 하는 것임을 잊지 말아야 한다.

결혼을 결정하기 전에 서로에게 물어보아야 할 질문 내용

1. 함께할 미래에 대한 질문들

- 결혼하기 전에 미리 살아 보는 것은 어떠한가?
- 나는 왜 결혼하고 싶어할까?
- 부유하게 살고 싶은가?
- 함께 살 장소가 마음에 드는가?
- 외국에서 살 수 있을까?
- 극단적인 상황에 닥쳤을 때에도 이 결혼을 지켜 나갈 수 있을까?

2. 가정 환경에 대한 질문들

- 형제자매는 몇 명인가?
- 배움에 대한 생각은 어떠한가?
- 부모님의 결혼생활은 어떠했는가?
- 배우자 가족의 병력은 어떠한가?
- 육체적·정신적 학대 성향이 있는가?

3. 대화하는 방법에 대한 질문들

- 나의 마음속 깊은 생각까지 표현할 수 있는가?
- 사랑을 전할 수 있을까?
- 일상적인 이야기를 편하게 할 수 있을까?
- '내가 옳고 당신은 틀렸어' 이렇게 생각하는 편인가?
- 상대방이 진심으로 말하고 싶어할 때, 진지하게 들어 주는 편인가?

4. 취향과 성격에 대한 질문들

- 과묵한 타입인가, 말이 많은 타입인가?
- 유머 감각이 나에게 얼마나 중요한 요소인가?
- 쉽게 화를 푸는 편인가?
- 질투심이 많은 편인가?
- 기꺼이 타협할 수 있는가?
- 화가 날 때 어떻게 하는가?
- 동정심을 지닌 사람인가?
- 완벽주의 성향이 있는가?

- 다른 사람들에게 어떻게 행동하는가?
- 자신의 문제에 대해 상담받을 자세가 되어 있는가?

5. 가치관과 윤리 의식에 대한 질문들
- 개방적인가, 보수적인가?
- 정치적인 견해가 강한 편인가?
- 봉사 활동에 적극적인가, 최소한 그 활동을 지원해 줄 수 있는가?
- 거짓말을 해도 괜찮다고 생각하는가?
- 어떤 장점을 갖고 있는가?
- 어떤 부부의 모습을 닮고 싶은가?

6. 일과 직업에 대한 질문들
- 배우자의 직업을 존중하는가?
- 출퇴근 시간이 비슷한가?
- 계속 공부할 계획이 있는가?
- 비슷한 수준의 야망을 지니고 있는가?

7. 사랑과 성(sex)에 대한 질문들
- 당신에게 사랑이란 어떤 의미인가?
- 영원한 사랑이란 어떤 것이라고 생각하는가?
- 사랑 이외의 다른 이유로 결혼하려는 것인가?
- 육체적으로 끌리는가?
- 성적으로 이상한 습관을 지니고 있는가?
- 연인이기 전에 친구인가?
- 있는 그대로 인정하는가?
- 결혼은 해볼 만한 것, 하지만 잘 안되면 다른 사람과 다시 시도해 볼 수 있다고 생각하는가?
- 어느 정도의 믿음이 있는 약속인가?
- 배우자에게 다른 연인이 생길 경우에는 어떻게 할 것인가?

8. 돈과 경제력에 대한 질문들
- 누가 더 많이 벌게 될 것인가?
- 소비 습관은 어떠한가?
- 아직 갚지 못한 빚이 있는가?

- 신용 카드는 어떻게 써야 하는가?
- 따로 통장을 만들 것인가? 아니면 하나로 만들 것인가?
- 가계부 기록과 청구서 지불은 누가 책임져야 하는가?
- 결혼 후에 중요한 자산은 어떻게 처리할 것인가?
- 노년에는 어떻게 살 것인가?
- 심각한 경제적인 어려움이 생긴다면 어떻게 할 것인가?

9. 태어날 아이에 대한 질문

- 왜 아이를 낳고 싶은가?
- 아이는 언제 낳을 것인가? 몇 명을 낳을 것인가?
- 자녀 교육 방식은 어떤가?
- 양육 책임을 어떻게 나눌 것인가?
- 자녀양육에 헌신이 필요하다는 것을 아는가?
- 입양하는 것을 어떻게 생각하는가?

10. 종교적인 문제에 대한 질문들

- 종교가 내 인생에 얼마나 중요한가?
- 배우자의 종교적인 성향이 나에게 중요한가?
- 종교적인 차이가 결혼생활에 문제가 될 것인가?
- 자녀의 종교적인 양육법에 대해서는 어떠한가?

11. 가족과 친구에 대한 질문들

- 배우자의 가족과 친구들과 잘 지낼 수 있을 것인가?
- 배우자의 가족에게 문제가 생겼을 때는 어떻게 할 것인가?
- 둘 다 친한 친구들이 있는가?
- 배우자에게 이성친구가 많다면 어떠한가?
- 옛날 애인과 친구로 사귀고 있는가?
- 배우자의 친구가 마음에 들지 않을 때에는 어떻게 할 것인가?

12. 취미 생활에 대한 질문들

- 함께 즐길 수 있는 취미가 있는가, 혹은 그런 취미를 만들 수 있을 것인가?
- 좋아하는 스포츠가 있는가?
- 다양한 영상 매체가 두 사람이 함께하는 시간에 얼마나 많은 영향을 끼치고 있는가?

- 독서를 좋아하는가?
- 어떤 음악을 좋아하는가?
- 여행을 좋아하는가?
- 애완동물을 기르고 싶은가?
- 요리를 좋아하는가?
- 집에서의 모임을 좋아하는가?
- 개인 시간을 소중히 여기는가?

13. 개인적인 습관에 대한 질문들

- 편식을 하는 편인가?
- 잠버릇은 어떠한가?
- 건전하지 못한 습관이 있는가?
- 식사 예절에 대해서는 어떠한가?
- 가사 일을 어떻게 분담할까?
- 시간 약속을 정확히 지키는 타입인가, 아니면 늦는 타입인가?
- 욕실을 같이 쓰려면 어떻게 해야 하는가?
- 늦게 자고 일찍 일어나는 편인가?
- 외모가 중요한가?

출처 : Smith, S. J. 저, 나선숙 역(2008). 결혼 전에 꼭 알아야 할 101가지. 서울 : 큰나무.

07

결혼과 다양한 선택

결혼 계획만큼은 각자가 자기·생각의 결정자이므로 스스로에게 물어보아야 할 것이다.

프랑수아 라블레(Francois Rabelais)

결혼이 무엇인가에 대한 답은 비교적 명확하다. 결혼의 사전적 의미는 두 사람의, 법적인 책임과 의무가 전제된 결합이다(다음백과). 즉, 부부로서 법률적인 관계를 맺고, 서로간 사회적 구속력을 갖는 것이 바로 결혼이다. 일부 사람들은 결혼에 대한 의무와 책임은 간과하고 결혼을 연애의 종착지로만 인식하거나 혹자는 결혼하면 결혼식에 대한 환상만을 떠올리기도 한다. 유년시절 읽었던 동화의 결말이 마치 약속이나 한 듯 '주인공이 결혼하여 행복하게 살았습니다'로 끝나는 것과 같은 맥락이다.

행복한 동화 속 결말과 다르게 실제 결혼은 두 사람의 관계 변화를 비롯해 주변 환경의 변화를 유도한다. 결혼식은 형식적인 절차에 불과하지만 결혼은 사회적 지위 변화를 비롯해 개인의 여가생활, 대인관계, 가족관계 등 예측하지 못한 변화를 가져오고, 연속성을 가진 생활의 영역이다. 결혼을 통해 형성된 가족이나 결혼 이후의 생활 등에 대해 서로 논의나 합의가 충분하지 않을 경우, 다양하고도 복잡한 문제가 발생할 수 있다. 따라서 이 장에서는 결혼은 무엇인가라는 근본적인 질문을 시작으로, 결혼을 선택하는 다양한 관점과 반대로 결혼을 선택하지 않는, 즉 비혼을 선택하는 관점 등을 살펴봄으로써 현대사회가 가지고 있는 결혼에 대한 의미를 살펴보고자 한다.

- 독신과 비혼의 차이가 무엇일까요?

  독신은 (   )이다.

  비혼은 (   )이다.

- 현대사회에서 사람들이 결혼 또는 비혼을 선택하는 이유는 무엇이라고 생각하나요?

  결혼을 선택하는 이유 _____

  _____

  _____

  비혼을 선택하는 이유 _____

  _____

  _____

- 지금의 나는 결혼과 비혼, 어떤 선택에 더 가까운가요?

  예: 결혼   51%   49%   비혼

  현재 나의 가치관과 가까운 쪽에 표시를 해봅시다.

  결혼   비혼

- 결혼과 비혼 중 나의 선택에 대한 이유와 선택하지 않은 이유를 생각해 봅시다.

  내가 (   )을 선택한 이유는,

1. _____

2. _____

3. _____

  내가 (   )을 선택하지 않은 이유는,

1. _____

2. _____

3. _____

가족상담소의 가족에 관한 Q&A

1. 친구가 비혼이라고 했다가 결혼한다고 했다가 오락가락해요.

결혼과 비혼에 대한 선택은 개인의 경험이나 생각이 반영된 가치관에 가깝습니다. 특히 현재 가지고 있는 가치관을 반영하기 때문에 시간의 흐름이나 개인의 내·외적 변화에 따라 언제든 바뀔 수 있습니다.

2. 저는 외로움을 많이 타는데, 비혼은 어렵겠죠?

외로움을 많이 느낀다고 해서 반드시 결혼을 해야 하는 것은 아닙니다. 결혼을 해도 외로움을 느낄 수 있고, 비혼을 선택하고 이성과 친밀한 파트너십을 유지하는 사례도 많습니다. '외로움 감소'가 결혼을 선택하는 수 많은 이유 중 하나가 될 수는 있지만, 결혼의 목적이 될 수는 없습니다. 외로움을 줄일 수 있는 다양한 취미나 여가 생활을 만들고, 결혼이나 비혼을 선택한 이유가 무엇인지 진지하게 고민해 보길 바랍니다.

3. 이성 친구가 자꾸 결혼하자고 해요. 사랑을 증명하기 위해 결혼을 해야 할까요?

사랑의 결실이 결혼이 되기도 하지만, 타인이 가지고 있는 욕구를 충족시키기 위해 결혼을 선택하는 것은 성급합니다. 결혼은 나와 내 주변의 일상을 모두 변화시키는 중대한 결정입니다. 나를 위한 선택인지 모두를 위한 선택인지 충분히 고민하고, 이성 친구와 결혼 후 생활에 대한 이야기를 충분히 나누어 보는 것이 필요합니다.

4. 비혼은 나이들어서 후회한다는데 정말인가요?

결혼했다고 후회를 안 하거나 비혼이라고 후회를 하거나 이분법적으로 나눌 수는 없습니다. 개인의 삶의 가치관이나 재정적 능력, 주변인들과의 관계 등에 따라 다를 수 있습니다.

출처 : 필자의 상담사례 일부 재구성.

1. 결혼의 의미

1) 결혼의 의미와 현대적 개념

가족은 시대나 사회 변화에 민감하게 반응하는 집단 중 하나로, 가족의 변화는 결혼의 변화와 함께 이루어졌다고 해도 과언이 아니다. 전통적인 관점에서의 결혼이란, 일생의 한 번 경험하는 것이었고, 혼인 신고를 통한 법적 혼인이라는 의미로 인식되었다(변수정 외, 2017). 시간이 흘러 현대에도 우리 사회는 여전히 법률혼주의를 채택하고 있다. 일반적으로 결혼하면, 결혼식이나 혼인 신고를 떠올리지만 법률혼의 요건은 생각보다 많다. 결혼이 법적으로 인정받기 위해서는 실질적 요건과 형식적 요건을 모두 충족해야 한다(그림 7–1).

전통 사회에서 결혼이 필수였다면, 현대사회에서의 결혼은 개인의 선택이 중요한 요소로 작용한다. 통계청에서 발표한 2020년 〈사회조사〉를 살펴보면, 20~40대의 50%는 '결혼은 해도 좋고 하지 않아도 좋다'고 응답했다.* 이러한 견해의 변화는 과거 통과의례(通過儀禮)**로 인식되었던 결혼이 반드시 해야 하는 필수 영역에서 개인의 선택 영역으로 변화했음을 보여 준다. 그러나 여전히 '결혼을 해야 한

법률혼의 성립 요건

| 결혼 의사가 합치할 것 | + | 혼인 적령 (만 18세)에 이를 것 | + | 근친혼이 아닐 것 | + | 중혼이 아닐 것 | + | 혼인 신고를 할 것 |

실질적 요건   형식적 요건

그림 7–1
결혼의 성립 요건

출처 : 찾기쉬운 생활법령정보.

---

* 통계청에서 발표한 2020년 〈사회조사〉 결과 중 결혼에 대한 견해를 묻는 질문에 '해도 좋고, 하지 않아도 좋다'라고 응답한 20대(52.0%), 30대(49.7%), 40대(49.3%)의 평균값이다.
** 통과의례란 사람이 일생을 살면서 어떤 시기마다 치러야 하는 대표적인 의례를 말한다(오병무 편저, 1987).

표 7-1
결혼에 대한
태도

(단위 : %)

분류	계[*]	결혼		
		해야 한다[**]	해도 좋고 하지 않아도 좋다	하지 말아야 한다[***]
2018년	100.0	48.1	46.6	3.0
2020년	100.0	51.2	41.4	4.4
남성	100.0	58.2	35.4	3.1
여성	100.0	44.4	47.3	5.6
미혼 남성	100.0	40.8	48.0	5.0
미혼 여성	100.0	22.4	62.4	10.5
13~19세	100.0	32.8	54.1	6.6
20~29세	100.0	35.4	52.0	8.1
30~39세	100.0	42.2	49.7	4.5
40~49세	100.0	44.1	49.3	4.2
50~59세	100.0	55.3	39.8	3.2
60세 이상	100.0	72.7	22.5	2.5

[*] 각 항목별로 '잘 모르겠다' 포함한다.

[**] '반드시 해야 한다'와 '하는 것이 좋다'를 합한 수치이다.

[***] '하지 않는 것이 좋다'와 '하지 말아야 한다'를 합한 수치이다.

출처 : 통계청(2020).

다'라고 생각하는 사람들도 많다(표 7-1). 그렇다면 결혼이라는 제도가 가지고 있는 의미는 무엇인지 살펴보자.

결혼은 사전적으로 관습이나 법률에 따라 공표하고, 부부관계를 맺는 제도이다. 자신이 태어나 성장한 가족, 즉 원가족에서 벗어나 배우자와 새로운 가족을 형성하는 법적·사회적 결합을 의미한다(김명자 외, 2009). 그러나 현대적 의미의 결혼은 '서로 사랑하는 성숙한 남녀가 법적인 약속을 통해 개인적인 성장을 이루며, 부부로서 성장을 이루어 나가는 것'으로 정의한다(정현숙·옥선화, 2013). 또한 '정서적·육체적 친밀감, 다양한 과업, 경제적 자원을 공유하는 두 사람의 정서적이고 법적인 공약'이라는 의미를 가지기도 한다(Olson et al., 2014). 이렇듯 과거에는 사회적, 법적인 의미부여를 통해 서로에게 강한 구속력을 가졌으나 현대에

미시적 관점

가장 친한 사이
친밀한 성적 교류

거시적 관점

인적자원의
공유·확장

그림 7-2
**결혼을 통한 관계
확장의 도식**

출처 : 본문의 내용을 그림으로 구성.

는 사회적, 법적인 구속력은 비교적 약화되는 특징을 보인다. 그러나 여전히 결혼은 사회적, 법적인 구속력과 더불어 신체적, 정신적, 경제적 결합의 의미가 덧붙여지면서 결혼의 의미가 과거보다 조금 더 개인적인 특성을 가지게 된다.

결혼을 형식적 의미에서 살펴보면, 결혼식이라는 의식을 통해 부모, 형제자매 등의 친인척 관계를 비롯해 친구, 직장 동료 등의 사회적 관계를 맺은 사람들 앞에서 두 사람의 결혼 관계를 공표함으로써 배우자에게 헌신할 것을 공개적으로 표명하게 됨을 의미한다. 이러한 의식을 통해 두 사람의 결혼은 사회적 인정을 얻게 된다. 앞서 살펴봤듯이 법률혼주의를 채택하고 있는 우리 사회에서 결혼이란 법적인 승인을 필요로 한다. 결혼은 두 사람의 개인적 결합을 넘어 법적인 승인을 의미하는 혼인 신고를 함으로써 서로간 부부로서 구속력뿐 아니라 법적인 책임을 가지게 되며, 서로의 재산을 공유하는 경제 공동체, 하나의 경제적 단위로 변모한다. 이뿐 아니라 결혼은 부부와 국가 간의 법적 계약이기 때문에 결혼을 통해 형성된 관계는 사적인 관계를 넘어 공적인 관계를 나타내기도 한다.

결혼의 관계적 의미를 살펴보면, 결혼 당사자를 중심으로 하는 미시적 관점과 결혼을 통해 관계가 확장되고 파생되는 거시적 관점으로 나누어 살펴볼 수 있다

(그림 7-2). 결혼을 통해 부부가 되면 다른 누구보다 친밀한 관계를 맺게 된다. 결혼은 두 사람의 성적 교류를 통해 성적인 친밀감을 가지고, 성적인 욕구를 충족하는 합법적인 관계이다. 이를 통해 자녀를 출산하고 사회구성원 재생산이라는 중요한 역할을 담당하기도 한다. 미시적 관점에서 결혼은 두 개인의 결합, 두 사람의 개인적 친밀감, 성적 친밀감 및 욕구충족이 기본이 된다. 거시적 관점에서 결혼은 개인이 형성한 인적 자원을 공유하는 관계로 발전됨을 의미한다. 결혼을 통해 서로의 사적이고 친밀한 인적 자원을 공유하는 관계로 발전하는 것이다. 즉, 결혼은 두 사람을 비롯해 두 사람의 가족과 사회관계망으로 관계가 확장됨을 의미한다.

결혼이란 두 사람의 결합을 통해 다양한 책임과 의무가 부여되고, 관계가 확장되는 계기가 된다. 이뿐 아니라 결혼의 현대적 정의에서 살펴볼 수 있듯이 결혼을 통해 결합 된 두 사람은 서로를 보살피고, 의지하는 정서적 관계, 즉 사랑을 기반으로 서로의 성장을 도모하는 긍정적인 관계를 맺는다. 그러나 결혼은 혼인 신고라는 법적인 구속력을 가지고 있기도 하다. 따라서 결혼을 통해 부부로서 관계를 맺은 두 사람은 상대방에게 정신적으로, 성적으로 충실할 것을 기대한다. 즉 성적인 일부일처의 관계를 기대하는 것이다.

이와 같이 결혼이란 하나의 사회 제도이자 계약이면서, 두 사람의 결합된 관계를 의미한다. 현대적 정의를 덧붙이자면 두 사람의 자유 의지에 따른 선택이면서, 동시에 사회적, 법률적, 경제적 책임을 공유하는 공동체이기도 하다. 결혼을 통해 맺어진 관계는 합법적인 성적 친밀감, 성적인 욕구충족을 얻을 수 있는 관계이면서, 출산을 통해 가계를 계승하고, 자녀의 사회화를 돕는 공동 과업을 가지기도 한다. 결혼을 통해 맺어진 부부는 정서적 충족과 위안을 주는 역할과 서로간 성장을 도모할 수 있는 긍정적 역할도 수행해야 한다. 조금 더 큰 관점에서 결혼은, 두 사람의 관계를 넘어 사회관계망을 공유하는 하나의 사적-이익 집단으로 기능하기도 한다. 이렇듯 결혼은 두 사람에게 매우 중요한 기능을 수행하기 때문에 일생의 중요한 과업 중 하나로 인식된다. 그러나 결혼은 법률적 승인을 전제하기 때문에 이에 대한 법적인 책임과 의무가 수반된다는 것도 기억해야 한다.

2) 결혼의 동기

과거에는 결혼이 통과의례로 인식되어 대부분의 사람들은 일정한 연령이 되면 자연스럽게 결혼을 했다. 특히, 전통 사회에서 결혼은 가족과 공동체의 중요한 의무로 간주되었기 때문에 개인의 의향보다 가족의 안정성, 가족 공동체의 계승 발전 및 존속이 중요한 동기로 작용했다(최재석, 1983: 박주희, 2016에서 재인용). 이 과정은 긍정적 사회화로 인식되기도 했는데, 사회 통념에 따라 범주화한 연령 이상이 되도록 결혼을 하지 않으면 사회에서 도태된, 정상 범주에서 벗어난 것과 유사하게 인식하기도 했다(노미선, 2008).

표 7-1에서 살펴봤듯이, 20~40대 세대들의 40.6%는 '결혼을 하는 것이 좋다'고 인식한다. 결혼이 선택인지 필수인지와 무관하게 '결혼을 꼭 해야 한다' 또는 '하는 것이 좋다'고 생각하는 것이다. 결혼에 대한 태도와 실제 행위 사이에는 많은 차이가 있다. 따라서 결혼에 대한 욕구가 있더라도 결혼을 선택하지 않을 수 있고, 마찬가지로 결혼에 대한 욕구가 없다고 절대 결혼을 선택하지 않는 것은 아니다. 그렇다면 과연 결혼을 선택하고, 결정하는 계기, 즉 결혼의 동기는 무엇인가 고민을 해야 할 것이다.

결혼의 동기는 크게 심리적, 경제적, 사회적 동기로 나눌 수 있다(표 7-2). 심리적 동기는 주로 개인적 관점에서 출발한다. 일반적으로는 인생의 여정을 친밀한 누군가와 공유하고 싶은 욕구가 결혼의 동기로 작용한다(건강가정컨설팅연구소, 2017). 결혼을 결심하게 되는 가장 큰 동기는 누가 뭐래도 사랑하는 사람과 일생을 함께 살고 싶다는 욕구일 것이다. 이와 같은 맥락에서 욕구위계이론 (hierarchy of needs theory)의 생리적 욕구를 비롯해 소속감과 애정의 욕구를 해소하고자 하는 개인적 욕망이 결혼의 동기로 작용할 수 있다. 성적인 욕구의 충족과 더불어 사랑하는 개인을 성적 관계를 비롯해 다른 여타의 관계에서 독점할 수 있다는 것도 결혼의 동기 중 하나일 것이다(건강가정컨설팅연구소, 2017). 이

---

* 통계청에서 발표한 2020년 〈사회조사〉 결과 중 결혼에 대한 견해를 묻는 질문에 '반드시 해야 한다', '하는 것이 좋다'를 합한 수치의 평균값이다.

표 7-2
결혼의
바람직한 동기

개인적 동기	경제적 동기	사회적 동기
• 사랑의 실현 • 정서적·심리적 안정 • 합법적인 성적 욕구의 충족 • 사랑하는 대상의 독점과 성적 배타성 획득 • 자녀 출산의 기회(+) • 성인으로서의 신분 획득(+) • 개인적 성취감	• 주거 안정성 • 경제적 안정성 • 경제 공동체 형성	• 사회구성원 재생산을 통한 사회 유지 • 사회·문화적인 가치 계승

주 : (+)는 사회적 동기와 중복될 수 있다.
출처 : 본문 내용을 표로 구성.

외에도 욕구위계이론에 진화론적 관점이 덧붙여진 연구에서는, 사람은 생리적 욕구, 안전의 욕구, 소속과 애정의 욕구, 존중의 욕구 다음에 배우자 획득과 배우자 유지, 양육이라는 새로운 단계를 제시한다(Kenrick et al., 2010). 즉, 인간은 배우자를 만나고, 배우자와 관계를 유지하며 나아가 자신의 유전자를 남기고자 하는 욕구가 결혼의 동기로 작용할 수 있다는 것이다.

결혼을 경제적 동기에서 살펴본 관점은 결혼을 교환적 관계로 살펴보는 경향이 강하다. 이 관점에서는 일반적으로 남성과 여성의 만남이나 교제, 결혼을 계산된 행위로 보는 교환성의 원리가 작용한다고 주장한다. 결혼을 교환적 관계에서 살펴보면 자신보다 조금 더 나은 배경이나 환경, 조건 등을 갖춘 사람이 있을 때 결혼에 대한 동기가 강해질 수 있다. 쉽게 말해 결혼을 통해 얻게 되는 재화나 주거 및 경제적 안정감을 비롯해 정서적 안정감, 주변 사람들로부터 받는 스트레스의 감소 등 결혼을 통해 얻는 이익이 클 때 결혼의 동기가 자극될 수 있다(류상희 외, 2019). 그러나 경제적 동기 중 가장 중요한 동기는 경제 공동체로서의 역할이다. 경제 공동체는 개인에게 주어지는 경제적 이득을 넘어 결혼을 통해 얻어지는 가계 수입이나 지출을 서로 공유하고, 전반적인 경제적 상황을 함께 관리하는 것을 말한다. 경제 공동체로서 역할을 수행하게 되면, 개인일 때보다 자산을 조금 더 빠르게 증식시킬 수 있으며, 합리적인 소비 활동에 대한 요구가 높아 경제적 안정성을 취할 수 있다는 사실 때문에 결혼의 동기가 자극될 수 있다(건강가정컨설팅연구소, 2017). 경제적 안정성 획득을 통해 계층적 지위를 재생산할 수 있다는 점도 결혼의 동기를 자극한다. 경제적 배경이 결혼 이후의 전반적 삶의 질을 결정한다고 생각하는 경우, 배우자뿐 아니라 배우자 부모의 경제력, 사회적 배경이 결혼 동기에 직접적인 영향을 미치기도 한다(이재경·김보화, 2015).

사회적 동기에서는 모방과 사회적 압력의 관점에서 결혼의 동기를 살펴볼 수 있다. 먼저 사회학습이론(social learning theory)에 따르면 인간의 대부분의 행동은 외부 환경에 의해 먼저 동기화된 후 내부 인지 과정을 거쳐 최종 결정되는데(Bandura, 1977), 인간의 결혼도 이와 같은 맥락이 작용한다. 주변 친구나 동료의 결혼 결정과정을 지켜보면서 결혼의 내부 동기가 자극될 수 있다는 것이다. 특히, 친한 친구의 행복한 결혼 준비 과정이나 결혼식, 신혼여행 등 개인의 환상을 충족시킬 수 있는 요인이 개인을 자극할 경우, 모방된 결혼 동기가 개인의 무의식에 영향을 미쳐 결혼 동기가 높아질 수 있다. 흔히 아름다운 결혼식이나 행복하고, 안정된 부부의 모습을 볼 때 '나도 결혼을 하고 싶다' 등의 생각으로 발현되는 것이 바로 이 때문이다.

결혼의 동기를 성인됨이나 부모됨의 관점에서 보는 경향이나 종교나 전통 등 규범적 관점, 의무론적 관점에서 보는 경향도 존재한다. 과거에는 미혼인 성인보다 기혼인 성인을 더 어른으로 인식하였다. 실제 결혼한 미성년 자녀는 성년으로 인정되기 때문에(민법 제826조의2), 법적 대리인은 부모가 아닌 개인이나 배우자가 되기도 한다. 이 경우 혼인 자체가 개인에게 사회적 성인의 신분을 부여하는 것과 같은 역할을 수행한다. 이 외에도 부모가 되고 싶은 욕구가 결혼의 동기를 자극한다는 관점도 있다. 최근 결혼을 하고도 출산을 선택하지 않거나 결혼을 하지 않고도 출산을 하는 사례들을 쉽게 접할 수 있다. 과거에 비해 결혼과 출산을 동일시하는 경향이 비교적 약화되었지만 여전히 결혼과 출산을 동일한 맥락에서 보는 경향이 강하다. 따라서 출산을 하기 위한 과정으로 결혼을 활용하기도 한다.

마지막으로 규범과 의무의 관점은 유사한 맥락을 가지는데, 민족적 전통 등의

---

* 민법 제826조의2(성년의제). 미성년자가 혼인을 한 때에는 성년자로 본다(대법원 종합법률정보).

규범이 의무로 작용할 수 있음을 의미한다. 결혼은 유사한 가치 체계를 유지할 수 있는 수단이면서 민족이나 문화 등의 가치 체계를 재생산하고 보호할 수 있는 수단으로 작용하기 때문에, 이러한 고유한 문화를 지키고 계승하기 위한 목적으로도 결혼의 동기가 강화될 수 있다(Polgar, 2017).

하지만 모든 결혼의 동기가 일반적이거나 또는 바람직한 것만은 아니다. 결혼 동기는 개인에 따라 다르다. 결혼에 대한 바람직한 동기는 결혼생활을 유지하는 데 있어 중요한 요인으로 작용하지만 바람직하지 않은 결혼 동기는 결혼생활의 안정성에 부정적 영향을 미치고, 나아가 건강한 결혼생활 지속에 방해 요소로 작용한다.

일반적으로 바람직하지 않은 결혼의 동기 중 하나로, 부모나 사회의 압박이 있다. 특히, 이러한 사회적 압력은 남성보다 여성에게 높게 작용할 수 있는데, 고연령에 따른 출산 지연 등 성별로 인한 압박은 탈정상성의 범주에서 결혼의 강력한 동기로 작용한다(노미선, 2008). 최근에는 이러한 사회적 통념이 많이 약화되었으나 여전히 우리 사회에는 결혼하지 않은 성인 남녀를 문제가 있는, 생애주기의 과업에서 낙오된 사람으로 보는 시선이 존재하기 때문에 사회적 통념에 부합하고, 정상성의 범주에 진입하는 것이 결혼의 동기가 되기도 한다.

최근 혼전 임신을 혼수로 비유하는 등 혼전 임신이 주변의 흔한 일상이 되었지만, 혼전 임신으로 인한 결혼은 바람직하지 않은 결혼 동기 중 하나이다. '사랑이 전제된 관계일 때 혼전 임신으로 인한 결혼은 바람직하지 않은 결혼 동기로 보기 어렵지 않을까'라고 생각하는 사람도 있을 것이다. 그러나 혼전 임신을 한 경우, 합법적으로 아이를 출산하고 싶은 욕망으로 인해 자신에게 적합한 배우자가 아닐지라도 결혼을 결정하는 등 서로간 충분한 시간을 갖지 못한 상태에서 급하게 결혼을 결정할 가능성 있다(Becker et al., 1977). 이 경우는 두 사람의 관계나 성격, 배경에 대한 이해가 충분하지 않은 상태에서 임신이 결혼 동기로 작용하기 때문에 결혼 이후에 건강한 결혼생활을 영위하지 못할 가능성이 있다(김송희, 2016; 정예리, 2011).

사랑에 실패한 후 반발심이 결혼 동기로 작용하기도 하는데, 이때는 결혼이 사랑의 실패에 대한 좋은 대안으로 여겨지기도 한다. 특히, 오랜 시간 만났던 연인과의 이별이나 파혼 등을 결혼 시장에서의 제약이자 낙인으로 인식하는 경우, 결혼 자체를 성공시키기 위해 사랑과 이해 없는 결혼을 선택하기도 한다. 실제로 사랑에 실패한 후 실의에 빠져 있는 사람에게 새로운 사람과의 만남과 결혼을 대안으로 제시하는 경우를 비롯해 사랑의 실패를 딛고 결혼의 지위를 얻게 되어 위안을 얻는 사례도 있다(정예리, 2011). 이 외에도 불행한 가족 관계에서 벗어나거나 부모의 지나친 통제로부터 분리되기 위한 목적이 결혼 동기가 되기도 한다. 결혼이 원가족과의 분리되는 수단이면서 동시에 현실 도피의 목적으로 작용하는 것이다. 헤어진 사람에 대한 복수, 부, 명예, 지위 상승의 수단, 순간적인 열정과 결혼에 대한 환상, 다른 사람을 기쁘게 하기 위한 수단, 상대방에 대한 동정이나 연민 등도 바람직하지 못한 결혼 동기로 볼 수 있다(이상혁, 2009).

원만하고 건강한 결혼생활을 위해서는 결혼 전 자신의 결혼 의지와 동기, 결혼을 통해 얻고자 하는 것이 무엇인지 충분하고, 진지한 고민을 해야 한다. 물론, 이 과정에서 파트너와의 논의도 필수적으로 이루어져야 한다. 즉, 자신이 정말 결혼이 하고 싶은지, 아니면 친한 친구들이나 동료들이 점차 결혼을 선택하기 때문에 느끼는 초조함인지, 또는 가족을 비롯한 주변 사람들의 시선이나 결혼에 대한 간섭 때문인지, 평소에 생각하는 결혼 적령기에 비해 자신의 연령이 상대적으로 높아지기 때문인지 등 결혼에 대한 자신의 의지를 검토해야 한다. 이 뿐 아니라 구체적인 결혼 동기를 점검함으로써 결혼이 가지고 있는 환상이나 기대에서 벗어나 현실화를 시키는 것도 중요하다. 마지막으로 이러한 충분한 검토와 논의를 통해 궁극적으로 결혼을 통해 얻고자 하는 것이 무엇인지, 어떻게 건강한 결혼생활을 영위할 수 있는지 점검하는 작업이 반드시 필요하다.

피라미드 토론

만족스러운 결혼생활을 하기 위한 나만의 조건이 무엇인지 피라미드 토론을 해봅시다.

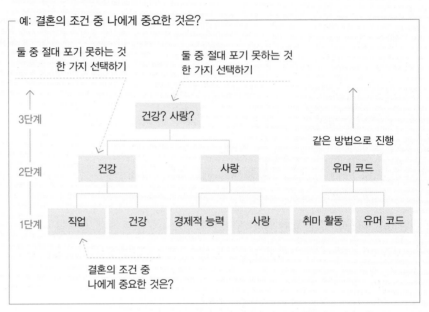

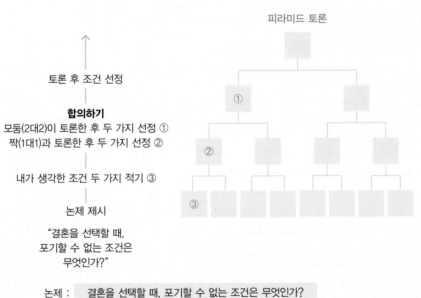

논제 :   결혼을 선택할 때, 포기할 수 없는 조건은 무엇인가?

2. 결혼, 선택의 다양성

현대사회에서 청년층에게 드러나는 특징 중 하나는 늦은 나이에 결혼을 하는 만혼화 현상과 혼인율 저하일 것이다. 앞서 결혼의 의미를 비롯해 결혼의 동기를 살펴보았다. 과거에는 결혼이 통과의례 중 하나로 인식되면서 적당한 나이가 되면 결혼에 대한 개인적, 사회적 열망이나 바람이 컸다. 하지만 최근 우리 사회는 결혼을 개인의 가치관에 따른 선택이라고 인식한다. 특히 1인 가구 등 독신생활을 하는 사람들이 증가하고, 동거 증가 및 동거에 대한 인식의 변화 등은 사랑하는 사람과의 결실이 꼭 결혼이 아닐 수 있다고 말한다. 과거에는 독신이나 동거를 결혼의 대체제 정도로 인식하는 경향이 강했다. 하지만 현대사회에서는 그 의미에 대한 변화가 나타나고 있다. 독신과 동거의 의미 변화를 살펴봄으로써 현대사회에서의 결혼의 의미를 조금 더 폭넓게 이해해 보자.

1) 독신과 비혼

결혼을 왜 하는가에 대한 물음과 함께 결혼을 왜 하지 않는가에 대한 이슈도 뜨겁다. 최근 우리 사회에서 가장 큰 이슈 중 하나는 비혼 인구의 증가일 것이다. 결혼의 필요성이 점차 약화되고 있는 현실에 비추어 봤을 때 비혼율의 증가는 한편으로는 당연한 예측이다. 특히, 결혼에 대한 가치관 변화는 앞으로 독신이 사회의 주류가 될 가능성을 높인다(유명복, 2019). 1인 가구 등 독신 인구의 증가는 국가 개입을 통해 해결할 수 없는 개인적 영역이기 때문에 더욱 심각하게 인식된다(류상희 외, 2019). 독신 인구의 증가는 출산율 저하로 연결될 수 있고, 저출산은 지방의 소멸이나 나아가 국가의 소멸을 예고하기 때문이다. 어쩌면 심각한 사회 문제가 될 수 있는 독신이 무엇인지 알아보기에 앞서 우리는 독신과 비혼, 미혼 등 용어의 차이를 살펴볼 필요가 있다.

먼저 독신(獨身)은 문자 그대로 '홀로 있는 몸', 즉 홀몸을 뜻한다. 가계 내 유일한 아들 자녀를 '독자(獨子)'로 부르는 것과 같은 맥락에서, 통념적으로 결혼을 하지 않고 혼자 있는 상태를 말한다. 따라서 독신이라는 개념은 비혼, 미혼, 이혼(離婚), 사별(死別)을 모두 포함한 광의적인 개념으로 이해하는 것이 좋다.

비혼(非婚)은 문자 그대로 '결혼을 하지 않은 상태'를 의미한다. 결혼은 성인기 발달과업 중 하나인데, 비혼은 사실혼을 포함하여 개인의 생애주기에서 결혼이라는 발달과업을 이행하지 않은 상태를 의미한다(Austrom & Hanel, 1985). 최근에는 비혼이라는 용어가 결혼에 대한 의지나 욕구가 없는 상태나 영속적인 비혼 상태를 선언하는 용어로 사용되기도 한다(강은영 외, 2010). 즉, 비혼은 결혼하지 않은 상태와 적극적으로 결혼을 거부하는 상태 모두를 포괄하는 개념이다(우은정, 2001). 따라서 현재 관점에서 결혼이라는 발달과업을 한 번도 이행하지 않고, 혼자의 삶을 선택한 상태를 '독신비혼'이라고 일컫기도 한다(김형화, 2012).

미혼(未婚)을 문자 그대로 해석하면 '결혼하지 않은 미완의 상태'를 의미한다. 결혼을 완성과 완결의 관점에서 볼 때, 말 그대로 미완성의, 당연한 과업을 완결하지 못한 상태라는 부정적 의미가 포함되었다는 지적에 따라 현재에는 미혼에 비해 중립적인 의미의 비혼이라는 말이 주로 사용된다(강유진, 2017). 그러나 이러한 용어는 표현상의 차이로 독신이나 비혼이 절대적으로 결혼을 반대하거나, 결혼을 하지 않겠다는 절대적 선언은 아니며, 옳고 그름의 가치로 판단할 문제도 아니다. 현대사회에서는 개인이 얼마나 건강하고 행복한 삶을 영위하는가가 훨씬 더 중요한 가치로 여겨진다. 따라서 결혼의 선택 여부와 관계없이 자신의 선택을 수용하고, 책임지는 태도가 더 중요하다.

과거에는 독신생활을 결혼의 전 단계로 보는 경향이 강했다. 특히, 결혼을 하지 않은 상태인 독신비혼은 전통적 가족 관점에서 하나의 일탈로 여겨졌기 때문에(편집부, 2016) '왜 결혼하지 않는가'라는 화두가 중요한 쟁점이었다. 이때 사람들은 독신비혼들을 사회적 관습에서 벗어난 비정상의 관점에서 보거나, 미성숙하여 결혼하기에는 결함이 있는 사람으로 보기도 했다(Cargan & Melko, 1982). 이뿐 아니라 독신비혼들은 이기적이거나 자기중심적인 성향이 있거나 때로는 예민하여 안정적인 관계를 맺지 못할 것이라는 인식도 있었고, 독신비혼자 스스로도 자신을 결혼하기에는 부족한 사람이라고 인식하기도 했다(옥귀주, 1999).

최근에는 과거의 인식과 다르게 독신비혼을 라이프 스타일(life style)로 보는 경향이 두드러진다(김형화, 2012). 앞선 표 7-1에서 살펴보았듯이 결혼은 '해도 좋고, 하지 않아도 좋은' 그야말로 개인의 선택의 영역이 되었다. 많은 연구에서는 교육 수준의 향상이나 자아실현의 욕구 증가로 독신비혼 현상이 높아졌다고 보고한다(김정석, 2006). 그러나 이러한 개인적 성취 욕구와 달리 결혼하고 싶은 상대를 만나지 못했기 때문에 독신비혼을 선택했다는 견해도 많다(김혜영·선보영, 2011; 김혜영 외, 2007).

관계의 측면뿐 아니라 경제적 측면에서는 결혼의 효용가치는 감소하고 부동산 등 결혼 비용이 상승했기 때문에 독신비혼을 선택한다는 의견도 있다(Becker, 1973). 즉, 결혼으로 얻어지는 개인적 이득보다 손실이 더 크기 때문에 독신비혼을 선택한다는 것이다. 독신비혼으로 생활하는 사람들은 개인의 선호에 따라 독신비혼을 선택한 경우도 있고, 결혼에 대한 욕구가 있으나 주변 상황이나 여건으로 인해 독신비혼을 유지하는 경우도 있다. 독신비혼으로 생활하면서 결혼에 대한 욕구가 감소 또는 상실된 것인지, 아니면 결혼을 하지 않겠다는 확고한 의지로 독신비혼을 선택한 것인지는 명확하지 않다(편집부, 2016). 따라서 많은 독신비혼들은 자신들의 삶을 영구적인 비혼으로 규정하지 않고, 결혼에 대한 가능성을 열어 둠과 동시에 혼자만의 독립적인 삶도 영위하는 적극적인 생활 양식을 유지하고자 한다.

그렇다면 어떤 사람들이 독신비혼을 선택하는가? 현재 우리 사회에서 독신비혼은 연령과 성별을 가리지 않고 꾸준히 증가하는 추세이다. 과거에는 독신비혼을 주로 여성 집단으로 비유한 것과 달리 최근에는 남성 집단에서도 독신비혼의 증가 추세가 높다. 특히, 첫 결혼을 의미하는 초혼 연령이 모두 30대인 것을 감안하면(남성 33.2세, 여성 30.8세), 30대 연령층의 독신비혼율의 증가는 당연한 현상일 수 있다. 실제로 30대 연령층에서 결혼하지 않은 사람은 2000년 13.4%에서 2020년 42.5%로 가파른 상승률을 보인다(통계청, 2021).

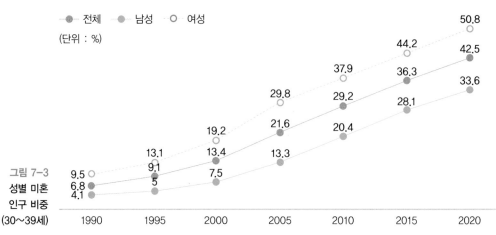

출처 : 통계청(2021).

그림 7-3
성별 미혼
인구 비중
(30~39세)

가치관 측면에서 독신비혼의 특성을 살펴보면, 결혼에 대해 부정적 태도를 가지고 있거나 결혼에 대한 필요성을 덜 의식할수록 독신비혼일 가능성이 높았다(이수진, 2005). 사회인구학적 관점에서 독신비혼의 특성을 살펴보면, 비교적 높은 연령을 보였고(김정석, 2006), 고학력층의 비중이 상대적으로 높게 나타났다(어성연 외, 2010). 이 외에도 결혼 기회를 상실한 경우, 부동산 등 결혼 비용에 부담을 느끼는 경우 등 결혼 기회가 없거나 재정적 조건이 충분하지 않거나 준비가 되지 않는 등의 외부 조건에 의해 비혼독신을 선택하는 경우도 있었다(강유진, 2017).

과거에는 비혼독신은 소외감이나 외로움, 결혼하지 않았다는 이유로 무언가 문제가 있을 것이라는 사회적 편견, 경제적 어려움, 일상생활 및 성적인 욕구 해소의 불편함 등을 경험한다고 하였다(김경원, 2004; Casper & DePaulo, 2012). 그러나 많은 비혼독신들은 독신생활의 장점으로 자유로움과 당당함, 자아 개발과 자아실현, 일에 대한 집중과 편리함, 현재의 삶을 즐기는 태도 등을 꼽는다(김양희 외, 2003). 이뿐 아니라 개인의 행복을 추구하고 적극적인 자기 계발과 자기표현을 통한 자아 성취를 비롯해 커리어(career)의 성장과 발전을 삶의 중요한 의미로 부여하는 경향이 있었다(이연수, 2005). 독신비혼은 외로울 것이라는 과거의 편견과 달리 주변 사람들과 함께하는 삶을 살고 있었으며(변미리 외, 2008), SNS 등 다양한 수단을 활용해 주변과 활발한 소통을 이어가고 있었다(최정민·박영미,

2012; 이진숙·이윤석, 2014).

2) 동거

결혼이 선택의 영역이 되면서 사랑과 애정을 기반으로 하지만, 법적인 부부관계를 맺지 않고 함께 사는 삶을 선택하는 동거도 꾸준히 증가하고 있다. 동거(同居)는 문자 그대로 누군가와 '같은 곳(공간)에 머물러 삶'을 의미한다. 동거와 결혼의 공통점은 주거와 경제, 성적인 관계 등 일상적인 삶을 함께 공유하는 것이지만, 혼인 신고를 하지 않아 법적인 책임과 의무를 갖지 않는다는 차이가 있다. 그렇다고 동거가 법적인 책임을 전혀 갖지 않는다는 것은 아니다.

우리나라는 혼인 신고를 마쳐야 법률상 혼인이 되는 법률혼 방식을 채택하고 있기 때문에(민법 제812조)[*], 혼인 신고 없는 동거는 사회적, 법적 인정을 받기 어렵다. 그러나 혼인 신고를 하지 않더라도 혼인할 의사가 있고, 실질적으로 부부로서의 공동생활을 영위하는 상태, 즉 혼인 공동생활의 실체가 있으면 사실혼 관계가 성립한 것으로 간주한다.[**] 쉽게 말해 사실혼 상태의 동거란 두 남녀가 공동의 주거를 가지고, 파트너와의 결혼 생각이나 계획이 있고, 가족이나 친구 등의 관계나 경제를 공유하는 경우라고 볼 수 있다. 따라서 사실혼 형태의 동거는 법적인 책임과 의무에서 완전히 자유로울 수 없고, 재산 분할이나 상속의 권리가 주어지기도 한다.[***]

동거를 단순히 결혼하지 않고, 같이 사는 것으로 생각할 수 있지만 동거를 바라보는 학자들의 관점은 다양하다. 동거를 결혼의 준비단계로 보는 관점(Bumpass & Sweet, 1989)부터, 동거를 독립성과 자율성이 보장되는 결혼의 대안적인 형태로 보는 관점(Rindfuss & VandenHeuvel, 1990) 등이 있다. 먼저, 동거를 결혼

---

[*] 민법 제812조(혼인의 성립). 혼인은 「가족관계의 등록 등에 관한 법률」에 정한 바와 의하여 신고함으로써 그 효력이 생긴다(대법원 종합법률정보).

[**] 대법원 1979.05.08. 선고 79므3 판결.

[***] 대법원 1995.03.10. 선고 94므1379,1386 판결.

표 7–3 동거의 유형	결혼 의사 있음	결혼 의사 없음
	• 결혼의 서막 • 시험적 결혼 • 결혼 과정의 한 단계로서의 동거	• 결혼의 대안으로서의 동거 • 편의 동거

출처 : Heuveline, P., & Timberlake, J. M.(2004). The role of cohabitation in family formation: The United States in comparative perspective. Journal of Marriage and Family, 66(5), 1214~1230. 1215~1218쪽 재구성.

의 준비단계로 보는 관점은 결혼에 대한 의사는 있으나 경제적 안정성 확보 등을 이유로 동거를 먼저 선택하는 유형을 의미하고, 동거를 결혼의 대안적 형태로 보는 관점은 결혼이 가지는 구속력에서 자유롭고 싶은 의지, 불확실한 결혼생활에 대한 불안에서의 해방 등으로 볼 수 있다.

그러나 현대의 동거는 결혼 의사 유무에 따라 조금 더 세분화된 형태로 나뉜다(Heuveline & Timberlake, 2004, 표 7–3). 결혼의 서막(prelude to marriage)은 예비 동거/예비 결혼이라고 불리기도 하는데, 궁극적으로는 상대방과 결혼할 의사가 있으며 결혼 전 잠시 동거하는 형태를 말한다. 이 경우는 비교적 동거기간이 짧고 임신 비율이 낮은 특징이 있다. 시험적 결혼(trial marriage)은 미래의 결혼생활을 동거를 통해 먼저 시험해 보는 것으로, 결혼 전 동거가 이혼의 가능성을 줄일 수 있다고 보는 관점이며, 결혼 전 동거를 통해 상대방과 서로 잘 맞는지 확인하기 위한 수단으로 동거를 활용하는 경우이다(Manning & Cohen, 2012). 우리나라에서도 결혼식을 치루기 전에 일시적으로 함께 살아 보거나 결혼식을 치루더라도 일단 살아보고 혼인 신고를 하는 것과 유사한 맥락이다. 결혼 과정의 한 단계로서의 동거(cohabitation as a stage in the marriage process)는 결혼 의사가 있는 동거이면서, 주로 자녀를 낳은 후 결혼으로 이어지는 특징이 있다.

결혼할 의사가 없는 상태에서 이루어지는 동거는 결혼의 대안으로서의 동거(대안 동거), 편의 동거 등이 있다. 대안 동거(alternative to marriage)는 부동산이나 결혼 준비 비용 등 다양한 원인으로 결혼을 성립시킬 수 없을 때, 결혼의 대안으로 선택하는 동거이다. 이 경우는 비교적 동거기간이 길고, 임신을 하는 경우도 많다. 즉, 결혼 조건에 대한 문턱이 높아 결혼에 대한 욕구나 의지가 감소된 상태

행복한 삶을 위한 가족의 이해

구분	비율	명	내용
전체	100.0	253	
임신해서	4.0	10	결혼 과정의 한 단계로서의 동거
혼인 의사가 있지만 집 마련, 결혼식 비용 등 경제적인 이유로	24.1	61	
혼인 의사가 있지만 집안의 반대 등으로	4.0	10	
혼인 전에 살아 보면서 상대에 대한 확신을 갖기 위해	17.4	44	
합계	49.4	125	
결혼 제도나 규범에 얽매이지 않고 자유롭게 살려고	13.0	33	결혼의 대안으로서의 동거 및 혼인과 관계없는 동거
혼인 계획이 구체적이지는 않지만 의지하며 같이 지내고 싶어서	19.0	48	
이성 교제 중 데이트 비용, 방값 및 생활비 절약을 위해	18.6	47	
합계	50.6	128	

출처 : 변수정(2017). 비혼 동거 인구의 경험 및 가치관. 보건복지 Issue&Focus, 332, 1-8. 2쪽.

로 동거를 계획하는 형태와 결혼 제도 자체를 거부하는 등의 형태로 나뉜다(이연주, 2008). 마지막으로 편의 동거(cohabitation for convenience)는 결혼에 대한 의사가 없어 장기적인 관계를 약속하지 않는다. 주로 경제적인 이익이나 편의를 도모하기 위해 동거를 선택한다. 이 경우 결혼의 대안이라기보다 독신생활의 대안이라고 보는 것이 적절할 수 있다(Rindfuss & VandenHeuvel, 1990).

최근 우리 사회에 나타나고 있는 동거의 형태는 주로 결혼의 대안적 형태, 즉 대안 동거이다. 비혼동거 경험이 있는 성인 남녀를 대상으로 조사한 결과(변수정, 2017), 결혼의 대안으로 동거를 선택(50.6%)하는 것으로 나타났다. 결혼에 대한 의사가 없으며, 결혼과 관계없는 동거를 선택하는 것이다. 이 결과는 결혼의 준비 단계로 동거를 선택(49.4%)한다는 응답보다 근소한 차이로 높았다. 동거와 결혼을 결정하는 가장 중요한 요인은 출산과 양육에 대한 가치관이다. 즉, 친밀성에 대한 욕구보다 자녀 출산과 양육에 대한 욕구가 있느냐 없느냐에 따라 동거냐 결혼이냐를 결정하게 된다(진미정·성미애, 2021).

우리 사회에서 동거는 여전히 사람들의 이목을 집중시킨다. 따라서 동거를 선택한 커플은 가족이나 친구를 제외하고, 다른 사람들에게는 동거 경험을 쉽게 공개하지 않는다. 동거를 공개하지 않는 이유는 스스로 떳떳하지 못해서라기보다 다른 사람들의 편견이나 부정적 시선을 우려하는 정서가 많았고(변수정, 2017), 이러한 성적 비난은 남성보다 여성에게 더 집중되는 특징을 보이기도 한다(김지영, 2005).

그럼에도 동거를 선택하는 사람들은 결혼 준비나 결혼식, 행정적 절차의 불편함, 법적 책임에서의 자유로움 등을 동거의 장점으로 꼽는다. 시험 결혼의 경우, 결혼 전에 함께 살아 봄으로써 여러 가지 문제를 파악하여 사전에 예방하고, 나아가 불행한 결혼생활을 하지 않을 수 있다는 것도 동거의 장점 중 하나라고 말한다. 동거도 결혼생활과 마찬가지로 서로간의 성장과 성숙을 이룰 수 있는 도구가 될 수 있다. 그러나 동거는 결혼에 비해 법적인 보호가 미흡하다. 사랑하는 사람과 오랜 시간 동거하면서 일생을 공유했다 하더라도 법적 보호자가 될 수 없는 현실 등은 동거 커플이 경험하는 어려움 중 하나이다. 또한 서로에 대한 책임감이나 사회적으로 인정받기 어려운 상황으로 인해 쉽게 관계가 해소되기도 한다.

동거는 결혼과 독신의 장점을 결합한 형태로 볼 수 있다는 점에서 매력적인 대안이다. 하지만 우리나라의 경우 여전히 동거에 대한 시선이 곱지만은 않다. 결혼이 선택이 되고, 가족가치관이 변하고 있는 현실에서도 동거로 인해 사회적으로, 인식적으로 차별을 받거나 부정적 인식으로 인해 불편함이 남아 있는 것도 사실이다(변수정, 2017). 그러나 결혼, 동거에 대한 인식을 포함한 가족가치관의 변화나 동거율이 꾸준히 상승하고 있는 사실에 비추어 봤을 때, 이제는 동거도 새로운 가족의 형태로 받아들여야 할 때이며, 사회적 인식과 여전한 편견들은 앞으로 우리 세대가 풀어야 할 과제이다.

결혼·혈육만 법적 보호자로 인정해 줄 건가요?

전통적 가족 형태를 벗어난 가족에 대한 법적 기준 마련이 필요하다는 목소리가 커지고 있다. 동성 부부 등 실질적 보호자 역할을 하는 관계가 법적 가족으로는 인정되지 않아 각종 사회 시스템에서 소외되는 상황을 개선해야 한다는 주장이다.

"실질적 보호자를 가족으로 인정해 줬으면"

법적 보호자 기준의 재정립 필요성이 가장 두드러지는 건 수술 동의 등 의료 행위에 권리행사가 필요한 때이다. 경동맥 협착증을 앓는 20대 초반 A씨는 대학 병원에서 큰 수술을 앞두게 됐지만 가족으로부터 수술 동의서를 받지 못했다. A씨의 법적 보호자인 아버지는 알코올 중독으로 대화가 단절됐고, 어머니는 어릴 때부터 A씨를 학대했다. 그는 다른 친척들에게 부탁해 겨우 수술 동의서를 받을 수 있었다. A씨는 이런 사연을 청와대 청원 게시판에 올리며 "실질적으로 도움 줄 사람을 보호자로 지정할 수 있도록 생활동반자법을 추진해 달라"고 호소했다.

… 중략 …

프랑스 팍스 제도·미국 지역 파트너십 도입

해외에서는 실제 동거인을 법적 가족으로 인정하는 법을 시행하고 있다. 독일은 2001년부터 '생활동반자법'을 통해 동거인에게 배우자에 준하는 권리와 책임을 부여한다. 생활 동반자는 보호자 권리뿐 아니라 부양 의무, 채무 연대 책임까지 모두 진다. 2017년부터는 동성혼이 합법화되면서 까다로운 절차를 거치면 동성 부부도 아이를 입양할 수 있게 했다.

프랑스는 1999년 시민 연대 계약(PACS, 팍스) 제도를 도입했다. 팍스를 맺으면 법적 가족과 유사한 권리와 의무를 보장해 준다. 프랑스 경제 통계 조사 기관(INSEE)에 따르면 2017년 19만 3,950쌍이 이 제도를 통해 연대 계약을 맺었고, 이는 2011년부터 매년 증가세다. 미국은 1989년 샌프란시스코를 시작으로 주마다 '지역 파트너십'을 도입했다. 동거인에게도 고용 보험과 의료 보험을 확대하고, 재산 분할권을 인정하는 내용이다.

'생활동반자관계 법률' 발의했지만 통과 못해

국내에서도 이런 제도의 필요성이 제기돼 왔다. 2014년 19대 국회에서는 진선미 당시 여성가족위원회 소속 의원이 '생활동반자관계에 관한 법률'을 발의했지만, 국회의 높은 벽을 넘지 못했다. 특정인 1명과 동거하며 부양하고 협조하는 관계를 맺고 있는 성인을 생활 동반자로 규정하고, 배우자에 준하는 대우를 받도록 하는 법안이었다. 심상정 정의당 의원은 지난 19대 대통령 선거에 출마해 '다양한 가족구성을 위한 동반자등록법 제정'을 공약하기도 했다.

출처 : 서울신문(2019.02.10.).

08

가족에 대한 이해

가족에게 자상하지 않으면 헤어진 뒤에 후회한다.

주희

서양의 철학자 헤겔(Hegel)은 가족을 인륜성*의 과정을 구성하는 첫 번째 항목이라고 표현한다(정미라, 2021). 가족은 시민 공동체로 발달하고 나아가 국가 공동체로의 발달을 위한 가장 기초적인 단위인 것이다. 이러한 가족은 두 개인의 사랑이나 신념, 지위 등 다양한 기준을 토대로 형성될 수 있으나, 헤겔은 가족을 '사랑이라는 감정의 통일을 기초로 성립'된다고 하였다(장재형, 201). 즉, 철학자 헤겔이 표현하는 가족의 전제 조건은 사랑이다. 그러나 모든 사람이 가족과 사랑을 동일시하여 생각하지 않는다. 어떤 이에게는 가족이 사랑이 넘치는 공간으로 기억되기도 하지만 다른 어떤 이에게 가족은 남보다 못한 관계로 기억되기도 한다. 이렇듯 가족을 구성하는 정서나 환경적 측면은 개인마다 다른 특성을 가진다. 그러나 가족이 사회를 구성하는 기본 단위이면서 어느 사회에서나 가장 중요한 사회 제도로 작용하고 있다는 사실은 부정하기 어렵다.

흔히 사회가 발달하면서 과거에 비해 가족의 기능이 점차 약화되고 있다고 알려져 있지만, 그럼에도 불구하고 많은 사람들은 가족을 인생에서 가장 중요한 것으로 인식한다(정현숙 외, 2020). 실제로 성인 남녀를 대상으로 새해 소원이 무엇인지 묻는 질문에, 가족들의 건강(3위)과 가정의 화목(5위)이 상위권에 위치하고 있는 것만 보더라도 사람들이 가족을 얼마나 중요하게 인식하고 있는지 알 수 있다(키움투자자산운용, 2019).** 경제가 발전하고, 개인주의가 팽배하는 시대로 변화하고 있음에도 여전히 개인에게 가족은 중요한 이슈임이 분명하다. 누군가는 가족을 이야기할 때 가족구성원의 숫자나 부모–자녀관계를 이야기할 것이고, 누군가는 따뜻한, 화목한 이미지를, 다른 누군가는 단절하고 싶은, 애증의 관계 등 부정적인 정서를 말할 것이다.

그렇다면 과연 가족은 무엇인가? 이 질문에 대한 생각의 폭을 넓히기 위해, 이 장에서는 가족을 설명하는 다양한 이론들을 소개하고, 가족이 무엇인지, 가족을 구성하는 기본적 개념이 무엇인지 살펴보면서 가족에 대한 이해를 높이고자 한다.

---

* 개인에서 국가로 나아가는 과정적 의미에서의 도덕성을 의미한다(위키백과).

** 잡코리아와 알바몬에서 성인 남녀 2,031명을 대상으로 새해 소원이 무엇인지 조사한 결과, 1위 취업과 이직, 2위 경제적 여유, 3위 가족들의 건강, 4위 솔로 탈출, 5위 가정의 화목 등으로 나타났다.

- 가족이란 무엇일까, 가족은 무엇이라고 생각하나요?

  보편적 정서 가족은 (   )이다.

  개인적 정서 가족은 나에게 (   )이다.

- 가족에 대해 가지고 있는 나만의 생각, 의미를 정의해 봅시다.

  _____

  _____

  _____

- 내가 생각하는 가족의 이미지를 떠올린 후 다음 항목에 따라 우리 가족을 표현해 봅시다. 빈 칸의 문장을 완성해 주세요.

  우리 가족의 구조는 _____

  우리 가족 관계는 _____

  우리 가족의 친밀도는 _____

  우리 가족이 가진 강점은 _____

  우리 가족이 가진 약점은 _____

  우리 가족은 문제가 발생하면 _____

1. 가족에 대한 정의

일반적으로 가족은 두 성인 남녀가 결혼을 통해 맺어진 관계에서 출발한다. 한국에서의 가족은 부모–자녀관계가 기초가 되며, 주로 혈연, 입양 등 핏줄의식을 가족의 기준으로 삼는 경우가 많았다. 즉, 전통적 한국가족은 무제한적인 확장이 아니라 일정한 규칙에 따라 범위가 제한된다(한국민족문화대백과사전). 실제로 우리나라에서는 가족의 범위를 배우자, 직계 혈족 및 형제자매로 정의하면서(민법 제779조)*, 물리적 관계를 명확하게 제시하고 있다.

한국가족뿐 아니라 서구에서도 가족은 '혈연, 결혼과 입양에 의해 관련되는 둘 또는 그 이상의 사람들과 같이하는 생물학적이고 구조적인 관계'로 정의되어 왔다 (Zimmerman, 1988, 1992). 이 외에도 버제스(Burgess, 1926)은 가족을 '상호 작용하는 인성의 통합체'라고 주장하였으며, 머독(Murdock, 1949)은 '부부와 자녀로 구성된 형태로 주거를 함께하고, 자녀 재생산 및 공동 가계, 즉 경제적 협력을 하는 사회 집단'으로 정의하기도 한다. 또한 최재석(1978)은 한국가족을 '부계의 초시간적인 제도'로 정의하기도 하였다(변화순·최윤정, 2004에서 재인용). 즉, 부계로 이어지는 혈통은 시간을 초월하여 끊임없이 계승된다는 것이다. 이러한 정의를 요약하면 가족은 혼인과 혈연 및 입양을 통해 관계가 이루어지는 사람들의 집단이면서, 의식주를 공동으로 해결하고, 경제적 협력을 통해 문제를 해결하며 정서적 유대와 공동체적 생활 방식을 갖는 집단으로 요약할 수 있다. 이러한 가족은 다양한 기능을 수행하는데, 대표적으로는 친밀한 관계의 근원을 제공하는 정서적 기능, 경제적 협조를 수행하는 경제적 기능, 자녀 출산과 자녀의 사회화의 기틀을 마련하고, 보호하는 돌봄과 사회화 기능 등 사회의 기초 단위를 구성하는 사회구성의 기본 단위로서 다른 어떤 집단에 비해 중요한 기능을 수행하고 있다 (정현숙 외, 2020).

과거 일반적이었던 확대가족의 형태(부부와 및 자녀 외 직계 존비속과 방계의 친족을 포함한 가족)는 산업화를 통한 고도의 경제 성장을 거치면서 점차 핵가족으로 변화하였다. 이러한 핵가족으로의 변화는 시대 변화의 자연스러운 흐름으로, 개인주의, 사회적 이동의 필요성 및 이동의 효율, 근로 환경의 변화, 사회 보

---

* 민법 제779조(가족의 범위). 다음의 자는 가족으로 한다.
1. 배우자, 직계혈족 및 형제자매.
2. (생계를 같이하는) 직계혈족의 배우자, 배우자의 직계혈족 및 배우자의 형제자매(대법원 종합법률정보).

장 제도의 발달 등이 원인으로 지목되기도 하였다(박귀영, 2008). 현대에도 핵가족을 인류의 가장 보편적이면서, 정상적인 가족의 모습으로 인식하는 경향이 강하다. 특히 유교적 전통 규범에 영향을 받은 한국가족의 경우, 결혼과 출산을 분리해서 생각하는 경향이 낮고, 결혼 후 출산하지 않는 부부를 비정상적인 부부, 미성숙하거나 또는 이기적인 부부로 보는 경향도 있었다(박수미·정기선, 2006). 이러한 관념에서 정상적 범주에 있는 가족은 부부와 그들의 자녀로 구성된 형태, 즉 핵가족을 의미하는 경우가 많았다.

그러나 가족의 정의나 가족에 대한 개념은 시대에 따라 달라지는 특징을 보인다. 이미 오래전부터 부모-자녀관계를 중심으로 하는 전통적 핵가족의 개념에도 변화가 나타나기 시작했다. 흥미로운 것은 가족 개념 약화에 대해서는 이미 오래전부터 논의되었다는 것이다. 이러한 논의는 이미 100여 년도 훌쩍 넘은 1895년의 문헌에서도 발견되는데, 이 문헌에 따르면 '고전적 의미에서 가족은 우리 영토로부터 소멸되고 있다'는 것이다(Giddens, 1992: 양옥경, 2000에서 재인용). 실제로 사회에 충격을 주는 사건이 나타날 때마다 가정교육을 비롯해 가족의 보호기능 약화나 가족 해체 등 가족의식이 낮아지거나 심각하게는 가족의식이 소멸되고 있다는 맥락의 뉴스나 신문기사를 접하게 된다. 마치 기원전 1700년경 수메르 점토판에 '제발 철 좀 들어라'라는 말이 기록된 것이나 16세기 남명 조식이 퇴계 이황에게 요즘 젊은 선비들이 말을 듣지 않는다는 편지를 전한 것과 같이 말이다. 이렇듯 가족은 살아 움직이는 유기체와 같이 시대에 따라 변화하고, 경제적 위기나 극심한 사회 변화가 있을 때마다 항상 중요한 이슈로 다루어진다.

가족에 대한 협의의 개념에도 끊임없는 도전이 나타난다. 협의적 측면에서 가족은 핏줄의식, 혈통주의, 혈연 중심 등 부계를 중심으로 하는 형태적 측면을 강조하였다. 그러나 이제는 협의적 측면에서 벗어나 광의적 측면에서 가족을 정의하도록 요구받는다. 광의적 측면에서의 가족은 혈연이라는 획일적인 가족 개념보다 가족의 다양성을 인정하는 기능적인 측면을 강조하는데(김승권, 2004), 광의의 개념에서 가족은 '스스로가 가족이라고 생각하면서, 전형적인 가족의 역할, 즉 친밀감에 기초한 정서적 교류, 돌봄, 노동의 연대, 자원의 공유, 동반자 관계 등을 수행하는 사람들의 모임'으로 정의할 수 있다.

이러한 변화에 따라 가족을 정의하는 용어에도 변화가 나타난다. 과거 획일적인, 보편적인, 단수의 가족을 의미하는 'the family'에서 다양한 형태로 존재하는, 복수의 가족을 의미하는 'families'로 변화하였다(Barrett & McIntosh, 1980). 즉, 'families'에서는 가족을 결혼이나 혈연을 중심으로 판단하는 것이 아니라 다양한 가족(조손가족, 무자녀가족, 동거 가족, 다문화가족, 사회적 가족 등)을 모두 가족의 개념에 포함한다. 소수의 사람들은 이러한 가족 개념의 확산을 가족의 위기로 인식하기도 한다. 그러나 다수의 연구자들은 가족의 미래를 '지속적으로 상호작용하고, 유기적으로 변화하며, 가족 안에서 개인의 발전과 정서적 관계가 공존할 것'으로 예측하고 있으며, 사랑, 이해, 관계 중심의 가족은 시대변화에 따라 모양이 달라질 수 있어도 결코 없어지지 않을 것으로 전망하고 있다(양옥경, 2000).

나아
가기

가족의 구분

가족과 비슷한 가정, 가구라는 말을 들어보셨나요? 가족과 가정, 가구는 어떻게 구분될까요? 이 외에도 가족을 둘러싼 비슷한 용어들을 살펴봅시다.

가족, 가정, 가구

- 가족(family)
- 과거 혈연, 혼인 등 관계에 집중, 현대에는 가족으로서의 정체성 및 의식(공동체 의 식) 등에 주목
- 가족구성원 간의 관계에 주목
- 가정(home)
- 온정이나 사랑에 기반한 정서적 유대, 소속감을 공유하는 연대의식을 가진 공동체
- 결혼과 공간의 의미를 동시에 지님
- 가족원의 사회생활을 위한 긴장 완화, 휴식과 안정, 재충전 등 가족원이 몸과 마음의 안식을 취할 수 있는 곳이라는 의미를 가짐
- 사적인 방식으로 의식주를 해결하는 생활 공동체이자 정서적, 사회적, 문화적 욕구를 지속적으로 충족시키는 일상생활의 장

- 가구(household)
- 공간 공유에 주목
- 혈연 또는 비혈연 관계의 사람들이 끼니를 함께하는 주거 생활 단위
- 물리적, 심리적 관계보다 공동 생활의 주거 단위로서의 성격을 강조
- 행정적 의미로 세대(世帶), 식구(食口)와 동의어로 사용되기도 함

원가족과 생식가족

- 원가족(family of origin)
- 개인이 태어나서 성장한 가족
- 방위 가족(family of orientation)이라고도 함
- 생식가족(family of procreation)과 형성 가족(family of formation)
- 개인이 결혼을 통해 형성한 가족
- 형성 가족(family of formation)이라고도 함

핵가족, 확대가족, 친족

- 핵가족(nuclear)
- 부부관계를 중심으로 그들의 미혼 자녀로 이루어진 가족
- 확대가족(extended)
- 2세대 이상의 가족
- 원가족과 생식가족의 결합
- 친족(kinship)
- 기본 가족 단위들 사이에 혈연과 혼인 등으로 얽혀진 복합적 사회 관계망

단혼, 복혼, 집단혼

- 단혼(monogamy) : 한 남성과 한 여성으로 이루어지는 결혼 제도
- 일부일처제 : 한 남편이 한 아내만 두는 혼인 제도
- 연속적 단혼제 : 결혼과 이혼이 반복해서 일어나는 경우
- 복혼(polygamy) : 배우자가 동시에 두 명 이상인 혼인 형태
- 일부다처제(polygyny), 일처다부제(polyandry)
- 집단혼(group marriage) : 원시 공동체 사회에서 여러 명의 남녀가 서로 공동의 배우자가 될 수 있는 결혼 형태

족내혼, 족외혼

- 족내혼(endogamy)
- 집단 내의 성원과 결혼
- 족외혼(exogamy)
- 다른 집단의 성원과 결혼

출처 : 김승권 외(2004). 다양한 가족의 출현과 사회적 지원체계 구축방안. 서울 : 한국보건사회연구원. 18쪽; 강운선(2010). 제7차 사회·문화 교과서의 가족 단원에 대한 비판적 내용 분석. 사회와교육, 49(2), 33~52. 43쪽 재구성.

관심
갖기

가족의 형태와 관계에 대한 고민을 하게 하는 영화 : 어느 가족(shoplifters, 2018)

생물학적인 가족 vs. 정서적 유대가 있는 가족
혈연으로 이어진 관계는 아니지만 함께 살고 있는 사람들. 함께 있을 때 웃음이 끊이지 않고, 서로를 염려하던 낯선 사람들. 서로가 서로에게 가족이라는 의미를 부여하면서 진정한 가족의 의미가 무엇인지 생각하게 한다.

이미지 출처 : 네이버영화.

2. 가족에 대한 이론

지금까지 가족에 대한 정의를 살펴보았다. 가족은 태어날 때부터 존재했고, 익숙하다. 그렇다면 다른 사람들에게 가족이 무엇인지 설명해 보자. 생각보다 막연하고, 설명하기 어려운 것도 가족이다. 지금부터 가족을 둘러싼 이론을 살펴보면서, 가족의 의미와 가족이 가진 기능들을 살펴보자.

1) 구조기능론

구조기능론(structural-functionalism)은 핵가족을 가족의 기본 구조로 상정하고 발달한 이론으로, 1960~70년대까지 가족 연구에 가장 많이 활용된 이론이라고 할 수 있다. 명칭에서도 살펴볼 수 있듯이 구조기능론의 중심축은 구조와 기능이다. 구조기능론에서는 사회나 가족을 상호 관련적이면서, 의존적인 부분으로 간주한다. 마치 거대한 건축물이 하나의 구조로 보이지만 실상은 건축물을 지탱하고 있는 기둥, 벽, 천정 등 다양한 구조물이 어우러져 하나의 완성된 건축물을 이루는 것과 마찬가지인 것이다. 이러한 건축물을 구성하는 각각의 구조들은 자기만의 기능이 분명하다. 철근 없이 콘크리트 구조만으로 건축물이 버틸 수 없는 것과 같은 맥락이다. 이처럼 가족성원 중 한 사람만 제 역할을 할 때 기능적인 가족이라고 말할 수 없다. 예를 들어 아버지나 어머니가 알코올 중독으로 제 역할을 하지 않을 때 그 가족을 건강한 가족이라고 말할 수 없는 것과 같다.

구조기능론의 관점에서 가족의 거시적인 측면을 살펴보면, 가족은 사회의 필요에 의해 자연스럽게 생성된 하위 체계이면서 동시에 개인과 사회를 유기적으로 연결해 주는 제도로서 역할을 수행한다. 즉, 사회를 구성하는 가장 기본 단위인 하위 체계의 구조를 담당하면서 출산 기능을 통해 사회의 구성원을 충원하는 역할을 수행한다(정현숙·유계숙, 2001). 또한 구조기능론을 미시적 측면에서 살펴보면 가족은 부모-자녀라는 구조를 가지고 있는 체계이면서, 체계에 주어진 역할을 잘 수행해야 기능적으로 본다. 즉, 가족성원들이 각자의 위치에 부합하는 역할을 통해 상호의존하면서 가족 단위의 역할을 잘 수행하느냐 하지 못하느냐에 따라 개별 가족이 얼마나 기능적인지를 평가한다.

앞서 기술했듯이 구조기능론은 핵가족을 기본 전제로 하고 있다. 이론이 넓게 쓰였던 당시의 시대적 상황을 통해 살펴보면, 두 성인 남녀가 결혼을 통해 기본 가족구조를 형성한 후 출산을 통해 부모 체계와 부모-자녀 체계를 형성해야 안정적인 가족구조를 갖춘 것으로 인식한다. 구조기능론의 중심축의 하나인 구조를 획득한 것이다. 또한 아버지는 도구적 역할인 경제적 부양자로서의 역할을 수행하고, 어머니는 표현적 역할인 양육과 돌봄, 가사노동 등을 수행해야 했으며(정현숙·유계숙, 2001), 자녀는 사회구성원으로서 필요한 기능을 가지고 있는 성인으로 사회화되고, 성숙한 성인으로 성장해야 기능적인 가족으로 간주한다(양정혜·김지경, 2002). 이렇게 각자에게 주어진 역할을 수행할 때 구조기능론의 중심축인 기능을 획득하게 된다. 결국 구조기능론 관점에서의 이상적인 가족은 핵가족을 가족의 기본 구조로 형성하고, 경제적 부양이나 가사노동 등 자신의 위치에 부합한 역할을 수행하는 가족을 의미한다. 구조기능론 관점에서는 가족체계의 안정성을 획득하기 위해 개인의 희생은 절대적이었고, 구조와 기능이 안정적으로 유지되는 사회를 이상적인 사회, 핵가족이면서 주어진 역할을 충실히 수행하는 가족을 이상적인 가족 틀로 인식했다. 또한 구조기능론에서는 가족성원의 각자의 관심이나 이익보다 가족 전체의 이익이 우선시 되었기 때문에 체계의 존속을 위협하는 가족갈등을 부정적으로 보았다.

이러한 구조기능론은 산업화와 맞물리면서 가족을 설명하는 대표적인 이론으로 사용되었으나 현대 가족을 설명하기에는 제한이 있다는 비판과 함께 거의 소멸되는 경향을 보인다(정현숙·유계숙, 2001). 특히 핵가족을 정상 가족, 다양한 가족을 비정상 가족으로 보는 관점으로 인해 현대에 나타나는 다양한 가족을 포괄하지 못한다는 비판과 가족을 지나치게 단선적으로 보는 관점이라는 것을 비롯해 중산층에 편향된 이론이라는 비판을 받았다(김혜영, 2008). 또한 가족구성원 개인의 개성이나 특성을 간과했다는 사실과 가족성원에게 주어진 역할을 잘 수행한다면 가족갈등이 생기지 않을 것이라는 견해 등은 비판을 피하기 어렵다(김자영, 2008). 이 외에도 사회가 부여한 역할에 가족성원들이 모두 만족하는지, 가족갈등을 회피하려는 목적과 더불어 가족체계의 존속을 위해 개인의 행복을 간과해도 되는지, 사회의 기능 유지를 위해 성별에 따라 개인에게 주어진 역할을 고수해야 하는지, 개인의 상황이나 의사와 관계없이 안정된 가족구조 형성을 위해 출산을 해야 하는지 등은 구조기능론을 둘러싼 대표적인 논쟁으로 남아 있다. 그럼에도 불구하고 구조기능론은 가족을 사랑과 우정을 바탕으로 하는 공동체라는 인식과 역할에 따른 가족의 기능을 정립하는 등 가족학 이론 발전에 기여한 바가 크다.

2) 갈등 이론

갈등 이론(conflict theory)은 구조기능론과 함께 사회학의 대표적인 거시 이론으로, 가족학자인 스프레이(Sprey, 1969)가 가족에 적용한 것이다. 갈등은 상호 이해 관계에서의 충돌, 인식이나 세계관, 행동 양식의 불일치, 상호 의사소통에서의 견해 차이 등을 통해 발생할 수 있으며, 인간관계가 형성된 곳이라면 때와 장소를 불문하고 어디에든 존재하는 자연적이고, 보편적인 현상이다(Berry, 2008). 따라서 갈등론적 관점에서는 사회를 구성원들의 합의를 통해 통합을 이룬 안정적인 구조라기보다 서로의 이해가 맞물리고, 상충되는 불안정한 구조로 인식한다(유영주 외, 2018).

갈등 이론에서 '갈등'은 가장 중요한 개념이다. 특히 스프레이는 갈등을 모든 관계의 일부분이라고 표현하면서, 갈등이 특별한 것이 아닌 일상적인 것이라고 주장하였다. 가족갈등은 불균형을 초래하고, 자칫 가족의 해체를 불러오기도 하지만, 반대로 가족의 참여를 증가시키고, 가족의 응집성을 극대화 시키는 등 긍정과 부정의 입장을 모두 가지고 있다. 즉, 갈등 이론에서의 갈등은 변화와 진보의 바탕이 될 수 있어 궁극적으로 이롭고 좋은 것으로 간주한다(Smith & Hamon, 2012). 그러나 다수의 사람들은 가족을 생각할 때 사랑, 희생, 보살핌 등 긍정적이고, 보호적인 요소를 먼저 떠올리기 때문에 가족과 관련된 연구에서 갈등 이론을 쉽게 연관 짓기 어렵다(김민혜, 2010).

가족이 경험하는 갈등은 가족을 불안하고, 불안정한 구조로 만들 것이라고 예측하지만 실제로는 갈등을 어떻게 사용하고, 풀어 가느냐에 따라 가족 관계의 질이나 양상이 달라질 수 있다. 따라서 가족은 그들이 가지고 있는 경제력, 권위 등 소수의 기득권을 보호하기 위해 의도적으로 갈등 상황을 만들고, 이용하기도 한다. 즉, 가족이 경험하는 갈등은 본질적으로 나쁜 것이 아니다. 오히려 갈등을 어떻게 관리하는가가 중요한 문제로 대두된다. 이때 가족들이 갈등을 해결하기 위해 사용하는 지식, 협상 전략, 의사소통 방식, 다양한 기술 등 가족이 가지고 있는 자원들이 중요한 요소로 작용할 수 있다. 갈등을 없는 것처럼 회피하거나 묻어 두는 것보다 협상과 교섭 등의 해결 과정을 통해 기존에 정의된 관계를 새롭게 바라볼 수 있고, 갈등을 활용해 새로운 관계를 형성할 수 있다. 따라서 갈등을 표출하는 방식이나 갈등을 협상하는 과정 등 갈등해결 과정을 관찰, 학습하면서 오히려 가족구성원들 각자의 이익에 보다 잘 부합하는 새로운 단계로 진입할 수 있다. 갈등을 건설적이고 건강하게 관리하는 가족은 가족 건강성을 향상시킬 수 있고, 가족관계가 강화될 수 있지만 그렇지 않은 가족은 가족관계가 악화되거나 극단적인 경우 가족 해체를 경험할 수 있다(김유경 외, 2014). 이러한 맥락에서 다수의 연구자들은 가족관계에서 발생하는 갈등의 이점이 무엇인지 파악하는 것이 중요하다고 지적한다(Harvey & Evans, 1994; Kellermanns & Eddleston, 2004). 그러나 갈등 이론은 구조기능론이 가지고 있는 타당성, 즉 가족 안에 존재하는 가족구성원 간 애정과 배려, 동질감 및 자발적 희생 등 가족이 가지고 있는 역할이나 과업 등을 간과했다는 비판이 존재한다.

**나아
가기** **갈등 경험 탐색**

- 여러분이 알고 있는 미시적 또는 거시적 갈등 관계는 무엇이 있을까요?
  (예: 미시적 : 부모-자녀 갈등, 거시적 : 지역 갈등, 세대 갈등 등)

  _____

  _____

  _____

- 가족갈등이 건설적으로 사용된 경험을 나누어 봅시다.

  _____

  _____

  _____

4) 가족체계론

가족체계론(family system theory)은 버탈란피(Bertalanffy)의 일반 체계 이론 (general system theory)을 가족에 적용시킨 것으로(Turgay, 1986), 가족을 이해하기 위해서는 가족을 하나의 전체(whole)로 볼 것을 제안한다. 가족체계론은 '전체는 부분의 합보다 크다'는 가정하에 가족을 하나의 체계(system)로 간주하고, 각각의 하위 체계들이 특정한 위계를 이루고 결과적으로 하나의 전체로서 유지될 수 있다고 주장한다. 특히, 체계를 구성하는 모든 요소들은 서로 끊임없이 상호작용하며, 유기적으로 연결되어 있기 때문에 밀접한 연관성을 갖는다(White et al., 2014).

가족체계론에서는 한 개인에게 발생하는 문제의 원인을 개인뿐 아니라 개인을 둘러싼 환경과의 연결 속에서 찾는 것이 바람직하다고 본다(Michaelson et al., 2016). 결국 가족체계 내에서 한 개인을 이해한다는 것은 개인의 특성을 고려하는 수준에서 끝나는 것이 아니라 가족 전체의 맥락을 통해 이해되어야 한다는 것이다. 예를 들어, 청소년의 일탈은 청소년 개인의 문제, 즉 문제를 일으키는 청소년 개인에게 원인이 있거나 문제가 있다고 본다. 그러나 가족체계론에서는 문제의 원인을 개인 수준이 아닌 가족 수준에서 볼 것을 제안한다(김유경 외, 2014). 가족이 가지고 있는 역기능적인 가족교류 패턴(family transactional patterns)이 원인으로 작용하여 청소년의 일탈이라는 결과를 가져왔다는 것이다. 따라서 가족체계론에서 가족은 끊임없는 상호작용을 통해 성장하는 관계이면서, 상호의존적인 관계이다(Freidman, 1986).

결국 가족체계 내에 속하는 구성원들의 행동은 체계의 환경에 영향을 주고, 체계를 둘러싸고 있는 환경은 다시 구성원들에게 영향을 미치게 된다. 즉, 가족체계에서 개인의 행동은 다른 가족구성원들에게 밀접한 영향을 주는 상호의존적인 특성을 가지기 때문에 가족은 부분이기보다 전체적인 관점을 통해 이해될 수 있다. 결과적으로 가족이 경험하는 다양한 문제들은 한 부분이 원인이 되어 나타나는 직선적 인과 관계의 결과이기보다 부분들이 순환적으로 상호작용하면서 발생하는 전체의 문제인 것이다(정문자 외, 2007). 따라서 개인 증상은 개인의 문제에 국한된 것이 아니라 가족체계의 역기능의 결과로 간주하고, 이러한 가족구성원 개인의 변화는 개인뿐 아니라 가족체계의 전체 맥락의 변화를 유발한다(Becvar & Becvar, 2013).

가족체계론에서 가족은 부부, 부모-자녀, 형제자매 등의 몇 가지의 하위 체계로 구성된 하나의 체계로 본다. 각각의 체계는 가족 전체에 영향을 미친다. 결국 가족은 직선적인 인과관계가 아니라 순환적인 인과관계로 이루어지며, 서로 영향을 주고-받는 순환적인 과정이라고 가정한다. 따라서 가족체계론에서는 가족을 복잡하고, 끊임없이 상호작용하는 하나의 체계로 보기 때문에 가족을 이해하기 위해서는 가족 전체의 역동과 기능을 고려해야 한다. 이러한 관점은 가족에서 나타나는 현상이나 문제를 분석할 때 유용한 통찰력을 제공한다는 이점이 있다. 그러나 가족간 권력 차이에서 나타나는 영향력의 차이를 민감하게 제시하지 못한다는 점을 비롯해 개념들이 지나치게 추상적이어서 설명력이 부족하다는 문제점이 제기되기도 했다.

4) 가족발달론

(1) 가족발달론의 특성

가족발달론(family development theory)은 가족발달이라는 명칭에서 알 수 있듯이 시간의 흐름에 따라 가족의 변화를 기술하는 이론이다. 가족발달론의 기본 전제는 가족이 형성되고, 변화하는 과정에 따라 가족의 역할과 기능이 달라질 수 있다는 것이다. 가족발달론에서는 가족도 인간처럼 탄생하고, 성장하고, 소멸하는 등 가족 나름의 생애주기를 가지고 있다는 사실에 주목하였다(유영주 외, 2018). 즉, 가족발달론은 시간의 흐름에 따른 가족의 변화 과정을 말하며, 가족 내적으로는 구성원들의 생물학적, 심리적, 사회적 요구에 따라 발달하고, 가족 외적으로는 사회적 기대나 생태학적 환경에 의해 결정된 일련의 단계를 거쳐 발달한다고

행복한 삶을 위한 가속의 이해

가정한다. 특히, 가족은 제도적 순서 규범이 존재하기 때문에 단계적으로 발달이 이루어진다. 예를 들면, 결혼은 가족 형성의 시작 단계이고, 가족이 형성된 후 출산 등 이후의 발달이 이루어진다는 것이다.

가족발달론은 이름 그대로 발달에 초점을 맞춘다. 우리가 흔히 알고 있는 인지나 생애 발달 이론들은 주로 개인이 성장하는 과정에 따라 이론이 전개되지만 가족발달론은 가족이 생활하면서 나타나는 구조나 관계상의 변화가 나타난다는 가정에서 출발한다. 다른 발달 이론과 유사한 것은 가족생활의 변화가 나타날 때 가족구성원들이 일반적으로 수행하는 역할인 발달과업이 존재하며, 주어진 발달 단계의 과업을 수행하지 못하면 다음 단계의 발달에 어려움이 있다는 것이다. 따라서 가족생활을 영위하면서 자연스럽게 자녀 출산과 양육 등 새로운 역할과 기능수행에 대한 요구가 발생하며, 가족이 생활하면서 나타나는 자연스러운 변화이고, 형성된 역할에는 일정한 주기에 따라 변화가 요구된다는 의미에서 가족생활주기라는 개념을 활용한다.

(2) 가족생활주기

가족생활주기는 가족생활의 변화가 단계적으로 나타남을 의미한다. 가족생활주기를 연구한 대표적인 학자인 듀발(Duvall, 1957)은 가족생활주기를 '가족의 형성으로 시작되고, 해체될 까지 가족생활을 통해 계속적으로 나타나는 일련의 단계'라고 정의한다. 다시 말해 가족생활주기는 결혼을 통해 가족이 형성되고, 배우자나 본인이 사망할 때까지 가족에게 나타나는 모든 변화 과정을 단계로 구분한 것을 말한다. 따라서 가족생활주기는 주로 세대 내에서 결혼과 첫 자녀의 연령이나 주요한 생활 사건을 기준으로 구분한다(유영주, 1984; 김승권 외, 2000). 일반적으로 가족생활주기는 결혼으로 가족이 시작되고, 자녀를 출산하면서 가족이 확대되고, 자녀가 결혼을 통해 출가하면서 확대되었던 가족이 축소되고, 부부 중한 사람의 사망으로 해체된다(Schulz, 1972).

가족생활주기는 표 8-1에서 볼 수 있듯이 학자마다 구분을 달리한다. 우리나라에서는 유영주(1984)가 구분한 가족생활주기가 대표적으로 활용된다. 이 단계

표 8-1
가족 주기
분류 기준

연구자	기준	가족 주기 유형
듀발과 밀러 (1997, 1985)	2세대 핵가족 중심 첫 자녀의 연령과 학력	8단계로 분류 신혼부부, 자녀 출산 및 영아기 가족, 유아기 가족, 아동기 가족, 청년기 가족, 진수기 가족, 중년기 부부 가족, 노년기 부부 가족
카터와 맥골드릭 (1980)	3세대 중심 부모와 자녀 관계	6단계로 분류 결혼 전기, 결혼 적응기, 자녀 아동기, 자녀 청소년기, 자녀 독립기, 노년기
유영주 (1984)	2세대 핵가족 중심 첫 자녀	6단계로 분류 가족 형성기, 자녀 출산 및 양육기, 자녀 교육기, 자녀 성인기, 자녀 결혼기, 노년기
김승권 외 (2000)	2세대 핵가족 중심 자녀 출산 및 결혼	6단계로 분류 가족 형성기, 가족 확대기, 가족 확대 완료기, 가족 축소기, 가족 축소 완료기, 가족 해체기

출처 : 김유경(2014). 가족주기 변화와 정책제언. 보건복지포럼, 2014(5), 7~22, 9쪽.

는 듀발과 밀러의 8단계를 우리 사회의 현실에 맞게 6단계로 수정한 것이다. 국내 연구의 기초가 되는 유영주의 6단계는 첫 자녀를 기준으로, 가족 형성기, 자녀 출산 및 양육기, 자녀 교육기, 자녀 성인기, 자녀 결혼기, 노년기 등으로 구분한다.

김승권과 동료들(2000)은 결혼 및 자녀 출산을 기준으로, 가족 형성기(결혼~첫 자녀 출생), 가족 확대기(첫 자녀의 출생~막내 자녀의 출생), 가족 확대 완료기(막내 자녀의 출생~자녀의 첫 번째 결혼), 가족 축소기(자녀의 첫 번째 결혼~모든 자녀의 결혼 완료), 가족 축소 완료기(노부부만 남는 빈 둥지 시기), 가족 해체기(배우자 사망 이후 혼자서 살아가는 시기)로 구분하였다(김유경, 2014).

① 가족 형성기

두 사람의 결혼으로부터 시작해 첫 자녀의 출생까지의 시기이다. 가족 형성기는 각기 다른 문화에서 성장한 두 성인의 결합으로, 가족 내 위치와 역할의 차이로 부부간 갈등을 경험할 수 있다. 최근에는 가사노동 분담이나 고정된 성역할에 대한 인식차이 등이 부부관계의 갈등 요인으로 지적되고 있다. 따라서 가족 형성기에는 원가족과의 정서적-물리적 독립, 새로운 규칙 형성, 결혼에 대한 기대 및 역

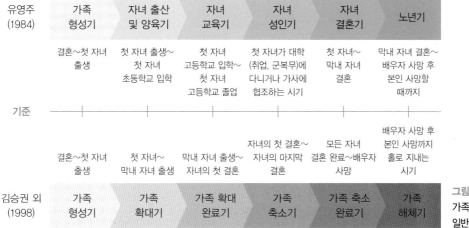

유영주 (1984)	가족 형성기	자녀 출산 및 양육기	자녀 교육기	자녀 성인기	자녀 결혼기	노년기
	결혼~첫 자녀 출생	첫 자녀 출생~ 첫 자녀 초등학교 입학	첫 자녀 고등학교 입학~ 첫 자녀 고등학교 졸업	첫 자녀가 대학 (취업, 군복무)에 다니거나 가사에 협조하는 시기	첫 자녀~ 막내 자녀 결혼	막내 자녀 결혼~ 배우자 사망 후 본인 사망할 때까지
기준						
	결혼~첫 자녀 출생	첫 자녀~ 막내 자녀 출생	막내 자녀 출생~ 자녀의 첫 결혼	자녀의 첫 결혼~ 자녀의 마지막 결혼	모든 자녀 결혼 완료~배우자 사망	배우자 사망 후 본인 사망까지 홀로 지내는 시기
김승권 외 (1998)	가족 형성기	가족 확대기	가족 확대 완료기	가족 축소기	가족 축소 완료기	가족 해체기

그림 8-1
가족생활주기의
일반적 단계

출처 : 유영주(1984). 한국 도시가족의 가족생활주기 모형설정에 관한 연구. 한국가정관리학회지, 2(1), 111~129. 127쪽; 김승권(1998). 최근 출산행태 및 가족주기 변화에 따른 정책과제. 보건복지포럼, 1998(3), 7~17. 10~13 쪽 재구성.

할에 대한 충분한 논의, 서로가 가진 욕구에 대한 민감한 반응과 적극적인 조정을 통해 부부로서의 정체감과 유대감을 확립하는 것이 중요하다.

② 가족 확대기

가족 확대기는 자녀 출생을 통해 가족이 확대되는 시기이다. 첫 자녀 출생부터 막내 자녀가 출생할 때까지의 기간으로, 쉽게 말해 결혼하여 자녀 출생을 완료할 때까지의 시기를 말한다. 이 시기는 자녀 출생과 자녀를 양육하는 시기로, 부부관계가 부모-자녀 관계로 변모하는 시기이다. 부부관계는 자녀를 중심으로 재구조화를 이룬다. 이때 자녀양육으로 인한 신체적, 시간적 부담과 양육비로 인한 경제적 부담, 부모로서의 책임감을 느끼는 심리적 부담까지 모두 경험할 수 있다. 이 시기는 부부로서의 역할보다 부모로서의 역할에 몰두하기 때문에 부부관계가 소원해질 수 있다. 또한 자녀양육에 대한 기여도가 현저히 낮을 경우 소외감을 경험할 수 있고, 지나치게 부모-자녀 관계에만 몰두할 경우 오히려 사회적 고립감을 경험하기도 한다. 따라서 양육은 부부가 함께해야 하는 중요한 과업이다. 공평한 역할 분담은 어느 한쪽의 역할 과중을 방지하는 방안이면서 부모-자녀간 애착 형성과 건강한 관계 형성에 도움이 된다.

③ 가족 확대 완료기

가족 확대 완료기는 마지막 자녀를 출생하고, 자녀가 첫 결혼을 할 때까지의 시기이다. 자녀의 첫 결혼이란 자녀의 출생 순위와는 관계가 없다. 연구자들은 만혼화 현상으로 이 시기가 길어지고 있다고 지적한다. 부모는 자녀 성장에 따른 여러 가지 변화를 경험하게 된다. 이 시기는 자녀의 청소년기를 포함하기 때문에 부모-자녀간 세대 갈등이 증폭될 가능성이 높다. 특히 부모-자녀관계 영역은 놀이 중심에서 학습 중심으로 변화하고, 관계의 대상은 부모에서 점차 또래로 확장된다. 부모는 자녀에게 긍정적인 역할 모델을 제시해야 하며, 자녀가 부모보다 또래 관계에 집중하는 것을 적절히 지지하면서 긍정적인 또래 관계를 형성하고 경험할 수 있도록 해야 한다. 따라서 자녀 성장에 따른 부모역할의 재구조화가 필요하다. 교육에 대한 비중이 커지면서 재정적 준비가 필요하고, 청소년 시기에 맞춰 부모의 역할 분담이 이루어져야 한다. 또한 자아정체감 확립이나 대학 입학 등 정서적으로 예민하고, 사회적으로도 중요한 시기이기 때문에 적절한 정서적-물리적 환경을 제공할 필요가 있다. 또한 이 시기는 자녀의 첫 결혼도 포함하고 있기 때문에 부모와 자녀 모두에게 중요한 시기이기도 하다.

④ 가족 축소기

자녀의 첫 결혼을 시작으로, 마지막 자녀의 결혼까지 완료하는 시기이다. 자녀의 출생 순위와 관계없이 모든 자녀가 결혼하여, 독립된 가정을 이룬다. 결혼을 통한 자녀의 독립으로 외형적으로는 가족이 축소된 모습을 보이지만, 실제적인 가족관계는 확장된 모습을 보인다. 쉽게 말해 모든 자녀가 결혼하면서 함께 거주하던 집에 부모만 남게 되어 외형적으로는 축소된 것처럼 보이지만, 자녀의 결혼을 통해 새로운 가족이 생기고 손자녀가 출생하면서 가족관계가 복잡해지고 확장됨을 의미한다. 이 시기는 자녀의 결혼을 통해 새로운 가족이 출현하기 때문에 부모-자녀간 적절한 경계가 필요하다. 최근에는 자녀의 독립된 가정을 인정하지 못하는 부모나 결혼 후 새로운 가족을 형성하고도 지나치게 부모에게 의존하는 성인 자녀로 인한 고부갈등, 장서갈등이 가족 문제로 지적되고 있다. 따라서 부모는 자녀의 결혼을 지지하면서, 독립된 가정으로 출발할 수 있도록 적절한 거리감을 갖는 것이 좋다.

⑤ 가족 축소 완료기

자녀가 모두 결혼한 시기부터 배우자가 사망하기까지의 시기이다. 자녀를 모두 떠나보낸 후 부부만 남기 때문에 '빈 둥지 시기(empty nest phase)'라고도 부른다. 빈 둥지 시기의 부모는 마지막 자녀가 집을 떠날 때 슬픔과 상실감 경험하는 '빈 둥지 증후군(empty nest syndrome)'을 경험하기도 한다. 특히, 부모역할에 대한 강한 정체성을 가지고 있을 때 상실감과 우울감을 더 크게 경험할 수 있다. 가족 축소 완료기는 은퇴와 시기가 겹치는 경우가 많다. 소득 감소와 더불어 자녀의 독립으로 인한 상실감이 함께 경험되어 경제적, 정서적 위기를 경험할 가능성이 높다. 따라서 무기력, 낮은 자아존중감, 상실감 등을 경험할 수 있다. 특히, 많은 연구자들은 자녀 독립 후 노화된 자신의 모습을 보면서 자기연민에 빠질 가능성이 높다고 지적한다. 이 시기의 상실감을 낮추기 위한 좋은 방법으로는 노후 생활에 대한 계획을 세워 보는 것, 운동이나 교육 등 외부 활동과 사회적 교류의 빈도를 높이는 것, 물리적으로 떨어져 있는 자녀와 정기적인 연락을 유지하면서 정서적인 연결성을 유지하는 것이 도움이 된다고 알려져 있다. 중요한 것은 떨어져 있는 자녀에게 집중하기보다 자녀 확대기에 경험하지 못했던 부부만의 시간을 회복하고, 관심을 불러일으키는 새로운 도전의 기회를 갖고, 부모역할에서 부부역할로 전환하여 관계를 회복하는 것이다.

⑥ 가족 해체기

가족 해체기는 배우자 사망 시부터 본인이 사망할 때까지의 시기를 말한다. 이 시기는 배우자 상실로 인한 우울감, 무기력감, 스트레스를 경험할 수 있다. 이뿐만 아니라 배우자 사망 후 혼자 지내는 시기이기 때문에 고독감을 경험할 가능성이 높다. 이 시기에는 노화나 질병으로 인한 신체적 변화를 인정하고, 적응하는 것이 중요하다. 최근에는 평균 수명 증가로 인한 노인 단독 가구 증가가 사회적 문제로 떠오르고 있는 만큼 많은 연구자들은 정기적이고 꾸준한 운동을 하고, 취미나 그룹 활동에 참여하면서 신체적–정서적 기능과 사회적 관계를 유지하는 것이 중요하다고 지적한다.

지금까지 가족발달론과 가족생활주기를 살펴보았다. 가족발달론은 가족 연구에 기초가 되었다는 점과 가족의 변화에 따라 중요한 과업을 설정할 수 있다는 점, 가족의 내·외적 요구에 대해 민감하게 반응하고, 발생 가능한 문제에 대해 미리 준비할 수 있다는 장점이 있다. 그러나 가족발달론은 전통적 핵가족을 설명하는 데 유용하지만, 현대사회에 나타나는 다양한 가족을 설명하기에 적합하지 않다는 비판을 받는다. 특히 가족생활주기는 첫 자녀의 연령을 기준으로 삼거나 결혼이나 출산 등을 전제로 하기 때문에, 딩크족이나 비혼족 등 현대사회에 나타나는 다양한 가족을 설명하기에는 무리가 있다는 지적에 따라 가족생활주기보다 '가족 경력(family career)'로 명명하는 것이 더 적합하다는 주장도 있다(조정문 외, 2007: 유영주, 2018에서 재인용).

5) 건강가족관점

건강가족관점(family strength perspective)은 미국에서 심각한 가족 해체 현상이 나타면서 주목받기 시작했다. 건강가족관점은 건강가정(healthy family)의 개념을 바탕으로 한다. 이 관점은 가족의 병리적이거나 부정적인 측면에 집중하기보다 장점 등 긍정적인 측면에 초점을 두며, 건강한 가정과 건강하지 않은 가정으로 이분화하지 않는다. 모든 가정에는 가족만의 장점이 있기 때문에 보유한 장점을 지지하고, 극대화시켜 궁극적으로 건강한 가족으로의 변화를 모색할 수 있도록 한다. 즉, 건강가정관점의 궁극적인 목적은 가족이 실패한 이유를 찾기보다

행복한 삶을 위한 가족의 이해

'가족이 어떻게 성공하는가?'에 대한 답을 찾는 것이다(유영주, 2004a). 따라서 건강가족관점에서는 모든 가족의 긍정적 상호작용과 역량 강화, 긍정적 의사소통 방식의 습득 및 적용을 통해 가족 문제를 해결하고 나아가 가족 건강성 회복을 목적으로 한다.

먼저 건강가정의 개념을 살펴보자. 건강가족관점의 대표적인 학자인 오토 (Otto, 1975)는 '가족구성원 각각이 가지고 있는 다양한 자원과 잠재력을 개발하고, 발전시켜 가족원 개개인이 모두 행복하고, 만족스러운 삶을 영위할 수 있는 힘과 역동성을 가지고 있는 가족'으로 정의하였다. 메이스(Mace, 1985)는 '가족의 심리적·정서적 건강과 가족원의 안녕에 기여하는 가족'이라고 하였다. 따라서 자신의 가족이 건강한 가족이라고 생각하는 사람은 가족들을 사랑하고, 가정생활에 만족하며, 가족원들이 조화를 이뤄 행복한 생활을 위해 노력하는 특징을 보인다(DeFrain, 유영주, 2004a에서 재인용).

우리나라에서는 1990년대부터 건강가정에 대한 연구가 시작되었다. 유영주 (1994)는 개인적, 가족적 차원으로 건강가정을 개념화하였다. 즉, 건강가정은 '가족원 개개인의 성장과 발달을 도모하고, 가족간 기능적이고 원만한 상호작용을 토대로 가족체계가 잘 유지되어야 하며, 건강한 가족가치관을 지속적으로 발전시키는 가족'으로 정의하였다. 옥선화(1995)는 '가족의 기능을 잘 수행하고 있는 가족', 즉 응집성과 적응성의 균형을 이룬 가족으로 정의하였다. 정현숙과 유계숙 (2001)은 '가족이 문제나 위기에 직면했을 때 대처할 수 있도록 도움을 제공하고, 다음 세대가 행복하고 성공적으로 성장할 수 있는 토대를 마련해 줄 수 있는 가족'으로 정의하였다. 건강가정의 개념을 요약하면, 가족간 신뢰와 애정을 바탕으로 성장과 발달을 도모하고, 위기에 대응할 수 있는 능력이 있으며, 긍정적 의사소통을 하고, 다음 세대를 위한 밑거름이 되어 주며, 건강한 가족기능을 발휘하는 가족이라고 할 수 있다.

이제 건강가정을 구성하는 요소를 살펴보자. 스티넷과 그의 동료들(Stinnett et al., 1977, 1985, 2002)은 건강한 가족을 감사와 애정, 헌신, 긍정적인 의사소통, 함께하는 시간의 즐거움, 정신적 안녕감, 스트레스와 위기 대처능력의 여섯 가지 차원으로 설명한다.

첫째, 감사와 애정(appreciation & affection)은 서로를 배려하고, 애정을 바탕으로 한 친밀한 관계를 맺으며, 서로의 개성을 존중하고, 가족원의 노력에 감사하는 마음을 의미한다. 둘째, 헌신(commitment)은 가족이 서로를 신뢰하며, 정직하고 성실한 태도를 보이고, 상호의존하고, 자신이 가진 자원을 나눌 수 있으며, 서로에게 헌신적인 태도를 의미한다. 셋째, 긍정적인 의사소통(positive communication)은 가족에게 자신이 느끼는 감정을 솔직하게 공유할 수 있으며, 서로를 진심으로 지지하고, 칭찬하며, 잘못했을 때 비난하지 않고 긍정적이고 효율적인 의사소통 능력을 의미한다. 또한 문제가 생겼을 때 강압적이고 지시적인 태도가 아닌 협상할 수 있는 기회가 있고, 그에 따른 협상능력을 가지고 있으며, 의견이 일치하지 않는 상황에서 의견불일치를 인정할 수 있는 수용적 태도를 말한다. 넷째, 함께하는 시간의 즐거움(enjoyable time together)은 질적으로 충분한 시간을 공유하고, 서로의 동반자가 되는 과정을 즐기며, 좋은 시간을 함께 보내고, 함께 있을 때 즐거움을 느끼는 것을 의미한다. 함께하는 시간의 즐거움에는 특별한 무언가를 하지 않아도 함께 있을 때 편안하고, 즐거움을 느끼는 것을 포함하며, 아주 쉽게는 가족이 공유하는 시간이 많아야 한다는 것이다. 다섯째, 정신적 안녕감(spiritual well-being)은 정서적으로 편안한 상태를 바탕으로 서로에게 충실하고, 열정적 태도를 보이며, 건강한 윤리적 가치를 공유함을 의미한다. 이러한 태도는 사랑, 연민, 희생 등을 촉진하여 세상과의 일치감을 경험할 수 있도록 돕는다. 정신적 안녕감은 일상생활의 사소한 것(돈, 명예 등)을 초월하고, 인생에 중요한 가치에 집중하는 태도를 의미한다. 쉽게 말해 위대한 철학자나 종교인 등이 정신적 수양을 토대로 세상의 평화를 기원하는 것과 비슷한 맥락이다. 마지막 스트레스와 위기 대처능력(effective management of stress and crisis)은 스트레스 상황에 대처할 수 있는 유연함과 적응할 수 있는 적응능력, 위기를 도전의 기회로 여기는 태도, 위기를 통해 성장할 수 있다는 믿음, 문제를 인식하고 수용할 수 있는 개방성 등을 의미한다.

우리나라의 연구를 살펴보면, 유영주(2004b)는 가족원에 대한 존중, 가족원 간

행복한 삶을 위한 가족의 이해

표 8-2
건강가정의
요소

분류	스티넷과 동료들[*]	유영주[**]	유계숙	조희금 · 박미석
건강가정의 요소	① 감사와 애정 ② 헌신 ③ 긍정적인 의사소통 ④ 함께하는 시간의 즐거움 ⑤ 정신적 안녕감 ⑥ 스트레스와 위기 대처능력	① 가족원에 대한 존중 ② 유대의식 ③ 감사와 애정, 정서적 요인 ④ 긍정적인 의사소통 ⑤ 가치관·목표 공유 ⑥ 역할충실 ⑦ 문제해결능력 ⑧ 경제적 안정과 협력 ⑨ 신체적 건강 ⑩ 가족·사회와의 유대	① 공존적 노력 ② 정신적 가치 ③ 정신적 건강	① 기본토대 ② 가족관계 ③ 가정역할 ④ 사회와의 관계 ⑤ 가정문화

[*] 스티넷과 동료들의 연구는 듀프레인과 어세이(2007)에서 재인용.
[**] 유계숙(2004)의 연구는 강민지·유계숙(2018)에서 재인용.
출처 : 강민지·유계숙(2018). 청년층 세대 비교로 살펴본 가족 건강성과 기능 요구도: 1차 및 2차 에코부머를 중심으로. 한국가족관계학회지, 23(3), 131~152. 135쪽; 유영주(2004b). 가족강화를 위한 한국형 가족건강성 척도 개발 연구. 한국가족관계학회지, 9(2), 119~151. 138~139쪽; 조희금·박미석(2004). 건강가정기본법의 이념과 체계. 한국가정관리학회지, 22(5), 331~344. 334쪽; DeFrain, J., & Asay, S. M. (2007). Family strengths and challenges in the USA. Marriage & Family Review, 41(3~4), 281~307. 296쪽 재구성.

의 유대의식(우리의식), 감사와 애정·정서적 요인, 긍정적인 의사소통, 가치관·목표 공유, 역할 충실, 문제해결능력, 경제적 안정과 협력, 신체적 건강, 가족·사회와의 유대의 열 가지 요소로 개념화하였다(표 8-2).

첫 번째 가족원에 대한 존중은 가족원의 개별성을 존중하는 태도를 가지고, 상대방을 수용하고 이해하는 태도를 말한다. 구체적으로는 상대방을 있는 그대로 인정하고, 서로를 진심으로 지지하고, 격려하며 가족원의 성장과 발달에 도움을 제공한다. 이들은 서로를 신뢰하고, 믿음을 가지고 있으며, 가족원의 잘못을 너그럽게 이해하거나 용서하는 관용적인 모습을 보이고, 배려하며, 덕(德)을 베푸는 태도를 지니고 있다.

두 번째는 가족원 간의 유대의식(우리의식)이다. 단어 그대로 가족간 우리라는 의식과 유대의식을 가짐을 의미한다. 특히 가족원과 동거동락(同居同樂)을 통해 연대감과 소속감을 가지고 있다. 화목한 가족관계를 가지며, 단결심과 협동력이 강하다. 가족의 전통과 가문에 대한 긍지를 가지고 있으며, 형제자매를 비롯한 친인척과 꾸준한 만남을 통해 유대감을 유지한다. 이들은 가족이 가지고 있는 가족사, 즉 가족의 역사에 대한 이야기 공유를 즐기고, 가족과 함께하는 취미와 여가 활동을 공유하는 특징을 보인다.

세 번째는 감사와 애정을 비롯한 정서적 요인이다. 가족간 애정과 사랑을 공유하고, 친밀감과 애정, 감사하는 마음에 대한 표현을 자주한다. 애정을 바탕으로 정서적·감정적으로 안정감을 부여하고, 안식처로서의 가족의 역할을 수행한다.

네 번째는 긍정적인 의사소통이다. 건강한 가족은 상대방의 이야기를 주의깊게 경청하는 반영적 경청을 하며, 서로간 빈정거리거나 무시하는 말을 하지 않는다. 여러 이슈에 대한 토론과 논의를 피하지 않고, 즐기는 태도를 가지면서 함께 대화하는 것을 즐긴다. 이들은 서로 농담을 주고받는 등 의사소통에 강압적이거나 지시적인 태도를 갖지 않는다. 또한 긍정적인 의사소통 방식을 가지고 있으며, 열린 마음으로 대화할 준비가 되어 있다. 건강한 가족이라도 매번 수용적이거나 긍정적인 의사소통을 할 수는 없다. 그러나 이들은 열린 대화를 할 수 있는 태도나 가족 문화 형성에 적극적이며, 긍정적 소통을 강화하기 위한 노력을 게을리하지 않는다.

다섯 번째는 가치관·목표 공유이다. 건강한 가족은 가족원이 가지고 있는 인생관을 공유하고, 목표를 지지하고 격려한다. 윗세대를 존경하는 태도를 가지고, 가족만이 가지고 있는 고유한 전통을 유지하려고 노력한다. 따라서 가족규칙 및 가족의례 등 관습을 유지하고, 자신뿐 아니라 다음 세대가 건강한 사고를 하고, 올바른 가치관을 형성하고 확립할 수 있도록 지원을 아끼지 않는다. 이들은 이러한 의식을 바탕으로 삶에 대한 긍정적 태도를 갖게 된다.

여섯 번째는 역할충실이다. 역할충실은 단어 그대로 가족내에서 자신에게 주어진 역할에 충실하는 것이다. 이들은 가족역할에 충실할뿐 아니라 역할분담에 공평한 태도를 가지고 있다. 자신이 맡은 일에 책임감을 가지고 있으며, 개별 가족원이 가지고 있는 역할을 인정하고 지지한다. 또한 건강한 가족은 가족원이 자신의 역할을 수행하지 못할 때 상호보완적인 태도를 보이며, 책임을 미루지 않는다.

일곱 번째는 문제해결능력이다. 건강한 가족은 당면한 위기나 어려움에 대응하기 위한 위기관리능력과 대처능력, 문제해결능력을 가지고 있다. 중요한 것은 문제해결능력이 모든 문제를 마법처럼, 완벽하게 해결하는 것을 의미하지 않는다는 것이다. 건강하지 못한 가족은 문제가 발생했을 때 책임이 누구에게 있는지 가리는 것을 즐기며, 비난하거나 경멸하면서 책임을 미루는 태도를 보인다. 그러나 건강한 가족은 문제가 발생했을 때 유연하게 대처할 수 있으며, 문제가 발생한 상황에 빠르게 적응하여 문제를 조정하기 위해 노력한다. 이들은 문제해결과정에서 가족이 협력하고, 문제 자체에 집중하기보다 문제를 해결할 수 있는 방안에 집중한다. 만약 문제해결에 실패했다 하더라도 가족을 비난하거나 죄책감을 갖기보다 대안을 찾기 위해 노력한다.

여덟 번째는 경제적 안정과 협력이다. 건강한 가족은 가정경제를 효율적으로 관리할 수 있는 능력을 가진다. 생계 및 생필품을 유지할 수 있는 여유로움이 있으며, 가정생활을 유지하는 데 충분한 수입을 유지하면서, 미래에 발생할 수 있는 경제적 지출에 대비할 수 있는 능력을 가지고 있다. 흔히 '부자'여야 가능하다고 생각하지만, 경제적 안정과 협력은 단순히 돈이 많은 것과는 다르다. 물론 돈이 많으면 경제적 안정과 협력을 이루는 데 도움이 되는 것은 사실이나, 여기서 말하는 경제적 안정은 가족이 생활하는 데 필요한 수입을 말한다. 따라서 적은 수입이라도 가정생활에 맞게 계획하고, 그에 맞게 생활할 수 있는 능력이 있다. 또한 가정경제를 안정화시키기 위해 가족간 협력하는 태도를 가지며, 예기치 못한 상황이나 미래에 발생할 수 있는 상황을 대비하기 위해 수입과 지출을 계획하고, 조정할 수 있다.

아홉 번째는 신체적 건강이다. 건강한 가족은 가족원의 신체적 건강에 관심이 높다. 따라서 건강을 유지하기 위해서 다양한 정보와 건강한 먹거리에 관심을 가지고 있으며, 꾸준한 운동을 통해 건강을 유지하려고 노력한다. 또한 건강의 중요성을 잘 알고 있기 때문에 충분한 수면과 휴식을 취하려고 노력하고, 일과 생활의 균형을 유지하면서 불필요한 에너지 낭비를 예방하고, 과도한 스트레스에 노출되지 않도록 노력하며, 자기만의 스트레스 대처방식을 실천하려고 노력한다.

마지막으로 가족·사회와의 유대이다. 건강한 가족은 '우리 가족만'을 고집하면서 고립되지 않는다. 이들은 지역사회 모임에 참여하고, 지역주민이나 이웃과의 교제를 통해 긴밀한 유대감을 형성한다. 지역사회 내 봉사활동 등에 참여하고, 주변 사회나 국제사회환경에 꾸준히 관심을 가지고 실천하려고 노력한다. 많은 사람들이 가족·사회와의 유대를 가장 어려운 개념으로 이해한다. 가족·사회와의 유대를 현대적 개념으로 해석하면 직접적인 참여가 아니더라도 시민의식을 가지고 있고, 사회의 이슈를 실천하려는 태도도 가족·사회와의 유대라고 할 수 있다. 실제로 '봉사활동에 참여하지 않으면 문제 있는 가족인가?'라는 질문을 하기도 한다. 여기서 말하는 가족·사회와의 유대는 반드시 봉사활동이나 월 몇 회 이상 지역사회 모임에 참여하는 것을 말하지 않는다. 마찬가지로 지역사회 구성원으로서의 정체성을 가지고 있는 것도 포함된다. 예를 들어 최근 사회적 이슈 중 하나인 제로웨이스트(zero waste)＊의 실천도 좁은 의미에서 가족·사회와의 유대가 될 수 있다. 일상생활에서 플라스틱 쓰레기를 줄이기 위해 재사용컵을 사용하는 것도 시민의식 강화와 지역사회를 위한 실천이 될 수 있다는 의미이다. 같은 맥락에서 어려움에 처한 지구나 이웃을 돕기 위한 해시태그(hashtag) 활동도 좁은 의미의 가족·사회와의 유대라고 할 수 있다.

앞서 살펴본 바와 같이 건강가정의 요소는 학자마다 정의가 조금씩 다르다. 그러나 공통적으로 서로에 대한 이해와 존중, 애정을 바탕으로 하는 상호신뢰와 유대감, 질적 시간 공유, 긍정적 사고 및 역할에 대한 책임감, 응집력과 적응력의 균형, 효율적인 의사소통, 문제해결능력, 건강한 시민의식 및 지역사회와의 연결 등을 강조하고 있다.

건강가정의 요소 중 가장 실천하기 어려운 것은 무엇일까? 의외로 '시간 공유'이다. 앞서 살펴봤듯이 함께하는 시간의 즐거움은 '시간을 공유하는 것'을 포함하기 때문에 가족과 함께하는 시간을 되도록 많이 가져야 함을 의미한다. 그러나 경쟁사회에서는 장시간 일에 몰두하기 때문에 가족과 보내는 시간을 확보하기 어렵고, 직장과 일의 경계가 모호하여 '일은 집처럼, 집은 일처럼 된다'고 지적한다

＊ 제로웨이스트는 모든 제품에 재사용될 수 있도록 장려하고, 폐기물을 줄이기 위해 실천하는 것을 말한다(위키백과).

(Hochschild, 1997). 따라서 함께 시간을 보내고, 그 시간을 진심으로 즐기려고 노력해야 한다. 가족이 정기적으로 함께 모여 오락이나 여가 시간을 공유하는 것은 건강한 가족이 되기 위한 필수조건이라고 할 수 있다(유계숙, 2004).

건강가정관점에서는 성별에 따른 고정된 역할을 구분하지 않는다. 상황과 능력에 따라 융통성 있게 역할을 수행하고, 가족간 발생하는 갈등이나 문제를 해결하는 것에 집중한다. 갈등 발생의 내부 요인은 주로 가족간 의사소통의 차이에서 발생한다. 모든 가족은 긍정적 의사소통만을 하지 않고, 때로는 부정적 의사소통을 한다. 마찬가지로 문제가 있는 가족도 항상 부정적 의사소통만 하는 것은 아니다. 건강가족관점은 이 점에 주목하여, 가족의 의사소통 방식을 점검하고, 긍정적 의사소통을 하는 상황을 파악하여 그때의 방식을 재현하고, 확대하길 권유한다. 우리가 주목해야 하는 것은 의사소통이 문제해결을 하는 과업중심의 소통이 아니라는 것이다. 우리는 문제를 합리적으로 해결하는 데 초점을 맞추기 때문에 의사소통이 직선적일 때가 많고, 의도치 않게 서로에게 상처를 주는 경우가 많다. 따라서 서로간 비아냥거리지 않고, 상대방의 이야기를 끝까지, 진심어린 마음으로 경청해야 한다. 또한 가족간 평등성을 중요하게 인식하고, 확보할 필요가 있으므로 양성평등한 가족문화 조성을 위해 노력해야 한다.

건강가족적 관점의 기본 가정

- 모든 가족은 강점을 가진다. 그리고 모든 가족은 잠재적인 성장 영역을 가지고 있다.
- 가족의 약점은 문제를 해결해 주지 못하지만 강점은 문제를 해결해 준다.
- 가족 내의 문제만 보려 한다면 문제만 보일 것이다. 그러나 가족의 강점을 보려 한다면 강점들을 발견할 수 있을 것이다.
- 가족의 강점은 가족구조에 대한 것이 아니라 가족기능에 대한 것이다. 단순한 어떤 유형의 가족인가만 가지고서는 가족의 장점과 미래의 성장 잠재력에 대해서는 알 수 없다.
- 건강한 결혼이 건강한 가족이 중심을 이룬다.
- 건강한 가족이 훌륭한 자녀를 만들고, 훌륭한 자녀를 위한 최적의 장소는 건강한 가족이다.
- 건강한 가족에서 성장한 자녀는 성인이 되어서도 쉽게 건강한 가족을 만들 수 있다. 건강하지 않고 문제가 많은 가족에서 성장한 자녀라도 건강한 가족을 만들 수 있다.
- 건강성은 시간에 따라 변한다. 건강하지 않았던 가족이라도 어느 시점에서 건강한 가족으로 변할 수 있으며, 건강한 가족이라도 일시적으로 건강성이 저하될 수 있다.
- 가족의 건강성은 종종 위기에 대한 반응으로 개발된다. 가족의 건강성은 매일의 생활스트레스와 중요한 위기로 시험당한다.
- 여러 가지 위기로 가족이 멀어질 수도 있으나, 위기는 오히려 가족관계가 더욱 건강해지는 데 도움을 주는 성장촉매제가 될 수 있다.
- 가족의 건강성은 긍정적인 성장과 미래의 변화를 위한 신호가 된다. 가족은 그 가족의 강점을 통해 더욱 건강해진다. 따라서 문제 해결을 위해 문제에 초점을 두기보다는 가족이 지닌 강점에 초점을 두는 것이 중요하다.
- 가족의 건강성은 건강한 정서로 요약할 수 있다. 만약 가족의 건강성이 하나의 단일한 특성으로 환원될 수 있다면 그것은 긍정적인 정서적 연결과 소속감일 것이다. 이러한 정서적 유대가 존재할 때 가족은 어떠한 난관도 헤쳐나갈 수 있다.

출처 : Olson & DeFrain, 저, 이선형·임춘희(2014). 건강가정론. 서울:학지사. 65~67쪽 재구성.

가족건강성 척도

가족건강성 척도는 김혜신(2011)의 연구에 사용된 척도로, 요인 분석에 의해 제거된 7개의 문항을 제외하고, 15개의 문항만 제시하였다.

우리 가족의 가족건강성을 점검해 봅시다!

번호	내용	전혀 그렇지 않다	대체로 그렇지 않다	보통 이다	대체로 그렇다	매우 그렇다
1	우리 가족은 서로를 위한다.	1	2	3	4	5
2	우리 가족은 다른 사람보다 우리 가족원에게 더 친근감을 느낀다.	1	2	3	4	5
3	우리 가족은 화목하다.	1	2	3	4	5
4	우리 가족은 서로에게 충실하다.	1	2	3	4	5
5	우리 가족은 서로에 대해 충분한 관심을 보인다.	1	2	3	4	5
6	우리는 애정을 잘 표현한다.	1	2	3	4	5
7	우리는 함께 대화하는 것을 즐긴다.	1	2	3	4	5
8	우리 가족은 서로에게 솔직하다.	1	2	3	4	5
9	우리 가족은 서로 믿으며 숨김없이 모든 것을 털어놓고 산다.	1	2	3	4	5
10	우리 가족은 서로의 의견을 존중해 준다.	1	2	3	4	5
11	우리 가족은 관심사와 취미가 비슷하다.	1	2	3	4	5

번호	내용	전혀 그렇지 않다	대체로 그렇지 않다	보통 이다	대체로 그렇다	매우 그렇다
12	우리 가족은 서로 비슷한 가치관과 신념을 갖고 있다.	1	2	3	4	5
13	문제를 해결할 때, 가족원 모두에게 최선의 해결책이 되도록 노력한다.	1	2	3	4	5
14	어려운 일이 생기면 가족원에게 도움을 구할 수 있다.	1	2	3	4	5
15	가족에게 문제가 생기면 가족 모두가 책임을 동등하게 진다.	1	2	3	4	5

채점

구분	문항 번호	점수 합계
가족유대	1, 2, 3, 4, 5	
의사소통	6, 7, 8, 9, 10	
가치 공유	11, 12	
문제 해결 능력	13, 14, 15	

- 각 문항의 점수를 합산해 봅시다.
- 점수가 높을수록 가족건강성이 높음을 의미합니다.

출처 : 김혜신(2011). 결혼이주여성과 한국인 남성 부부의 가족건강성 연구. 전남대학교 대학원 박사학위논문. 151쪽.

가족 안의 상호작용 1

부부관계의 소통과 갈등

부부생활은 길고 긴 대화 같은 것이다. 결혼생활에서는 다른 모든 것은 변화해 가지만
함께 있는 시간의 대부분은 대화에 속하는 것이다.

니체(Friedrich Nietzsche)

부부가 된다는 것은 서로의 배우자에게 인생을 함께하는 동반자가 되겠다는 약속이다. 부부는 함께 생활하면서 공동의 목표와 행복을 찾아 나가는 동시에, 부부 각자의 욕구와 행복을 추구하며 한 인간으로서 성장해 나간다. 그러나 서로 다른 환경에서 성장한 두 성인이 만나 함께 삶을 꾸려 나가는 과정에서 충돌이나 갈등이 없기를 기대하는 것은 무리일 것이다. 따라서 부부는 서로에게 적응해 나가는 과정 동안 필수적으로 갈등을 경험할 수밖에 없다(현경자, 2005). 배우자가 자신과 가장 가까운 사람이라는 믿음은 '부부도 서로 다를 수 있다'는 생각을 방해한다. 하지만 부부는 가장 친밀한 관계이기에 서로가 최선을 다해 꾸준하게 노력한다면 '다름'에 성공적으로 적응해 나갈 수 있다. 이러한 친밀한 관계는 비단 부부에게만 국한되는 것은 아니다. 사실혼 관계나 동거 상태의 커플 관계에서도 동일하다. 본 장에서는 친밀한 일대일 관계를 '부부'로 통칭하였으나 부부 외의 긴밀한 관계에서의 소통과 갈등에서도 동일하게 적용될 수 있다.

부부갈등이 존재한다는 것을 병리적으로 바라볼 필요는 없다. 부부갈등을 모든 결혼생활에서 존재하는 정상적인 부부관계의 일부로 인정하고 건설적인 대처 방식을 통해 관계를 회복하고 안정을 되찾는 것이 무엇보다 중요하다. 부부 사이에 건넨 한 마디의 날카로운 말이 지금까지의 스무 가지 다정함을 사라지게 할 수도 있다(Notarius & Markman, 1994: 정현숙 외, 2020에서 재인용). 부부가 서로 어떻게 소통하느냐는 부부 사이의 신뢰를 한 순간에 무너뜨릴 수도 있고, 반대로 더욱 견고하게 만들 수도 있다.

본 장에서는 부부관계를 바라보는 다양한 시각을 알아보고, 건강한 부부관계를 위한 효과적인 의사소통 방법에 대해 살펴본다. 또한 현명하게 갈등 상황을 대처해 나갈 수 있는 갈등대처방식에 대해서 알아본다.

1. 부부관계

1) 부부관계에 대한 다양한 시각

결혼은 두 남녀가 자신이 태어난 원가족을 떠나 배우자와 함께 새로운 가족을 만들어 나가는 새로운 인생의 출발이다(건강가정컨설팅연구소, 2017). 이를 통해 두 남녀는 부부라는 새로운 지위를 얻게 되고, 남편 그리고 아내라는 새로운 역할을 수행하게 된다. 이렇게 결혼을 통해 남녀가 맺어지는 상호보완적 인간관계를 부부관계라 한다(최외선 외, 2008). 부부관계는 지속적인 관계이며 남편과 아내는 공동생활을 통하여 자신의 욕구를 충족하며 행복과 자기성장을 추구하게 된다.

부부관계를 바라보는 시각은 다양하다. 시대의 변화에 따라 부부관계에 있어 강조되는 가치 역시 변화하기 때문이다. 부부를 연구한 학자들은 부부간 상호작용에서 강조되는 요인에 따라 부부를 유형화하였다. 여기서는 버제스와 로크, 쿠버와 해로프, 루이스와 스패니어, 가트맨과 레븐슨, 올슨과 그의 동료들이 제시한 부부유형을 살펴보고자 한다.

버제스와 로크(Burgess & Locke, 1945)는 부부역할을 기준으로 두 가지 부부유형을 제시하였는데, 평생 해로해야 한다는 사회적 압박으로 인해 결혼을 유지한다는 '제도적 결혼'과 결혼을 통해 개인적 성장은 물론 부부로서의 성장도 함께 이루어 나가고자 서로 협력하는 '동료적 결혼'을 제시하였다(정현숙 외, 2020). 쿠버와 해로프(Cuber & Harrof, 1971)는 부부의 상호작용 유형을 기준으로 ① 상호 수동적인 관계(passive-congenial marriage), ② 무기력한 관계(devitalized marriage), ③ 갈등·상존형 관계(conflict-habituated marriage), ④ 전체적 관계(total marriage), ⑤ 생동적 관계(vital marriage)인 다섯 가지로 부부를 유형화하였으며, 그 특징은 표 9-1과 같다. 루이스와 스패니어(Lewis & Spanier, 1979)는 부부관계의 안정성과 만족도를 기준으로 네 가지 부부관계 유형을 제시하였는데, ① 안정성은 물론 만족도 역시 높은 가장 이상적인 유형, ② 둘 다 모두 낮은 해체 가능성이 가장 높은 유형, ③ 부부가 행복한 생활을 누리고는 있으나 상황에 따라 언제든 이혼을 할 수 있는 안정성이 낮은 유형, ④ 행복한 결혼을 하고 있지 않지만 여러 이유로 이혼 가능성은 낮은 관습형 유형이다. 가트맨과 레븐슨(Gottman & Levenson, 1988)은 갈등 상황에서 부부가 사용하는 의사소통 방식을 기준으로 '행복한 결혼(satisfied couple)'과 '불행한 결혼(distressed couple)'으로 분류하였는데, '행복한 결혼'은 갈등을 해결하기 위해 노력을 하지만 '불행한 결혼'은 회피적이고 파괴적인 의사소통을 하는 특징이 있다(정현숙 외,

표 9-1
쿠버와 해로프의 부부상호작용 유형

유형	특징
상호 수동적인 관계	• 유대감, 정서적 친밀감 없이 시작된 만남의 경우에 흔히 나타나는 유형 • 재산 또는 경제적 안정, 주변의 평판, 자녀에 대한 희망 등을 중요하게 생각 • 부부간의 정서적 친밀감을 크게 중요하게 생각하지 않음
무기력한 관계	• 초기에는 서로에 대한 내적 상호작용에 근거했으나 시간이 지나면서 부부로서의 의무만 남은 경우 • 부모역할, 가족 행사 참여 등 의례적 의무만을 수행하기 때문에 부부간에 심각한 다툼이 발생하지는 않음
갈등·상존형 관계	• 해결되지 못한 오래된 갈등이 상존하면서 긴장 상태가 심각하게 지속되는 경우 • 문제 해결이 아니라 서로를 깎아내리는 데 집중되는 습관적인 싸움이 발생하며, 관계는 지속적으로 악화
전체적 관계	• 부부 서로가 인생의 모든 부분을 공유하고 부부로서의 일체감을 매우 크게 느낌 • 서로의 존재가 절대적이기 때문에 결혼 관계가 해체될 경우 독립적인 삶을 살아가기가 어려움
생동적 관계	• 부부 공통의 영역은 물론 부부 개인의 독립적 영역을 유지하고 주체적인 삶을 영위 • 부부가 함께하는 시간을 중요시 • 관계 맺음과 동시에 관계에서 발생하는 갈등 문제를 현명하게 해결하고 관계 회복에 노력

출처 : 이여봉(2008). 가족 안의 사회, 사회 안의 가족. 파주 : 양서원. 136~138쪽 재구성.

행복한 삶을 위한 가족의 이해

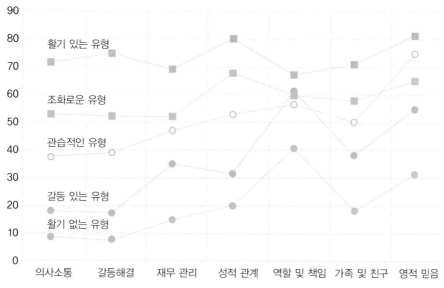

출처 : Olson et al.,(2012). Prepare—enrich program : Overview and new discoveries about couples. Journal of Family & Community Ministries, 25, 30∼44.

그림 9-1
올슨과 그의
동료가 제시한
다섯 가지
부부유형

2020).

올슨과 그의 동료들(Olson et al., 2012)은 그림 9-1과 같이 의사소통, 갈등해결, 재무 관리, 성적 관계, 역할 및 책임, 가족 및 친구, 영적 믿음의 영역을 기준으로 다섯 가지로 부부를 유형화하였다. '활기 있는 유형(vitalized)'은 가장 행복한 부부유형으로 대부분의 영역에서 높은 만족도를 보이며, '조화로운 유형(harmonious)'은 활기 있는 유형 다음으로 전반적으로 대부분의 영역에서 높은 만족도를 보인다. '관습적인 유형(conventional)'은 영적 믿음 영역은 매우 높은 만족도를 보인 반면 갈등해결이나 의사소통 등에서는 낮은 만족도를 보인다. '갈등 있는 유형(conflicted)'은 의사소통과 갈등해결 영역에서 매우 낮은 점수를 보이며, '활기 없는 유형(devitalized)'은 모든 영역에서 다른 유형들에 비해 가장 낮은 점수를 보인다.

적응 모델, 갈등 모델, 의사소통 모델에 따른 부부관계

부부관계를 어떠한 모델에 근거하여 설명하느냐에 따라 부부를 바라보는 다양한 관점이 존재한다. 다음 표는 적응, 갈등, 의사소통 세 가지 모델에 근거해 부부관계를 설명하였다.

적응 모델, 갈등 모델, 의사소통 모델에 따른 부부관계

모델	특징
적응 모델	• 부부관계를 적응의 관계로 봄 • 부부관계의 화합적·긍정적 측면을 강조 • 적응의 여부는 만족도, 안정도, 행복도 등으로 평가 • 적응이 잘된 부부=성공한 부부 • 스페니어와 콜(Spanier & Cole, 1974)의 모델 : 부부적응을 부부일치도, 부부만족도, 부부응집도, 애정표현도의 네 가지 측면에서 측정
갈등 모델	• 부부를 한 단위로 보지 않음 • 부부가 서로 다른 각자의 입장을 지니고 있다는 것을 강조 • 분석의 초점을 부부 중 한 개인에게 맞춤 : 남편과 아내 사이의 상이함을 설명 • 갈등을 해소시킬 수 있는 것이라기보다 효과적으로 관리해야 하는 것으로 봄 • 건강한 가족이란 가족성원 간의 갈등을 서로 잘 관리한다는 것을 의미
의사소통 모델	• 갈등을 비정상적인 것, 병적인 것으로 보지 않고 불가피한 것으로 봄 • 갈등이 관리되는 구체적 과정에 초점을 맞춤 • 갈등 관리를 위해 의사소통과정이 필요 • 의사소통 모델의 원칙(Skolnick, 1979) ① 의사소통을 하지 않고는 관계가 지속될 수 없음 ② 의사소통은 목소리의 억양, 얼굴 표정, 몸짓 등을 포함한 다양한 단계가 있음 ③ 의사소통에서는 관계를 규정하고 통제하려는 시도를 함

출처 : (사)한국가족문화원(2009). 새로 본 가족과 한국사회. 서울 : 경문사. 141~147쪽 재구성.

2) 건강한 부부관계의 특성

건강한 가족이란 서로 기쁜 마음으로 시간을 함께하며 감사함을 표현하는 가족이다(정현숙, 2016). 건강한 부부 역시 진실한 마음으로 서로의 말을 경청하면서 부부간의 갈등을 현명하게 대처할 줄 알고 서로에게 공감하는 부부이다. 필드

분류	특징
1	건강한 부부는 시간을 함께 보낸다.
2	건강한 부부는 화해의 능력을 가지고 있다.
3	건강한 부부는 성숙하다.
4	건강한 부부는 서로 친밀하다.
5	건강한 부부는 영적 생활을 공유한다.
6	건강한 부부는 서로 헌신한다.

표 9-2
필드의 건강한
부부관계의
특성

출처 : 최외선 외(2008). 결혼과 가족. 대구 : 정림사. 173~176쪽 재구성.

(Field)는 건강한 부부관계의 여섯 가지 특성을 표 9-2와 같이 제시하면서, 부부 서로가 진실한 마음으로 상대의 행복에 관심을 가지고 헌신하는 것이 건강한 부부관계라고 하였다(Field, 이종록 역, 1991). 올슨과 그의 동료들은 5만 쌍 이상의 미국 부부들을 연구한 결과, 행복한 부부와 불행한 부부 사이에는 명확한 차이가 있음을 발견하고 이러한 차이를 다섯 가지 영역으로 제시하였다. 이는 친밀감을 위한 5개의 열쇠로, 의사소통, 커플 친밀성, 커플 유연성, 성격 문제 그리고 갈등해결이다(Olson et al., 김덕일·나희수 역, 2011).

건강한 부부관계를 유지하기 위해서는 많은 노력이 요구된다. 서로를 사랑하고 이해하는 것은 물론 자신과 다름을 인정하고 상대 배우자의 부족함을 채우기 위한 노력과 헌신이 필요하다. 이러한 노력은 부부생활이 지속되는 일생 동안 계속되어야 하며, 이러한 노력을 통해 부부는 발전적인 관계로 나아가게 된다. 따라서 건강한 부부관계를 유지하기 위해서는 먼저 배우자에 대한 사랑과 존경을 가지고 배우자의 생활 방식이나 가치관 등을 공감하고 수용해야 한다. 배우자에 대한 지나친 주관적인 기대를 버리고 합리적인 수준의 기대를 가져야 하며, 배우자를 변화시키기보다는 스스로 먼저 변화하려는 노력이 필요하다(최규련, 2007). 건강한 부부관계를 유지하는 부부들은 갈등 상황에서도 서로에 대해 긍정적이고 정중한 모습을 보이며, 부정적인 비평보다는 긍정적인 비평을 더 많이 하는 것으로 나타났다. 건강한 부부관계를 유지하는 부부들은 부정적인 비평 대 긍정적인 비평의 비율이 1:5로, 불화를 겪는 부부들의 비율(부정적인 비평 : 긍정적인 비평의 비율

=1:0.8)과 현저한 차이를 보였다(Gattman et al., 정준희 역, 2007). 부부라 할지라도 서로의 성격, 의견, 욕구 등이 다를 수밖에 없기 때문에 상호작용의 과정에서 갈등은 필연적으로 발생하게 된다. 따라서 갈등과 문제를 지혜롭게 대처하는 부부의 능력을 키우는 것이 무엇보다 필요하다.

2. 부부간의 의사소통

1) 부부의사소통과 만족감

우리는 문제를 해결하거나 과제를 수행하기 위해, 또는 타인과 관계를 형성·유지하기 위해, 그리고 타인에게 자신의 좋은 이미지를 확립하기 위해 의사소통을 한다. 이것이 의사소통의 세 가지 목적(수단적 목적, 관계 목적, 정체성 목적)이며 우리가 인지하든 아니든 간에 의사소통에서의 메시지는 이러한 목적과 연관되어 있다(Benoit & Chan, 1994). 우리는 수면 시간을 제외한 거의 모든 시간 동안 듣거나 말하고, 또는 읽거나 쓰는 행동을 통해 타인과 의사소통을 하면서 관계를 형성하고 유지한다.

의사소통이라는 용어는 라틴어의 communis(공유) 또는 communicare(공동체, 공통성을 이룬다 또는 나누어 갖는다)라는 com(together의 개념)을 전제로 한다(유영주 외, 2013). 따라서 의사소통의 본래 의미는 단순히 의사 전달에 그치는 것이 아니라 서로 공통성을 만들어내는 과정을 의미한다고 할 수 있다. 즉, 의사소통이란 의미를 창출하고 공유하는 상징적이며 상호반향적 인 과정인 것이다

---

* 우리가 의사소통을 할 때 상호간에 영향을 미친다는 뜻으로 의사소통을 발생시키는 것이 아니라 의사소통에 참여하는 것을 의미한다(박미송, 2009).

내용, 기호

정보(M)

송신자(S) → 수신자(R)

회로(C)

피드백(F)

그림 9-2
의사소통의
구성 요소

출처 : 건강가정컨설팅연구소(2017). 결혼과 가족생활. 서울 : (주)시그마프레스. 131쪽.

(Calvin & cromwell, 서동인 외 역, 1988). 의사소통은 그림 9-2와 같이 송신자
(sender, 행위자를 의미하며 정보를 보내는 사람), 정보(message, 송신자가 보내
고자 하는 내용), 회로(channel, 정보가 전달되는 도구), 수신자(receiver, 정보를
전달받는 사람), 피드백(feedback, 정보를 받아들이는 수신자의 반응)으로 구성
된다. 특히, 의사소통의 정보는 단순히 송신자가 전달하고자 하는 내용(content)
자체만을 의미하는 것이 아니라 눈빛, 표정, 공간적 거리 등 비언어적 부분까지 모
두 포함된다. 따라서 수신자는 의사소통의 과정에서 송신자가 보내려는 정보의 언
어적·비언어적 의미를 제대로 해석하도록 노력해야 한다.

모든 인간관계에서 의사소통은 가장 중요한 관심사 중의 하나이다. 의사소통을
통해 우리는 타인에게 자신을 이해시키고 타인을 이해한다. 부부관계 역시 의사
소통을 통해 서로 친밀감을 느끼고 일체감과 만족감을 공유하게 된다. 부부는 효
율적인 의사소통을 통해 결혼생활의 질을 향상시킬 수 있다(박성호, 2001; 임영
란, 1992; Lewis & Spanier, 1979) 부부의사소통은 부부간의 친밀감 유지와 신
뢰감 증진에 중요한 역할을 하며 개인의 만족에 직접적인 영향을 미친다(김미라,
2001; 박민지, 2006). 원활한 의사소통을 하는 부부는 낮은 부부갈등을 경험하
며 갈등 역시 효과적으로 조절하는 것으로 나타났다(조유리, 2000). 반면, 부부

갈등을 경험하는 부부들은 의사소통 기술에 있어 역기능적인 방법을 사용하는 것으로 나타났다(Jacobson & Magolin, 1979). 특히, 언어적·비언어적 메시지가 일치되지 않고 모순되는 이중구속의 메시지를 보낼 때 부부갈등과 불만은 증폭된다. 사랑한다고 말하면서도 막상 배우자와는 눈도 마주치지 않고 무관심한 표정으로 핸드폰만 만지작거린다거나 "당신 의견을 존중할게", "자기가 결정해"라는 말과는 달리 상대 배우자의 결정에 트집과 충고를 계속하면서 자신의 결정을 고집하는 경우 등이 그 예가 될 수 있다.

나아 가기

메라비언 법칙

메라비언 법칙(The law of Mehrabian)이란 미국의 심리학자 앨버트 메라비언(Albert Mehrabian)이 발표한 커뮤니케이션 이론이다. 의사소통을 할 때 한 사람이 상대방으로부터 받는 이미지는 상대방의 말의 내용, 시각적 정보, 청각적 정보에 의해 영향을 받는데, 그 영향력은 언어가 7%, 시각이 55%, 청각이 38%에 이른다.

출처 : 건강가정컨설팅연구소(2017). 결혼과 가족생활. 서울 : ㈜시그마프레스. 133쪽.

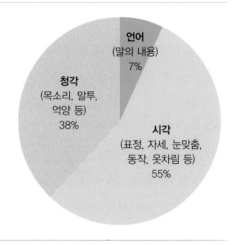

이중구속 메시지란 한 사람이 논리적으로 상호 모순되고 일치하지 않는 두 가지 메시지를 동시에 전달하는 것으로, 다음의 여섯 가지 특징을 갖는다. 첫째, 두 사람이나 그 이상의 사람이 중요한 관계를 맺는다. 둘째, 그들의 관계는 지속적이다. 셋째, 우선적으로 한 가지 명령이 주어진다. 넷째, 두 번째 명령은 처음 명령과 상충되는 더욱 추상적인 것으로 흔히 비언어적 형태로 주어지는데, 이는 개인에게 벌 혹은 위협으로 지각된다. 다섯째, 개인은 그 장면에서 명령을 벗어나지 못하고 반응을 해야 한다. 여섯째, 희생자는 이중구속으로 세계를 지각하도록 조

표 9-3
가트맨의 이혼을
부르는 네 가지
위협 요인

위협 요인	특징
비난	• 배우자의 성격 또는 인격을 전면적으로 공격 • "당신은 항상", "당신은 한 번도"라는 말로 시작하는 경우가 많음
경멸	• 비난에 모욕이 부가된 것으로 배우자를 심리적으로 학대 • 빈정거림, 조롱, 욕설, 호전적인 태도가 포함 • 코웃음 치기, 입 삐죽거리기 등 얼굴 근육의 변화로 미묘하게 전달 • 경멸은 부부관계는 물론 배우자의 자존감도 파괴
방어	• 자신의 결백을 뒷받침하거나 문제의 책임을 회피하기 위해 사용 • 종종 상대방의 불평에 역으로 불평하는 형태를 보임 • 방어의 방법(예: 매일 연락 없이 퇴근이 늦는 남편이 아내에게 보이는 의사소통) ① 맞공격("그래, 내가 늦었지만 당신이 만든 음식은 형편이 없잖아.") ② 희생자처럼 징징대기("상사 때문에 어쩔 수가 없었어. 당신도 내 입장이라면 그랬을 거야.") ③ 자신은 아무 잘못이 없다고 주장("나는 늦은 적이 없어.") ④ 정당 분노("이제 6시 30분밖에 안 됐잖아.")
냉담	• 듣기만 할 뿐 대화에 동참하지 않거나 행동 또는 말로 반응을 보이지 않는 것 • 스스로 자기 진정을 위해 외부에서 들어오는 모든 자극(예: 배우자의 음성)을 제거하려고 하는 행동

출처 : 이기숙 외(2009). 현대 가족관계론. 서울 : 파란마음. 138∼141쪽 재구성.

건화된다(고성혜 외, 2017).

이러한 부부간의 역기능적인 의사소통은 부부관계는 물론 가족 전체의 안정과 행복마저 흔들리게 되는 심각한 상황을 초래할 수도 있다. 미국 워싱턴주립대학교 심리학과 교수 가트맨(Gottman)은 이혼 위기에 처한 부부들은 공통적으로 부부관계를 망가뜨리는 파괴적인 갈등해결 방식을 보인다는 것을 발견하고, 표 9-3과 같이 비난(criticism), 경멸(contempt), 방어(defensiveness), 냉담(stonewalling)을 이혼을 부르는 네 가지 위협 요인으로 제시하였다. 부부간에 의사소통이 이루어지고 있느냐 아니냐의 문제는 부부관계에 있어 매우 중요하지만 그것만으로는 충분하지 않다. 의사소통이 이루어지느냐의 문제를 넘어 어떻게 하는지가 더욱 중요하기 때문이다.

부부간 역기능적 의사소통 행동 척도

부부싸움을 할 때 당신은 다음의 행동을 하셨습니까? 해당하는 숫자에 ○표를 해주십시오.

번호	나는…	전혀 아니다	대체로 아니다	보통 이다	대체로 그렇다	매우 그렇다
1	길게 잔소리한다.	1	2	3	4	5
2	"당신은 항상, 또 문제"라는 식으로 말한다.	1	2	3	4	5
3	"당신은 한 번도 ~한 적이 없다"는 식으로 말한다.	1	2	3	4	5
4	남편(아내)의 성격이나 인간성을 비판한다.	1	2	3	4	5
5	남편(아내)이 잘못한 것을 알아야 한다는 말투로 말한다.	1	2	3	4	5
6	경멸(멸시)하는 표정을 짓는다(예: 코웃음 치기)	1	2	3	4	5
7	가시 돋친 욕설과 모욕을 주는 말을 한다(예: "정말 정떨어진다", "멍청하다").	1	2	3	4	5
8	이혼, 별거를 하자고 위협한다.	1	2	3	4	5
9	남편(아내)의 기를 꺾거나 자존심 상하게 하는 말을 한다.	1	2	3	4	5
10	남편(아내)의 약점을 일부러 공격한다.	1	2	3	4	5
11	변명하거나 거짓말을 한다.	1	2	3	4	5
12	남편(아내)이 하는 말에 놀라 펄쩍 뛰면서 전부 부인한다.	1	2	3	4	5
13	내 입장만 반복해서 설명한다.	1	2	3	4	5

번호	나는…	전혀 아니다	대체로 아니다	보통 이다	대체로 그렇다	매우 그렇다
14	남편(아내)의 말에 "모두 다 당신 때문"이라고 하면서 나무란다.	1	2	3	4	5
15	남편(아내)의 말에 "그럴 수도 있지, 그게 무슨 문제야"라고 따지고 든다.	1	2	3	4	5
16	대화하지 않겠다는 신호를 보낸다(예: TV 음향 높이기, 획 돌아눕기)	1	2	3	4	5
17	굳은 표정으로 침묵한다.	1	2	3	4	5
18	"됐으니까 그만 말해"라고 한 후 더 이상 듣지 않는다.	1	2	3	4	5
19	갑자기 자리를 박차고 나가 버린다.	1	2	3	4	5

• 각 문항 내용은 비난 : 1~5번, 경멸 : 6~10번, 방어 : 11~15번, 냉담 : 16~19번에 해당

출처 : 권윤아·김득성(2008). 부부간 역기능적 의사소통 행동 척도 개발−Gottman의 네 기수(騎手) 개념을 중심으로. 대한가정학회지, 46(6), 101~113.

2) 효과적인 의사소통

부부 사이의 의사소통은 가족의 안정을 유지하고 발전시키기 위한 기본 요소이자 매우 중요한 부분이다. 부부는 함께 한정된 가족자원을 운용하고 가족구성원 모두의 욕구를 충족하기 위한 노력을 해야 한다. 그러한 과정에서 부부는 끊임없이 논의하고 의견을 조율해야 하기 때문에 갈등을 경험하기도 한다. 부부갈등과 부부문제가 발생하기 전에 잘못된 의사소통이 선행되었다는 연구(Gottman, 1995; Markman, 1981: 정현숙 외 2020에서 재인용)들을 통해 알 수 있듯이 부부관계의 질은 무엇 때문에 싸우느냐에 달려있는 것이 아니라 어떻게 싸우느냐에 따라 달라진다(임주현, 2002).

앞서 설명하였듯이 부부가 얼마나 효과적인 의사소통을 할 수 있느냐 하는 문제는 매우 중요하다. 부부는 부부생활을 지속하면서 굳어진 부부만의 의사소통 습관이 형성된다. 호킨스와 그의 동료들(Hawkins, et al 1977: 이여봉, 2008에서 재인용)은 부부간의 의사소통 유형을 네 가지(차단형, 억제형, 분석형, 친숙형)로 제시하였다. '차단형' 배우자는 문제를 배우자에게 숨기고 의사소통은 물론 감정 노출도 거의 하지 않는다. '억제형' 배우자는 감정 노출은 잘하기 때문에 배우자에게 자신이 화가 났거나 격앙된 감정 상태임을 드러내지만 막상 명확한 언어로 의사소통을 하지 않는다. 이에 반해 '분석형' 배우자는 의사소통은 많이 하지만 자신의 감정보다는 명확한 사실에 대한 객관적이고 분석적인 내용만을 전달한다. 마지막으로 '친숙형' 배우자는 가장 효율적인 의사소통 유형으로, 자신의 감정 표현은 물론 명확한 언어로 문제에 대해 의사소통을 한다. 호킨스와 그의 동료들의 연구에서 알 수 있듯이, 부부가 효율적인 의사소통을 하기 위해서는 배우자에게 솔직한 자신의 생각을 명확한 언어로 표현함과 동시에 어떤 감정을 느끼는지 전달하고 동시에 배우자의 감정과 의견을 공유하는 노력이 필요하다.

옥선화 외(2008)는 효과적인 의사소통을 위한 일곱 가지 방법을 제시했는데, ① 근본적으로 상대방의 자아를 존중할 것, ② 자기 개방을 할 것, ③ 부부의 성 관계를 신체적 접촉 이상의 의사소통으로 이해할 것, ④ 부부 서로가 많은 생각

행복한 삶을 위한 가족의 이해

과 느낌을 교류하면서 서로가 어떤 심리 상태인지를 고려하면서 대화할 것, ⑤ 부부간 대화를 할 때에는 언어적·비언어적 표현 일치를 이루는 개방적이고 진실한 쌍방 간 대화를 할 것, ⑥ 배우자의 대화를 완전히 이해하기 위해 배우자가 표현하는 언어를 포함한 전체적 의미를 파악하려고 노력할 것, ⑦ 부부 서로가 대화할 수 있는 장소와 시간을 마련할 것을 제시하고 있다.

올슨과 그의 동료들(Olson et al., 김덕일·나희수 역, 2011)은 다음의 여섯 가지 방법을 제시하고 있다. 첫째, 긍정적인 의사소통을 연습해야 한다. 둘째, 대화 시에는 대화를 하고 있는 상대 배우자에게 모든 신경을 집중하는 것이 필요하다. 셋째, 상대배우자에게 어떤 긍정적인 특성이 있는지를 찾아 그 특성에 초점을 맞추어 칭찬하는 것이 필요하다. 넷째, 부부 대화 시 상대 배우자의 말을 판단하는 것이 아니라 이해하는 것에 초점을 맞춰야 하며, 이를 위해 상대 배우자의 말을 경청하는 것은 물론, 상대 배우자의 비언어적 표현까지도 집중해야 한다. 다섯째, 상대 배우자에게 자신이 느끼는 감정과 생각을 정확히 전달하는 것이 중요하며, 이를 위해 나-전달법을 사용해야 한다. 여섯째, 상대 배우자의 생각을 추측하거나 짐작하지 않아야 한다.

가트맨은 친밀한 대화의 네 가지 기술을 다음과 같이 제시하였다. 첫째, 자신의 감정을 단어로 표현하는 것이다. 자신의 감정을 단어로 표현할 수 있다는 것은 자기 내면의 감정을 제대로 파악했음을 의미한다. 반면에 자신의 감정을 단어로 표현하지 못하는 상황에서는 자기감정을 스스로도 파악하지 못한 상태이기 때문에 그 감정을 배우자와 나눌 수 없고 서로를 이해하기도 힘들다. 둘째, 부부 사이의 대화가 끊기지 않고 풍성해질 수 있도록 단답형 질문을 피하고 개방형 질문을 한다. 셋째, 질문에 대한 상대 배우자의 대답을 이해하고 유대감을 강화하는 말을 하는 것이 필요하다. 넷째, 배우자에게 의견을 제시하는 것이 아니라 공감과 연민을 표현해야 한다. 배우자에게 해결 방법을 제시해 줄 수 있는 사람은 상대 배우자 이외에도 많지만, 진정한 같은 편이 되어 줄 수 있는 사람은 오직 상대 배우자뿐이기 때문이다(Gottman & Silver, 최성애 역, 2014).

부부관계는 끊임없는 상호작용을 통해 망가지기도 하고 발전해 나가기도 한다.

부부로 살아가면서 갈등 없는 삶을 살아가는 사람은 아무도 없을 것이다. 부부갈등 그 자체를 인정하고 서로 노력하면서 효과적인 방법으로 대화를 시도해야 한다. 갈등의 원인을 상대 배우자에게 찾고 비난하는 대신 서로를 존중하는 마음으로 상대의 말에 귀를 기울이고 부부 모두에게 효과적인 타협점을 찾아내면 되는 것이다.

관심
갖기

배우자의 모습을 조각하다 '미켈란젤로 효과'

미켈란젤로가 대리석을 다듬어 자신이 생각하는 이상적이고 아름다운 모습을 만들어 냈던 것처럼, 부부나 연인이 파트너를 자신이 원하는 이상적인 모습으로 변화시키고자 하는 마음을 미켈란젤로 효과(Michelangelo effect)라고 한다. 사이가 좋은 부부는 부담 없는 수준에서 서로에게 기대하는 마음을 품고 있으며 이를 충족시키려 의식적·무의식적 노력을 하게 되기에 많은 경우 상대에게 긍정적인 효과를 불러일으킨다.

배우자가 내가 원하는 모습으로 달라지기를 바라고 또 기대하는 것은 자연스러운 마음이다. 때문에 우리는 배우자에게 내가 원하는 것을 요구하고, 잘되지 않을 때면 다투기도 하는 것이다. 하지만 내 생각을 설명하고 이를 상대방에게 강요하는 태도는 대부분 성공적이지 않다. 많은 경우 "당신은 문제가 없는 줄 알아?"와 같은 말로 맞받아치거나 더 큰 요구로 이어져 갈등의 골이 깊어지기도 한다. 그렇다면 어떻게 상대방을 내가 원하는 배우자의 모습으로 조각해 나갈 수 있을까? 배우자가 달라지고 내가 바라는 모습으로 바뀌어 가기를 원한다면, 내가 어떻게 달라질 수 있는지를 생각해 보는 것이 먼저이다.

··· 중략 ···

대부분의 불화 부부는 배우자가 먼저 변하면 자신도 그때 가서 바뀌겠다고 이야기한다. 이는 많은 부부들에게 흔히 볼 수 있는 반응이다. 대개, 배우자가 긍정적으로 다가오면 좋은 반응을 보이지만, 부정적으로 다가오면 그만큼 거칠게 반응하는 것이 일반적이다. 하지만 배우자가 부정적으로 다가올 때에도 긍정적으로 반응할 수 있다. 이는 얼마든지 내 선택에 달린 문제. 그리고 이때야말로 부부갈등이 멈추고 관계의 회복을 기대해 볼 수 있는 중요한 순간이다. 부정적으로 접근할 때 좋게 반응하는 시간이 쌓이다 보면 상대방도 점차 긍정적으로 반응하기 시작한다. 기억할 점은, 누군가가 먼저 긍정적인 접근과 반응을 시도하지 않으면 부부관계는 영원히 부정적인 틀에서 빠져나올 수 없다는 것이다.

··· 후략 ···

출처 : 정신의학신문(2020.09.10.).

272   행복한 삶을 위한 가족의 이해

사티어의 의사소통 유형

사티어(Satir)는 사람이 스트레스 상황에 놓이면 자주 사용하게 되는 의사소통을 회유형(placating), 비난형(blaming), 초이성형(super-reasonable), 산만형(irrelevant), 일치형(congruent)으로 유형화하여 설명하였다(Satir, 1967).

자신
스트레스 상황에서 이 부분이 결여되면 회유형

타인
스트레스 상황에서 이 부분이 결여되면 비난형

상황
스트레스 상황에서 이 부분만 강조되면 초이성형

자존감

- 스트레스 상황에서 모든 부분이 불일치하면 산만형
- 스트레스 상황에서 모든 부분이 적절하게 고려되면 일치형

출처 : 김유숙(2015). 가족치료 이론과 실제. 서울 : 학지사. 329쪽.

사티어의 의사소통 유형

유형	내용
회유형	• 자신의 감정을 무시하고 다른 사람에게 자신의 힘을 넘겨주고 모두에게 동의하는 말을 함 • 타인과 상호작용하는 상황을 중요시하나 자신의 진정한 감정을 존중하지 않음
비난형	• 약해져서는 안 된다는 의지를 나타내며 자신을 보호하고 다른 사람이나 환경을 괴롭히고 나무라는 것 • 비난하기 위해 따른 사람을 격하시키고 자신과 상황에만 가치를 둠 • 회유형과는 정반대의 유형
초이성형	• 자신이나 다른 사람을 지나치게 낮게 평가하는 것 • 지나치게 합리적인 입장에서 상황만을 중요시함
산만형	• 지나치게 즐거워하거나 익살맞은 행동을 하기 때문에 오히려 의사소통이 혼란스러움 • 어느 곳에도 초점이 맞추어지지 않기 때문에 말의 의미나 내용도 없이 혼자 바쁘고 산만함
일치형	• 스스로 주체가 되어 다른 사람과 관계를 갖고 접촉하는 것을 의미 • 자신과 다른 사람을 돌보고 현재의 상황을 제대로 파악하고자 함

출처: 김유숙(2015). 가족치료 이론과 실제. 서울: 학지사. 328~330쪽 재구성.

사티어의 의사소통 유형 검사지

스트레스를 받은 상황에서 여러분이 어떻게 반응하였는지에 대한 질문입니다. 문항의 내용이 자신에게 맞으면 해당되는 칸(a, b, c, d, e 중 밝은 색상의 칸)에 ∨표 하세요. 문항의 내용이 자신에게 해당되지 않을 경우에는 그 문항은 답을 하지 않고 건너뜁니다.

번호	문항	a	b	c	d	e
1	나는 상대방이 불편하게 보이면 비위를 맞추려고 한다.					
2	나는 일이 잘못되었을 때 자주 상대방의 탓으로 돌린다.					
3	나는 무슨 일이든지 조목조목 따지는 편이다.					
4	나는 생각이 자주 바뀌고 동시에 여러 가지 행동을 하는 편이다.					
5	나는 타인의 평가에 구애받지 않고 내 의견을 말한다.					
6	나는 관계나 일이 잘못되었을 때 자주 내 탓으로 돌린다.					
7	나는 다른 사람들의 의견을 무시하고 내 의견을 주장하는 편이다.					
8	나는 이성적이고 차분하며 냉정하게 생각한다.					
9	나는 다른 사람들로부터 정신이 없거나 산만하다는 소리를 듣는다.					
10	나는 부정적인 감정도 솔직하게 표현한다.					
11	나는 지나치게 남을 의식해서 나의 생각이나 감정을 표현하는 것을 두려워한다.					
12	나는 내 의견이 받아들여지지 않으면 화가 나서 언성을 높인다.					
13	나는 나의 견해를 분명하게 표현하기 위해 객관적인 자료를 자주 인용한다.					

번호	문항	a	b	c	d	e
14	나는 상황에 적절하지 못한 말이나 행동을 자주 하고 딴전을 피우는 편이다.					
15	나는 다른 사람이 내게 부탁을 할 때 내가 원하지 않으면 거절한다.					
16	나는 사람들의 얼굴 표정, 감정, 말투에 신경을 많이 쓴다.					
17	나는 타인의 결점이나 잘못을 잘 찾아내어 비판한다.					
18	나는 실수하지 않으려고 애를 쓰는 편이다.					
19	나는 곤란하거나 난처할 때는 농담이나 유머로 그 상황을 바꾸려하는 편이다.					
20	나는 나 자신에 대해 편안하게 느낀다.					
21	나는 타인을 배려하고 잘 돌보아주는 편이다.					
22	나는 명령적이고 지시적인 말투를 자주 사용하기 때문에 상대가 공격받았다는 느낌을 받을 때가 있다.					
23	나는 불편한 상황을 그대로 넘기지 못하고 시시비비를 따지는 편이다.					
24	나는 불편한 상황에서는 안절부절 못하거나 가만히 있지를 못한다.					
25	나는 모험하는 것을 두려워하지 않는다.					
26	나는 다른 사람들이 나를 싫어할까 두려워서 위축되거나 불안을 느낄 때가 많다.					
27	나는 사소한 일에도 잘 흥분하거나 화를 낸다.					
28	나는 현명하고 침착하지만 냉정하다는 말을 자주 듣는다.					
29	나는 한 주제에 집중하기보다는 화제를 자주 바꾼다.					

번호	문항	a	b	c	d	e
30	나는 다양한 경험에 개방적이다.					
31	나는 타인의 요청을 거절하지 못하는 편이다.					
32	나는 자주 근육이 긴장되고 목이 뻣뻣하며 혈압이 오르는 것을 느끼곤 한다.					
33	나는 나의 감정을 표현하는 것이 힘들고, 혼자인 느낌이 들 때가 많다.					
34	나는 분위기가 침체되거나 지루해지면 분위기를 바꾸려 한다.					
35	나는 나만의 독특한 개성을 존중한다.					
36	나는 나 자신이 가치가 없는 것 같아 우울하게 느껴질 때가 많다.					
37	나는 타인으로부터 비판적이거나 융통성이 없다는 말을 듣기도 한다.					
38	나는 목소리가 단조롭고 무표정하며 경직된 자세를 취하는 편이다.					
39	나는 불안하면 호흡이 고르지 못하고 머리가 어지러운 경험을 하기도 한다.					
40	나는 누가 나의 의견에 반대해도 감정이 상하지 않는다.					
	합계					

• **채점** a : 회유형　　b : 비난형　　c : 초이성형　　d : 산만형　　e : 일치형

유형별로 합산하여 높은 점수가 나오는 항목이 그 사람이 주로 쓰는 의사소통 유형 방식을 말한다. 그러나 상황이나 대상에 따라 다른 의사소통 유형을 사용할 수 있다. 비일치적 의사소통을 반복적으로 사용하여 관계에 어려움을 경험할 때에는 자신의 의사소통을 변화시키도록 노력해야 한다.

출처 : 김영애(2004). 인간관계 및 부부관계 개선을 위한 사티어 의사소통 훈련프로그램. 서울 : 김영애가족치료연구소.

3. 부부간의 갈등

1) 부부갈등과 결혼만족도

모든 인간관계에 갈등이 존재하듯이 부부관계에도 갈등이 존재한다. 그리고 부부갈등이 심화될수록 결혼만족도는 낮아진다(최규련, 1995). 그러나 부부갈등을 성공적으로 해결해 나가는 과정을 통해 부부관계는 더 친밀해지고 서로 깊게 연결된다. 갈등을 통해 부부는 배우자의 성향과 삶의 가치, 방향 등을 더 깊이 이해할 수 있는 기회를 갖기 때문이다. 또한 갈등을 해결하기 위한 적극적인 활동을 통해 부부간의 상호작용은 더욱 긴밀해지며 이를 통해 가정의 안정을 이루게 된다(Paolucci et al., 1977). 다시 말해 행복한 부부관계란 갈등이 없는 관계가 아니라 갈등을 현명하게 해결하는 관계인 것이다. 따라서 부부의 갈등 요인을 정확하게 파악하고 건설적인 해결 방안을 모색하는 것이 매우 중요하다.

관심 갖기

설 명절 지나고 "이혼해"…우리나라만 이럴까?

명절 직후 이혼 신청 증가는 이제 공식
특히 부부 사이에서 명절은 그동안 쌓여 왔던 불화와 갈등이 폭발하는 기폭제가 되기도 한다. 명절이 끝난 후 쌓아 온 갈등이 폭발해 '명절 이혼'을 신청하는 부부가 많다. 실제로 명절 직후엔 이혼 신청이 증가한다. 통계청이 지난해 발표한 《최근 5년간 이혼 통계》에 따르면 설 직후인 2~3월과 추석 직후인 10~11월의 이혼 건수가 직전 달보다 평균 11.5%나 많았다. 단 한 번의 예외도 없이 명절 직후엔 협의이혼 신청이 늘어났다. 그런데 '명절 이혼' 같은 현상은 우리나라, 혹은 동양권 문화에서만 발생할까? 사람 사는 곳은 어디나 다 비슷한 법, 서양에서도 비슷한 현상이 나타난다.

영국 : 매년 1월 첫 번째 월요일은 '이혼의 날'
영국에선 매년 1월 첫 번째 월요일은 '이혼의 날(divorce day)'로 불리기도 한다. 이 단어는 변호사들 사이에서 주로 쓰인다. 서양권의 경우 크리스마스를 전후로 해서 이듬해 초까지

긴 '성탄절 휴가'가 주어지는데 긴 휴가가 끝나고 일상으로 복귀하는 1월의 첫 월요일에 이혼 신청이 급증한다는 것이다.

··· 중략 ···

미국 : 휴가철 끝난 직후인 3월과 8월 이혼율 급증

미국은 휴가철 이후 이혼 소송이 급증했다. 미국도 마찬가지다. 2016년 미국 워싱턴대학교는 2001년부터 2015년까지 14년에 걸쳐 워싱턴주의 이혼율을 분석한 연구를 발표했다. 이 연구 결과에 따르면 이 기간 동안 워싱턴주의 이혼율은 3월에 가장 높았고 8월이 두 번째였다. 3월은 11월부터 이듬해 2월까지 이어지는 추수 감사절, 크리스마스, 새해, 밸런타인 데이 등의 휴가 시즌이 끝난 직후다. 8월 또한 독립 기념일과 아이들의 여름 방학 등 여름 휴가가 몰려 있는 7월 직후다. 연구진들은 휴가 시즌 직후 이혼율이 급증하는 이유에 대해 긴 휴가 기간 동안 가족 방문 등의 명절 관습이 스트레스와 불화를 유발하는 것과 휴가 전에 관계를 회복하려는 기대가 깨지는 것 등을 들었다. 긴장돼 있던 부부관계가 긴 휴가 동안 깨져 버리는 것과 이혼을 휴가 이후로 미루는 이유 등 영국의 사례와도 비슷했다.

출처 : 머니투데이(2020.01.26.).

인간관계에서 갈등은 서로의 관심사, 욕구, 가치가 상이하거나 자원이 부족하고 경쟁할 때 발생한다(Deutch, 1969). 부부갈등 역시 그림 9-3과 같이 다양한 요인에 의해 부부 서로의 목표나 기대가 서로 일치하지 않을 때 발생한다. 표 9-4는 2012년부터 2018년까지 조사된 부부갈등의 원인으로, 경제적 문제, 자녀 교육 문제, 시부모 혹은 친정부모와의 관계, 음주, 흡연, 늦은 귀가와 같은 생활 습관 등 매우 다양함을 알 수 있다.

부부갈등이 발생했을 때 상대 배우자의 입장을 이해하고 양보하는 노력을 보이는 등 긍정적인 대처 방식으로 갈등에 대응하는 부부는 결혼만족도가 상승되었다(이선미·전귀연, 2001; Bahr, 1989). 팅투 메이(Ting-Toomey, 1983)는 갈등을 해결함에 있어 행복한 부부와 불행한 부부가 다른 의사소통을 보임을 밝혔다. 행복한 부부는 상대 배우자의 말을 요약하거나 자신만의 언어로 다시 말하며 서로의 감정을 확인하는 의사소통을 하는 반면, 불행한 부부는 상대 배우자를 힘

| 애정 관계 요인 | 성문제 요인 | 경제적 요인 |
| 예: 서로에 대한 사랑과 신뢰의 결여 | 예: 성적 욕망과 충족 간의 불일치 | 예: 실직, 빈곤, 도박, 경제적 무능력 |

| 성격 문제 | 자녀 문제 | 사회문화적 배경 문제 |
| 예: 생활 습관과 성격차이 | 예: 자녀양육과 태도에 대한 불일치나 무관심 | 예: 가치관 차이, 인생관 차이 |

| 건강 문제 | 친족 관계 | 부부의 대인관계 문제 |
| 예: 정신 질환, 질병, 알코올 남용 | 예: 친가에 대한 불평등과 충성심 문제 | 예: 의사소통의 부재, 동반자 의식 부족 |

그림 9-3
부부갈등 요인

출처 : 최외선 외(2008). 결혼과 가족. 대구 : 정림사. 183~185쪽 재구성.

(단위 : %)

표 9-4
부부갈등 원인

위협 요인	2012년	2014년	2016년	2018년
경제적인 문제	7.9	7.7	7.7	7.5
자녀 교육 문제	4.4	4.1	3.6	3.2
육아 문제	1.5	1.3	1.6	1.5
시부모와의 관계	1.7	0.9	1.2	0.8
친정부모와의 관계	0.2	0.1	0.2	0.1
본인 또는 남편의 직장 생활	0.5	0.5	0.5	0.5
본인 또는 남편의 친구 관계	0.4	0.2	0.5	0.4
부부간 가사분담	0.9	0.4	1.0	0.7
본인 또는 남편의 생활 습관(음주, 흡연, 늦은 귀가 등)	6.5	6.6	7.0	6.7
지난 한 달 동안 그런 적이 없음	75.2	77.7	76.3	78.3
기타	0.9	0.4	0.5	0.4

주 : 지난 한 달간 갈등 경험
출처 : 통계청(2020).

든 상황에 직면시키고 자신은 방어하는 모습을 보이거나 자신은 불평만 하고 상대 배우자는 방어만 하는 등의 모습을 보인다(정현숙 외, 2020). 이처럼 부부가 어떠한 갈등해결 방식을 선택하였느냐에 따라 부부관계는 달라질 수 있다. 따라서 갈등 상황에 부딪쳤을 때, 부부는 배우자의 의견을 묵살하지 않고 자신의 감정이나 생각을 진실하고 직접적으로 전달함으로써 갈등에 성공적으로 대처해야 할 것이다. 일방적인 의사소통이 아닌 서로를 배려하는 쌍방향의 의사소통을 통해 갈등 상황을 극복해야 하는 것이다.

2) 갈등대처방식

부부간에 발생한 갈등을 해결하지 않으면 계속 누적되며 부부간의 긴장은 증가한다. 그리고 더 이상 해결 능력이 없는 상태에 도달했을 때 가족 해체로까지 이어질 수 있다. 2020년 이혼 건수는 10만 7천 건으로(통계청, 2021), 2003년 17만 건에 육박하던 이혼 건수가 다소 감소되기는 하였으나 1970년대부터의 추이를 보면 지속적으로 증가된 것을 알 수 있다(그림 9-4). 이처럼 부부간의 갈등은 가족 해체의 상황까지 발전될 수 있지만 오히려 부부 사이에 잠재되어 있던 문제를 표출

그림 9-4
이혼 건수 및
조이혼율 추이
(1970~2020년)

주 : 조이혼율(인구 1천 명당 이혼 건수)
출처 : 통계청(2021).

행복한 삶을 위한 가족의 이해

시켜 해결할 수 있는 기회로 작용할 수도 있다. 따라서 갈등관계를 회복하고 다시 안정을 찾을 수 있도록 부부 서로가 건설적인 갈등대처방식을 찾아 노력하는 자세가 매우 중요하다.

갈등대처방식이란 심리적 안정성에 가해지는 위협을 제거하기 위하여 사용되는 모든 방법을 의미한다(Chodoff et al., 1964: 이선미·전귀연, 2001에서 재인용). 올슨과 그의 동료들(Olson et al., 김덕일·나희수 역, 2011)이 제시한 건설적인 갈등해결과 파괴적인 갈등해결의 방식을 살펴보면, 파괴적인 갈등해결 방식은 과거의 문제를 들추고 부정적인 감정에만 몰입하며 부부가 서로에게 책임을 넘기고 변화에 저항하는 것이다. 반면, 건설적인 갈등해결 방식은 지금 당면한 문제에 집중하고 부정적인 감정과 긍정적인 감정을 동시에 고려하며 문제의 책임이 부부 모두에게 있음을 인정하면서 문제 해결을 위해 변화를 두려워하지 않는다. 가트맨은 갈등 상황에서 나타나는 부부의 의사소통 유형을 분류하였는데, 갈등 상황에서 설득조차 시도하지 않고 갈등의 존재 자체를 덮으려고 하는 '갈등 회피형', 쉽게 흥분하고 서로의 감정을 공격하면서 직선적·적극적 의사소통을 하는 '순간적 폭발형', 그리고 서로 명확한 의견을 제시하고 상대방의 의견 또한 받아들이며 타협해 나가는 '이성적 대화형'으로 제시하였다(이여봉, 2008). 또한 가트맨은 세 가지 갈등해결 방식을 제시하였는데, 첫째, 상대방의 잘못만을 비난하지 말고 자신의 잘못도 인정하고 함께 해결 방법을 고민하기 위해 화해를 시도해야 한다. 둘째, 흥분 상태에서는 이성적인 판단을 돕는 전두엽 기능이 원활하지 않으므로 먼저 흥분 상태를 진정시켜야 한다. 마지막으로, 갈등과 문제를 해결하는 것이 목표임을 잊지 말고 반드시 타협점을 찾아야 한다는 것이다(건강가정컨설팅연구소, 2017).

부부관계에서 발생하는 갈등을 효과적으로 해결하기 위해서는 먼저 무엇이 문제인지 분명하게 이해하고 상대 배우자가 원하는 것을 이해해야 한다. 어떠한 갈등해결 방법이 있는지를 함께 찾아보고 부부 각자가 어떤 식으로 협의할지를 결정한 후 그 결정을 지켜야 한다. 그러나 협의한 해결 방법으로 부부갈등이 해결되지 않거나, 부부 중 누구라도 해결안에 대한 불만이 생기면 다시 문제를 고민하고 협의해야 한다(최외선 외, 2008). 이러한 갈등해결 과정을 보다 효과적으로 진행하기 위해서는 부적절한 장소와 시간에 문제를 논의하지 않도록 주의해야 하며, 실패한 과거의 해결안을 기록하여 되풀이되지 않도록 하는 것도 필요하다. 또한 배우자가 제시하는 해결안이 어떠하든 존중하는 자세가 중요하며, 해결 방법을 통해 좋은 결과가 나왔다면 서로가 긍정적인 피드백을 주는 세심한 배려도 큰 도움이 될 수 있다.

나아
가기 **부부간 갈등해결 유형**

유형	특징
회피형	• 갈등 상황을 벗어나기 위해 문제를 회피하거나 문제의 중요성을 무시, 부인하는 경우 • 잠시 동안은 평화가 유지되나 누적된 갈등으로 인해 문제를 악화시키기 쉬움
설득형	• 부부 각자가 자신이 생각하는 방식으로 상대방이 행동하도록 설득하고 통제하려는 유형 • 문제는 해결될 수 있으나 설득당한 배우자는 패배감과 피해 의식으로 비협조적이기 쉬움
다툼형	• 자기주장을 하고 말싸움, 비난, 잘못을 지적하며 다투는 유형 • 언어적·신체적 폭력을 행사하기 쉽고 이로 인해 부부관계 파괴 위험이 큼
겉돌기형	• 부부가 말로는 노력하겠다고 합의하지만 행동으로 실천하지 않고 문제는 지지부진 상태로 유지되는 유형 • 다툼이 발생하지 않는 안전한 방식이기는 하나 오래 지속되면 행동이 없는 것이 불만스러워짐
타협형	• 부부 각자가 어느 정도 양보를 통해 하나의 타협점에 이르는 유형 • 부부가 동일하게 양보하였더라도 자신이 더 많이 양보했다고 생각하여 또 다른 갈등이 발생할 위험이 큼
협동형	• 이성적인 대화를 통하여 하나의 합의에 이르는 유형 • 서로 양보하고 절충하는 것을 넘어 부부 모두에게 이득이 될 만족스런 해결책을 찾고 만들어 감

출처 : 최규련(2012). 가족대화법. 서울 : 신정. 239~243쪽 재구성.

앞서 강조하였듯이 부부가 어떤 의사소통을 하느냐에 따라 부부관계는 강화되기도 하고 부부갈등이 증폭되기도 한다. 부부는 갈등 상황에서도 성숙한 의사소통을 통해 자신의 의견을 솔직하고 정확히 전달하는 동시에 서로의 다름을 인정하고 수용하는 자세가 필요하다. 여기서는 갈등을 현명하게 대처하고 부부간의 원만한 관계 형성을 위한 의사소통 방법으로 적극적 경청하기, 감정 이입하기, 1인칭으로 말하기, 자기주장적 말하기, 타협하기에 대해 살펴보겠다.

(1) 적극적 경청하기

어떤 사람들은 상대방에 대한 편견으로 인해 상대방의 말을 다 듣기도 전에 자신에게 유리한 방향으로 해석하고 결론을 내리기도 한다. 그만큼 잘 말하는 것보다 잘 들어 주는 것이 더 어렵다는 뜻이다. 부부관계에서도 배우자를 존중하고 배려하는 마음으로 '경청'하는 자세가 중요하다. '경청(listen)'은 별다른 노력 없이도 소리가 전달되는 '듣다(hear)'의 뜻과 명확하게 다르다(건강가정컨설팅연구소, 2017). 적극적 경청(active listening)이란 상대방의 말과 행동에 관심을 가지고 주의 깊게 살펴 그 뜻을 파악하는 것이다(박경애, 2020: 기쁘다·성미애, 2021에서 재인용).

적극적으로 경청하기 위해서는 자신의 모든 관심을 배우자의 말과 행동에 주목해야 하며, 대화 도중에 자신의 의견을 전달하기 위해 상대방의 말을 끊어서는 안 된다. 배우자의 말에 적절한 반응(예: "정말?", "아, 그랬구나!" 등)을 보임으로써 상대방의 말을 인정해 주는 것도 좋은 경청의 표현이 된다. 그리고 배우자가 말한 내용을 요약정리함으로써 자신이 제대로 이해했는지를 확인하는 것도 필요하다. 왜냐하면 의사소통에는 항상 오해의 소지가 존재하므로 확인을 통해 바로잡을 수 있기 때문이다. 마지막으로 배우자가 말하고 싶은 것이 더 있는지를 묻는 것도 필요하다. 이처럼 경청하는 방법을 배우는 것은 배우자가 진정으로 말하는 것을 이해하는 지름길이라 할 수 있다.

나의 듣기 유형은?

다음은 콜레먼과 와이덤(Coleman & Widom, 2004)의 여섯 가지 좋지 않은 듣기 유형입니다. 유형을 보면서 혹시 자신이 이런 좋지 않은 듣기 유형은 아닌지 알아봅시다.

유형	특징
도덕가 유형	• 훈계하거나 교훈하는 것을 좋아함
판단자 유형	• 상대방을 이해하기보다 평가하고 비판함 • 잘못된 점과 고쳐야 할 점을 찾는 데 더 관심을 둠
전지자 유형	• 상대방보다 많이 알고 지적으로 우월하다고 생각함 • 자신의 유식함을 뽐내고 조언과 가르침을 주려고 함
분석가 유형	• 상대방의 심리를 분석하고 문제를 진단하기를 즐김 • 상대방을 이해하고 수용하기보다는 주도하고 캐묻는 데 관심이 많음
위로자 유형	• 지나치게 상대방을 안심시키려 하고 모든 것이 잘될 것이라고 위로만 함 • 문제나 상대방의 속마음을 제대로 이해하기 어려움
지배자 유형	• 상대방을 위압하는 태도를 지니고 지배하고 통제하려는 자세를 보임 • 말하는 사람이 위축되고 긴장감을 가지게 됨

출처 : 최규련(2012). 가족대화법. 서울 : 신정. 194~195쪽 재구성.

(2) 감정 이입하기

감정 이입하기(공감하기, empathy)는 상대방의 입장에서 상대방의 경험을 이해하고 느끼는 능력으로(위키백과), 비록 자신이 배우자와 같은 경험이 없다하더라도 가능하다. 감정을 이입한다는 것은 자신이 경험한 것은 아니지만 배우자가 무엇을 느꼈을지 공감해 보려는 노력이며, 배우자의 감정을 자신이 존중하고 관심을 가지고 있음을 보여주는 것으로 충분하다. 따라서 배우자가 말하는 내용에 초점을 맞추는 것이 아니라 배우자의 감정에만 집중하는 노력이 필요하다. 배우자가 말하는 내용에 집중하게 되면 그 내용에 대한 자신의 생각이나 느낌을 말하게 되기 때문이다. 감정 이입하기는 배우자의 말 중 핵심적인 요점이나 단어를 그대로 반복하고, 마지막 어미에 '—구나'를 넣어 주는 것으로 연습할 수 있다. 이러한 이유로 이를 메아리 화법 또는 앵무새 화법이라 한다(건강가정컨설팅연구소, 2017).

(3) 1인칭으로 말하기

1인칭으로 말하기(나-전달법, I-message)란 배우자의 행동이 자신에게 어떤 영향을 미쳤는지에 초점을 맞추어 이야기하는 것으로, 배우자를 비난해서는 안 되며 어떤 해결책을 제시할 필요도 없다(이여봉, 2008). 즉, 배우자의 행동에 대한 자신의 반응을 판단이나 평가 없이 말함으로써 자신의 반응에 대한 책임을 자신이 지는 것이다. 예를 들어, 남편이 연락도 없이 퇴근이 계속 늦을 경우, 아내는 매우 화가 날 것이다. 이런 경우에 아내가 "나는 당신이 연락도 없이 계속 퇴근이 늦어서 걱정도 되고 화도 나요. 약속이 있다면 미리 말해 주거나 전화라도 해주면 훨씬 나을 것 같아요"와 같이 남편에 대한 판단이나 비난을 배제하고 1인칭으로 자신의 감정을 말한다면, 남편은 자신의 행동에 대해 생각해 보게 되고 긍정적인 방향(아내에게 미리 연락하기)을 고려하게 될 것이다. 반면, "당신은 왜 맨날 늦어요? 전화기는 뒀다 뭐해요?"라고 아내가 2인칭으로 말한다(You-message)면 남편은 자신이 비난받는다고 느껴져 방어적이고 적대적인 태도로 이어지기 쉽다. 이처럼 '너'를 주어로 하면 배우자의 행동에 초점이 맞춰져 책임을 떠넘기는 비난의 어조가 되기 쉽고, 배우자는 부정적인 느낌을 받기 쉽다(Olson et al., 김덕일·나희수 역, 2011). 누구나 이러한 '너-전달법'을 듣게 되면 자신이 무능력하고 무가치하다고 느껴지기 쉽기 때문이다.

1인칭으로 말하는 방법은 다음의 세 가지를 기억하면 된다. 첫째, '나'를 주어로 시작해 배우자의 어떤 행동이 자신을 힘들게 하는지, 다시 말해 문제가 되는 배우자의 행동과 상황을 객관적인 자세에서 가능한 구체적으로 말한다. 그러나 그 행동이 잘못되었다고 비난하거나 비판해서는 안 된다. 둘째, 배우자의 행동이 구체적으로 자신에게 어떤 영향을 미치는지에 대해 설명한다. 셋째, 상대 배우자의 행동으로 인해 자신이 어떤 감정을 느끼는지를 솔직하게 말한다. 나아가 자신의 바람까지 말해도 좋다.

1인칭으로 말하기(나-전달법)

맞벌이 부부의 주말 아침, 남편이 뉴스를 보는데 아내가 청소기를 돌리고 있습니다. 2인칭 말하기로 구성된 다음의 대화를 효과적인 1인칭 말하기로 바꾸어 봅시다.

• 남편 : "당신은 꼭 내가 뉴스 보는데 청소기를 돌려야 해?"

_____

• 아내 : "당신은 어떻게 그렇게 말해? 청소는 나만 해야 돼?"

_____

효과적인 1인칭 말하기의 예
남편 : "나는 내가 지금 뉴스를 보고 있는데 당신이 청소기를 돌리니까(구체적 행동) 소리가 들리지 않아서 솔직히 좀 짜증이 나(감정). 이 뉴스는 내가 관심 있는 내용이라 꼭 들으려고 기다렸던 것인데 들을 수가 없거든(구체적 영향). 5분만 기다려 주면 정말 고맙겠어(자신의 바람)."
아내 : "나는 당신이 그렇게 말하니까(구체적 행동) 내 마음을 이해해 주지 않는다는 생각이 들어(구체적 영향) 무척 서운하네(감정). 주중에는 우리가 회사일로 바쁘니 집안일은 주말에 하기로 약속했는데, 당신은 뉴스만 보고 함께해 주지 않아(구체적 행동) 나를 무시하고 배려하지 않는 것 같은 생각이 들어서(구체적 영향) 나는 너무 섭섭해(감정)."

(4) 자기주장적 말하기

부부 사이의 대화에서 "그걸 꼭 말해야 알아?"라는 말을 자주 한다. 자신이 사랑하는 반려자라는 이유로 말하지 않아도 자신의 생각이나 감정을 다 알아줄 것이라 생각하는 것만큼 어리석은 생각도 없다. 배우자가 자신이 말하지 않은 자신의 생각을 알지 못하는 것에 속상해 할 것이 아니라 자신의 의견을 솔직하게 말하는 노력이 필요하다. 자기주장적 말하기는 말 그대로 철저히 자신의 입장에서 모든 이야기를 분명하게 말하는 것을 의미한다(건강가정컨설팅연구소, 2017). 그러나 자신의 입장에서 말한다고 해서 배우자를 비난하거나 무시해서는 안 된다. 자기주장적 말하기는 공격적인 말하기가 아니다. 배우자의 인격과 권리를 존중하는 동시에 자신의 인격과 권리도 지킬 수 있어야 한다. 자신의 생각을 구체적으로 표현하되 자신이 어떤 감정을 느끼는지, 자신이 무엇을 바라는지도 가능한 자세하게 설명하는 것이 중요하다.

예를 들어, 저녁 식사 자리에서 남편으로부터 "반찬이 오늘도 똑같네?"라는 소리를 들은 아내의 경우를 생각해 보자. 아내는 갈등을 피하기 위해 자신의 감정을 숨기면서 대화 자체를 포기하고 침묵할 수 있다. 아니면 섭섭한 마음을 감추면서 갈등을 피하기 위해 "반찬이 너무 부실한가? 내일부터 신경쓸께"라고 말할 수도 있을 것이다. 물론, 아내 역시 반찬이 부실하다고 느껴서 그렇게 대답할 수도 있겠지만, 그런 경우가 아니라면 아내는 상처받을 것이며, 남편은 이러한 아내의 본심을 알 길이 없다. 따라서 아내는 "반찬 준비를 전혀 하지 못했어. 어제부터 아이가 아픈 바람에 슈퍼에 갈 수가 없었어. 나는 월차까지 내고 아이를 돌보는데 그렇게 말하니까 내가 너무 섭섭하네. 아이가 아프거나 하는 이런 상황에서는 당신도 일찍 퇴근해 식사 준비라도 함께해 주었으면 좋겠어"라고 자기주장적 말하기를 해야 할 것이다. 남편을 비난하지 않으면서 자신의 감정과 원하는 바를 정확히 전달할 뿐만 아니라 남편으로 하여금 자신의 말과 행동을 다시 한 번 생각할 수 있는 기회를 주는 것이다. 이러한 상황에서 앞서 설명한 1인칭으로 말하기 역시 효율적인 의사소통 방법이 되며 대화 방법에 있어 상당 부분 비슷하다고 할 수 있다. 다만 자기주장적 말하기는 자신의 의견을 표현하는데 두려움을 느끼고 침묵하지 않도록 하는 것에 중점을 둔다고 이해하면 되겠다.

(5) 타협하기

부부 사이의 견해 차이가 좁혀지지 않을 때 갈등 상황은 더욱 심각해진다. 부부 갈등이 발생한 상황에서 부부 각자는 자신의 주장만 고집하고 있는 것은 아닌지, 배우자를 이기려는 마음이 우선되고 있는지는 아닌지 스스로 점검해 보아야 한다. 부부 중 한쪽의 의견으로 내려진 결정은 상대 배우자에게 패배감을 줄 뿐이다. 이렇게 내려진 결정은 부부 모두가 협조적으로 따르기 어렵다. 따라서 타협의 과정이 필요한 것이다. 타협하기는 서로의 의견을 절충하여 제3의 방안을 모색하는 것으로 부부 모두의 주장이 부분적으로나마 반영되었기 때문에 그 결과에 대해 서로 협조적일 수 있다(이여봉, 2008).

타협의 과정은 부부가 서로에게 자신이 필요한 것이 무엇인지, 자신이 원하는 것이 무엇인지를 말하는 것으로부터 시작된다. 부부는 서로의 차이를 받아들이고 배우자의 거절 역시 겸허하게 받아들여야 한다. 자신의 의견이 거절되었다고 고집을 부리거나 배우자를 비난해서는 안 되며, 보복하려는 마음을 가져서도 안 된다. 부부 모두에게 최선의 대안이 될 수 있는 방안을 찾기 위해 부부는 함께 가능한 모든 방안을 고민하고 각 방안의 장단점을 면밀히 검토한 후 합의점을 찾아야 한다. 그리고 결정된 합의점에 대해서는 반드시 지켜야 한다는 자신과의 약속 역시 꼭 필요하다.

부부관계를 조명한 영화 : 결혼 이야기(marriage story, 2019)

니콜과 찰리의 이혼 과정을 그린 영화이다. 니콜과 찰리는 서로 사랑했고, 결혼 후 아들을 얻었다. 그러나 남편 찰리의 성공 뒤에서 아내 니콜은 잊혀 가는 자신과 마주한다. 결혼 이야기는 처절한 이혼 과정을 통해 결혼생활 동안 두 부부가 놓치고 살아온 소중한 것들에 대해 생각하게 해준다.

이미지 출처 : 위키백과.

행복한 삶을 위한 가족의 이해

10

가족 안의 상호작용 2

가족권력과 가족 스트레스

스트레스와 불행은 자신이 처한 상황으로부터 오는 것이 아니라, 그 상황에 대처하는 방식에서 온다.

브라이언 트레이시(Brian Tracy)

우리는 가족 안에서 태어난다. 가족 안에서 성장하고 다시 새 가족을 만들어 나간다. 모든 인간관계가 그러하듯 가족 역시 그 속에서 권력 구조가 형성된다. 가족구성원들은 가족 내에서 지속적으로 서로에게 영향을 미치기 때문에 가족구조를 이해하기 위해서는 가족권력을 분석하는 것이 필요하다(Blood & Wolfe, 1960; Sprey, 1975). 부모의 권력이 확대되기도 하고 자녀가 성장하면서 자연스럽게 권력은 자녀에게 이동하기도 한다. 이렇듯 가족은 변화해 나가고 변화의 과정에서 여러 스트레스를 경험한다.

라틴어 strictus와 프랑스 고어 etrace에 뿌리를 둔 스트레스(stress)는 17세기부터 19세기까지 곤란, 역경, 고뇌, 강압, 압박, 긴장 등의 의미로 사용되었다(김익균, 2008). 이러한 의미가 나타내듯이 스트레스는 개인과 가족의 삶을 변화시키고 위기의 상황으로까지 이르게 할 수 있다. 그러나 가족에 따라 스트레스를 대처하는 양식에는 다양한 차이가 있다. 스트레스로 인해 가족구성원끼리 충돌하며 부조화를 경험하는 가족이 있는 반면, 건강한 가족은 스트레스를 잘 대처하고 그 과정을 통해 회복력을 키운다.

본 장에서는 가족 속에 존재하는 가족권력과 가족 스트레스를 알아본다. 가족권력을 다루기 전에 권력에 대한 기본적인 이해의 시간을 갖고 가족권력 중 핵심을 이루는 부부권력과 자녀권력을 살펴보고자 한다. 그리고 가족 스트레스에 대한 이해를 돕기 위해 가족 스트레스를 분석하는 세 가지 이론을 다룬 후 가족 스트레스 대처방법과 가족 레질리언스에 대해 알아본다.

1. 권력

1) 권력의 개념

권력은 한 개인이 타인의 저항에도 불구하고 자신의 의사를 관철시킬 수 있는 가능성이자 잠재적 능력이다(심재철·박태영, 2018; Olson & Cromwell, 1975). 권력은 지배하는 사람과 지배받는 사람 사이에 존재하는 지배—피지배 관계 속에서 나타난다(신병식, 2009). 자신의 의지를 행사하는 능력을 권력이라고 정의한 라마나와 리드만(Lamanna & Riedman)은 권력을 표 10-1과 같이 개인적 권력(personal power)과 사회적 권력(social power)으로 나누어 설명하였다(Lamanna & Riedman, 1991: 유영주 외, 2013에서 재인용).

사람들이 일반적으로 말하는 권력은 사회적 권력을 의미한다. 사람들이 권력관계를 말할 때 자주 등장하는 용어는 바로 '갑을 관계'이다. "나는 늘 '을'이지 뭐", "'을'이 뭐 힘이 있나……"라는 말에서 등장하는 '을'이란 '갑'의 권력에 휘둘릴 수밖에 없는 피지배의 대상인 것이다. 우리 사회를 들썩이게 했던 경비원 사건은 '을'을 향한 '갑'의 횡포를 여실히 보여주는 대표적 예라 할 수 있다.

표 10-1
권력의 구분

종류	내용
개인적 권력	• 자신에 대하여 자신의 의지를 행사하는 능력 • 자율성이라고도 할 수 있음 • 적당한 수준으로 지니게 되면 자아발전에 도움
사회적 권력	• 다른 사람의 의지에 대하여 자신의 의지를 행사하는 능력 • 가족 내에서의 부부간 또는 부모—자녀간에 나타나는 권력 등을 의미

출처 : 유영주 외(2013). 가족관계학. 파주 : 교문사. 173쪽 재구성.

끊이지 않는 경비원 폭행…몽둥이 폭행·갑질·보복에 경비원은 운다.

지난 1월 5일 경비원 등 아파트 노동자에 대한 갑질을 금지하는 내용을 담은 공동주택관리법 시행령 개정안이 공포·시행됐다. 이번 개정안에는 공동 주택 노동자 괴롭힘 금지를 비롯해 괴롭힘 발생 시 구체적인 신고 방법과 피해자 보호 조치, 신고를 이유로 한 해고 금지 등이 포함돼 있다.

낮은 급여와 기본 경비 업무 외 감정 노동까지 수행하고 있는 아파트 경비원들의 열악한 근무 환경을 개선하기 위한 노력들이 이어지고 있지만, 올해 서울북부지법에서 이뤄진 재판 및 심사 중 경비원 폭행과 관련된 사안들을 살펴보면 경비원들은 여전히 아파트 단지에서 위력에 의한 폭력을 마주한다. 지난해 5월 입주민의 폭언 및 폭행을 견디다 못해 극단적 선택을 한 아파트 경비원 최희석씨가 아직까지도 일상 속에 존재하고 있는 것이다.

… 중략 …

김씨는 동대표로 있으면서 경비원에게 "나는 조직폭력배 출신이다. 내 말 한마디면 달려오는 사람들이 있다"고 협박하며 갑질을 지속해 왔다. 그는 경비원에게 자신의 딸 이삿짐을 아파트 지하 창고로 옮기라고 시키거나 텃밭을 만들라고 시킨 혐의를 받고 있다. 자녀 결혼식에 축의금을 내게 한 혐의도 제기됐다.

김씨는 관리 사무소 직원을 머리로 들이박는 등 실제 폭력을 휘두른 혐의도 받고 있다. 김씨는 목검을 들고 경비원에 "내가 사람도 죽여 봤는데 너 같은 놈 하나 못 죽이겠느냐"고 욕설을 하거나 "관리 사무소에서 있던 일이 외부로 유출돼 기분이 나쁘고 기강이 해이해졌다"며 관리 사무소 직원들에게 사직서를 내도록 종용을 하기도 했다.

… 중략 …

지난해 5월 서울 강북구 우이동의 한 아파트에서 입주민에게 지속적인 괴롭힘을 당했다고 밝힌 뒤 극단적 선택을 한 경비원 최희석씨는 지난달 15일 근로복지공단으로부터 산업 재해 승인을 받았다. 최씨는 지난해 4월 경비원으로 일하는 아파트에서 입주민 심모(49)씨와 주차 문제로 다툰 뒤 심씨에게 감금돼 폭행을 당했다. 최씨가 아파트 지상 주차장에서 최씨가 이중 주차된 자신의 차량을 미는 모습을 발견한 심씨는 "뭐하는 거냐"며 최씨 뒤통수를 때렸다. 이후 최씨는 심씨에게 지속적으로 괴롭힘을 당했다.

최씨 유족은 "심씨가 (최씨) 근무 날마다 찾아와 '경비원을 그만두지 않으면 야산에 묻어 버리겠다'고 협박했다"며 "최씨가 울면서 '더 이상 못 살겠다'고 가족들에게 전화한 게 한두 번이 아니었다"고 했다. 심씨는 최씨를 경비실 인근 화장실로 끌고 가 폭행하기도 했다. 그 과정에서 최씨는 코뼈가 부러지는 등 전치 3주의 피해를 입었다. 최씨는 서울강북경찰서에 폭행 혐의로 심씨를 고소한 이후 "당장 사표 쓰라"는 폭언을 지속적으로 들어왔다. 최씨는 사망 두 시간 전 가족에게 전화해 "불안해서 못 견디겠다"고 한 것으로 전해졌다.

… 후략 …

출처 : 조선일보(2021.03.20.).

2) 권력의 요인

권력은 단일 차원이 아닌 다차원으로 구성되었으며 권력 기반(power bases), 권력 과정(power processes), 권력 결과(power outcomes)로 구성된다(Cromwell & Olson, 1975). 한 개인이 타인에게 권력을 행사하기 위해서는 상대방에게 자원으로 인정되는 자원을 가지고 있어야 한다. 그러한 자원을 가지고 합리적 전략(예: 설득, 절충, 주장 등) 및 비합리적 전략(예: 위협, 기만, 도피 등) 등을 사용하

표 10-2
권력의 요인

종류			내용
자원	경제적 자원		• 화폐, 자산 등 물질적 자원을 의미
	비경제적 자원	규범적 자원	• 특정 지위에 따라 가질 수 있다고 사회적으로 인정하는 의식을 의미
		감정적 자원	• 타인과의 관계에서 나타나는 의존의 특성을 의미
		개인적 자원	• 개인이 지니고 있는 재능이나 전문적인 특성 등을 의미
		인지적 자원	• 주고받는 영향력의 인식 정도를 의미
상호작용 기술			• 상대방과 협상하기 위해서 혹은 통제력을 발휘하기 위해 사용 • 권력 수행의 과정에서 나타남 • 설득, 주장, 절충, 논리적 진술, 위협 등
결정권			• 상호작용의 마지막 단계에서 나타나는 권력의 결과를 의미 • 마지막 결정을 행사한다는 것은 권력이 행사된 것으로 해석

출처 : 유영주 외(2013). 가족관계학. 파주 : 교문사. 174쪽 재구성.

여 권력이 행사되도록 상호작용을 하게 되며 최종 결정에 이르게 된다. 표 10-2
는 권력의 기반이 되는 자원, 권력을 행사하는 과정이 되는 상호작용 기술, 그리
고 권력의 결과로 나타나는 결정권으로 구성된 권력의 요인을 설명하고 있다.

2. 가족권력

가족 관계도 인간관계의 일부이기 때문에 보편적 인간관계에서 발생하는 권력 구
조가 생기는 것이 당연하다. 가족구성원들은 서로 다른 존재이므로 각각 다른 목
표와 기대를 가지게 되며, 이를 성취하기 위해 다른 가족구성원을 자신의 뜻대
로 할 수 있는 권력을 갖기 원하는 것이다(이기숙 외, 2009). 사랑을 기반으로 구
성된 가족이라 할지라도 삶의 모든 순간에 모든 가족구성원의 마음이 일치되기
는 힘들다. 의견 차이가 생기고 그러한 차이를 조율하는 과정에서 갈등이 생기기
도 한다. 가족구성원 모두가 서로를 존중하고 배려하는 마음으로 갈등을 해결해
나가는 노력의 과정이라 할지라도 결정에 이르는 과정에서 누군가의 결정이 더 힘
을 갖는 것 역시 사실이다. 즉, 가족 내의 권력의 방향으로 의사결정이 내려진다
는 뜻이다. 따라서 가족 내에서 발생하는 권력은 가족구성원들 사이의 관계에 대
한 능력, 가족구성원 개인이 상호작용을 통해 다른 가족구성원에게 미치는 영향
력인 셈이다(김유숙, 2010; Wolfe, 1959). 다시 말해 가족권력이란 다른 가족구성
원들의 행동을 통제시키거나 또는 유발·변화시키는 능력이라 할 수 있다(Straus,
1964; Winter et al., 1973: 옥선화 외, 2008에서 재인용).

　가족 내에는 부부권력, 자녀권력, 형제자매권력 등 다양한 권력이 존재하며, 가
족 내에서 권력은 변화한다. 절대적이었던 남편의 권력이 남편의 은퇴 후 아내에
게 이동하기도 하고, 자녀의 출생과 성장으로 인해 자녀에게 자연스럽게 이동하기

　　　　　　　　　헹복한 삶을 위한 가족의 이해

도 한다. 여기에서는 가족 내 권력 중 핵심을 이루는 부부권력과 자녀권력 두 가지를 살펴보고자 한다.

1) 부부권력

"한때 권력자로 길러졌고 권력자로 행세했던 남자들은 지금 어디 있는가……. 그는 지나간 가부장적 권위주의 시대에 '권력자의 전설'을 갖고 있었으나, 이제 그 모든 화려했던 전설은 추억 속의 빛바랜 흑백 사진에 불과해졌다. 권력은 대부분 해체되었고 그는 쓸쓸하게 인간의 거울 앞으로 돌아와 누웠다." (박범신 『남자들, 쓸쓸하다』 중에서)

"결혼 초에 주도권을 잡아야 한다"라는 식의 말을 한 번쯤은 들어본 적이 있을 것이다. 이 말은 바로 부부권력을 누가 잡느냐의 문제를 뜻한다. 과거에는 남편에게 부부권력의 절대적 힘이 있었지만 현재에는 과거에 비해 아내에게 부부권력의 이동이 많이 이루어졌다. 하지만 여전히 남편에게 권력이 치중되어 있다고 느끼는 아내가 있는 반면, 아내에게 권력을 빼앗기고 아쉬워하는 남편이 있을 수도 있다. 이렇듯 부부권력은 상대적인 요소가 많기 때문에 부부권력의 배분 문제는 빼앗기느냐, 나누느냐의 매우 민감한 문제이다.

부부관계에서 남편과 아내 중 누가 더 권력을 가지고 있느냐의 문제는 중요하다. 부부역할을 어떻게 분담하고 수행하느냐, 부부생활의 결정권을 누가 가지고 있느냐 등 부부생활의 상당한 부분이 부부권력의 균형의 문제와 맞닿아 있기 때문이다. 블러드와 울프(Blood & Wolfe)는 가족권력을 의사결정 능력으로 설명하면서 특히 부부권력은 서로를 다루는 실제적인 능력과 수단이라고 보았다(옥선화 외, 2008). 즉, 부부권력은 상대 배우자의 행동에 더 영향력을 가진 능력을 의미한다. 부부관계에서 권력은 다양한 방법을 통해 의사결정에 사용된다. 남편은 친구와의 술자리를 얻어 내기 위해 아내에게 한 달 동안 쓰레기 분리 수거를 책임지겠다는 '협상'을 할 수도 있고, 아내가 자신 몰래 투자해 날린 주식 이야기를 시부모에게 말하겠다는 '협박'을 할 수도 있다.

그림 10-1
부부권력의
구성

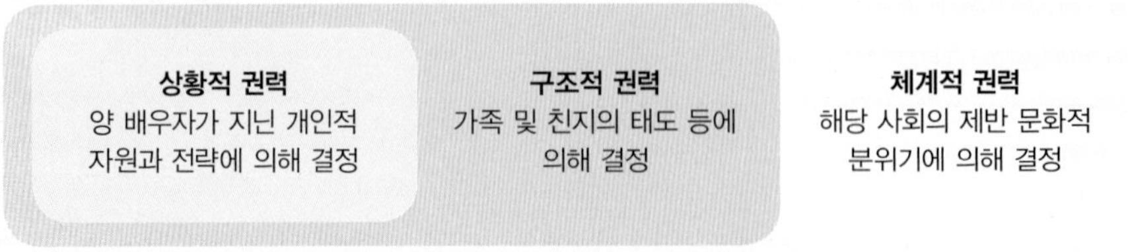

상황적 권력	구조적 권력	체계적 권력
양 배우자가 지닌 개인적 자원과 전략에 의해 결정	가족 및 친지의 태도 등에 의해 결정	해당 사회의 제반 문화적 분위기에 의해 결정

출처 : 이여봉(2008). 가족 안의 사회, 사회 안의 가족. 파주 : 양서원. 126쪽 재구성.

부부권력은 그림 10-1과 같이 상황적 권력, 구조적 권력, 체계적 권력으로 나누어 설명할 수 있으며(Alford & Friedland, 1985: 이여봉, 2008에서 재인용), 부부간의 상호작용 특성 혹은 부부 개인이 가지고 있는 자원에 따라 다른 모습을 보인다(유영주 외, 2013).

오스트레일리아 백인 가족을 대상으로 부부상호작용 유형을 분석한 허브스트

표 10-3a
허브스트의
부부권력 유형

유형	특징
부부 자율형 (①형, ②형)	• 남편 혼자 결정하고 행동하는 영역과 부인 혼자 결정하고 행동하는 영역이 존재 • 각자의 영역에 따라 부부 각각 자율적으로 결정하고 행동하는 유형
남편 지배형 (③형, ⑤형)	• 부부가 공동으로 행동하는 것과 부인이 혼자 행동하는 것이 모두 남편의 결정 아래 이루어지는 것 • 남편의 지배하에 결정되고 행동하는 유형
부인 지배형 (④형, ⑥형)	• 남편 지배형의 반대 유형 • 부인의 결정에 따라 남편이 행동하거나 부부가 함께 행동하는 유형
부부 공동형 또는 협동형 (⑦형, ⑧형, ⑨형)	• 부부가 공동으로 결정하고 부부 공동 또는 각자가 행동하는 유형 • 부부가 대등한 인간관계를 가지고 협동적 분업을 하는 유형

출처 : 유영주 외(2013). 가족관계학. 파주 : 교문사. 194~195쪽 재구성.

표 10-3b
허브스트의
부부권력 유형

분류		결정		
		남편	부인	공동
행동	남편	①형	⑥형	⑧형
	부인	⑤형	②형	⑨형
	공동	③형	④형	⑦형

출처 : 김익균(2008). 가족관계학. 파주 : 교육과학사. 167쪽.

(Herbst)는 표 10-3a, 3b와 같이 ① 부부 자율형(autonomic pattern), ② 남편 지배형(husband dominance pattern), ③ 부인 지배형(wife dominance pattern), ④ 부부 공동형 또는 협동형(syncratic pattern)의 네 가지로 부부권력 유형을 제시하였다.

표 10-4와 표 10-5는 권력의 근거가 되는 자원에 따른 부부권력의 유형을 보여준다. 세필리오스-로스차일드(Safilios-Rothschild)는 부부권력을 ① 권위(authority), ② 지배력(dominance power), ③ 자원력(resource power), ④ 전문적 권력(expert power), ⑤ 영향력(influence power), ⑥ 애정적 권력(affective power), ⑦ 긴장 관리력(tension management power), ⑧ 도덕적 권

유형	특징
권위	관습이나 사회적인 규정에 의하여 인정되는 권력
지배력	강압적인 위협이나 폭력에 의해 굴복시켜 획득하는 권력
자원력	돈이나 명성 등 필요한 자원을 공급해 줌으로써 부여받는 권력
전문적 권력	전문적인 지식이나 고도의 기술, 경험 등을 근거로 하여 부여받는 권력
영향력	압력을 행사할 수 있는 능력
애정적 권력	온화함이나 성적 매력에 의하여 배우자를 다루는 능력
긴장 관리력	눈물이나 잔소리 등으로 조정하는 권력
도덕적 권력	도덕적·종교적 기준에 비추어 타당한 규범에 의하여 부여되는 권력

표 10-4
세필리오스-
로스차일드의
부부권력 유형

출처 : 유영주 외(2013). 가족관계학. 파주 : 교문사. 196쪽 재구성.

유형	특징
강압적 권력	정서적·신체적 강압을 통해 상대방이 처벌할 것이라는 두려움에 기반
보상적 권력	자신이 배우자를 위해 어떤 행동을 했으면 상대방도 자신을 위해 비슷한 행동을 할 것이라는 신념에 기반
전문적 권력	배우자가 더 많은 지식을 갖고 있는 것에 기반
합법적 권력	다른 사람에게 복종을 요구할 수 있는 권리를 가진 역할에 기반
준거적 권력	배우자와 동일시하고 배우자와 비슷하게 행동함으로써 만족감을 얻는 것에 기반
정보적 권력	상대방의 설득적인 설명에 기반

표 10-5
프렌치와
레이븐의
부부권력 유형

출처 : 정현숙 외(2020). 가족관계. 서울 : Knou Press. 54~55쪽 재구성.

력(moral power)으로 제시하였으며(유영주 외, 2013), 프렌치와 레이븐(French & Raven)은 ① 강압적 권력(coercive power), ② 보상적 권력(reward power), ③ 전문적 권력(expert power), ④ 합법적 권력(legitimate power), ⑤ 준거적 권력(referent power), ⑥ 정보적 권력(informational power)의 여섯 가지로 제시하였다(정현숙 외, 2020).

부부관계는 가족권력 구조에 있어 핵심이라 할 수 있다. 따라서 부부권력 구조는 그 가족의 안정성에 큰 영향을 미칠 수 있다. 불평등한 부부권력의 결과로 가족의 긴장과 스트레스가 증가하고 모든 가족구성원의 행복이 영향을 받게 되는 반면, 평등한 부부권력 구조는 결혼만족도를 높이는 것으로 나타났다(Chang, 2016; LeBaron et al., 2014; Sanchez & Hernandez, 2018). 따라서 부부 모두의 의견이 존중되는 평등한 부부권력의 유지는 행복한 결혼과 건강한 가족을 위해 반드시 필요한 것이다.

관심
갖기

부부간 권력 격차가 큰 결혼은 유지되기 힘들다

며칠 전 페이스북에 올려진 글 하나가 내 흥미를 끌었다. 재벌을 비롯한 대한민국 권력자들의 결혼과 이혼을 다룬 글이었다. 그 내용 중에는 마음 아픈 얘기도 있었다. 권력자 집안 출신의 멋진 남자와 결혼한 신데렐라가 된 줄 알았는데, 결국 나중에는 버림받았다는 거였다. 문득 나는 작년 이맘때 몇몇 대학생들에게 결혼생활에 대해 조언을 했던 기억이 떠올랐다. "부부간에 권력 격차가 큰 결혼은 유지되기 힘듭니다. 결혼을 하거든, 부부간에 권력의 균형을 유지하세요. 권력의 균형은 모든 건강한 인간관계의 핵심입니다."

··· 중략 ···

결혼생활이라고 해서 다르지 않다. 부부간에 권력 격차가 크면 파경을 맞을 가능성이 커진다. 부부 중 한쪽이 훨씬 큰 권력을 갖고 있고, 다른 한쪽은 그 권력에 순응해야 할 처지라면, 그래서 전자가 후자가 소중히 여기는 것을 빼앗을 수 있다면 내 눈에 결과는 뻔히 보인다. 큰 권력을 가진 쪽이 육체적 또는 정신적으로 상대방에게 상처를 줄 가능성은 언제든 있다. 그렇기에 그런 결혼은 행복하게 유지되기 힘들다.
부부간의 권력 격차에 미치는 영향은 여러 가지다. 우선 사회경제적 지위의 격차를 생각할 수 있다. 배우자 중 한쪽은 재벌가 집안 출신이며, 다른 한쪽은 평범한 집안 출신이라면 권력 격차는 크다고 할 것이다. 평범한 집안 출신이 결혼 후 누리는 많은 것들, 예를 들어, 씀씀이의 여유, 높아진 사회적 지위는 배우자에게 의존하는 것이다. 배우자가 그를 버릴 경우, 그는 더 이상 경제적으로 여유롭지도, 주변의 우러러봄을 받지도 못하게 된다. 이 같은 권력 격차는 건강한 부부생활을 위협하는 요인이다. 동화 속에서 신데렐라는 왕자와 결혼해 '영원히' 행복하게 살지만, 현실은 이와 다른 경우가 태반일 것이다.

권력 격차를 좌우하는 또 다른 요인은 사랑이다. 옛부터 더 많이 사랑하는 쪽이 '약자'라고 했다. 만약 재벌가 남자의 사회경제적 지위가 아무리 높다고 한들, 설사 그가 대통령이라고 한들, 여자가 자신을 사랑하는 것보다 그가 훨씬 더 여자를 사랑한다면, 그는 '약자'인 것이다. 그렇기에 사회경제적 차이로 빚어진 권력 격차는 무의미해진다. 권력은 균형을 찾아갈 수 있다.

그러나 어떤 커플들은 권력의 격차가 크다. 그 원인이 사회경제적 지위 차이든, 사랑의 차이든, 성격차이든, 한쪽이 다른 한쪽을 지배하는 커플을 찾아 볼 수 있다. 그 결과는 종종 파멸적이다.

… 후략 …

출처 : 매일경제(2016.02.18.).

2) 자녀권력

자녀는 부모의 신체적·정신적·경제적 자원 속에서 성장하게 되므로 부모의 권력은 절대적일 수밖에 없다. 특히, 가족 내의 위계질서가 강조되었던 과거에는 부모권력(특히 아버지권력)이 지배적이었다. 그러나 가족권력은 역동적이고 다차원적인 과정으로, 한 명의 가족구성원에게 강력한 권력이 항상 주어지는 것은 아니다 (Szinovacz, 1987: 정현숙 외 2020에서 재인용). 과거와 달리 민주적 양육방식이 강조되면서 부모권력이 자녀권력으로 이동되는 모습이 더욱 강해졌다. 자녀가 걷기 시작하면서 부모의 서재가 아이의 놀이방이 되고, 자녀가 이유식을 떼면서 식탁 위의 반찬은 자녀 위주로 변화한다. 자녀를 낳아 키우는 부모 입장에서는 이런 모습에 익숙할 것이다. 이처럼 자녀권력은 자녀가 성장하면서 더욱 강력해진다. 자녀가 언어를 배우고 말을 할 수 있게 되면 자녀는 가족생활의 모든 부분에서 자신의 의견을 표현하고 가족의 의사결정에 영향을 미친다. 외식을 할 때 무엇을 먹을지, 주말에 무엇을 하면서 가족여가를 즐길지, 가족여행은 어디로 갈지 등을 결정함에 있어 자녀의 힘이 더욱 커진다. 이처럼 자녀권력은 주로 의사결정의 과정에서 드러난다.

우리나라에서 자녀권력은 자녀가 고등학교 3학년에 올라가면 절정을 이룬다고 할 수 있다. 대학 입시를 앞 둔 자녀의 권력을 '절대 권력'이라 말하기도 한다. 부모는 집 안에서 뒤꿈치를 들고 걸어야 하고 미역국이나 죽 종류는 식탁 위에 올려서도 안 된다. 드라마 시청은 사치이며 텔레비전이 거실에서 사라진 지는 이미 오래 전이다. 이것이 바로 '시집살이'보다 더한 '자식 시집살이'인 것이다. 많은 한국 가정은 대학 입시이라는 목표를 위해 부모와 자녀가 한 팀으로 전력 질주를 하고 있다. '선수'인 자녀의 컨디션을 최고로 만들어야 하는 부모는 '코치'이자 '감독'인 셈이다. 그러다 보니 자녀가 잘못을 했음에도 불구하고 공부에 방해되지는 않을까 하는 마음에 자녀의 눈치를 보게 되고, 공부만 해주면 자녀의 다른 모든 행동들이 용서되곤 하는 것이다. 이는 학벌 지상주의가 만들어 낸 한국 사회의 슬픈 단면이라 할 수 있다. 학벌 지상주의가 만들어 낸 자녀권력이 아닌 자녀의 건강한 성장에 따른 바람직한 가족권력의 변화가 우리 가족과 사회를 성장시킬 수 있음을 잊지 말아야 할 것이다.

3. 가족 스트레스

1) 가족 스트레스의 개념

가족은 시간의 흐름에 따라 변화한다. 두 남녀가 만나 결혼을 하고 자녀를 낳아 부모가 되기도 한다. 자녀가 성장함에 따라 부모-자녀간의 문제를 경험하기도 하고 자녀가 성인이 되면 자녀를 독립시키게 된다. 또한 부모는 은퇴를 경험하게 된다. 이러한 일련의 변화를 경험하면서 가족은 어려움을 경험하기도 하고 적응해 나가게 된다. 다시 말해, 가족의 평안함을 저해하는 사건이 발생함으로써 가족은 그러한 요인을 해결하고 다시 평안을 얻고자 노력한다는 것이다. 이처럼 시간에 따라 변화하고 발달해 나가는 가족의 상황에 미치는 긴장과 압력을 가족 스트레스(family stress)라 하며, 이는 신체적·심리적 스트레스를 포괄하며 가족체계의 변화를 일으킨다(Boss, 2006: 기쁘다·성미애, 2021에서 재인용; McCubbin & Patterson, 1983).

개인의 삶에서 경험하게 되는 일련의 생애사건들(life events, 예: 결혼, 출산, 이혼, 사별, 은퇴 등)은 긍정적이든 부정적이든 개인의 삶에 영향을 준다. 생애사건은 그 동안 유지되어 오던 가족의 평형과 안정을 깨는 원인으로 작용한다. 하지만 가족구성원들이 그러한 변화에 적응해 나갈 때는 그리 큰 문제가 되지 않는다. 가족구성원들이 변화에 대처하지 못하고 적응하기 힘들어 할 때 문제가 발생하는 것이다. 위기 상황으로 인해 가족구성원들이 겪어야 하는 충격, 고통 등이 해결되어 사라지지 않을 경우 가족구성원들은 정서적·행동적·인지적 역기능을 경험하게 되기 때문이다(서해정 외, 2011). 특히 부정적 생애사건은 개인의 신체적·정신적 건강 및 심리적 복지에도 영향을 미치는 것으로 나타났다(강혜원·한경혜, 2005; 김경민·한경혜, 2004; Reynolds & Turner, 2008).

가족 스트레스 연구는 전쟁이나 경제 공황, 가족의 질병 또는 사망, 전쟁으로 인한 별거, 천재지변과 같은 큰 시련의 과정을 겪으면서 가족이 어떤 영향을 받는

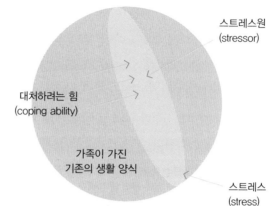

그림 10-2
가족 스트레스

출처: 김유숙(2010). 가족상담. 서울 : 학지사. 50쪽.

지, 그리고 어떤 요인이 이런 위기를 극복하는 데 영향을 미쳤는지에 대한 관심에서 출발하였다(김유숙, 2010; 이기숙 외, 2009). 가족 스트레스는 그림 10-2에서 설명하는 것과 같이 가족에게 가해진 자극인 스트레스원(stressor)은 물론 그것을 극복하려는 대처능력까지 포함한다(김유숙, 2010).

가족 스트레스의 원인은 스트레스를 겪는 가족에 따라 매우 다양하다. 카터와 맥골드릭(Cater & McGoldrick)은 가족 스트레스의 원인을 그림 10-3과 같이 시

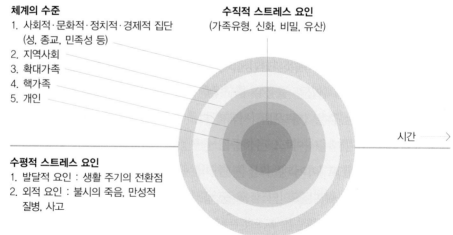

그림 10-3
가족의
스트레스 원인

출처 : Carter, E. A., & McGoldrick, M.(1980). : 김유숙(2010). 가족상담. 서울 : 학지사. 52쪽에서 재인용.

간의 흐름에 따라 수직적 요인과 수평적 요인으로 설명하였으며, 이러한 수직적 요인과 수평적 요인이 동시에 작용하기 때문에 매우 복잡하다(김유숙, 2010). 수직적 스트레스 요인(vertical stressor)이란 가족 안에서 세대를 통해 전해지는 가족 문제, 가족 신화, 가족 규칙, 가족 기대 등을 의미하며, 수평적 스트레스 요인(horizontal stressor)이란 가족의 발달단계를 통해 겪게 되는 요인을 뜻한다. 수평적 스트레스 요인은 다시 대부분의 가족이 경험하는 예측 가능한 발달적 요인(규범적 요인, 예: 출산, 입학 등)과 갑자기 발생하는 예측 불가능한 외적 요인(비규범적 요인, 예: 실직, 사고사 등)으로 나눌 수 있는데, 이 두 가지 요인이 동시에 발생될 때 스트레스는 가중될 수밖에 없다. 예를 들어, 자녀가 대학에 들어가야 하는 시기에 남편이 갑자기 해고를 당하게 된다면 가족의 스트레스는 더욱 높아질 것이다. 이와 같이 대부분의 가족들이 겪을 수 있는 생애사건 등은 스트레스의 원인으로 작용하게 되는데, 보스(Boss, 1988)는 개인의 발달 과정 또는 가족발달

스트레스 유형	내용
내적 스트레스원	가족구성원에 의해서 발생되는 사건(예: 가족원의 음주나 자살 등)
외적 스트레스원	가족 외부에서 야기되는 사건(예: 지진, 인플레이션, 성차별 의식 등)
규범적 스트레스원	가족 주기에 따라 예측할 수 있는 사건(예: 출산, 결혼, 죽음 등)
비규범적 스트레스원	예측하기 어려운 사건(예: 사고로 인한 사망, 해고 등)
모호한 스트레스원	분명하지 않은 사건(예: 오랜 기간 구직을 하지 못한 자녀가 구직을 하면 독립을 하겠다고 했을 때 자녀 독립이 실제 일어날 것인가)
확실한 스트레스원	언제 어디에서 누구에게 어떻게 일어날지 알 수 있는 사건(예: 폭풍, 쓰나미, 지진 경보처럼 예고된 자연재해)
자의적 스트레스원	자발적인 사건(예: 스스로 원하여 계획한 이직이나 임신 등)
비자의적 스트레스원	통제할 수 없는 사건(예: 갑작스러운 실직, 가족의 사고사 등)
만성적 스트레스원	오랜 기간 유지되는 사건(예: 노인성 치매, 인종 차별 등)
급성적 스트레스원	짧은 시간에 발생하지만 심각한 사건(예: 골절, 시험 실패 등)
누적되는 스트레스원	이전의 사건이 해결되기도 전에 새로운 사건이 다시 발생하여 위험한 상황을 만드는 사건
독립적 스트레스원	가족이 평정 상태일 때 한 번에 하나만 발생하는 사건

표 10-6
보스의
12가지 유형의
스트레스원

출처 : 유영주 외(2013). 가족관계학. 파주 : 교문사. 177~178쪽 재구성.

주기에 따라 예측할 수 있는 스트레스원을 표 10-6과 같이 제시하였다.

2) 가족 스트레스 모델[*]

ABC-X 모델은 가족 스트레스 연구의 대표자라 할 수 있는 힐(Hill, 1949)의 이론으로, 가족 스트레스 연구의 기초를 마련하였다(Boss, 2006: 기쁘다·성미애, 2021에서 재인용). 그림 10-4에서 알 수 있듯이, 스트레스 요인이 되는 사건(A: 전쟁, 자연재해, 가족원의 자살, 배우자의 부정 등)은 그 자체만으로 가족에게 위기(X)가 되는 것이 아니라 위기에 대처하는 가족자원(B: 경제적 자원을 비롯한 가족의 인적 자원, 가족의 적응 능력, 과거에 위기를 극복한 경험 등)과 스트레스 사건에 대한 가족의 지각(C: 스트레스 사건을 인지하고 받아들이는 시각)의 영향을 받게 되어 그 결과 위기(X)에 다다른다. 여기서 중요한 것은 스트레스 요인이 되는 사건(A)이 반드시 위기(X)를 의미하는 것은 아니라는 것이다. 스트레스 사건이라 할지라도 가족이 잘 대응하고 처리할 수 있다면 위기 상황까지 다다르지 않고 다시 안정되고 평안한 상태로 회복될 수 있기 때문이다.

이중 ABC-X(Double ABC-X) 모델은 힐의 모델을 기반으로 맥커빈과 패터슨

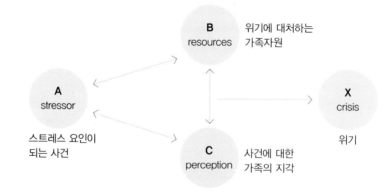

그림 10-4
ABC-X 모델

출처 : Hill, R.(1949). : 김유숙(2010). 가족상담. 서울 : 학지사. 53쪽에서 재인용.

---

[*] 가족 스트레스 모델 부분은 김유숙(2010)과 유영주 외(2013)를 상당 부분 참고하였다.

행복한 삶을 위한 가족의 이해

(McCubbin & Patterson)이 시간 개념을 도입하여 위기를 중심으로 전 위기 단계(pre-crisis), 후 위기 단계(post-crisis : 위기 발생 이후의 재적응 과정)로 발전시킨 모델이다(김유숙, 2010). 그림 10-5에서 aA는 누적된 스트레스를 뜻하는데, 기존의 스트레스 요인이 해결되지 않은 채 가중된 경우, 기존 스트레스 요인과 상관없는 사건이 또 발생하는 경우, 그리고 기존의 스트레스 요인을 극복하려고 한 노력 자체가 스트레스 요인이 된 경우가 이에 해당된다. bB는 가족이 이미 가지고 있고 초기 스트레스 요인의 영향을 줄여 주었던 기존 자원과 새로운 자원(위기 상황을 통해 보강되고 개발된 자원으로, 개인/가족/사회 수준의 자원으로 구성) 두 가지로 나타난다. 그리고 cC는 가족의 지각으로, 초기 스트레스 요인에 대한 가족의 지각은 물론 새로운 자원을 인지하고 누적된 스트레스 상황을 재정의하려는 과정까지 모두 포함된다. 이중 ABC-X 모델은 가족이 위기를 겪음으로써 나타나는 일련의 결과를 적응(adaptation)이란 용어로 설명하였다(기쁘다·성미애, 2021). xX가 이러한 적응을 의미하며 양호한 적응(bonadaptation) 또는 부적응(maladaptation)으로 나타난다.

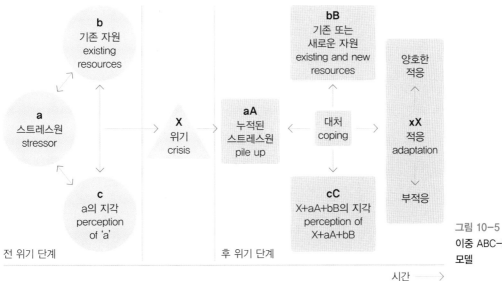

그림 10-5
이중 ABC-X
모델

출처 : McCubbin, H. I., & Patterson, J. M.(1983). : 김유숙(2010). 가족상담. 서울 : 학지사. 56쪽에서 재인용.

3) 가족 스트레스의 대처

가족 스트레스의 원인이 얼마나 지속되는지, 그리고 그 강도가 얼마나 강한지에 따라 가족이 받는 영향은 달라진다. 가족이 가진 회복력이 어느 정도인지에 따라 스트레스의 영향이 단기간에 그칠 수도 있고 장기간 동안 지속될 수도 있다. 다양한 스트레스원으로부터 발생된 가족 스트레스는 가족체계를 불안정하게 만들고, 이에 대한 가족의 반응은 가족의 정서적·신체적 건강, 가족의 능력 및 특징 등에 따라 다르게 나타난다(McCubbin et al., 1996). 가족마다 가지고 있는 자원이 다르기 때문에 동일한 원인의 스트레스를 경험하더라도 가족마다 인지하는 스트레스의 정도 및 대처 방식은 다를 수밖에 없다.

가족 스트레스에 대처하기 위해서는 크게 위기대처자원과 가족의 신념체계 두 가지가 매우 중요하다(이기숙 외, 2009). 즉, 가족이 위기를 대처하는 데 있어 필요한 자원을 얼마나 가지고 있느냐, 그리고 가족이 위기를 어떻게 받아들이고 해석하느냐라는 것이다. 2019년 세계적 펜데믹 현상을 일으킨 신종 코로나 바이러스 감염증(코로나19)은 모든 가족에게 스트레스원으로 작용하였다. 지난 2020년 한 해 동안 〈한국여성의전화〉를 통한 여성폭력 피해 상담 건수가 3만 9000건에 달했으며 코로나19 확산 이후 가정폭력 상담 비중도 큰 폭으로 증가했다(헤럴드경제, 2021.03.08.). 하지만 모든 가족이 코로나19로 인해 극한의 위험을 경험했던 것은 아니다. 어떤 가족은 가족구성원의 협력으로 잘 견뎌 내는 반면, 어떤 가족은 외부의 도움이 절실한 상황이 되기도 한다. 바이러스의 세계적 유행을 어느 누구도 정확하게 예측하지 못하는 것처럼, 가족 스트레스의 원인을 개인이나 가족이 완벽하게 예측하거나 예방하는 것은 불가능하다. 따라서 가족이 스트레스 대처능력을 키우는 것이 무엇보다 절실하다.

스트레스 상황에서 벗어나기 위해서는 가족이 어떤 자원을 얼마나 가지고 있느냐가 중요하다. 가족자원이란 위기 상황에서 가족구성원 모두의 관심, 애정, 경제적 의존 정도, 응집력 등이 가족의 능력과 행동을 변화시키는 힘으로, 가족구성원 간의 상호 존중감과 의사소통, 숙련감, 가족 및 친척의 지지, 재정적 안녕 등을

코로나발 이혼 상담 급증했다…"잠재된 문제 봇물 터져"

··· 전략 ···

지난해 신종 코로나 바이러스 감염증(코로나19)는 부부 및 가족간 갈등을 증폭시키는 주요 인이 됐다. 16일 법률 구조 법인 한국가정법률상담소에 따르면 지난해 전체 면접 상담 중 이혼 상담이 차지하는 비율은 29.0%를 기록했다. 2018년(22.4%), 2019년(25.3%) 보다 크게 올랐다. 한국가정법률상담소 측은 "성격차이나 경제 갈등 등 부부간 잠재돼 있던 문제들이 코로나19로 봇물 터지듯 터졌다"고 설명했다.

여성의 이혼 상담 사유로는 폭력 등 남편의 부당 대우가 48.3%로 가장 많았다. 2019년 (31.9%)에 비해 2020년 16.4% 급증했다. 사회적 거리 두기와 재택근무 등으로 집에서 함께 지내는 시간이 많아졌고, 실업과 폐업 등 경제적 갈등의 씨앗이 증가한 것과 무관치 않다는 분석이다. 상담소 측은 "여성들은 코로나19로 우울감과 경제적 어려움 등 문제 상황을 겪게 되면서 부부간 갈등이 더 많아졌고, 다툼이 반복되는 상황에서 남편에게 폭행을 당하다 보니 더 이상은 부부관계를 유지할 수 없는 지경에 이르게 됐다고 호소한 경우가 많았다"고 전했다.

남성의 경우 장기 별거와 아내의 가출, 아내의 부당 대우 등을 상담하는 비율이 높았다. 특히, 상담에선 외도나 불성실한 결혼생활, 과도한 빚 등 배우자의 가출 이전에 다른 문제들이 먼저 갈등의 요인이 된 경우가 많은 것으로 알려졌다.

··· 중략 ···

남성들의 경우 궁핍한 경제 사정이 모두 자신의 책임인 양 아내가 폭언을 하거나 무시할 때 견디기 힘들어 하는 것으로 나타났다. 여성들은 단순 노무 등의 일자리마저 없어져 생계에 위협을 받을 때, '무능력한 남편'에 대한 원망이 더 커졌다고 호소한다. 장기간 별거를 하며 '사실상 이혼' 상태에 놓여 있던 부부들이 법적 이혼을 마음 먹는 일도 눈에 띄었다. 배우자가 존재한다는 이유로 재난 지원금이나 임대 주택 등 일정한 지원을 받는 데 어려움을 겪어서다. 이에 서둘러 혼인 관계를 정리하려 상담소를 찾는 사례들이 있는 것으로 제시됐다.

하지만 지난해 실제 이혼 건수는 오히려 줄어들었다. 통계청이 발표한 '2020년 12월 인구 동향'에 따르면, 작년 한국의 이혼 건수는 10만 6,512건으로 2019년 대비 3.9% 감소했다. 법조계에선 코로나19로 결혼 건수 자체가 감소한 데다, 지난해 법원이 자주 휴정한데 따른 결과로 분석하고 있다. 코로나19가 잠잠해지면 억눌려 있던 이혼이 늘어날 수 있다는 전망이 나온다. 미국이나 영국 등 해외에선 '코비디보스(Covidivorce, 코로나 이혼)'란 신조어가 생길 만큼, 코로나19로 인해 가정이 깨지는 사례가 많은 것으로 알려졌다.

출처 : 한국경제(2021.03.16.).

모두 포함한다(Angell, 1936; McCubbin et al., 1981). 가족자원은 단순히 경제적 자원만을 의미하는 것이 아니라 가족구성원 각자의 건강 상태, 교육 수준, 사회적 지위 등이 모두 포함되기 때문에, 이러한 가족자원을 가지고 효과적으로 스트레스에 대처하기 위해서는 가족구성원 서로가 얼마나 친밀한가, 그리고 구성원 서로가 건강한 관계를 형성하고 있느냐가 스트레스 대처 정도에 큰 영향을 미친다. 이와 같은 가족 내부의 자원뿐만 아니라 친족, 친구, 직장 동료 등과 같은 사회적 관계망 역시 중요한데, 이러한 사회적 관계망은 지원을 제공하는 제공자와의 관계의 질, 상호작용 빈도에 따라 그 정도가 영향을 받는다(Thoits, 1995). 즉, 가족 스트레스에 잘 대응하는 기능적인 가족은 가족 외부로부터 다양하고 유용한 자원을 적절히 사용하는 것이다.

가족이 어떤 신념체계를 가지고 있느냐 하는 문제는 스트레스 상황에서 가족이 문제를 해결하고 성장할 수 있는 힘을 갖게 되느냐, 아니면 건설적인 방향으로 문제를 해결하는 것을 방해하느냐와 연관된다(Walsh, 양옥경 외 역, 2001). 가족에게 닥친 예기치 못한 위기를 스스로 통제할 수 있다는 믿음, 가족구성원이 협동하여 위기를 대처하는 행동력과 추진력은 가족이 가진 신념에서 비롯된다. 가족은 신념을 바탕으로 스트레스에서 벗어날 수 있는 힘을 얻기 때문이다.

가족 스트레스에 건설적으로 대처하고 건강하게 살 수 있는가에 대한 고민은 가족의 삶의 질에 큰 영향을 미친다. 삶에 있어 누구나 변화와 위기를 맞게 되지만, 어떤 가족은 좌절하고 상처받는 반면, 어떤 가족은 극복하고 나아간다. 이러한 측면을 이해하는 데 유용한 개념이 바로 가족 레질리언스로 다음에서 자세히 알아보고자 한다.

4) 가족 레질리언스

레질리언스(resilience)란 위기를 스스로 극복하고 회복하는 능력으로, 위기를 극복한 후에는 그 이전보다 더욱 강해지는 능력을 의미한다(Walsh, 2006: 기쁘다·

성미애, 2021에서 재인용). '적응 유연성', '탄력성', '회복력' 등의 여러 용어로 사용하기도 한다(김미옥, 2000; 박현선, 1998; walsh, 양옥경 외 역, 2001). 레질리언스란 취약하지 않다는 뜻이 아니라 스트레스를 효과적으로 잘 버텨 내는 것을 의미한다(Walsh, 1998). 다시 말해, 위기 상황에서 상처를 받지 않는 것이 아니라 위기를 극복하고 해결하며 회복되는 능력을 뜻한다(Luthar et al. 2000). 이를 가족적응의 과정에 적용한 것이 가족 레질리언스 개념이다.

가족 레질리언스(family resilience)란 스트레스 상황에서 가족이 문제를 적절하게 대응하고 극복하며 회복하는 가족의 특징, 속성, 능력이자 다시 적응해 나가는 과정을 의미한다(McCubbin & McCubbin, 1988; Walsh, 2006). '가족탄력성', '가족복원력', '가족회복력' 등의 용어로 사용되기도 한다. 대니얼슨과 그의 동료들(Danielson et al., 1993)은 가족 레질리언스를 위기, 변화, 스트레스원에서 회복할 수 있는 가족의 잠재력이자 가능성으로 정의했다. 가족 레질리언스는 가족에게 문제가 발생했다는 것에 초점을 두는 것이 아니라 가족이 그러한 문제를 대응하고 회복하는 강점을 가지고 있다는 점에 초점을 둔다(Hawley & DeHaan, 1996). 가족 레질리언스 관점에서는 가족에게 생긴 문제를 위기로 보는 것이 아니라 하나의 도전으로 생각하고, 스트레스나 위기 자체가 아닌 가족의 역동적인 회복 과정이 가족적응에 있어 가장 중요한 핵심임을 강조한다(김안자, 2009; Luthar et al., 2000). 따라서 삶의 도전들로부터 성공적으로 적응한 가족은 계속되는 역경과 변화에도 좌절하지 않고 다시 일어서서 삶을 지탱하고 발전시킬 수 있는 레질리언트한 가족이 되는 것이다.

가족 레질리언스의 대표적인 연구자인 월시(Walsh, 2015)는 표 10-7과 같이 가족신념체계, 조직 유형, 의사소통과정으로 가족 레질리언스가 구성된다고 설명하였다. 가족기능의 핵심이 되는 가족신념체계(family belief systems)는 가족이 세상을 바라보는 렌즈와 같은 것으로 가치, 편견, 태도 등이 포함된다. 가족신념체계는 가족구성원이 어떻게 위기를 해석하고 행동하는지에 크게 영향을 미치며 가족구성원들이 함께 힘을 합쳐 위기에 대응할 힘을 제공한다. 조직유형(organizational patterns)은 가족구성원들의 관계, 다시 말해 가족이라는 하나

표 10-7
가족
레질리언스의
구성 요소

요인		내용
가족신념체계	역경에 대한 의미부여	• 가족구성원들의 위기에 대한 이해와 해석을 의미 • 불안한 상황을 정확히 인지하게 돕고 새로운 목적과 시각을 가지고 변화할 수 있도록 도움
	긍정적 시각	• 위기를 좌절이나 실패로 보지 않고 성장을 위한 도전으로 지각할 수 있도록 도움 • 위기에 긍정적 태도를 가지고 적극적으로 대처할 수 있게 함
	초월과 영성	• 위기를 통하여 보다 큰 의미와 목표를 세우고 습득하여 발전해 나가는 자세를 갖게 함
조직 유형	융통성	• 끊임없이 변화하는 발달적·환경적 요구에 적응하는 능력
	연결성	• 가족구성원들 사이의 연합, 상호지지, 분리와 상호협력, 자율성 등의 균형을 이루게 하는 것
	사회·경제적 자원	• 지역사회 내에서 지지망을 확립하는 것 • 확대가족과 사회적 네트워크는 위기 시 가족의 자연적인 완충장치라고 할 수 있음
의사소통과정	명료성	• 명확하고 일관성 있는 말과 행동을 의미 • 가족구성원 사이에 정보, 생각, 감정 등이 명확히 전달됨을 의미
	개방적인 정서 표현	• 가족에게 닥쳐 온 위기, 위기를 통해 경험한 고통, 기쁨, 두려움, 희망 등 모든 감정을 공유함을 의미
	상호협력적 문제 해결	• 위기 극복을 위해 모든 가족구성원들의 의견을 공유하고 협력을 통해 의사결정을 내림을 의미

출처 : Walsh(2015). Strengthening family resilience, Guilford Publications.

의 단위체계로서 통합되어 있는 정도를 의미하는 것이다. 조직유형은 위기에 대처하기 위해 가족구조를 재조직하는 능력을 뜻하는 것으로, 가족구성원들의 행동을 규정하고 내·외적 규범을 유지하게 한다. 의사소통과정(communication processes)은 가족구성원들이 서로 관계를 맺는 가장 중요한 기능을 뜻하며, 사회경제적·실제적·도구적 문제 해결 모두를 포함하는 정보의 교환이라고 정의할 수 있다(Walsh, 1998: 기쁘다·성미애, 2021에서 재인용).

가족 레질리언스는 가족 스스로 위기로부터 회복될 수 있는 능력을 가지고 있다고 믿기 때문에, 아무리 극심한 위기라 할지라도 가족은 위기를 헤쳐 나갈 수 있으며 그 위기를 통해 한 걸음 더 발전해 나간다고 본다. 다시 말해, 가족에게 닥친 위기를 위협과 기회가 공존하는 하나의 도전으로 인식하는 가족은 위기를 극복함과 동시에 그 경험으로부터 앞으로 발생될 수 있는 또 다른 가족위기에 대한 면역력과 힘을 배우게 되는 것이다.

토마스 홈즈와 리처드 라헤의 생애사건 스트레스 평가

토마스 홈즈와 리처드 라헤(Thomas Holmes & Richard Rahe)는 환자들이 경험하는 생애사건의 특성 및 빈도를 관찰·수집하여 아래와 같이 스트레스 유발 요인이 되는 43개의 생애사건 리스트를 척도화하였다. 가장 큰 스트레스를 유발하는 사건은 '배우자의 죽음'으로, 점수가 높을수록 스트레스 정도가 크다는 것을 의미한다.

최근에 당신은 얼마나 많은 스트레스를 받았는가? 최근 1년 동안 당신이 경험한 사건들에 동그라미를 친다. 그러고 나서 당신이 동그라미 친 항복들의 점수를 모두 더해 총점을 구한다.

사건	점수	사건	점수
배우자의 죽음	100	직장에서의 업무 변화	29
이혼	73	아들이나 딸의 독립	29
별거	65	인척과의 마찰	29
수감	63	놀라운 개인적인 성과	28
가까운 가족의 죽음	63	배우자의 출근 시작 혹은 중단	26
본인의 심각한 질병이나 부상	53	공식적인 학교 교육의 시작 혹은 종결	26
결혼	50	생활 여건의 변화	25
실직	47	개인적인 습관의 변화	24
재결합	45	상관과의 마찰	23
퇴직	45	근무 시간이나 여건의 중대한 변화	20
가족의 건강 악화	44	주거지 변화	20
임신	40	학교의 변화	20
성생활 이상	39	레크리에이션 활동의 중대한 변화	19
새로운 가족의 등장	39	교회 활동의 중대한 변화	19
사업상의 중대한 변화	39	사회 활동의 중대한 변화	18
금전적인 중대한 변화	38	소액 주택 장기 대출 혹은 소액 대출	17
친한 친구의 죽음	37	수면 습관의 중대한 변화	16
보직 변화	36	가족 모임 횟수의 중대한 변화	15

사건	점수	사건	점수
배우자와의 말다툼 증가	35	식습관의 중대한 변화	15
거액의 주택 장기 대출	32	휴가	13
주택 장기 대출이나 대출로 인한 압류	30	크리스마스 시즌	12
		사소한 법규 위반	11

• 나의 점수는? _____

• **채점** 150 미만 : 스트레스와 관련된 질병에 걸릴 위험이 낮음

　　　 150~300점 : 스트레스와 관련된 질병에 걸릴 위험이 중간 정도

　　　 300점 이상 : 스트레스와 관련된 질병에 걸릴 위험이 높음

출처 : Holmes, R. S., & Rahe, R.(1967): Gottman, J. M., Gottman, J. S., & Declaire, J. 저, 정준희 역(2007). 부부를 위한 사랑의 기술. 서울 : 해냄. 125~127쪽에서 재인용.

11

가족 안의 상호작용 3

가족역할과 분담

당신은 수많은 별들과 마찬가지로 거대한 우주의 당당한 구성원이다.
그 사실 하나만으로도 당신은 자신의 삶을 충실히 살아가야 할 권리와 의무가 있다.

맥스 에흐만(Max Eastman)

우리는 모두 가족 속에서 누군가의 아들과 딸이자 손자이고 손녀이다. 동시에 누군가의 남편이자 아내이고, 사위이자 며느리이며, 아버지이자 어머니가 되기도 한다. 이처럼 개인은 사회에서 개인의 위치에 알맞은 행동 유형, 즉 역할을 부여받는다. 한 개인은 가족구성원으로서 한 가지 역할이 아닌 여러 역할을 동시에 부여받게 되며 이러한 역할은 개인에게 부담이자 갈등의 원인일 수 있다. 왜냐하면 지각된 역할과 기대된 역할의 충돌이 생기기 때문이다. 다시 말해, 자신이 생각하는 기대는 종종 상대방이 자신에게 원하는 기대와 서로 일치하지 않고 충돌한다는 것이다. 따라서 사회의 고정된 편견에 의해 강요된 역할분담이 아니라 개인의 선택과 능력에 따른 생산적인 역할분담 및 정확한 역할인식이 중요하다.

본 장에서는 가족구성원이 갖게 되는 가족역할 및 역할분담을 설명하고자 한다. 먼저 역할의 개념과 역할 취득의 과정, 그리고 역할갈등을 살펴본다. 다음으로 성역할에 대한 이해를 돕기 위해서 이와 관련된 몇 가지 개념, 즉 성역할 정체감, 성역할 고정관념, 성유형화, 성역할 태도를 살펴본다. 마지막으로 부부역할, 부모역할을 살펴봄으로써 가족역할을 이해하고자 한다.

1. 역할

우리는 모두 사회 속에서 태어난다. 태어남과 동시에 지위를 부여받고, 또한 그 지위에 맞는 역할이 주어진다. 역할이란 사회가 개인의 지위에 맞게 요구하는 행동 규준 및 문화적 행동 양식을 말한다(유영주 외, 2013). 역할은 사회의 기대에 의해 결정되는 일련의 의무, 기대 행동, 권리로 타인의 역할과의 상호작용을 통해 결정된다(김익균, 2008). 예를 들어, 한 개인이 성인이 되어 결혼하게 되면 남편이나 아내라는 역할을 부여받고, 자신의 배우자로부터 남편 또는 아내로서의 역할을 수행하기를 요구받는 것이다. 그리고 개인은 그 역할에 걸맞게 행동하게 되는데, 이를 역할행동(role-taking)이라 한다. 역할행동은 그림 11-1과 같이 역할기대(role-expectation), 역할인지(role-perception), 역할수행(role-performance), 역할평가(role-evaluation), 역할고정(role-fixation)을 습득해 가는 일련의 과정으로 구성된다(유영주 외, 2013).

앞서 기술하였듯이 개인에게 여러 역할이 부여되면서 주어진 각각의 역할에 대한 다양한 기대가 부여된다. 그러나 개인이 모든 역할을 동시에 완벽하게 수행하기는 현실적으로 힘들다. 그러한 이유로 인해 개인의 주관적 만족도가 하락하게 되는데, 이러한 현상을 역할과잉(role overload, 혹은 역할과중)이라 한다(김현식 외, 2017). 특히 사회생활을 하는 기혼 여성의 경우 역할과잉을 많이 경험한다. 아내의 역할만 담당했던 과거와는 달리 사회생활과 가정생활을 모두 담당하는 현대에는 직장에서의 역할과 동시에 엄마, 아내, 며느리 등 가정 내의 역할을 동시에 수행해야 하는 어려움이 있다. 이렇듯 개인에게 부여된 여러 역할들로 인해 이상적인 생활 상태가 방해받을 때 역할과잉이 발생한다. 과거에 비해 남성의 가사노

역할기대
- 역할담당자에 대한 타인의 요구나 평가 기준
- 집단 내에서 타인과의 상호 접촉이 개인의 인성에까지 영향을 끼침
- 주로 모방에 의해 학습

역할인지
- 역할담당자가 자신이 어떤 역할을 수행해야 한다고 지각하고 있는 상태

역할수행
- 역할담당자가 기대나 인지의 일치 여부와 관계없이 실제로 행하는 행동

역할평가
- 역할담당자에게 부여되는 역할기대와 역할수행 간의 일치나 불일치를 따져 봄으로써 얻게 되는 개인적 충족감

그림 11-1
**역할 취득의
과정**

역할고정
- 역할평가를 통해 만족할 만하다고 인정되는 역할행동 유형을 자신의 역할로 내면화하는 것

출처 : 유영주 외(2013). 가족관계학. 파주 : 교문사. 171~172쪽 재구성.

동 참여 및 육아 참여가 증가한 것은 사실이나 아직은 여성에게 과중한 역할수행이 요구되기 때문이다. 그리고 개인에게 부여된 2개 이상의 역할 등이 상반되거나 개인 스스로 인지하는 역할인지와 상대방이 기대하는 역할기대가 서로 일치하지 않을 때 그 사이에 갈등과 긴장이 발생하게 된다. 그러한 상황에서 개인은 역할갈등(role conflict)을 경험하게 된다(김현식 외, 2017).

---

* 2019년 여성의 가사노동시간은 3시간 13분, 남편의 가사노동시간은 56분으로 나타나 여성들의 가사노동시간이 남성보다 거의 4배 더 긴 것으로 나타났다(통계청, 2020). 보다 자세한 내용은 역할분담 부분을 참고하기 바란다.

2. 성역할

성역할(gender role)이란 말하는 형식, 언행의 버릇, 품행, 의복과 동작 등을 포함하여 성과 여러 가지 행동적 표현을 둘러싼 개념으로부터 발생한 사회적 기대를 말한다(네이버 사회학사전). 사회는 사회의 구성원인 개인에게 남성 혹은 여성으로서 요구하고 인정하는 행동 형태가 있는데, 이를 성역할이라 한다(Hurlock, 1983). 다시 말해 성역할이란 사회가 기대하는 남성에게 적절한 행동, 혹은 여성에게 적절한 행동을 의미하며(최외선 외, 2008), 타고난 생물학적 성(sex)과 사회문화적 환경 속에서 학습되는 사회적 성(gender)으로 나눌 수 있다.

과거에는 남성은 남성적인 특징만을 가지며, 여성은 여성적 특징만을 가진다고 생각했으나 여성 해방 운동과 함께 두 성으로 양분된 기준은 인간을 이상적으로 설명할 수 없다는 주장이 제시되었다(이기숙 외, 2009). 이처럼 성을 양분하는 관점에 대한 문제점이 제시되면서 벰(Bem, 1974)은 양성성을 제안하였으며 그 이후 양성성에 대한 활발한 논의가 진행되었다. 양성성(androgyny)이란 남성을 의미하는 그리스어 'andro'와 여성을 의미하는 'gyn'을 합성한 단어로, 남성성과 여성성의 균형이나 통합을 뜻한다(네이버 지식사전·심리학용어사전). 한 인간의 내면에는 남성적·여성적 특성이 동시에 존재하며 상황에 따라 남성성 혹은 여성성이 발휘된다는 것이다(유영주 외, 2013). 벰에 따르면 양성적인 사람이란 남성성과 여성성 모두가 높은 사람을 의미한다. 따라서 양성적인 사람은 남성성과 여성성 중 한 가지만 높은 사람들보다 고정화된 성역할 제한으로부터 자유롭게 되며 심리적 적응력이 높고 건강하다는 것이다. 비틀즈(Beatles)에 비견될 만큼 세계적 열풍을 일으키고 있는 한 K-그룹의 인기 비결이 '새로운 남성성'을 제시했기 때문이라는 기사를 본 적이 있다(KBS, 2019.05.26.). 그들은 감성을 자제하고 여성적으로 보이는 것을 거부하는 기존의 남성성과는 대립되는 새로운 종류의 남성성의 모습을 보여주며 성별이나 문화까지 매우 다양한 모습으로 양성성을 나타내고 있다는 것이다. 이처럼 현대에는 타고난 생물학적 성에 따라 개인의 행동을 제약하는 성역할 고정관념에서 벗어나 바람직한 남성적 특성과 여성적 특성이 함께 존재하는 양성성에 초점을 맞추고 있다.

나아
가기

아니마와 아니무스

스위스의 분석심리학자인 칼 구스타프 융(Carl Gustav Jung, 1875~1961)에 따르면 아니마와 아니무스는 개인이 타인과의 차이를 형성하는 내면의 깊숙한 심상이다. 융은 한 개인이 자신 내면의 아니마 또는 아니무스를 받아들임으로써 개별화(individuation)의 과정을 거쳐 완전한 인간이 된다고 생각했다.

아니마(Anima): 남성 속에 존재하는 여성다움

아니마(anima)는 남성의 무의식의 한 부분을 구성하고 있는 여성적 심상이다. 사회화와 교육에 의해 아니마는 남성 안에 억압되어 정신의 깊은 곳에 발달되지 않고 잠재해 있다. 융은 정신적으로 발전하고 자아의 균형을 이루기 위해 남성이 자신의 아니마를 알아차리고, 그것을 발달시키며 포용해야 한다고 보았다.

아니무스(Animus): 여성 속에 존재하는 남성다움

아니무스(animus)는 여성의 무의식의 한 부분을 구성하고 있는 남성적 심상이다. 사회문화적 가치를 습득하며, 수동적이고 의존적인 여성상을 이상화하는 사회에서 아니무스는 여성 안에 억압된 채 발달되지 않고 잠재해 있는 상태에 머물러 있게 된다. 반면, 성공적인 사회생활을 위해 남성적 가치를 지나치게 권장하고 이상화하는 사회 속에서 아니무스는 과하게 발달하게 된다.

출처 : 네이버 지식백과·두산백과.

성역할을 이해하기 위해서는 성역할 정체감, 성역할 고정관념, 성유형화, 성역할 태도와 같은 성역할에 관련된 개념을 살펴볼 필요가 있다. 성역할 정체감(gender identity)이란 개인적 정체감의 특별한 측면으로서 사회가 그 성에 적합하다고 간주하는 속성이나 태도, 흥미와 동일시하는 것을 뜻한다(네이버 지식백과·교육심리학용어사전). 다시 말해, 개인의 행동 속에 나타내는 남성적 특성, 혹은 여성적 특성의 정도 및 형태를 의미한다(최외선 외, 2008). 휘틀리(Whitley, 1983)는 표 11-1과 같이 세 가지 모형으로 성역할 정체감 유형을 구분하였다.

표 11-1
휘틀리의
성역할 정체감
유형

모형	특징
전통적인 일치 모형	• 남성성과 여성성은 단일 연속선상의 양극단이라고 가정 • 남성성과 여성성은 서로 배타적이며 양립할 수 없는 개념 • 개인은 남성성 또는 여성성 하나만을 가짐 • 심리적으로 건강한 사람이란 높은 남성성과 낮은 여성성을 가진 사람(남성의 경우), 높은 여성성과 낮은 남성성을 가진 사람(여성의 경우)을 뜻함
양성성 모형	• 한 개인이 남성성과 여성성 두 특성을 동시에 지닐 수 있다는 심리적 양성성 개념에서 비롯 • 양성적 개인은 고정 관념화된 성역할 제한으로부터 자유롭기 때문에 변화하는 사회적 요구에 융통성 있게 반응할 수 있음. 따라서 양성적 개인을 유능한 개인이라고 정의
남성성 모형	• 현대사회가 여성성보다 남성성을 더 인정한다고 봄 • 남성과 여성 모두 긍정적인 자기 평가를 위해서는 높은 수준의 남성성 특성을 수용하는 것이 필요

출처 : 최외선 외(2008). 결혼과 가족. 대구 : 정림사. 88~89쪽 재구성.

성역할 고정관념(gender role stereotype)은 한 문화권이 공유하고 있는 남녀 성별에 따라 각기 다르게 기대하는 행동 양식, 태도, 인성 특성 등을 포함하는 일련의 생각을 의미한다(네이버 지식백과·심리학용어사전). 성유형화(gender typing)란 남성 또는 여성 각각에게 사회적으로 적합하다고 용인되는 행동 태도 등을 학습하여 획득하는 것 또는 그 결과로 나타나는 행위를 의미한다(네이버 국어사전). 마지막으로 성역할 태도(gender attitude)란 남성 혹은 여성에게 적합한 역할 및 행동에 대한 생각과 태도로, 성별에 따른 기대 행동에 적합하다고 인식되는 것에 대한 호의적 또는 비호의적 반응을 뜻한다(최외선 외, 2008).

성역할에 대한 인식은 계속 변화하고 있다. 〈2019년 생활시간조사〉 결과에 따르면 국민 10명 중 7명은 '남성은 일, 여성은 가정'이라는 성역할 고정관념을 반대하는 것으로 나타났다(통계청, 2020). 이러한 결과는 5년 전 조사 결과보다 8.5%p 증가한 것으로, 아내가 남편보다 성역할 고정관념에 더 많이 반대하는 것으로 나타났다. 즉, 아직도 성역할 고정관념에 대한 의식 변화는 남성이 여성에 비해 진행 속도가 느림을 알 수 있다. 이러한 의식 변화의 차이로 인해 가족 내 갈등이 발생하지 않도록 상호 존중하는 평등한 동반자적 부부관계, 나아가 평등한 가족 관계가 유지될 수 있도록 노력해야 할 것이다.

벰의 성역할 검사

다음에 있는 각 성격 특성이 어느 정도 당신에게 적절한 특징인가를 7점 척도(1~7점) 위에 평가하시오. (1점은 "결코 그렇지 않다"를, 4점은 "보통이다"를, 7점은 "언제나 그렇다"를 나타냄.)

번호	내용	번호	내용	번호	내용	
1	자신감 있다.	21	믿음직스럽다.	41	온화하다.	
2	양보한다.	22	분석적이다.	42	경건하다.	
3	협조적이다.	23	동정심이 많다.	43	자기주장을 뚜렷이 내세운다.	
4	자신의 신념을 방어한다.	24	질투심이 많다.	44	부드럽다.	
5	명랑하다.	25	지도력이 있다.	45	친절하다.	
6	감정 변화가 심하다.	26	타인의 욕구에 대해 민감하다.	46	공격적이다.	
7	독립적이다.	27	진실하다.	47	속임수를 쓴다.	
8	수줍어한다.	28	모험심이 많다.	48	비능률적이다.	
9	양심적이다.	29	이해심이 많다.	49	지도자로서 행동한다.	
10	운동을 좋아한다.	30	비밀이 많다.	50	어린아이 같다.	
11	애정을 갖는다.	31	쉽게 판단을 내린다.	51	적응력이 강하다.	
12	적극적이다.	32	정열적이다.	52	개인주의적이다.	
13	주장이 강하다.	33	진지하다.	53	남에게 심한 말을 하지 않는다.	
14	아첨한다.	34	자기 충족적이다.	54	비체계적이다.	
15	행복하다.	35	아픈 감정을 달래려고 노력한다.	55	경쟁적이다.	
16	성격이 강하다.	36	솔직하다.	56	아이들을 좋아한다.	
17	충성스럽다.	37	지배적이다.	57	꾀가 많다.	
18	예측하기 어렵다.	38	부드럽게 이야기한다.	58	야심적이다.	
19	강압적이다.	39	남에게 호감을 산다.	59	점잖다.	
20	여성적이다.	40	남성적이다.	60	인습적이다.	

- **채점** 60문항 각각에 1점부터 7점까지의 점수 중 본인에게 해당된다고 생각하는 점수를 준 후, 다음 계산 방식에 의하여 자기가 어떤 성역할 특성을 가지고 있는지 알아 봅시다.

   a) 문항 번호 2, 5, 8, 11, 14, 17, 20, 23, 26, 29, 32, 35, 38, 41, 44, 47, 50, 53, 56, 59의 점수를 합하여 20으로 나누면 이것이 여성성(femininity) 점수가 된다.

문항 번호	점수 합계		여성성 점수
2, 5, 8, 11, 14, 17, 20, 23, 26, 29, 32, 35, 38, 41, 44, 47, 50, 53, 56, 59		÷ 20 =	

   b) 문항 번호 1, 4, 7, 10, 13, 16, 19, 22, 25, 28, 31, 34, 37, 40, 43, 46, 49, 52, 55, 58의 점수를 합하여 20으로 나누면 이것이 남성성(masculinity) 점수가 된다.

문항 번호	점수 합계		남성성 점수
1, 4, 7, 10, 13, 16, 19, 22, 25, 28, 31, 34, 37, 40, 43, 46, 49, 52, 55, 58		÷ 20 =	

   c) 여성성 점수에서 남성성 점수를 빼고, 그 결과에 2.322(통계적 절차에 의해서 산출된 특정한 수치)를 곱한다.

   여성성 점수   남성성 점수   최종 점수
   (   ) − (   ) = (   ) × 2.322 =

- 최종 점수가 2.025보다 큰 경우   : '여성적' 방향으로 특징화되어 있음
- 최종 점수가 1~2.025인 경우   : '여성적'에 가까움
- 최종 점수가 −1~1 사이에 있는 경우 : '남성적' 혹은 '여성적' 그 어느 방향으로도 성특징화되지 않음. 즉 양성적인 것임
- 최종 점수가 −2.025~−1인 경우   : '남성적'에 가까움
- 최종 점수가 −2.025보다 작은 경우   : '남성적' 방향으로 특징화되어 있음

출처 : 옥선화 외(2008). 결혼과 가족. 서울 : 하우. 104쪽 재구성.

국민 70% '남편 돈 벌고 아내 가정 돌보는' 전통적 성역할 "동의 못해"

… 전략 …

한국보건사회연구원이 2018년 6월 25일부터 7월 6일까지 전국 19세 이상 성인 남녀 1,000명을 대상으로 실시한 '부부의 성역할에 대한 인식' 설문 조사에 따르면 '남편이 할 일은 돈을 버는 것이고 아내가 할 일은 가정과 가족을 돌보는 것이다'라는 의견에 68.8%가 동의하지 않는 것으로 나타났다. 응답자 중 동의하는 경우는 31.2%에 그쳤다.

성별에 따라 동의하지 않는 비율은 여자(70.2%)가 남자(67.3%)보다 약 3% 높았다. 연령별로는 20대 이하(90.1%), 30대 (78.8%), 40대(74.3%), 50대(60.4%), 60대 이상(49.5%) 등으로 나이가 적을수록 '동의하지 않는다'는 응답이 많았다. 혼인 상태에 따라서는 동의하지 않는 비율이 미혼의 경우 86.9%로 매우 높았다.

자녀 유무에 따라서도 동의하지 않는 비율 차이가 컸다. 자녀가 없는 응답자(84.5%)는 자녀가 있는 응답자(62.5%)보다 동의하지 않는 비율이 22%나 높았다. 소득 계층으로는 대체로 소득 계층이 높아질수록 동의하지 않는다는 응답 비율이 늘어났다.

전통적 성역할에 대한 태도 변화는 '직장을 가진 여성도 일보다는 가정에 더 중점을 둬야 한다'는 의견에 응답자 중 47.6%만 동의하고, 절반이 넘는 52.4%가 동의하지 않는다고 답한 데서도 확인할 수 있었다.

출처 : 서울경제(2019.06.24.).

3. 역할분담

가족은 일상생활을 함께하면서 서로 의지하고 협동해 나간다. 가족구성원 모두가 각자의 역할을 제대로 수행하였을 때 가족의 안정성이 유지되고, 가족구성원 중 한 명이라도 역할수행에 문제가 생기면 가족은 균형을 잃게 되며 가족 관계에 균열과 갈등이 발생할 수 있다. 여성이 남성에 종속되었던 가부장제 사회에서는 엄격하게 성별에 의한 역할분담이 이루어졌다. 남편은 가정의 경제적 부양을 책임지

첫 자녀 출산 전 3.7%　결혼 전 2.4%

자녀 성장 후
13.5%

출산 전과 자녀 성장 후
19.0%

가정일에 관계없이
61.4%

여성 취업에 대한 인식(취업 시기)

직업을 가지는 것이 좋다
가정일에 전념하는 것이 중요하다
모르겠다

(%)

	직업을 가지는 것이 좋다	가정일에 전념하는 것이 중요하다	모르겠다
2015년	85.4	6.9	7.8
2017년	87.2	5.9	6.9
2019년	86.4	5.8	7.8

그림 11-2
여성 취업에
대한 인식
(2019년)

출처 : 통계청(2019).

기 위해 가정 밖에서 일을 하고, '아내는 가정에 머무르면서 가사노동과 자녀양육, 친족관계 유지 등을 담당하였다. 이와 같은 성별에 따른 분업으로 인해 성역할 고정관념은 고착화되었고, 오랜 기간 동안 여성은 강한 여성성을, 남성은 강한 남성성을 강요받으며 학습되었다. 그러나 시대의 변화와 함께 전통적 성역할에 근거한 역할분담은 더 이상 지속되기 어려운 상황이 되었다. 여성의 교육 수준 및 자아성취 욕구 등이 향상되었고, 이로 인해 여성의 취업률이 증가하고 남성과 여성 모두 경제적 부양을 공유하게 되었다.

2019년 조사 결과(그림 11-2) 여성 취업을 긍정적으로 생각하는 사람은 86.4%로 여성도 일을 해야 한다는 인식은 이미 사회 전반에 뿌리내렸음을 알 수 있다(통계청, 2019). 그럼에도 불구하고 가정 내 역할분담에 있어서는 여전히 여성이 가정과 직장 일을 모두 해야 하는 이중 부담을 더 많이 겪고 있다. 그림 11-3에서 알 수 있듯이, 2019년 여성의 가사노동시간(요일 평균)은 3시간 13분이며 남편의 가사노동시간은 56분으로 나타나 여성들의 가사노동시간이 남성보다 거의 4배 더 긴 것으로 나타났다(통계청, 2020). 물론, 남편의 가사노동시간은 지난 2014년에 비해 맞벌이와 외벌이 가구 모두 증가하였으나(그림 11-4) 여전히 아내의 가사노동시간이 더 많은 것으로 나타났다. 특히, 남편이 외벌이를 하는 가구의 경우에는 아내와 남편의 가사노동시간 차이가 4시간 48분으로 가장 크게 나타났다.

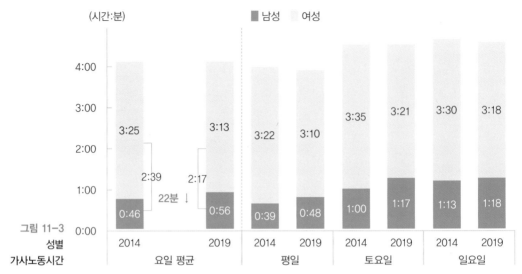

그림 11-3
성별
가사노동시간

출처 : 통계청(2020).

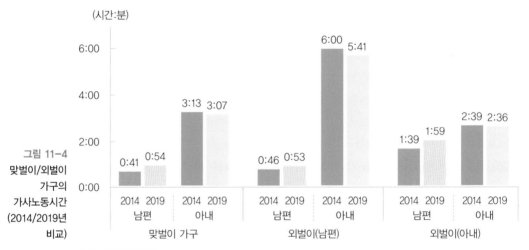

그림 11-4
맞벌이/외벌이
가구의
가사노동시간
(2014/2019년
비교)

출처 : 통계청(2020).

가사분담에 대한 만족 정도에 있어서도 남성과 여성의 차이를 알 수 있는데, 남성(37.3%)은 여성(31.5%)보다 가사분담 만족도가 높은 반면, 여성(23.2%)은 남성(7.1%)보다 가사분담 불만족도가 더 높은 것으로 나타났다(통계청, 2020).

부부가 부부생활을 공평하고 평등하게 지각한다는 것은 결혼생활의 질과 만족도에 중요한 영향을 미친다(Schafer & Keith, 1980; Wiersma & Van den

행복한 삶을 위한 가족의 이해

Berg, 1991). 평등에 기초한 바람직한 역할분담은 아내가 남편의 가족 부양 의무를 함께 나누고, 남편이 아내의 자녀양육과 가사노동에 적극적으로 동참하였을 때 가능하다(한경혜 외, 2020). 따라서 만족스러운 부부관계를 유지하기 위해 부부가 함께 가사를 분담하면서 평등감과 만족감을 느낄 수 있도록 노력하는 것이 매우 필요하다.

가족 속에는 부부관계, 부모-자녀관계, 형제자매관계, 조손관계 등 다양한 관계가 존재한다. 달리 말하면 복잡한 가족구조 속에는 다양한 역할이 존재하며, 이러한 역할은 가족구성원 간의 상호작용을 뜻한다. 따라서 적절한 역할분담이 이루어지지 않는다면 과중한 역할을 부여받은 가족구성원의 역할 부담으로 인해 가족 내 갈등과 긴장이 발생하며, 궁극적으로는 가족 관계와 가정의 안정이 위협받게 된다. 특히, 어린 자녀를 둔 부부일수록 어린 자녀에게 많은 시간과 관심이 요구되기 때문에 부부간 균형적인 역할분담이 매우 중요하다. 따라서 부부간 역할 기대를 조율하고 일치시키는 노력, 그리고 한쪽 배우자만의 희생이 요구되지 않고 부부 모두의 삶이 배려될 수 있는 상호노력이 필요하다. 맞벌이 부부가 보편화된 현 상황에서 부부간 역할분담만큼 중요한 것이 바로 일과 가정 사이의 균형을 이루는 것이다. 일과 가정 사이의 갈등은 부부의 결혼만족도에도 부정적 영향을 미치기 때문에(옥선화 외, 2011), 남편과 아내 모두 일-가정 균형을 유지하고 양성성에 기초한 바람직한 역할분담을 통한 건강한 부부관계를 만들어 나가야 한다.

자녀양육에 대한 역할과중은 비단 부부만의 문제가 아니다. 손자녀양육으로 인한 조부모의 역할과중에 대해서도 함께 고민할 필요가 있다. 〈2018년 보육실태조사〉에 따르면 맞벌이 가정의 경우 많은 이들이 자녀양육에 조부모의 도움을 받는 것으로 나타났다. 개인 양육 지원을 받는 사람의 83.6%는 조부모로부터 도움을 받고 있는 반면, 민간 육아도우미(9%)나 공공 아이돌보미(3.6%) 이용률은 낮았다(보건복지부, 2019). 최근 보육기관 내에서의 아동학대 뉴스가 빈번하게 발생되는 상황에서 부모가 가장 믿을 수 있는 사람은 조부모일 수밖에 없을 것이다. 그러나 자녀를 위한 부모의 최선의 선택이 조부모의 역할과중으로 이어지지 않도록 조부모의 정신적·신체적 건강을 고려한 합리적 방법을 함께 찾아나가야 할 것이다.

일–가정 균형

우리 사회는 일을 우선시하던 사회에서 벗어나 일과 가정생활의 균형을 중시하는 사회로 나아가고 있다. '일이 우선이다'라고 답한 비율은 감소하고(2015년: 53.7%, 2019년: 42.1%), '둘 다 비슷하다'고 답한 비율은 2015년(34.4%), 2017년(42.9%)을 거쳐 2019년에는 44.2%까지 증가하였다. 그러나 우리나라 임금 근로자들의 연간 근로 시간은 OECD 주요국들에 비해 여전히 높은 것으로 나타났다. 2018년 연간 근로 시간(1,967시간)은 전년에 비해 29시간 감소한 것으로 나타났으나, 다음의 그림에서 알 수 있듯이 독일, 일본 등의 국가들에 비해 근로 시간이 매우 길다는 것을 알 수 있다.

일과 가정은 만족스러운 삶을 위해 균형적으로 존재해야 할 부분이다. 일과 가정이 충돌하지 않고 긍정적인 상호 영향을 미칠 수 있도록 융통적이고 효율적인 일–가정 균형의 방안이 마련되어야 할 것이다.

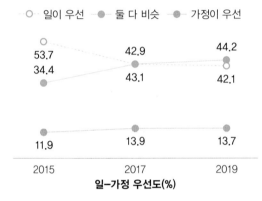

일–가정 우선도(%)

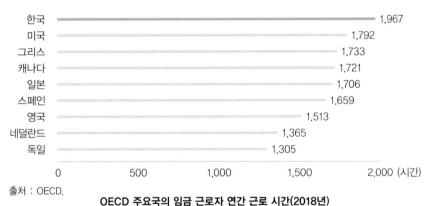

출처 : OECD.

OECD 주요국의 임금 근로자 연간 근로 시간(2018년)

출처 : 통계청(2019).

행복한 삶을 위한 가족의 이해

"소득 낮고 자녀 어릴수록 워라밸 불균형"

소득 수준이 낮으면서 미취학 자녀가 있는 직장인들이 가정과 직장 생활의 균형을 맞추는 데 어려움을 겪는 것으로 나타났다. 경기연구원은 13일 경기도 거주 30, 40대 기혼 근로자 1000명을 대상으로 실시한 설문 조사 결과를 토대로 휴가와 워라밸(일과 삶의 균형)의 상관관계를 분석한 '워라밸 불균형과 휴가 이용 격차' 보고서를 발간했다.

… 중략 …

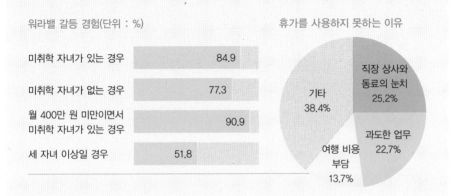

워라밸 갈등 경험(단위 : %)

미취학 자녀가 있는 경우	84.9
미취학 자녀가 없는 경우	77.3
월 400만 원 미만이면서 미취학 자녀가 있는 경우	90.9
세 자녀 이상일 경우	51.8

휴가를 사용하지 못하는 이유

- 직장 상사와 동료의 눈치 25.2%
- 과도한 업무 22.7%
- 여행 비용 부담 13.7%
- 기타 38.4%

조사 결과, 응답자 80.4%는 가정과 직장 생활 간 갈등을 경험했으며, 이런 갈등으로 가족간 대화 시간 부족(44.1%), 집안 환경 악화(25.1%), 가족과 마찰 횟수 증대(16.6%) 등의 문제가 대두한다고 답했다. 갈등 경험 비중은 미취학 자녀가 있는 경우(84.9%)가 없는 경우(77.3%)보다 7.6% 높았다. 미취학 자녀 수가 많을수록 갈등 경험 비중도 높아져 세 자녀 이상일 경우 90.9%로 매우 높게 나타났다. 월 400만 원을 기준으로 소득 수준을 구분한 결과, 월 400만 원 미만이면서 미취학 자녀가 있는 경우 51.8%가 워라밸의 어려움을 호소했다.

한국의 연차 휴가 부여 일수는 주요 선진국이나 다른 아시아 국가보다도 낮은 평균 15일이며, 연차 휴가 사용 일수는 8일로 주요국(2016년 국회입법조사처) 가운데 가장 짧았다고 지적했다. 휴가를 사용하지 못하는 이유로는 직장 상사와 동료의 눈치(25.2%), 과도한 업무(22.7%), 여행 비용 부담(13.7%) 순으로 꼽았다.

… 후략 …

출처 : 세계일보(2019.10.14.).

4. 가족역할

아들 또는 딸의 역할을 수행해 오던 성인 남녀가 결혼을 통해 새로운 가족을 만들면서 성인 남녀에게는 남편과 아내라는 새로운 가족역할이 부여된다. 동시에 사위, 며느리 역할을 갖게 되며 나아가 더 많은 친척 관계 속의 역할을 갖게 된다. 또한 자녀를 출산함으로써 아버지, 어머니의 역할도 받게 되며 점점 많은 가족역할이 생기게 된다. 이처럼 가족구성원이 자신에게 기대되는 역할을 상호적으로 실현하고 수행하는 것을 가족역할(family role)이라 한다(네이버 지식백과·사회복지학사전). 여기서는 가족의 중심이 되는 부부역할과 부모역할에 대해 알아보고자 한다.

1) 부부역할

부부는 결혼을 통해 남편과 부인이라는 지위를 가지게 됨과 동시에 그에 맞는 역할을 부여받는다. 전통적인 부부역할은 생계 부양을 담당한 남편과 가사를 담당하는 아내로 설명할 수 있다. 파슨스(Parsons)는 이러한 전통적 부부역할을 도구적 역할(instrumental role: 가족의 생계유지 및 대외 기능을 수행)과 표현적 역할(expressive role: 가족의 정서적 욕구충족, 긴장 완화, 자녀의 사회화 역할을 수행)로 설명하였다. 즉, 가족구성원들은 남편(혹은 아버지)의 도구적 역할과 아내(혹은 어머니)의 표현적 역할을 통해 사회적·정서적 안정을 얻게 된다는 것이다(유영주 외, 2013). 그러나 현대에서는 부부가 도구적, 표현적 역할을 함께 수행하는 것이 바람직하다고 여겨지고 있다. 또한 부부관계는 모든 가족관계의 핵심이 되어야 하므로 주위 사람과의 관계 형성 역할도 필요하다(정현숙 외, 2020). 정리하자면 건강한 부부역할은 표 11-2와 같이 표현적 역할, 도구적 역할, 주위 사람과의 관계 형성 역할의 세 가지 역할이 조화롭게 균형 지어질 때 완성된다.

모형	특징	
표현적 역할	• 인간의 기본적인 욕구(타인으로부터 사랑받고, 심리적, 정서적 만족) 충족을 위한 부부간 의사소통, 성적인 관계 등을 포함하는 상호작용 영역을 의미 • 정서적인 감정과 성적 행동을 통해 친밀감이 발달하며, 친밀한 관계에서 발생하는 갈등해결을 위해 상호협력적, 건설적인 갈등해결 기술 습득도 요구	
도구적 역할	• 가족 생계를 위한 경제적 여건 마련, 가사분담 등 도구적인 역할을 의미 • 성에 대한 구분이 아니라 남녀의 평등적 기여에 대한 기대가 증가	
부부와 주위 사람과의 관계 형성	• 사회적 관계망은 사회적 힘을 의미하며, 부부관계와 개인에게 중요한 요소 • 관계망은 부부 개인의 친구와 직장 동료, 지역사회의 단체나 모임 등이 포함 • 부부관계를 중심으로 부모–자녀관계와 고부관계도 중요한 네트워크로, 이들과의 건강한 관계 형성이 부부의 중요한 역할	

출처 : 정현숙 외(2020). 가족관계. 서울 : Knou Press. 88쪽.

표 11-2
부부역할 영역

가족은 사회의 변화에 발맞춰 끊임없이 변화하고 있다. 사회·경제적 변화는 부부역할에 많은 변화를 불러일으켰는데, 부부는 사회의 구성원으로 존재하기 때문에 사회 변화에 따른 역할 조율과 정립이 필요하기 때문이다. 현대사회는 과학과 기술의 발전과 더불어 남녀평등, 개인주의 의식 고양, 성역할 태도의 변화, 부부관계 및 역할에 대한 기대치의 변화, 맞벌이 부부의 보편화 등 여러 요인으로 인해 과거와는 다른 역할기대가 존재한다. 따라서 두 남녀가 결혼을 통해 부부로 맺어지는 과정에서 서로에 대한 역할기대와 역할인지를 확인하고 조정하는 과정은 반드시 필요한 과정이다.

2) 부모역할*

부부관계로 맺어진 두 남녀는 출산과 함께 부모–자녀관계를 새롭게 형성하면서 지금까지 가족 속에서 담당해온 역할 이외의 새로운 부모역할을 부여받게 된다. 부부만으로 구성되었던 2인 중심의 가족체계에 부모–자녀관계가 추가되어 더욱

---

* 자녀의 발달단계(영·유아기, 아동기, 청소년기, 성인기)에 따른 부모역할에 대해서는 12장에서 다루도록 하겠다.

복잡해지는 것이다. 자녀가 태어난 것은 더없는 축복과 기쁨이지만 부모역할은 쉽지 않은 일이다. 특히, 오랜 기간 동안 준비해 온 직업 역할과는 달리 상대적으로 부모역할에 대한 준비는 부족한 경우가 많으므로 부모역할의 어려움은 더욱 크다고 할 수 있다. 따라서 기존과는 다른 역할 조정이 반드시 필요하다.

부모역할은 자녀의 탄생에서부터 독립에 이르기까지 일련의 과정을 통해 변화한다. 부모는 올바른 성인의 모습을 보여주는 모델로서 건강한 부모의 이미지를 만들어 나가야 한다. 부모는 자녀를 교육하고 성장시키는 동시에 자녀를 통해 성장해 나간다. 과거에는 아버지와 어머니의 역할을 구분하였으나 현대에는 사회변화에 발맞춰 점차 모든 역할을 공유하는 경향이 크다. 맞벌이 가정의 보편화로 인해 부부 모두가 가계의 경제를 책임지고 자녀양육 역시 적극적으로 함께 참여하는 것이다. 그러나 아직은 자녀양육의 책임이 어머니에게 더 많이 과중되어 있는 것도 사실이다. 따라서 가정의 안정과 행복을 위한 평등한 부모역할공유 및 분담이 이루어지도록 부부가 함께 노력해야 할 것이다.

부모는 자녀에게 이 세상에서 가장 안전한 울타리가 되어야 한다. 그러나 요즘 접하게 되는 아동학대 사건들은 누구나 부모가 될 수는 없음을 여실히 보여 준다. 부모가 되는 법 역시 학습이 필요하다. 전문가들은 자녀양육에 '정답'은 없지만 '최선'은 반드시 존재한다고 말한다. 과거에 비해 다양한 부모 교육 프로그램이 온라인과 오프라인을 통해 제공되고 있는 만큼 자신만의 부모역할을 찾아 나가는 과정에 최선을 다해야 할 것이다.

TV 속 '아버지'…가부장은 옛말, 아내 눈치보며 자녀에 올인

… 전략 …

드라마가 비춰 내는 아버지의 모습이 다양해지고 있다. 이순재는 '사랑이 뭐길래'(MBC, 1991)에서 가부장적인 대발이 아버지 역을 맡아 당시의 대표적인 아버지상을 보여줬었다. 27년의 세월이 흐른 뒤 '라이브'에서 이순재는 대발이 아버지와는 전혀 다른 지점을 살아가는 아버지를 그려 냈다.

젊은 시절 아내와 아들에게 폭력을 휘둘렀던 '라이브' 속 이순재(양촌 아버지)는 요양원에 누워 지내는 아내를 지극정성으로 보살피고 이혼당한 아들의 밥을 챙긴다. 거동을 못하는 아내를 살뜰히 돌보면서 지난날의 잘못을 사죄하고 조심스레 아들의 삶을 지지해 주는 아버지가 됐다. 드라마에서 흔히 다루지 않았던 방식으로 아버지의 모습을 그려 내면서 현실 속 다양한 아버지의 모습을 제시했다.

지금껏 드라마에서 아버지의 모습은 천편일률적이었다. 돈과 권력을 가진 무자비한 재벌, 아내와 자식들을 희생시키면서도 미안해할 줄 모르는 이기적이고 무능력한 사람의 양극단을 오가는 일이 많았다. 가부장적인 권위에 집착하거나, 알고 보면 고통을 숨기고 홀로 희생하는 모습도 전형적인 아버지상이었다.

요즘 드라마에서는 평범하지만 공감 가는 아버지의 모습도 많이 나온다. '밥 잘 사주는 예쁜 누나'(JTBC)에서 윤진아(손예진)의 아버지(오만석)는 평범한 60대의 모습을 대변하고 있다. 진아의 아버지는 은퇴한 뒤 설자리를 찾지 못하고 아내 눈치를 보며 지내지만 자식들에게만큼은 든든한 지원군이고 싶어한다. 하지만 아내와 딸이 대립하는 사이에서 딸에게는 엄마의 입장을, 아내에게는 딸의 상황을 설득시키려 애쓰다 실패하기 일쑤다. 이렇게 서툰 아버지의 모습은 오히려 많은 이들의 공감을 자아내고 있다.

나이든 아버지들이 투박하고 조심스레 자식들에게 다가가는 것과 달리 드라마 속 젊은 아빠는 이미 자식들과 가깝거나 적극적인 모습으로 나오는 경우도 있다. '우리가 만난 기적'(KBS)의 송현철(김명민)은 1등에 집착하는 딸(김하유)에게 "공부보다 잘 먹기, 잘 웃기, 잘 까불기, 이런 걸로 1등하는 사람이 훨씬 행복한 거야"라고 말하며 안아 준다. 일이나 성공보다 가족과의 삶을 더 소중히 여기는 가치관이 투영돼 있다.

정석희 드라마 평론가는 "드라마와 현실은 서로 영향을 주고받는다. 드라마 속 아버지 모습이 다양해지는 건 현실의 반영인 동시에 바람직한 아버지상을 제시해 주는 것이기도 하다"며 "긍정적인 변화가 이어지는 것으로 볼 수 있다"고 분석했다.

출처 : 국민일보(2018.05.08.).

가족역할에 대해 생각해 볼 수 있는 영화

82년생 김지영(2019)

조남주 작가의 동명 소설을 원작으로 한 영화로, 1982년생 지영의 삶을 그려 내고 있다. 지영은 커리어우먼의 꿈을 키웠지만 결혼 후 남편 대현과 사랑스런 딸을 키우며 아내라는 이름으로 살아가고 있다. 누군가의 딸이자 아내, 엄마로 살아가는 수많은 지영들에게 많은 생각을 던지는 영화이다.

이미지 출처 : 위키백과.

큰 엄마의 미친 봉고(2021)

가부장적 가정의 큰며느리로 묵묵히 유가네 가정의 대소사를 책임져 오던 영희는 명절 당일 집안의 모든 여자들을 데리고 탈출을 감행한다. 명절 증후군으로 몸살을 앓는 우리 사회 며느리들의 통쾌한 반란을 그린 코미디 영화이다.

이미지 출처 : 네이버.

12

부모-자녀관계

내가 이미 수천 번도 넘게 말했지만 나는 이 자리서 한 번 더 말하고 싶다.
세상에서 부모가 되는 일보다 더 중요한 직업은 없다.

오프라 윈프리(Oprah Winfrey)

부모는 자녀의 뿌리이자 날개라고 한다(정순화, 2017). 누군가의 부모가 되는 일은 독립된 인격체인 자녀와 함께 성장하는 의미 깊은 일이다. 부모-자녀관계는 자녀의 출생과 동시에 부여되는 인간관계로, 부모와 자녀가 서로 존중하며 건강한 상호작용을 통해 만들어 나가는 것이다. 즉, 부모-자녀관계는 오랜 기간 동안 장기적으로 지속되면서 서로에게 영향을 미치는 쌍방적인 관계인 것이다. 자녀를 둔 부모라면 누구나 좋은 부모이기를 원하지만 좋은 부모가 되는 길은 쉽지 않다.

본 장에서는 부모됨의 의미와 동기를 살펴보고 부모의 역할에 대해 생각해보는 시간을 갖고자 한다. 인간은 각 성장단계에 따라 수행해야 할 과업이 존재하기 때문에(Erikson, 1963) 자녀의 발달단계(영·유아기, 아동기, 청소년기, 성인기)에 따라 부모역할도 달라질 수밖에 없다. 본 장에서는 자녀의 올바른 과업수행을 돕는 부모역할에 초점을 맞추어 각 단계별 부모-자녀관계에 대한 이해를 높이고자 한다.

1. 부모됨

1) 부모됨의 의미

부모가 된다는 것은 막중한 책임이 요구되는 신중한 결정이다. 한 인간을 탄생시켜 성숙한 인간으로 성장시키는 보람되고 가치 있는 일인 동시에 끝없는 노력과 희생이 요구되는 일이기 때문이다. 부모됨(parenting)은 부모가 되는 과정이자 상태이며(Brooks, 1991), 자녀를 보호하고 양육하며 지도하는 과정이다(최외선 외, 2008). 부모됨을 잘 준비한 부모는 부모역할을 잘 수행하고 부모-자녀간에 발생하는 갈등 역시 현명하게 대처해 나갈 수 있기 때문에 부모됨의 의미를 이해하고 준비하는 것은 부모역할 수행에 매우 필요하다.

과거에는 결혼과 출산이 생애 과정의 필수 과업으로 여겨졌다. 그러나 결혼과 출산이 선택이 된 현대에는 성인 스스로가 부모됨에 어떠한 의미를 부여하는지에 따라 부모됨의 동기가 다르게 형성될 수 있다(엄행철·조성연, 2007). 비버스(Veevers, 1973)는 부모됨의 사회적 의미를 ① 도덕적 의무, ② 사회 성원 충원, ③ 부부간 성생활의 자연스런 결과, ④ 성인으로의 성정체성 획득, ⑤ 부부관계의 향상, ⑥ 정상적 범주포함이라는 여섯 가지로 설명하였다. 최규련(2007)은 부모됨의 의미를 ① 자기 연장감, ② 사회적 기대 부응, ③ 사랑과 애정의 욕구충족, ④ 성취감, ⑤ 풍요로운 생으로 설명하였다. 하지만 이러한 의미는 모든 이에게 일률적으로 적용되는 것이 아니라 개인의 특성에 따라 다르게 작용하며 시대와 사회의 변화에 따라서도 변화되고 있다(유계숙·정현숙, 2002).

성인은 부모가 됨으로써 자신의 인생이 더욱 풍요로워질 것이라 생각될 때 출

주 : 조혼인율(인구 1천 명당 혼인 건수)
출처 : 통계청(2021d).

그림 12-1
혼인 건수 및
조혼인율 추이
(1970~2020년)

출처 : 통계청(2021c).

그림 12-2
출생아 수 및
합계출산율
추이
(1970~2020년)

산을 결정한다(박영애, 2013). 자녀가 주는 기쁨과 행복은 더없이 크지만 부모됨을 통해 부모는 엄청난 시간적·물질적·정신적 에너지를 자녀에게 제공해야하므로 부모됨을 결정하기란 쉽지 않다. 지속적으로 감소하고 있는 혼인율(그림 12-1)과 출산율(그림 12-2)만 보아도 부모됨의 선택이 현대사회에서 쉽지 않은 결정임을 짐작할 수 있다. 2000년에 332,090건이었던 혼인 건수는 2009년 309,759건, 2020년에는 213,502건으로 감소하였다(통계청, 2021d). 2000년에 1.48명이었던 출산율 역시 2010년 1.23명, 2020년에는 0.84명으로 감소하였다(통계청, 2021c). 초혼 연령 역시 2010년(남성 평균 31.8세, 여성 평균 28.9세)에 비해 2020년(남

행복한 삶을 위한 가족의 이해

성 평균 33.2세, 여성 평균 30.8세)에는 2세가량 늦춰진 것으로 나타났다(통계청, 2021d).

20대에서 30대 사이의 성인 남녀 4,715명을 대상으로 자녀 출산 계획과 직업 경력 전망 등을 조사한 결과를 보면, '현재 자녀가 없고 향후에도 자녀 계획이 없다'고 답한 이른바 '무자녀 전망층'이 52.8%(2,490명)로 가장 높게 나타났으며, 이 중 여성 비율(57.8%)이 남성 비율(48.5%)보다 높게 나타났다. 그 다음으로는 '자녀 계획이 있고, 출산 후 전일제로 법정 근로 시간에 맞춰 일하고 싶다(17.7%)', '자녀 계획이 있고, 출산 후에는 전일제로 일하되 출산 휴가, 육아 휴직, 육아기 근로 시간 단축을 하고 싶다(17.4%)'의 순서로 나타났다(김은지 외, 2020). 즉, 부모됨은 더 이상 반드시 수행해야 할 생애 과업이 아니며, 불안정한 사회적·경제적 상황에서 부모됨을 선택하기보다는 결혼을 늦추거나 결혼을 하지 않으려는 경향으로 이어지는 것이다(최영미·박윤환, 2019). 딩크족, 싱크족, 싱커족으로 지칭되는 '자발적 무자녀가족'의 증가도 이러한 맥락에서 생각해 볼 필요가 있다.

나아
가기

자발적 무자녀가족

자발적 무자녀가족(voluntary childless family)이란 자녀를 출산할 수 있는 생식적인 능력이 있음에도 불구하고 자발적으로 자녀를 가지지 않겠다고 결정한 경우를 말한다. 따라서 불임 등 생식 능력의 결함 때문에 자녀를 가지지 못하는 비자발적 무자녀가족(involuntary childless family)과는 구별된다.

출처 : 네이버 지식백과·상담학사전.

딩크족

딩크족(DINK)이란 double income, no kids의 약칭이다. 정상적인 부부생활을 영위하면서 의도적으로 자녀를 두지 않는 맞벌이부부를 일컫는 말이다.

출처 : 네이버 지식백과·두산백과.

---

* 자발적 무자녀가족의 증가 이유 등 보다 자세한 내용은 13장을 참고하길 바란다.

싱크족

싱크족(SINK)이란 single income no kids의 약칭으로, 크게 두 가지 의미를 갖고 있다. 결혼적령기를 넘겼으나 의도적으로 결혼을 미루는 사람이나, 아이를 갖지 않는 외벌이부부를 일컫는 말이다.

출처 : 네이버 지식백과·시사상식사전.

싱커족

싱커족(THINKERS)은 맞벌이(two healthy incomes)를 하면서 아이를 낳지 않고(no kids), 일찍 정년퇴직(early retirements)해서 여유로운 노후 생활을 즐기는 사람들 또는 그러한 계층을 일컫는다. 정상적인 부부생활을 하면서도 의도적으로 자녀를 두지 않는 딩크족에 이어 등장한 새로운 계층 개념이다.

출처 : 네이버 지식백과·두산백과.

부모됨의 의미는 시대의 변화에 따라 함께 변화할 수밖에 없다. 의학 기술의 발달로 임신과 출산을 조절할 수 있게 되었고, 부모의 절대적인 권위가 인정되기보다는 부모–자녀간의 민주적 관계로 발전되었으며, 부양 의식의 변화로 인해 자녀가 더 이상 부모의 노후를 보장하지도 않는다. 그렇다고 국가 차원의 노후 보장 제도가 완벽하게 마련된 것도 아니다. 더욱이 자녀양육의 비용은 계속 증가하고

함께
하기

'부모'에 대한 우리의 이미지

우리는 부모에 대해 어떠한 이미지를 가지고 있나요? 부모라면 마땅히 어떠해야 한다는 이미지는 무엇인가요? 떠오르는 이미지를 간단히 적어 봅시다.

우리 엄마는
우리 아빠는   이다.

↓

부모라면 마땅히   해야 한다.

출처 : 여성가족부(2017).

행복한 삶을 위한 가족의 이해

있다. '자기가 먹고 살 것은 자기가 가지고 태어난다'의 시대는 가고 '부모에 따라 금수저, 은수저, 흙수저를 가지고 태어난다'는 시대가 된 것이다. 다시 말해 부모의 경제적 능력에 의해 자녀의 계층적 지위가 운명 지어지는 시대가 되었다(이여봉, 2008). 이러한 상황에서 개인에게 던져진 부모됨의 의미는 한층 더 복잡할 수밖에 없다. 이제 부모는 자녀양육을 위한 투자와 자신의 노후 준비 사이를 저울질해야 하는 시대에 살고 있는 것이다.

2) 부모됨의 동기

부모가 되려는 동기는 모두가 다르다. 모든 개인은 저마다의 이유로 부모됨을 선택한다. 결혼을 하면 당연히 출산을 한다고 생각했던 과거와는 달리, 맞벌이가족이 증가함에도 불구하고 일과 가정에 대한 양립 문제가 현실적으로 해결되기 어려운 요즘에는 부모됨을 선택하는 것이 어려워지고 있는 것도 사실이다. 특히, 여성의 경우 교육 수준, 건강 상태 등과 같은 인구사회학적 요인 외에도 일-가정의 불균형, 고용 불안정 등 사회·경제적인 요인까지 더해 많은 요소에 의해 부모됨의 결정에 영향을 받는다(Fernández & Fogli, 2005: 이연숙 외, 2016에서 재인용). 여성은 자녀 출산으로 인한 경력 단절이 경제적 불안으로 이어지기 때문에 부모됨에 있어 부정적일 수 있다(박현주, 2006). 또한 학벌이 중시되는 한국 사회에서 자녀 교육과 관련된 비용 증가는 부모에게 부담으로 다가올 수밖에 없다. 그럼에도 불구하고 자녀의 존재 자체가 부모에게 주는 만족감이 매우 크기 때문에 부모됨을 선택하는 것 역시 사실이다(박영애, 2013; Trommsdorff et al., 2005).

부모됨의 동기는 다양한 요인으로부터 영향을 받기 때문에 부모됨의 동기를 규정하기란 쉽지 않은 일이다. 부모됨의 동기는 가계 계승 및 숙명적 이유, 이타주의적 이유, 자기만족적 이유, 도구적 이유 등으로 설명될 수 있다(박성연 외, 2017). 즉, 인간은 가계를 계승하고 운명에 순응하려고 부모가 되며, 자녀를 사랑하고 또 자녀에게 사랑받기 위해, 그리고 자녀를 낳음으로써 진정한 성인이 되

표 12-1
부모됨의 동기

동기	내용
자아 확장	자녀를 통해 자기를 이어준다는 지속감을 느끼며 자기 연장감, 자기 불멸감을 느낌
창의·성취감	아버지는 아들에게, 어머니는 딸에게 동일시 과정을 통해 창의적·성취적 동기를 투사
부모됨의 지위 획득	사회적으로 새로운 지위 획득과 동시에 발달과업의 수행
지도 및 권위	가정 내에서 자녀들에게 부모라는 권위적 존재가 됨으로써 인간의 사회적 욕구 중 하나인 권위욕의 해소 가능
사랑·애정의 욕구	자녀를 양육하고 감정을 교류하면서 인간이 가지는 애정에 대한 욕망을 충족
희열과 행복	부모됨의 만족이란 단순한 만족이 아닌 희생감이 내포된 보람되고 종합적인 만족이므로 인간은 이를 충족하고 싶어함

출처 : 유영주 외(2013). 가족관계학. 파주 : 교문사. 223~225쪽 재구성.

었다는 만족을 얻기 위해 부모가 된다는 것이다. 또한 부부불화를 방지하고 관계를 향상시키며 부모에게 만족감을 주기 위해 부모가 된다는 것이다. 이처럼 부모됨의 동기는 다양하다. 표 12-1은 부모가 되기로 결심하는 일반적 동기를 살펴본 것으로, 부모됨의 동기는 자아 확장(ego expansion), 창의·성취감(creativity/achievement), 부모됨의 지위 획득(status & conformity), 지도 및 권위(control & authority), 사랑·애정의 욕구(love/affectional needs), 희열과 행복(hedonic tone & happiness) 등으로 정리할 수 있다(유영주 외, 2013).

함께
하기

부모가 되기 위한 준비 사항 체크리스트

우리는 부모됨에 대해 어느 정도 준비를 하고 있나요? 아래의 자기 진단 문항을 바탕으로 서로 의견을 나누어 봅시다.

• 부모가 된다는 것이 무엇을 의미하는지를 생각해 보았나요?

_____

_____

_____

• 부모역할을 잘 할 수 있다고 생각하나요?

_____

_____

_____

• 부모가 됨으로써 나의 생활에 어떤 변화가 올 것이라고 생각하나요?

_____

_____

_____

• 아이를 기르는 데 필요한 경제적 능력이 있나요?

_____

_____

_____

• 자녀를 갖기 전에 건강한 몸을 만들기 위해 노력하나요?

_____

_____

_____

• 아이를 기를 때 어떤 부모관을 가지고 기르려고 하나요?

_____

_____

_____

출처 : 여성가족부(2017).

30대 남성의 '무자녀' 선택기…우린 아이를 갖지 않기로 했다

"결혼하면 아이를 가질 생각이야?" 나는 결혼을 앞두고 청첩장을 건네는 친구들에게 꼭 질문을 던진다. 그건 굳이 친구의 성별을 가리지 않는다. 그런데 특히 남자인 친구들은 하나같이 무척이나 당혹스럽다는 듯 혼란스러운 표정을 짓는다. 마치 '아빠가 좋아, 엄마가 좋아' 같은 질문을 받은 어린아이처럼. 선택할 수 없는 것을 가지고 선택을 강요하는 나의 짓궂음에 동성 친구들은 "당연한 거 아니야"라는 정해진 답을 머쓱한 웃음과 함께 펼쳐 놓는다.
대부분의 친구들은 한 번도 의문을 가져본 적이 없다고 했다. 그들에게 그건 나이라는 숫자가 점점 커짐에 따라 해야만 하거나 마땅히 주어지는 당연한 일인 것처럼 보였다. 서른 살쯤 되면 결혼을 하고 또 몇 년쯤 뒤에는 당연히 아이를 갖게 될 거라는 거. 그건 딱히 누가 가르쳐 주지 않아도 정해진 길인 양 벗어날 수 없는 '법칙' 같은 거였다.

… 중략 …

우리는 둘 다 아이를 가질 생각이 없다. 여자 친구의 의사가 조금 더 확고하다. 내가 불투명한 미래에 대한 불안함과 여자 친구의 건강에 대한 염려 때문이라면, 여자 친구는 확신에 찬 거부감에 가까운 감정이다. 자신이 자라며 지켜본 어머니와 여성의 삶이 무언가 잘못됐다고 확신하고 있었다. 그래서 결혼과 출산에 대한 공포와 거부감이 존재했다. 그 어려운 것들을 해낸 우리 부모님들에 대한 존경심은 별개의 문제였다.

… 중략 …

당연히 나도 정답은 모른다. 다만 출산이 옳은 거고, 출산을 하지 않는 것이 옳지 않다는 식의 흑백 논리는 이 문제를 해결하는 데 조금도 도움이 되지 않는다고 확신한다. 나는 여전히 아이를 갖지 않을 생각이다. 이건 누가 뭐라 한다고 해서 바뀔 수 있는 문제가 절대 아니다. '설득'이라는 단어가 이렇게 무의미하게 느껴지는 순간이 있을 수 있을까. 출산은 개개인 각자가, 그리고 남성과 여성이 함께 고민한 끝에 내린 의미 있는 결론이어야 한다.

… 후략 …

출처 : 한겨레(2020.10.25.).

2. 부모-자녀관계

1) 부모역할의 의미와 중요성

부모가 자녀를 바르게 양육하기 위해서는 자녀양육에 필요한 지식과 기술을 배우고 익혀야 한다. 부모역할이란 이러한 연마 과정을 의미하며, 자녀양육 과정에서 부모에게 주어지는 권리와 의무를 총칭한다(유인숙·유영달, 2006; Morrison, 1978). 부모가 자녀를 양육하고 보호하기 위해서는 자녀에게 필요한 의식주를 제공해야 함은 물론 적절한 교육을 제공해야 하고 자녀의 사회정서발달을 도와주는 등 많은 역할을 해야 한다. 이처럼 성장하는 자녀의 발달단계에서 지속적으로 제공되는 부모의 양육 및 지도 과정 모두를 부모역할이라 한다(정계숙 외, 2012).

부모역할은 자녀의 발달과정에 따라서 달라지며, 시대적 배경이나 사회 구조, 또는 문화적인 요인에 따라서도 변화할 수 있다. 생애 전반에 걸쳐 발달하는 인간은 각 발달단계에 맞는 발달과업이 있기 때문에(Erikson, 1963) 자녀의 발달단계에 따라 부모역할 역시 변화해야 한다. 과거에는 부모의 권위, 특히 아버지의 권위를 중요시하여 자녀들에게 규율과 규칙을 가르치는 엄한 아버지상이 존중되었다. 또한 전통적으로 자녀양육에서 어머니의 역할이 강조되었고 아버지의 역할은 그리 강조되지 않았다. 하지만 핵가족과 맞벌이부부가 보편화된 현대에는 남성이 가족의 생계를 책임지고 여성이 양육을 책임진다는 원칙이 설득력을 잃으면서 아버지의 자녀양육 참여가 자녀 발달에 미치는 중요성이 강조되고 있다(한국가족문화원, 2009). 많은 연구자들은 남성이 아버지 역할의 중요성을 이해하고 자녀양육에 적극적으로 참여할 때 자녀의 사회정서 및 인지 발달에 긍정적 영향을 미친다는 것을 강조하였다(서석원·이대균, 2014; 한현아, 2000; Grolnick & Slowiaczek, 1994; Lamb, 2002). 최근에는 아버지만이 자녀에게 줄 수 있는 긍정적이고 고유한 영향력을 뜻하는 아버지 효과(아빠 효과, father effect)가 강조되고 있다(이현아, 2014).

아빠에게 아이를 맡겨야 하는 이유

'아빠 효과'를 아시나요?

'아빠 효과(father effect)'라는 용어는 영국의 국립아동발달연구소가 30여 년에 걸쳐 아동 및 청소년 1만 7천 명을 대상으로 장기 조사한 자료를 옥스퍼드대학 연구진이 분석하는 과정에서 처음 등장했습니다. 분석 결과에 따르면 사회적으로 자신의 능력을 잘 발휘하고 행복한 가정을 꾸린 사람들은 공통적으로 '아빠와 교류가 많았다'고 나타났습니다.

… 중략 …

아이의 '지적 능력'을 키우는 아빠와의 상호작용

• 아빠와 많은 시간을 보낸 아이들이 'IQ'가 높습니다.

영국 뉴캐슬대학 연구진이 1958년생 영국인 남녀 1만 1천여 명을 대상으로 조사한 결과 어린 시절 아빠와 독서, 여행 등을 하며 재미있고 가치 있는 시간을 많이 보낸 자녀들이 그렇지 않은 경우 보다 IQ가 높고 사회적 신분 상승 능력이 더 큰 것으로 나타났습니다.

• 아빠가 아이의 '언어 능력 발달'에 엄마보다 더 큰 역할을 합니다.

미국 노스캐롤라이나대학 연구진은 '많은 언어를 사용하는 아빠를 둔 아이의 언어 능력이 더욱 뛰어난 반면, 엄마의 언어 사용량은 큰 영향력을 미치지 않았다'는 보고서를 내기도 했습니다. 즉, 통념과는 달리 아이의 언어 능력 발달에는 엄마보다 아빠가 더 중요하다는 사실을 알 수 있습니다.

• 아빠와의 상호작용이 아이의 '논리력'을 향상시킵니다.

미국 캘리포니아대학의 로스 D. 파크 심리학 교수는 아빠와의 놀이나 상호작용은 논리적이고 이성적인 좌뇌를 발달시킨다고 강조했습니다. 영·유아기 때 아빠와 관계가 부족했던 아이들은 수리 능력이 떨어지고 학습 성취 동기도 낮다고 했습니다.

출처 : 아빠육아지원(아빠넷).

2) 부모양육방식

부모라면 모두가 자녀를 올바르고 건전한 사회구성원으로 양육하는 것에 최선을 다한다. 그것이 부모의 중요한 책임이자 바람이기 때문이다. 부모는 자녀의 사회화에 영향을 미치는 일차적 존재로 자녀의 성격, 태도, 가치 능력 등에 매우 큰 영향을 미치게 된다(박경옥, 2005; 임정하, 2006). 그러나 부모 자신도 자녀를 어떻게 양육하는 것이 최선인지를 알기란 쉽지 않은 일이다. 어느 정도까지 허용해야 하는지, 어느 정도까지 엄격해야 하는지 항상 그 경계를 결정하는 것을 고민하게 된다. 허용과 방임의 경계선, 규율과 독재의 경계선의 그 미묘한 차이를 결정하는 일은 부모에게 너무나 어려운 숙제이다.

나아
가기

가트맨의 네 가지 부모유형

미국의 심리학자 존 가트맨(John Gattman)은 『내 아이를 위한 사랑의 기술』이라는 책을 저술하면서 아래의 표와 같이 축소전환형(dismissing), 억압형(disapproving), 방임형(laissez Faire), 감정코칭형(emotion Coaching)의 네 가지 부모유형을 제시하였다. 가트맨은 부모유형에 따라 아이의 미래가 달라질 수 있음을 강조하며 감정코칭형 부모의 중요성을 언급하였다.

네 가지 부모유형

유형	특징
축소전환형	• 분노나 슬픔 등의 감정을 나쁜 감정으로 구분하여 이를 쓸데없고 무시해야 하는 것으로 생각 • 아이의 반응이나 행동에 대해 무관심하고 대수롭지 않게 지나침
억압형	• 부모 기준으로 아이를 판단하고 자녀의 감정을 억누름 • 아이의 반응이나 행동을 꾸짖거나 야단을 침
방임형	• 적절한 훈계가 필요한 시점에도 개입하지 않고 잘못된 행동을 그냥 내버려 둠 • 자녀의 감정을 관대하게 받아주지만, 부정적 감정을 해소하는 방법에 대해서는 아무런 조치를 하지 않음
감정코칭형	• 자녀의 감정에 공감하고 감정의 처리 방법에 대해서 함께 대화하고 고민 • 자녀 스스로 문제 해결을 하도록 도와줌

출처 : 존 가트맨 외(2011). 내 아이를 위한 감정코칭. 한국경제신문사(한경비피).

　　표 12-2는 몇 가지 중요한 부모양육방식을 학자별로 정리한 것이다. 부모양육행동을 처음 제안한 볼드윈(Baldwin)과 그의 동료들은 정서적 관여와 분리를 기준으로 '민주적 부모(democratic parenting)'와 '독재적 부모(autocratic

표 12-2 부모양육방식	연구자	양육 방식	특징
	볼드윈과 동료들	민주적 부모	• 가족의사결정에 자녀를 포함시키고 부모의 기대를 자녀들에게 설명
		독재적 부모	• 부모의 규칙을 자녀에게 강요
	쉐퍼	애정적-자율적	• 자녀에게 애정을 가지고 있으면서 동시에 자녀의 행동에 독립심과 자율성을 인정 • 애정적 태도와 자율적 태도의 장점을 동시에 가짐
		애정적-통제적	• 자녀에게 애정을 가지고 있으면서 동시에 자녀의 행동을 제약 • 자녀에 대한 과보호와 소유적 태도
		거부적-자율적	• 자녀에게 애정을 보이지 않고 자녀를 수용하거나 받아들이지 않으 면서 동시에 자녀가 마음대로 행동하게 함 • 거리감, 무관심, 방임, 태만, 냉담적인 태도
		거부적-통제적	• 자녀에게 관대하지 않고 애정을 보이지 않으며 행동에 대해 신체 적, 언어적 및 심리적인 체벌 • 권위적, 독재적, 요구 반복적, 거부적인 태도
	바움린드	권위주의적 부모	• 자녀의 절대적인 복종을 기대 • 명령과 처벌을 통한 훈육에 주력
		허용적 부모	• 자녀의 책임을 요구하거나 규제하기보다 자녀의 자율적인 판단에 맡김 • 자녀에 대한 애정을 기준으로 방임형과 익애형으로 분류 　→ 방임형 : 자녀에 대한 무관심으로 규율, 통제가 전혀 없는 유형 　→ 익애형 : 자녀에 대한 사랑에 함몰되어 자녀가 원하는 대로 끌 　　 려가는 유형
		권위 있는 부모	• 애정과 통제가 적절히 조화 • 자녀에게 일정한 자유를 주고 선택에 대한 책임을 지게 함 • 자녀와 이성적인 대화를 통해 부모의 권위에 대한 자발적 복종을 유도하려 노력
	르매스터즈	순교자형	• 습관적으로 자녀를 따라다니며 돌봐줌 • 자녀 스스로 무엇인가 하도록 두지 않고 지속적으로 잔소리 • 부모는 스스로 세운 높은 기대로 인해 항상 죄책감을 느낌
		친구형	• 규칙, 허용 범위를 자녀 스스로 정하도록 허용 • 방임적 행동으로 인해 오히려 자녀의 비행 가능성이 증가
		경찰관형	• 친구형의 정반대 유형 • 자녀에게 항상 규율에 복종할 것을 강요하고 작은 반항에도 벌을 줌
		교사-상담자형	• 자녀의 욕구보다 부모의 욕구를 우선시 • 부모의 힘을 과장하며 자녀를 매우 소극적인 유기체로 여김
		운동 코치형	• 자녀 스스로 재능을 개발할 수 있도록 격려 • 자녀의 욕구와 부모의 욕구 모두 중요함을 인식

연구자	양육 방식	특징
올슨과 올슨	민주적 부모	• 자녀와 의견을 나누고 수용 • 자녀의 상황에 따라 규칙을 융통적으로 조정
	권위주의적 부모	• 자녀의 복종을 기대 • 무조건 부모의 양육관을 따르도록 명령, 지시
	허용적 부모	• 부모와 자녀의 관계가 매우 밀착 • 일관된 양육관이 없고 자녀가 원하는 대로 들어줌
	거부적 부모	• 자녀의 요구에 관심이 없으며, 자녀를 싫어하고 거부 • 경직되고 분리된 관계 • 부모의 양육관이 경직되어 있으며 자녀에 대한 정서적 관여가 매우 낮음
	방임적 부모	• 자녀에 대한 양육관이 없고 자녀를 돌보지 않고 방치하며 상호작용이 낮음 • 양육관이 일관되지 않으며 혼돈스럽고 자녀에 대한 정서적 관여가 매우 낮음

출처 : 이여봉(2008). 가족 안의 사회, 사회 안의 가족. 파주 : 양서원. 223~224쪽; 건강가정컨설팅연구소(2017). 결혼과 가족생활. 서울 : (주)시그마프레스. 277~280쪽; 정현숙, 옥선화(2015). 가족관계. 서울 : Knou Press. 110~113쪽; 김신정·김영희(2007). 부모의 양육태도에 대한 고찰. 부모자녀건강학회지, 10(2), 175~176쪽 재구성.

parenting)'로 분류하면서, '민주적 부모' 밑에서 성장한 자녀들은 어른이 없는 상황에서도 효과적으로 행동할 수 있으며 적개심이 적은 특징을 보임을 설명하였다(정현숙·옥선화, 2015). 쉐퍼(Schaefer)는 정서 차원(애정–거부)과 통제 차원(자율–통제)을 기준으로 ① 애정적–자율적(love–autonomy), ② 애정적–통제적(love–control), ③ 거부적–자율적(hostility–autonomy), ④ 거부적–통제적(hostility–control)의 네 가지 유형으로 분류하였다(Schaefer, 1959). 가장 바람직한 부모유형인 '애정적–자율적' 부모 밑에서 성장한 자녀는 창의적, 사교적 성향을 보이는 반면, 타 유형의 부모 밑에서 성장한 자녀는 불안정한 정서를 지닌 내성적 성향, 사회적 고립, 공격적이고 반항적인 태도 등을 보인다(김신정·김영희, 2007). 발달심리학자 바움린드(Baumrind, 1971, 1991)는 자율과 통제를 기준으로 ① 권위주의적 부모(authoritarian parenting), ② 허용적 부모(permissive parenting), ③ 권위 있는 부모(authoritative parenting)의 세 가지로 부모의 양육 방식을 분류하였다. '권위 있는 부모' 밑에서 성장한 자녀들은 '권위주의적 부모'나 '허용적 부모' 밑에서 성장한 자녀들에 비해 독립적이고 창의적이며 책임감 있게 성장할 수 있다(이여봉, 2008). 르매스터즈(LeMasters, 1980)는 부모역할에 대한 부모의 가치를 기준으로 ① 순교자형(parents as martyrs), ② 친구형(parents as pals), ③ 경찰관형(parents as drill sergeants), ④ 교사-상담자형(parents as teachers/counsellors), ⑤ 운동 코치형(parents as coaches)의 다섯 가지 부모양육방식을 제시하면서, 어려운 상황에서 부모가 자녀의 역할을 대신할 수 없다는 것을 인식하는 '운동코치형' 부모가 가장 바람직한 부모유형임을 강조하였다(정현숙·옥선화, 2015; 정현숙 외, 2020). 올슨과 올슨(Olson & Olson, 2000)은 부모양육방식을 ① 민주적 부모(democratic parenting), ② 권위주의적 부모(authoritarian parenting), ③ 허용적 부모(permissive parenting), ④ 거부적 부모(rejecting parenting), ⑤ 방임적 부모(uninvolved parenting)의 다섯 가지로 제시하였다. '민주적 부모' 밑에서 자란 자녀들은 부모와의 민주적 상호작용으로 인해 적극적이고 성취 지향적 모습을 보인 반면, '권위주의적 부모'나 '허용적 부모' 밑에서 자란 자녀들은 수동적이고 충동적이며 성취욕구가 낮은 모습을 보인다. '거부적 부모'나 '방임적 부모' 밑에서 자란 자녀들은 미성숙하거나 사람들과 어울리는 것에 어려움을 느끼는 등 정서적 문제를 경험하게 된다(Olson & Olson, 가족문화연구소 역, 2013).

자녀를 키우는 동안 부모는 끊임없이 자신이 과연 자녀를 잘 키우고 있느냐에 대해 자문하게 된다. 자녀양육에 정답은 없다. 부모 자신이 자녀양육에 대한 확고한 자기 신념을 가지고 원칙을 지키되 자녀를 한 인격체로 존중하고 자녀의 의사를 수용하는 태도가 필요할 것이다.

3. 자녀의 발달단계에 따른 부모-자녀관계

1) 영·유아기 자녀와 부모

영·유아기는 아이가 태어나 만 5세까지의 시기를 뜻하며 생후 24개월까지를 영아기, 그 이후를 유아기라고 한다. 영아기 시기 동안 부모에게 가장 중요한 과업은 자녀와 안전한 애착 관계를 형성하는 것으로, 이때 형성된 애착과 신뢰감은 자녀의 삶에 지속적인 영향을 준다(이기숙 외, 2009). 이 시기에 부모와의 안전한 애착이 형성되지 않으면 잠재의식 속에 내재된 불신감이 성인기까지 나쁜 영향을 미칠 수 있다(이여봉, 2008).

부모기로의 전환은 부모에게 커다란 변화이자 이전에 경험해 보지 못한 힘든 과업이지만(Newman & Newman, 1995), 부모는 양육자로서 자녀와 신뢰를 형성하는 것에 초점을 맞추어야 한다. 이 시기에 부모와 안정적인 애착을 형성한 아이는 타인과도 안정된 관계를 형성함은 물론 부모와도 안정된 분리가 가능하기 때문이다. 따라서 부모는 항상 자녀가 원하는 것을 세심하게 파악하면서 지속적인 사랑을 주어야 한다. 이 시기에는 자녀가 많은 경험을 하는 것이 중요하므로 부모는 자녀가 주변 환경을 자유롭게 탐색할 수 있도록 알맞은 자극을 제공하는 것도 필요하다.

유아기에 접어든 자녀는 자율성이 생기면서 자아가 형성되고 언어를 배우면서 자신의 감정을 말로 표현하기 시작한다. 자녀는 부모와의 대화를 통해 어휘력, 사고력, 논리력, 자율성 등을 배우고 인성 형성에 중요한 자존감을 형성해 나간다(최규련, 2012). 부모는 아이의 감정을 인정하고 아이의 눈높이에 맞춘 의사소통을 익혀야 하며, 자녀가 바른 품성과 올바른 도덕성을 기를 수 있도록 자녀에게 올바른 모델이 되어야 한다.

맞벌이가족이 증가하고 아버지 역할이 강조되고 있는 현대에는 영·유아기 애착 형성의 중요성을 인식한 아버지의 육아 참여가 증가하고 있다. 그림 12-3에

전체 육아 휴직자   남성 육아 휴직자   (단위 : 명)

그림 12-3
육아 휴직자
통계

출처 : 통계청(2021b).

서 알 수 있듯이, 2020년 남성 육아 휴직자의 수는 27,423명으로 2019년에 비해 23.0% 증가했다(통계청, 2021b). 2020년 전체 육아 휴직자의 수가 112,040명인 점을 고려하면 전체 육아 휴직자 4명 중 1명은 남성인 셈이다. 그러나 여전히 여성의 경력 단절 이유 중 가장 높은 비율을 차지하는 것이 육아(38.2%)로 나타났으며, 그 외의 이유 역시 결혼(30.7%), 임신 및 출산(22.6%), 가족 돌봄(4.4%), 자녀 교육(4.1%) 순으로 나타나(통계청, 2019) 부모역할을 위해 여성이 자신의 경력을 포기하고 있음을 짐작할 수 있다. 따라서 아버지의 적극적인 육아 참여를 통해 균형 잡힌 부모역할 분담은 물론 자녀에게 올바른 양성성을 학습할 수 있는 기회를 제공하고 아버지-자녀 사이의 긴밀한 유대 관계를 만들어 나가야 할 것이다.

관심
갖기

영아기 훈육, 발달 과정 이해해야

영아기는 자기 고집이 생기기 시작하면 슬슬 반항이 시작되는 시기다. 특히, 두 돌 전후의 영아들은 늘 '싫어', '아니야'를 입에 달고 다닌다. 부모도 언제까지나 자녀의 고집을 받아 주고 허용해 줄 수만은 없게 된다. 그러나 어느 시점에서 어떻게 훈육을 해야 할지 고민되는 경우도 많다. 제대로 훈육하기 위해서는 어떤 것들이 필요한지 살펴보자.

우선 자녀의 발달 과정을 이해하기

만 2세는 자율감이 발달하는 시기로 자녀가 뭐든지 스스로 하려다 보니 얼른 일을 처리하고 다음 단계로 넘어가려는 부모는 힘이 드는 시기이기도 하다. 그러나 이 시기에 지나친 억압이나 통제는 자율성의 발달을 저해하고 자신의 행동에 대한 수치심이 생길 수 있으므로 일단 자녀에게 해가 되는 일이 아니라면 지켜보며 기다려 주는 것이 좋다. … 중략 …

그 자리에서 바로, 짧게 훈육하기

자녀가 잘못된 행동을 했을 때는 그 자리에서 바로 알려 주는 것이 좋다. 단, 주변에 사람들이 많거나 친구들이 있을 때는 따로 불러 내어 이야기하는 것이 좋다. … 중략 …

자녀의 감정을 놓치지 않기

훈육도 중요하지만 자녀의 감정도 중요하다. … 중략 … 행동은 잘못되어 훈육을 받기는 하지만 당시의 자녀의 감정을 받아주는 것이 부모–자녀관계를 친밀하게 유지하는 데 중요한 역할을 한다.

출처 : 여성가족부(2018).

부모의 감정코칭

나아
가기

부모의 감정코칭이란 자녀의 감정 문제를 인식하고, 아이에게 올바른 감정 발산법과 표현법을 가르침으로써 자녀가 스스로 문제를 해결해 나갈 수 있게 도와주는 과정을 의미한다.
부모의 감정코칭 과정은 다음의 다섯 단계로 진행된다.

- 1단계 : 아이의 감정을 인식하기
- 2단계 : 아이의 감정적 순간을 좋은 기회(친밀감을 조성하고 교육을 위한)로 삼기
- 3단계 : 아이의 감정을 공감하고 경청하기
- 4단계 : 아이가 감정을 표현하도록 도와주기
- 5단계 : 아이가 스스로 문제를 해결할 수 있도록 하기

출처 : 존 가트맨 외(2011). 내 아이를 위한 감정코칭. 한국경제신문사(한경비피).

2) 아동기 자녀와 부모

아동기는 학령기라고도 하며 7세에서 12세까지의 초등학교 시기를 말한다. 이 시기에 접어들면서 자녀는 부모보다 또래 친구와의 관계가 중요해진다. 따라서 부모는 자녀가 부모로부터 건강하게 벗어나 성장할 수 있도록 친구 관계의 든든한 조력자가 되어야 한다. 아동기 자녀는 또래 친구와의 우정을 통해 타인에 대한 이해를 학습하게 되므로 이를 돕는 부모역할이 매우 중요하다(장휘숙, 2006: 정현숙 외, 2020에서 재인용). 아동기 동안 사회성을 제대로 키우지 못하면 유아기에 가졌던 자기중심성에서 벗어나지 못하고 이기적인 아이로 성장할 수 있기에, 아동기 자녀를 둔 부모는 자녀가 부모의 품을 벗어나 다양한 외부 활동에 참여할 수 있도록 돕는 것이 중요하며(유희정, 2003), 부모 역시 이를 통해 심리적·물리적으로 자녀를 독립시키는 첫 연습을 시작해야 한다.

아동기(학령기)에 접어들면서 자녀는 유아기 때와는 달리 다양한 사회적 관계와 네트워크가 형성된다(조성연 외, 2005). 이런 급격한 변화는 자녀에게 스트레스로 작용할 수 있기 때문에 부모는 자녀가 스트레스를 잘 조절할 수 있도록 구체적인 칭찬과 격려로 자녀의 자존감을 높여주는 등 심리적 차원의 양육에 더욱 신경써야 한다. 자녀의 부족함이나 단점을 지적하지 말고 자녀의 강점을 칭찬함으로써 자녀의 자존감을 향상시키도록 노력해야 한다. 이를 위해서는 의사소통이 매우 중요하며, 부모는 자녀의 말을 공감하며 들어 주고 부모의 입장과 감정을 정확하게 전달하는 연습이 필요하다. 자녀는 부모의 바른 생활 태도를 보면서 사회 규칙과 규범을 자연스럽게 습득하고 좋은 습관을 익힐 수 있기 때문에 부모는 근면하고 책임감 있는 모습을 자녀에게 보여야 한다. 자녀가 아동기를 통해 청소년기의 독립심을 마련할 수 있도록 자녀 스스로 결정하고 노력하는 분위기를 제공하는 것도 잊지 말아야 한다.

부모의 민주적이고 지지적인 양육 태도는 자녀의 자아존중감 향상은 물론 학교 적응 및 학업 수행에 긍정적 영향을 미친다(구본용, 2012; 임선아, 2013). 부모는 자녀에게 과도한 학업 부담을 주지 않도록 노력해야 하며 자녀 스스로 학

표 12-3
부모역할이
가장
불충분하다고
생각하는 점

구분	경제적 지원	정서적 지지	학업 지도	양육 지식	생활 태도 및 습관 지도	기타	계(수)
2016년	46.1	18.6	12.6	11.4	9.6	1.8	100.0(167)
2008년	46.4	17.1	13.6	−	21.0	1.9	100.0(601)

출처 : 문무경 외(2016). 한국인의 부모됨 인식과 자녀양육관 연구. 육아정책연구소. 235쪽.

습 동기를 찾아 나가도록 환경을 조성하고 지지하는 자세가 요구된다. 부모의 잘못된 입시 위주의 교육관은 자녀의 주체적인 진로 탐색을 막고 부모-자녀관계의 갈등을 발생시킨다. 특히, 부모는 주변의 과열된 사교육 열풍에 휩싸여 잘못된 자격지심과 죄의식에 빠지지 않도록 유의해야 한다. 2016년에 실시된 〈한국인의 부모됨인식과 자녀양육관 연구〉에 따르면 2008년 조사결과에 비해 자신이 부모역할을 충분히 하고 있지 않다고 생각하는 비율이 증가하였으며, 많은 부모들이 부모역할 중 경제적 지원이 가장 불충분하다고 답하였다(문무경 외, 2016). 부모는 과도한 사교육을 지원하지 못하는 것이 마치 부모역할을 다하지 못한다는 잘못된 생각에 빠지지 않도록 조심해야 한다. 남들만큼 지원하지 못하는 부모 때문에 자신의 자녀가 낙오된다는 불안과 강박에서 벗어나 자녀가 진정으로 원하는 길을 찾고 나아갈 수 있도록 돕는 것이 건강하고 바람직한 부모역할임을 잊지 말아야 할 것이다.

관심
갖기

사교육비 10년만에 최대…학생당 월평균 '30만 원' 첫 돌파

우리나라 초등학생이 작년 쓴 사교육비가 총 9조 6천억 원으로 전년보다 1조 원 늘었다. 증가율을 계산하면 11.8%로 정부가 사교육비를 조사하기 시작한 2007년 이후 가장 높았다.

… 중략 …

작년 초중고생 사교육비 총액은 전년 19조 4852억 원보다 7.8% 증가한 20조 9970억 원이었다. 이는 2009년 21조 6천억 원을 기록한 뒤 10년 사이 최대액으로 2016년부터 매년 전년 대비 사교육비가 늘어난 결과이다.

초중고생 사교육비 총액 　　　　　　　　　　　　　　　　(단위 : 조 원)

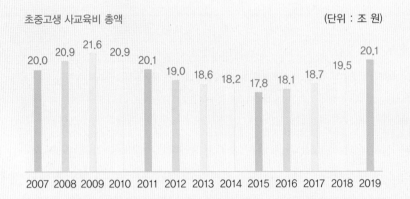

… 중략 …

초중고생 1인당 사교육비 추이

(단위 : 만 원)

초중고생 1인당 월평균 사교육비는 지난해 32만 1천 원으로 전년 29만 1천 원보다 10.4% 늘었다. 7년 연속 증가한 것으로 학생 1인당 월평균 사교육비가 30만 원을 넘기는 이번이 처음이다. 전년 대비 증가율도 역대 최고였다. 실제 사교육을 받은 학생만 놓고 1인당 월평균 사교육비를 다시 계산하면 42만 9천 원으로 전년보다 7.5% 상승한 것으로 나타났다.

… 후략 …

출처 : 연합뉴스(2020.03.10.).

3) 청소년기 자녀와 부모

청소년기는 아동기에서 성인기에 이르는 과도기를 말한다. '질풍노도의 시기'라 불리는 청소년기 동안 자녀는 급격한 신체적·심리적 변화를 경험하게 되며, 이러한 변화에 적응하기 위해 자신의 정체감에 대해 고민하게 된다. 동시에 진로 결정의 부담까지 갖게 되므로 청소년기 자녀는 매우 힘겹고 불안정한 시기를 겪는다. 더욱이 청소년기에는 부모의 승인보다는 친구 집단의 승인을 선호하기 때문에 부모-자녀관계는 심각한 자립과 의존의 갈등을 경험하게 된다(김유숙, 2015; 한국 가족문화원, 2009).

청소년기 자녀를 둔 부모는 자녀와의 유대감이 감소되는 것을 자녀의 심리적 독립으로 받아들이는 자세가 필요하다. 그러나 부모 입장에서는 아동기에 비해 갑자기 멀어지는 자녀의 모습을 청소년기의 심리적 독립으로 자연스럽게 받아들이기란 그리 쉬운 일이 아니다. 특히 부모는 이 시기에 중년기를 맞게 되며 신체적·심리적 변화로 인한 스트레스를 경험하게 되므로 어려움이 가중되는 경향이 있다. 자녀 역시 부모로부터 독립하고 싶은 동시에 여전히 의존하고 싶은 두 마음이 공존하는 양가적 성향으로 인해 심리적으로 불안함을 경험하게 된다. 이처럼 청소년기 자녀와 부모는 서로가 심리적·정서적 어려움을 함께 경험하는 시기임을 이해하고 부모-자녀간의 갈등으로 발전하지 않도록 서로를 배려해야 한다.

청소년기 자녀를 둔 부모는 변화하고 성장하는 자녀를 있는 그대로 인격적으로 존중하고, 수평적인 부모-자녀관계를 형성하는 것이 매우 필요하다. 부모는 자녀의 상담자이자 격려자가 되어야 한다. 부모 역시 청소년기를 겪은 만큼 인생의 선배로서 자녀를 이해하기 위해 노력해야 한다. 청소년기 자녀의 행동은 돌발적이고 감정적일 수 있다. 따라서 자녀의 행동에 대해 즉각적인 도움이나 해결책을 제시하려는 부모의 노력이 자녀에게는 비난과 책임 추궁으로 느껴져 갈등을 증폭시키기 쉽다. 부모는 자녀 스스로 답을 찾을 수 있다는 확고한 믿음을 갖고 자녀가 의견을 묻기 전까지 인내심을 갖고 기다려야 한다. 부모로부터 충분한 공감을 받은 자녀는 높은 공감 능력을 지니게 된다(김유리·안도희, 2016). 자녀의 입장에서 이해하고 자녀의 이야기에 귀를 기울이는 부모의 모습이 절실하게 요구된다.

부모가 먼저 청소년 자녀와의 세대 차이를 인정하는 노력 역시 필요하다. 전혀 다른 환경에서 성장한 부모와 자녀 세대가 같은 가치관을 갖기를 기대할 수는 없다. 부모 세대에게 중심이 되는 삶의 가치가 더 이상 자녀 세대에게는 중요하지 않을 수도 있음을 겸허하게 받아들이는 자세가 무엇보다 요구된다. 부모는 자신이 생각하는 삶의 가치를 강요하는 것이 아니라 바른 성인의 모습을 제시하고, 청소년기 자녀와의 긍정적인 의사소통을 통해 건설적인 역할 모델로서 최선을 다해야 할 것이다(이영미 외, 2005; 이진숙, 2004). 특히 과도한 교육열을 부모역할로 오해하지 않도록 부모역할이 무엇인지에 대한 부모 스스로의 가치관 정립이 반드시 요구된다.

4) 성인 자녀와 부모

자녀가 성인이 되면 부모-자녀관계는 이전과는 전혀 다른 양상을 보이게 되는데, 이 시기의 부모-자녀관계의 핵심은 자녀의 독립과 노년기 부모 부양이라 할 수 있다(정현숙 외, 2020). 자녀가 성인이 되면 학업이나 결혼 등의 이유로 집을 떠나는 경우가 발생한다. 이처럼 자녀가 성인이 되어 부모를 떠나는 것을 자녀 진수기(launching stage)라고 하는데(한국가족문화원, 2009), 배를 만들어 바다에 띄워 보내는 것처럼 자녀를 독립시키는 것이다. 부모는 자녀를 떠나보내면서 부모역할이 끝났다고 생각할 수 있으나 자녀가 독립했다고 해서 부모역할이 끝나는 것은 아니다. 이 시기의 부모역할은 자녀 스스로 책임 있는 성인으로 독립해 나갈 수 있도록 돕는 것이라 할 수 있다. 이를 위해서는 부모는 자녀가 법적·사회적으로 성인이 되었음을 인정하는 것이 중요하다.

일부 부모들은 자녀를 떠나보내고 부모만 남은 빈 둥지 시기를 겪으면서 빈 둥지 증후군을 경험하기도 한다. 빈 둥지 증후군(empty nest syndrome)이란 자녀가 독립하여 집을 떠난 뒤에 부모나 양육자가 경험하는 슬픔, 외로움과 상실감을 의미한다(네이버 지식백과·두산백과). 빈 둥지 증후군은 아버지보다는 자녀양육을 책임졌던 어머니에게 더 자주 나타나는 경향이 있으며, 부모역할을 완료했다는 홀가분한 마음과 결합되어 나타나기도 한다.

반면 캥거루족, 빨대족, 부메랑 세대처럼 청년기 자녀가 독립하지 않고 부모에게 의존하는 현상 역시 문제이다. 캥거루족이란 자립할 나이임에도 불구하고 부모에게 경제적으로 의존하여 생활하는 젊은이들을 의미하며, 유사시 부모라는 방어막 속으로 숨어버린다는 뜻으로 자라족이라고도 한다(네이버 지식백과·한경경제용어사전). 빨대족은 부모 연금을 빨아먹고 산다는 뜻으로, 만혼이나 실업 등으로 30대 이후에도 부모의 경제적 도움을 받으며 독립하지 못하고 살아가는 사람들을 칭하는 말이다(네이버 지식백과·트렌드지식사전). 부메랑 세대 (boomerang generation)는 80년대 미국에서 취업을 했지만 사회에 적응하지 못하고 부모의 품으로 되돌아오던 20대 젊은이를 지칭하던 말로, 사회에 진출했다가 독립을 그만두고 부모에게 되돌아가는 세대를 가리킨다(네이버 지식백과·한경경제용어사전). 이처럼 독립의 시기에 바람직한 독립을 이루지 못한 자녀는 부모와의 동거기간이 지속될수록 의존적 삶이 고착화되기 때문에(한국가족문화원, 2009), 부모는 성인 자녀가 자신의 삶을 주체적으로 선택하고 그에 대한 책임을 지면서 건강한 성인으로 기능할 수 있도록 지지하는 자세가 필요하다.

20대에서 50대까지의 성인 남녀를 대상으로 한 연구 결과, 부모는 자녀가 성공하도록 앞에서 이끄는 사람이 아니라 자녀가 원하는 것을 뒤에서 도와주는 사람이라 답하였다(문무경 외, 2016). 자녀의 삶의 주체는 자녀이다. 자녀의 취업, 결혼 등의 결정권은 모두 자녀에게 있음을 잊지 말고 성인 자녀 스스로 현명한 선택을 할 수 있도록 부모는 조언자 역할만 제공해야 한다. 자녀를 성인으로 인정하지 못하고 간섭을 멈추지 못하는 헬리콥터 부모(helicopter parent)[*]가 되지 않도록 노력해야 하겠다.

관심
갖기

"우리 아이 출석했는지 알려 주세요" 대학가 '헬리콥터 맘·대디' 극성

서울의 한 대학교 과 사무실에서 조교로 근무했던 경험이 있는 A(28)씨는 지난 학기 업무를 하면서 황당한 일을 겪었다. 기말고사가 끝난 후 성적이 공개되자 일부 학부모들이 자녀

---

[*] 자녀의 학교 주변을 헬리콥터처럼 맴돌며 사사건건 학교 측에 통보·간섭하는 학부모를 일컫는 말이다. 유치원에서부터 대학생이 될 때까지 자녀 주위를 맴돌던 사커맘(soccer mom)의 다음 세대 모습이라 할 수 있다(네이버 지식백과·매일경제용어사전).

의 성적 항의를 하는 민원 전화를 걸어왔기 때문이다. A씨는 "한 학부모가 전화를 해 시험 문제를 왜 이렇게 쉽게 내서 성적이 제대로 안 나오게 하냐며 화를 내시더라"라며 "기본 학사 업무가 불가능할 정도로 민원 전화가 많이 오는 통에 전화를 일부러 받지 않았던 적도 있다"라고 토로했다.

신종 코로나바이러스 감염증(코로나19) 사태가 완화됨에 따라 미뤄지거나 취소가 되었던 일부 대학이 학사 일정 재개에 나섰다. 이에 일부 대학들이 대면 수업을 시행하겠다고 나선 가운데, 자녀 교육에 관련된 문제에 지나치게 관여하는 부모인 일명 '헬리콥터 맘·대디'들로 인해 교직원들이 곤욕을 치르고 있는 것으로 나타났다. 코로나19 등으로 미뤄졌던 학사 일정 등을 물어보는 것을 넘어 교수에게 자녀 '출석을 했는지 확인 문자를 보내 줄 것'을 요구하거나 '시험 문제를 제대로 내라'는 등 항의가 이어지고 있기 때문이다.

··· 중략 ···

곽금주 서울대학교 심리학과 교수는 "어려서부터 좋은 학교에 보내기 위해 아이를 관리하던 부모들이 갑자기 아이가 성인이 되어 자신들의 품을 떠나는 것을 서운하게 여기는 경우가 많다"라며 "이 과정에서 부모 스스로 자신들의 존재감에 회의를 느끼거나 '할 일이 없어졌다'라고 느끼는 부모들이 늘어나고 있다"라고 설명했다.

곽 교수는 "이 경우 부모가 자신의 자녀에게 의존하고 있는 것은 아닌지 생각해 봐야 한다. 자녀로부터 독립하려는 노력이 필요하다"라며 "또한 전 세계적으로 성인이 되어도 부모가 자신을 돌봐 주길 바라는 '캥거루족'이 늘어나는 추세다. 근본적인 해결책은 자녀도 마찬가지로 부모에게서 독립하려고 시도하는 것이다"라고 말했다.

출처 : 아시아경제(2020.02.08.).

성인 자녀가 중년기에 이르면 부모에 대한 의존은 감소되는 반면 노년기에 접어든 부모는 중년기 자녀의 도움을 받는 경우가 증가한다. 성인 자녀의 심리적·정서적·경제적 지지와 도움이 노부모에게 제공되는 것이다. 2019년 조사결과 노인인구의 절반정도(48.6%)만이 노후준비를 한 것으로 나타났다(통계청, 2021a). 과거에 비해 노후를 준비하는 고령자의 비율이 점차 증가하고 있으나 한국 노부모의 자기부양을 위한 노후준비는 여전히 미흡한 수준이다. 이러한 이유로 중년기 성인 자녀는 부모 부양에 있어 육체적·경제적·심리적 부담감을 경험하기도 하며, 자신의 자녀와 노부모까지 부담하는 이중 부양에 어려움을 느끼게 되는 것이다.

"중장년층 10명 중 4명꼴 미혼 자녀·노부모 이중 부양"

우리나라 중장년층 10명 중 4명꼴로 노부모와 함께 성인기 미혼 자녀까지 부양하는 '이중 부양' 부담을 지고 있다는 조사 결과가 나왔다.

27일 한국보건사회연구원의 2018년 '중장년층 가족의 이중 부양에 대한 실태 조사'(김유경·이진숙·손서희·조성호·박신아)에 따르면 조사대상 중장년 1천 명 중에서 39.5%가 25살 이상의 미혼 성인 자녀와 노부모를 함께 부양하고 있었다.

… 중략 …

월평균 부양 비용이 전체 가계 소득에서 차지하는 비율은 2018년 17.7%로 5분의 1에 근접해 중장년층의 이중 부양 부담이 큰 것으로 나타났다. 조사 대상 중장년층의 50.3%가 이중 부양

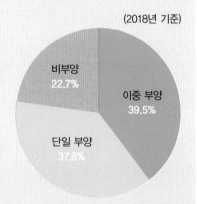

중장년 '이중 부양' 부담

이중 부양 : 25살 이상 미혼 성인 자녀와 노부모 함께 부양

(2018년 기준)

비부양 22.7%
이중 부양 39.5%
단일 부양 37.8%

중장년 1천 명 대상 조사

전후 가족생활에 변화가 있다고 답했다. '사회생활 제약'(3.5%), '부부간 갈등 증가'(6.0%), '피부양자와 갈등 증가'(7.0%), '신체 및 정신 건강 악화'(8.2%), '형제자매 및 가족간 갈등 증가'(11.4%), '경제생활 악화'(13.7%), '일상생활 제약'(16.0%), '가족간 협동심·친밀감 증대'(23.7%) 등이 그것이다.

연구팀은 "중장년층은 본인 노후뿐 아니라 성인 자녀와 노부모에 대한 이중 부양으로 경제적 부담이 상당히 높은 세대로 특히 고용 환경이 불안정해지면서 노인 빈곤층으로 전락할 가능성이 있다"며 "이들이 고용 불안에 휩싸이고 경제적 부양 스트레스와 갈등에 노출되지 않게 은퇴 연령을 상향하는 등 정책적 지원이 필요하다"고 강조했다.

출처 : 연합뉴스(2019.05.27).

한국은 다른 나라에 비해 고령화*가 빠르게 진행되었다. 65세 이상의 고령 인구는 2021년에는 전체 인구의 16.5%이고 2025년에는 20.3%에 이르러 초고령 사회로 진입할 것으로 전망된다(통계청, 2021a). 그에 비해 공적 부양 체계 구축의

---

* 1장 참고

속도는 고령화 속도를 따라가지 못하는 실정이다(한국가족문화원, 2009). 또한 과거에 비해 노부모부양을 가족이 책임져야 한다는 의식은 감소한 반면, 가족, 정부, 사회가 공동으로 책임져야 한다는 의식이 증가하고 있다[*]. 고령화속도 및 부양책임에 대한 의식 변화를 공적부양체계의 구축속도가 따라가지 못하는 상황에서 부양부담의 책임은 가족에게 과중될 수밖에 없다. 부양을 둘러싼 성인자녀와 부모간의 세대 갈등이 존재하게 되는 것이다. 따라서 성인 자녀와 부모 서로가 갈등 및 부담을 줄이기 위해서는 상호호혜적이고 수평적인 관계로 이해하는 노력이 필요하다.

부모가 되는 순간부터 오랜 기간 동안 지속되는 부모-자녀관계는 호혜(reciprocity)의 개념으로 설명될 수 있다(Silverstein et al., 2002). 호혜란 서로 특별한 편의와 이익을 주고받음을 의미하는 것으로, 부모와 자녀는 관계가 지속되는 오랜 시간 동안 서로 도움을 주고받는다는 것이다. 부모가 젊고 자녀가 어릴 때는 부모가 자녀에게 돌봄을 제공하지만, 부모가 늙고 자녀가 성장하면 반대로 자녀가 부모에게 돌봄을 제공한다. 이러한 상호호혜적인 관계가 건강하게 유지되기 위해서는 노부모는 성인 자녀의 의견을 존중하고 경제적·신체적·심리적으로 자신이 약화되고 있음을 인정하고 받아들이는 노력이 필요하다. 반면 성인 자녀는 노부모가 일방적으로 성인 자녀들의 지원을 받는 존재만은 아님을 잊지 말아야 한다. 노부모의 자원이 감소하는 것은 사실이지만 손자녀돌봄 등을 통해 맞벌이를 하는 성인 자녀들을 지원하기도 한다. 건강한 관계형성을 위해서는 반드시 상호간의 노력이 수반되어야 한다. 성인 자녀와 부모 모두 서로에게 힘이 되어줄 수 있는 버팀목으로 서로를 바라보고 지지하는 자세가 절실히 요구된다.

---

[*] 〈사회조사〉의 노부모 부양 책임에 대한 의견(2002~2020년), 1장 참고

에릭슨(Erikson)은 생애주기 발달 과정을 8단계로 분류하면서 각 단계에서 극복해야 할 적응과 부적응을 제시하였다.

1. 제1단계(0~1세) : 기본적 신뢰감 대 불신감

- 적 응 : 양육자(어머니)가 유아의 신체적·심리적 욕구 및 필요를 충족함으로써 기본적 신뢰감을 형성
- 부적응 : 양육자(어머니)의 방임, 애정의 박탈로 인해 불신감이 형성

2. 제2단계(1~3세) : 자율성 대 수치심 및 회의감

- 적 응 : 부모로부터 독립한 자신, 자율적 개체로서의 인식에서 자율성이 형성
- 부적응 : 사회적 기대(부모)에 적합한 행동을 원활하게 수행하지 못하고 실패하거나 제지되는 상태에서 수치심 및 회의감이 형성

3. 제3단계(3~5세) : 주도성 대 죄책감

- 적 응 : 현실 도전의 경험, 양친 행동의 모방을 통해 주도성이 형성
- 부적응 : 너무 엄격한 훈육, 윤리적 태도의 강요에 의해 죄책감이 형성

4. 제4단계(5~12세) : 근면성 대 열등감

- 적 응 : 공상과 놀이에서 벗어나 현실적 과업을 수행하고 무엇이든 시도함으로써 근면성이 형성
- 부적응 : 지나친 경쟁, 개인적 결함, 실패의 경험에서 열등감이 형성

5. 제5단계(12~20세, 청소년기) : 정체감 대 정체감 혼란

- 적 응 : 어른과의 동일시, 자기가치감, 자기 역할의 인식에서 정체감이 형성
- 부적응 : 자신의 역할, 사회적 규준 제시의 불분명에서 정체감 혼란이 형성

6. 제6단계(20~24세, 청년기) : 친밀감 대 고립감

- 적 응 : 친밀감, 연대 의식, 공동 의식 등의 따뜻한 인간관계에서 친밀감이 형성
- 부적응 : 과도한 또는 형식적인 인간관계에서 고립감이 형성

7. 제7단계(24~65세, 장년기) : 생산성 대 침체감

- 적 응 : 정립된 자아를 통해 이웃, 세계를 위한 의미 있는 일을 실천해 나감으로써 생산성

이 형성

- 부적응 : 생산성을 제대로 발휘하지 못하면 자기중심적인 성격이 되며 침체감에 빠지게 됨

8. 제8단계(65세~, 노년기) : 자아통합성 대 절망감

- 적 응 : 자신의 지난 삶을 만족하고 감사함을 느끼며 심지어 죽음까지도 받아들이게 되면
  자아 통합을 이루게 됨
- 부적응 : 자신의 지난 생애에 대해 무의미함을 느끼게 되면 절망감에 빠짐

출처 : 김미영(2015). 에릭슨의 심리사회 발달적 인간 고찰. 사회복지경영연구, 2(2), 27~42.

13

가족의 재구성과 다양성

가족들이 서로 맺어져 하나가 되어 있다는 것이
정말 이 세상에서의 유일한 행복이다.

퀴리 부인(Madame Curie)

과거에는 성인이 되면 취업을 하고, 20대 후반이나 30대가 되면 결혼 적령기라는 이름에 걸맞게 결혼을 하고, 자연스럽게 자녀를 낳고 기르면서 부모가 되었다. 현재도 이러한 흐름에 따라 삶을 선택하는 사람이 많지만, 그렇지 않은 사람도 많다. 애초에 결혼을 선택하지 않고 독신으로 살거나 동거를 하는 경우도 많고, 결혼은 했다가도 다양한 이유로 이혼을 해서 혼자 살거나 한부모가 되거나 재혼을 하는 경우도 있다.

현대 우리 사회에서 다양한 가족의 모습을 많이 볼 수 있다. 과거에는 부모와 그의 친자녀로 이루어진 초혼 핵가족을 일반 가족, 보편 가족, 정상 가족, 전형적인 가족이란 단어를 사용해서 초혼 핵가족을 제외하는 다른 유형의 가족을 문제 가족 혹은 비정상 가족처럼 여기는 경우가 있었다. 그러나 최근 우리 사회에서 부모와 자녀로 이루어진 핵가족의 비율은 감소하고, 다양한 형태의 가족이 증가하면서 초혼 핵가족만을 정상 가족처럼 여기는 잘못된 편견에 대해서 도전할 필요가 있다. 결혼과 가족에 대한 가치관의 변화, 전통적인 가족주의의 쇠퇴, 부모의 사망과 이혼 등의 가족 및 사회경제적인 변화로 인하여 오늘날 가족은 매우 다양한 가족의 형태로 존재한다. 하지만 한국 사회에서 친부모와 친자녀로 구성된 가족 이외의 다양한 형태의 가족들은 여전히 사회적인 편견과 어려움에 시달리고 있다(전보영, 2010).

본 장에서는 크게 2가지 주제를 다루고자 한다. 하나는 가족의 재구성 측면에서 이혼과 재혼을 다루고, 다른 하나는 가족의 다양성의 측면에서 1인 가구, 무자녀가족, 한부모가족, 재혼가족, 다문화가족, 조손가족, 사회적 가족 등 우리 한국 사회에서 쉽게 볼 수 있는 다양한 유형의 가족에 대해 알아보고자 한다. 이를 통해 기존에 가지고 있었던 가족에 대한 편견이 깨지고, 다양한 가족에 대한 이해가 높아졌으면 한다.

1. 가족의 재구성

1) 이혼

이혼이란 부부가 합의 또는 재판에 의하여 혼인 관계를 인위적으로 소멸시키는 일이다(네이버 국어사전). 이혼의 방식은 크게 협의이혼과 재판이혼 두 가지로 구분한다. 협의이혼이란 부부가 서로 합의해서 이혼을 하는 것으로, 부부가 이혼과 자녀의 친권·양육 등에 관해 합의해서 법원으로부터 이혼 의사를 확인받아 행정기관에 이혼 신고를 하는 방식으로 이루어진다. 하지만 두 사람이 이혼을 원한다고 바로 이혼을 할 수 있는 것은 아니다. 2008년부터 시행된 이혼숙려제도에 따라 미성년 자녀가 있는 경우는 3개월, 그 밖의 경우는 1개월이 지난 후 법원에서 이혼 의사를 확인받아야 한다. 우리나라가 이혼숙려제도를 도입한 배경은 소위 '홧김 이혼'을 줄이기 위해서였다.

재판이혼은 민법에서 정하고 있는 이혼 사유가 발생해서 부부 일방이 이혼하기를 원하지만 다른 일방이 이혼에 불응하는 경우 이혼 소송을 제기해서 법원의 판결에 따라 이혼을 하는 것을 말한다. 재판이혼이 이루어지는 방법(절차)에 따라 조정 이혼과 소송 이혼으로 구분할 수 있다. 우리나라에서는 조정 전치주의(調停前置主義)라 하여 이혼 소송을 제기하기 전에 조정 절차를 거치고 있다. 조정은 소송과 달리 자유로운 분위기에서 조정 당사자의 의견을 충분히 듣고 여러 사정을 참작해서 상호 타협과 양보에 의해 문제를 평화적으로 해결하는 제도이다. 따라서 재판이혼을 하려면 이혼 소송을 제기하기 전에 먼저 조정을 신청해야 하며, 조정 신청 없이 이혼 소송을 제기한 경우에는 가정법원이 사전에 우선적으로 조정에 회부한다. 조정 단계에서 부부 사이가 이혼 합의가 이루어지면 바로 이혼이 성립되며, 조정이 성립되지 않으면 소송으로 이행된다. 우리나라에서 발생하는 이혼은 협의이혼 78.6%, 재판이혼 21.4%(통계청, 2021)으로 대부분은 협의이혼에 의해 이혼이 이루어진다.

나아
가기

재판상 이혼 사유

민법 제80조에 재판상 이혼 사유로 다음 여섯 가지를 규정하고 있다.

- 배우자에게 부정(不貞)한 행위가 있었을 때
- 배우자가 악의(惡意)로 다른 일방을 유기(遺棄)할 때
- 배우자 또는 그 직계 존속(시부모, 장인, 장모 등)으로부터 심히 부당한 대우를 받았을 때
- 자기의 직계 존속이 배우자로부터 심히 부당한 대우를 받았을 때
- 배우자의 생사가 3년 이상 분명하지 않을 때
- 그 밖에 혼인을 계속하기 어려운 중대한 사유가 있을 때

출처 : 찾기쉬운 생활법령정보

결혼을 하는 모든 사람들은 행복한 결혼생활을 예상하면서 결혼을 하지 이혼을 하기 위해서 결혼하지 않는다. 이혼은 비규범적인 생애사건 중에 하나일 뿐만 아니라 여러 누적된 생애사건의 결과로 나타날 수 있는 사건인 동시에 그 자체로 많은 생애사건을 몰고 오는 특성이 있다(한경혜 외, 2020). 즉, '이혼'이라는 생애사건은 또 다른 예측하지 못하는 생애사건을 몰고 온다는 점에서 주목할 필요가 있다. 이혼은 부부 두 사람의 결정이지만 이혼의 파장은 해당 부부를 넘어서 부부의 부모와 그들의 자녀, 즉 3세대 모두에게 중요한 영향을 미친다. 하지만 이혼이 무조건 나쁜 것은 아니다. 갈등주의적 관점에서는 이혼은 갈등해결의 더 나은 대안을 찾기 위한 과정으로 보고, 교환론적 관점에서는 결혼생활에서의 비용(cost)이 보상(benefit)보다 크면 부부관계에 부정적인 영향을 미쳐 이혼에 이른다고 보았다(한경혜·손정연, 2012).

이혼은 당사자에게 매우 큰 사건이자 어려움인 것은 확실하다. 하지만 현대사회

를 살아가는 우리에게 필요한 자세는 우리 사회에서 '이혼=문제'으로 보는 부정적인 시각이 아니라 각 개인의 선택이자 가족을 재구성하는 측면으로 바라보아야 한다. 다만, 이혼은 큰 스트레스와 어려움을 경험할 수 있기 때문에 이혼을 선택하는 과정은 매우 신중해야 한다.

(1) 이혼 현황

1970년 이혼 집계가 이뤄질 때는 1만 건으로, 인구 1,000명당 이혼 건수를 의미하는 조이혼율이 0.4건에 불과했으나, 그 이후로 이혼은 지속적으로 상승하였다. 특히, 1997년 IMF 경제 위기, 2003년 국내·외 경제적인 위기로 인해 대폭 상승하였다. 2020년 이혼은 10만 7천 건으로 전년보다 3.9% 감소(약 4천 건 감소)했다. 한국 사회에서 최근 10년간 이혼이 감소하는 추세를 보이고 있었으나 2018, 2019년도에는 소폭 상승했다(그림 13–1).

2020년 기준으로 평균 이혼 연령은 남성 49.4세, 여성 46.6세로 지속적인 상승 추세에 있다. 이는 결혼을 늦게 하는 만혼화 현상과 황혼 이혼*의 증가 때문이

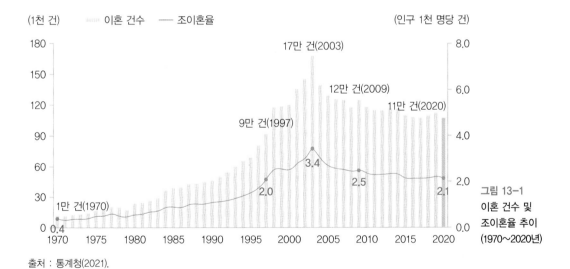

출처 : 통계청(2021).

그림 13–1
이혼 건수 및
조이혼율 추이
(1970~2020년)

---

* '황혼 이혼'에 관한 합의된 정의는 없다. 다만 결혼 후 오랜 세월을 함께 살아오다가 나이가 들어하는 이혼이라고 설명하고 있으며, 일반적으로 결혼생활을 20년 이상 지속한 부부들의 이혼을 말하는 신조어이다.

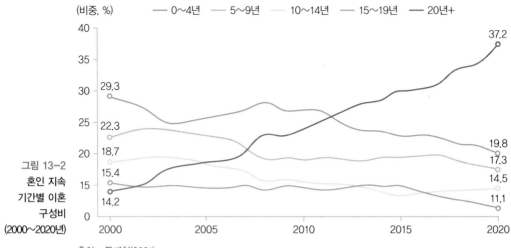

그림 13-2
혼인 지속
기간별 이혼
구성비
(2000~2020년)

출처 : 통계청(2021).

다. 이혼 부부의 평균 혼인 지속 기간은 16.7년이다. 혼인 지속 기간 20년 미만 이혼은 감소한 반면, 20년 이상 이혼은 지속적으로 증가하고 있음을 알 수 있다(그림 13-2). 이혼 사유로는 성격차이(43.08%), 기타(19.99%), 경제문제(10.13%), 미상(8.43%), 배우자 부정(7.1%), 가족간 불화(7.1%), 정신적·육체적 학대(3.62%), 건강 문제(0.56%) 순으로 나타났다(통계청, 2017).

관심
갖기

황혼 이혼 6.6배 늘고, 황혼 결혼 3.3배 늘었다.

경기도에 사는 A씨는 백 살을 한 해 앞둔 지난 2015년 99세의 나이로 아내(85)와 '부부의 연(緣)'을 끊었다. 52세와 38세에 재혼으로 만났던 부부는 47년간의 긴 결혼생활을 마무리했다. 부부는 성격차이나 경제문제, 배우자 부정·폭력 때문에 헤어지는 것은 아니라고 했다. 둘은 이혼재판을 통해 재산 분할 등을 받고 갈라섰다. 전문가들은 "고령 재혼 부부는 다른 요인보다 전처 자녀들과 재산 상속 문제 등으로 갈등이 컸을 것"이라고 말했다. A씨는 국내 최고령 이혼으로 기록되어 있다.

부산에 사는 B(86)씨도 2015년 아내(85)와 갈라섰다. 일본 강점기에 14세와 13세의 어린 나이로 결혼해 72년간이나 살았지만, "더는 부부란 이름으로 살기 싫다"며 이혼재판을 시작했다. 부산과 강원도에서 따로 살던 부부는 오랜 별거가 결국 이혼으로 이어진 경우다. 조경애 한국법률상담소 부장은 "처음에는 남편의 외도나 학대 때문에 서로 떨어져 살다 오

행복한 삶을 위한 가족의 이해

랫동안 별거를 하다 보면 그것을 이유로 헤어지는 경우가 많다"고 말했다.

고령 이혼이 매년 급증하고 있다. 고령자가 늘고, 기대 수명이 늘어나면서 나타난 현상이다. 4일 본지가 통계청의 '인구 동향 자료'의 이혼·결혼 데이터를 분석한 결과, 고령 이혼으로 일컬을 수 있는 70세 넘어 이혼하는 남성이 2000년 570명에서 작년 3,777명으로 6.6배 증가했다. 특히, 90세 넘어 갈라서는 경우도 2015년 12명, 2016년 9명, 2017년 14명, 작년 18명으로 늘어났다.

이혼 사유는 가족간 불화, 배우자 외도, 정신적·육체적 학대, 경제문제 등이 복잡하게 얽혀 있다. 2016년 이혼한 C(76)씨는 90세 남편과 56년간의 결혼생활을 뒤로하고 헤어졌다. 오랫동안 남편이 바람을 피웠고 걸핏하면 술 먹고 폭력을 휘둘러 더 이상 못살겠다고 결심한 것이다.

… 중략 …

고령 이혼 증가는 여성들의 경제 활동 참여가 늘면서 고령에도 자립할 기회가 생기고, 이혼을 하게 되면 재산은 물론 국민·공무원 연금도 배우자와 나눌 수 있게 된 것도 주요 요인으로 꼽힌다.

작년 70세 이상 이혼자들을 살펴보니, 결혼을 40세 넘어 한 경우는 3명 중의 한 명꼴(36.4%)이었다. 평균 동거기간은 34.1년, 연령 차는 평균 6.9세였다. 최근엔 동거기간이 긴 부부의 이혼도 늘고 있다. 작년의 경우 이혼자 중 반백 년을 함께 살고 헤어진 경우가 10명 중의 한 명이나 됐다. 이윤경 보건사회연구원 인구연구실장은 "고령 이혼을 하면 남성은 건강이나 생활 관리가 잘 안 되고 사회와 단절된 독거 노인이 되어 고독사로 연결될 수 있다"며 우려했다.

고령 이혼이 전체 이혼에서 차지하는 비중은 아직 3.5%에 불과하지만, 증가 속도가 빠른 게 문제. 일본과 비교하면 심각성이 뚜렷하다. 70세 이상 이혼율(인구 1,000명당 이혼자 비율)이 1990년대 후반에는 양국이 비슷했으나, 2017년 일본은 0.35명인데 한국은 1.68명으로 4.8배로 격차가 커졌다.

출처 : 조선일보(2019.06.05.).

(2) 이혼 후 적응

최근에는 이혼을 존중하고 수용하는 사회 분위기이지만 이혼은 쉽지 않은 고통의 과정 임에는 틀림없다. 이혼 후의 적응은 일반적으로 2~5년이 소요되는 발달적 과정이다. 많은 학자들은 이혼을 혼인관계의 법적 해소라는 이분법적인 '사건'으로 보는 관점에서 벗어나 이혼을 다측면적이고 연속적인 과정으로 보는 발달적 관점에서 접근할 것을 제안하고 있다(옥선화·성미애, 2004; 한경혜, 1993; Bohannan, 1970; Weiss, 1970; 한경혜 외 2020에서 재인용).

보하난(Bohannan, 1970)은 '이혼의 여섯 가지 단계(six stations of divorce)'에 대해서 언급하고, 이러한 일련의 단계를 거쳐서 적응에 이르게 된다고 하였다. 이혼은 법적 이혼뿐 아니라 정서적, 경제적, 지역사회, 심리적 이혼을 거쳐 자녀가 있다면 양육협조자로서의 정립까지 총 6단계를 거쳐 진행된다고 하였다. 이 과정은 법적 이혼 이전에 이미 시작되기도 하고 법적으로 부부관계가 종결이 된 후에도 지속된다.

첫 번째는 정서적 이혼(emotional divorce)이다. 부부 사이에서 의사소통이나 감정 교류가 전혀 없는 상태로서, 서로에 대한 절망과 거부 정도가 심해 부부관계를 회복하기 힘든 경우를 정서적 이혼이라고 한다. 이들은 정서적인 유대감이나 친밀감은 없지만 이혼으로 인해 인생의 오점을 남기고 싶지 않아서 혹은 자녀 때문에 결혼생활을 이어간다.

두 번째는 법적 이혼(legal divorce)이다. 법적으로 결혼을 해소하는 것을 의미한다. 정서적으로 이미 관계가 끊어진지 오래된 부부들에게도 법적 이혼은 홀가분함, 자유로움 등의 비교적 긍정적인 정서를 경험할 수 있고 동시에 슬픔과 두려움 등의 부정적인 감정을 느끼기도 한다.

세 번째는 경제적 이혼(economic divorce)이다. 법적 이혼이 완료되면 경제적 재산 분할 및 위자료 지급 등에 관한 합의 혹은 판결이 이루어진다. 이 과정에서 두 사람 모두 경제적 하락을 경험할 수 있다.

네 번째는 지역사회 이혼(community divorce)이다. 결혼을 하면 부부 각자의 가족, 친척, 친구, 이웃 등 하나의 관계망으로 연결된다. 하지만 이혼을 하게 되면 이 관계망이 다시 분리되거나 없어지는 경험을 하게 된다. 또한 이 단계에서 경제적인 어려움 때문에, 혹은 결혼관계를 제대로 청산하기 위해서 거주지를 옮기는 경우가 많다. 이 경우 미성년 자녀들은 부모의 이혼으로 인한 아픔을 경험함과 동시에 친구와 지지 체계를 잃게 되어 부모이혼이 더 큰 어려움으로 다가올 수 있다.

다섯 번째는 심리적 이혼(psychic divorce)이다. 전 배우자로부터 독립하여 심리적인 자율성을 획득하는 단계를 심리적 이혼이라 한다. 이혼에 수반되는 충격과 부정, 좌절을 거쳐서 분노와 우울을 극복하고 전 배우자와 자신을 용서할 수 있는 단계에 이르는 것을 뜻한다. 그러나 이혼을 한 모든 사람들이 이 단계에 도달할 수 있는 것은 아니고, 이 단계에 이르기까지는 부단한 노력과 상당한 시간이 필요하다. 이혼에 따르는 슬픔을 충분히 애도함으로써 심리적으로 이 단계를 넘어선 경우에 비로소 전 배우자와 긍정적이고 건설적으로 의사소통을 할 수 있고 자녀양육과 관련하여 협력할 수 있다. 즉, 심리적 이혼을 이룬 후에야 진정한 의미에서 새로운 인생을 위한 출발점에 도달했다고 할 수 있는 것이다(이여봉, 2017).

여섯 번째는 양육 협조자로서의 관계 정립(co-parental divorce)이다. 이혼한 부부는 이혼이 자신들의 선택이고 이 선택에 따른 책임을 져야 함으로 슬픔과 고통은 감당해야 할 몫이다. 하지만 자녀들은 부모들의 선택으로 인해 한쪽 부모를 잃게 되거나 가까웠던 친척, 친구들을 만나지 못하게 되는 등 큰 상실을 경험한다. 따라서 부부는 자신들의 이혼으로 인해 자녀가 받을 부정적인 영향을 최소화하고 협력해야 할 의무가 있다.

법적 이혼 과정에서 자녀의 친권과 양육권이 정해지고 그에 따라 친권자, 양육자, 비양육자, 양육비, 면접 교섭권 등이 정해진다. 친권은 자녀의 신분과 재산에 관한 사항을 결정할 수 있는 권리를 의미하고, 양육권은 미성년 자녀를 부모의 보호하에서 양육하고 교육할 권리이므로 양육권보다 친권이 좀 더 포괄적인 개념이라고 할 수 있다. 이혼하는 경우에는 친권자와 양육자를 부모 중 일방 또는 쌍방으로 지정할 수 있고 각각 달리 지정할 수도 있다. 친권자와 양육자가 달리 지정된 경우에는 친권의 효력은 양육권을 제외한 부분에만 미치게 된다. 자녀의 양육권을 가진 사람은 양육자, 그렇지 못한 사람은 비양육자가 된다. 면접 교섭권이란 자녀를 직접 양육하지 않는 부모 일방과 자녀가 상호 면접 교섭할 수 있는 권리이다. 면접 교섭권의 행사는 자녀의 복리를 우선적으로 고려해서 이루어져야 한다. 따라서 자녀가 부모를 만나기 싫어하거나 부모가 친권 상실 사유에 해당하는 등 자녀의 복리를 위해 필요한 경우에는 당사자의 청구 또는 가정법원의 직권에 의해

면접 교섭이 제한되거나 배제, 변경될 수 있다. 자녀에 대한 양육비는 부부가 공동으로 부담하는 것이 원칙이므로 양육자가 양육자가 아닌 다른 일방에게 양육비를 청구할 수 있고, 양육자가 제3자 일때는 부모 쌍방에 대해 양육비를 청구할 수 있다. 하지만 양육비 지급이 원활하게 이루어지지 않아 우리나라에서는 2015년 3월부터 여성가족부 산하에 양육비이행권리원이 출범되었고, 양육비를 지급하지 않은 부모에 대해서 패널티를 주는 정책들이 만들어지고 있다.

양육비이행관리원의 양육비 이행 지원 서비스 소개

양육비 이행 지원 서비스는 양육 부모(양육비 채권자)의 신청을 받아 비양육 부모로부터 양육비를 지급받을 수 있도록 당사자 간의 협의 성립, 양육비 관련 소송, 추심, 불이행 시 제재 조치 등을 지원하는 서비스이다. 양육 부모(양육비 채권자)는 필요한 서비스를 지원받기 위해 각각의 단계마다 서비스 제공 기관을 일일이 찾아갈 필요 없이 이행 권리원에 1회 신청만으로 종합 지원 서비스가 가능하다.

종합 지원 서비스

맞춤형 지원 체계를 갖춘
양육비 이행 관리원에
단 1회만 신청하세요.

전문 분야 지원

관련 기관과 업무 협약을 맺어
개인이 해결하기 어려운
전문 분야를 지원합니다.

사후 모니터링

자녀가 만 19세가 될 때까지
양육비 이행 여부를
지속적으로 관리합니다.

출처 : 양육비이행관리원.

부모는 이혼했지만 자녀양육에 관해서는 부모가 이혼 전과 다름없이 적극적이고 효율적으로 협조하는 것이 중요하다. 그렇지 않을 경우 양 배우자는 상대편에 대한 적의와 비난을 자녀에게 퍼붓게 되기 때문에, 자녀의 정서와 행동 발달뿐 아니라 평생에 걸친 부모-자녀관계에도 부정적인 영향을 미치기 쉽다. 그러나 우리나라 이혼 가족의 경우 이혼 후 비양육 부모의 부모역할 수행 정도가 매우 저조하며, 상당수의 자녀와 비양육 부모 간의 관계가 단절된 것으로 보고되고 있다(손서희, 2013). 이혼을 했을지라도 그들이 낳은 자녀의 부모라는 사실은 변함이 없으니 양육 협조자로서의 관계 정립을 해야 한다.

이처럼 보하난의 연구를 통해서 이혼 적응 과정을 살펴보았다. 하지만 이 단계가 반드시 순서대로 일어나는 것은 아니다. 법적 이혼, 경제적 이혼, 지역사회 이혼이 동시에 일어날 수도 있고, 이혼을 한지 오랜 시간이 지나도 심리적 이혼을 하지 못하는 경우도 있다.

2) 재혼

재혼은 다시 결혼하는 것을 말한다. 즉, 결혼의 경험자가 이혼이나 사별 후에 또 다른 혼인관계를 맺는 것을 의미한다. 요즘에는 재혼이라는 표현 대신 새혼이라는 표현을 쓰기도 한다.

과거에는 재혼에 대해서 부정적인 시각을 많이 가지고 있었지만 최근 들어 재혼에 대한 수용성이 증가하는 것으로 보인다. 2020년 〈사회조사〉 결과에 따르면 재혼해야 한다[*] 8.4%, 해도 좋고 하지 않아도 좋다 64.9%, 하지 말아야 한다[**] 17.3%로, 재혼은 해도 좋고 하지 않아도 좋다는 의견이 상승하고 있는 추세이다(통계청, 2020). 하지만 이혼, 독신, 비혼 등 우리 사회에서 일어나는 가족 변화에 대한 수용이 빠르게 증가하는 반면에 재혼에 관한 수용은 크게 증가하지 않고 있다. 그 이유는 우리 사회에서 재혼에 대해 가지고 있는 뿌리 깊은 편견과 부정적 선입견이 있기 때문이다. 재혼 또한 개인의 선택이므로 당사자가 책임 있는 선택을 했다면 이를 존중하는 자세가 필요하다.

---

[*] '반드시 해야 한다'와 '하는 것이 좋다'를 합한 수치이다.
[**] '하지 않는 것이 좋다'와 '하지 말아야 한다'를 합한 수치이다.

표 13-1
혼인 종류별
건수
(2010~2020년)

(단위 : 천 건, %)

| 분류 | | 2010 | 2011 | 2012 | 2013 | 2014 | 2015 | 2016 | 2017 | 2018 | 2019 | 2020 | 전년 대비 | | |
													구성비	증감	증감률
계*		326.1	329.1	327.1	322.8	305.5	302.8	281.6	264.5	257.6	239.2	213.5	100.0	-25.7	-10.7
남성	초혼	273.0	277.4	275.9	273.8	259.9	256.4	238.1	222.5	216.3	199.5	180.1	84.3	-19.4	-9.7
	재혼	53.0	51.6	51.1	48.9	47.5	46.4	43.3	41.7	41.1	39.4	33.3	15.6	-6.2	-15.7
여성	초혼	268.5	272.6	270.5	268.4	251.5	250.0	232.4	216.8	210.3	193.9	175.0	82.0	-18.9	-9.7
	재혼	57.5	56.4	56.5	54.3	53.9	52.7	48.9	47.4	46.7	44.5	38.1	17.8	-6.4	-14.5
남(초)+여(초)		254.6	258.6	257.0	255.6	239.4	238.3	221.1	206.1	200.0	184.0	167.0	78.2	-17.0	-9.2
남(재)+여(초)		13.9	13.9	13.5	12.8	12.0	11.7	11.1	10.5	10.2	9.8	7.9	3.7	-1.9	-19.0
남(초)+여(재)		18.3	18.7	18.9	18.2	18.4	18.0	16.7	16.2	15.9	15.0	12.8	6.0	-2.2	-14.5
남(재)+여(재)		39.1	37.7	37.6	36.1	35.5	34.7	32.1	31.1	30.7	29.4	25.2	11.8	-4.2	-14.4

주 : 미상 포함. 남(초) : 남성 초혼, 남(재) : 남성 재혼, 여(초) : 여성 초혼, 여(재) : 여성 재혼
출처 : 통계청(2021).

(1) 재혼 현황

우리나라의 재혼은 꾸준히 증가하여 1995년에는 총 혼인의 10%정도 였으나 25
년이 흐른 현재 2020년에는 20%가 넘었다. 남성 재혼+여성 재혼은 전체 혼인
중 11.8%, 남성 재혼+여성 초혼 3.7%, 남성 초혼+여성 재혼 6.0%이다(통계청,
2021). 평균 재혼 연령은 남성 50.0세, 여성 45.7세로 상승 추세이다. 더욱이 노년
의 재혼은 혼인 신고를 하지 않은 경우가 많아서 실제 재혼은 통계에 나타나는 수
치보다 더 많을 것으로 예상된다(표 13-1).

(2) 재혼 특성

재혼은 사별 후 재혼과 이혼 후 재혼으로 구분되며, 이 두 형태는 재혼에 이르기
까지의 과정과 재혼 후 삶의 양상 모두 상이한 성격을 가진다. 표 13-2의 혼인 형
태별 비율을 보면, 사별 후 재혼을 한 경우보다 이혼 후 재혼을 한 경우가 압도적
으로 많다.

하지만 이혼 후 재혼의 비중이 점차 늘어가고 있음에도 불구하고 이혼 후 재

표 13-2
혼인 형태별
건수 및 비율
(1990~2020년)

연도	혼인 건수	남성				여성			
		초혼	재혼	사별 후	이혼 후	초혼	재혼	사별 후	이혼 후
1990	399,312	365,964(91.6)	33,348(8.4)	–	–	371,159(92.9)	28,153(7.1)	–	–
2000	332,090	288,178(86.9)	43,370(13.1)	5,054(1.5)	38,316(11.6)	283,357(85.5)	48,132(14.5)	5,466(1.6)	42,666(12.9)
2010	326,104	272,972(83.7)	53,043(16.3)	3,991(1.2)	4,9052(15)	268,541(82.4)	57,451(17.6)	4,773(1.5)	52,678(16.2)
2015	302,828	256,372(84.7)	46,388(15.3)	2,845(0.9)	43,543(14.4)	249,978(82.6)	52,747(17.4)	3,554(1.2)	49,193(16.3)
2020	213,502	180,059(84.4)	33,261(15.6)	1,762(0.8)	31,499(14.8)	175,033(82.1)	38,064(17.9)	2,384(1.1)	35,680(16.7)

출처 : 통계청(각 연도).

혼에 이르는 과정, 이혼 후 재혼가족의 특성 등에 관한 실증 연구가 부족한 실정
이다. 앞으로 기대 수명이 더 늘어나고, 이혼에 대한 수용성이 높아진 만큼 재혼
이 점차 늘어날 것으로 예측됨으로 재혼에 관한 연구가 활발히 이루어져야 할 것
이다.

　재혼은 사별 혹은 이혼이라는 힘든 과정과 자녀가 있다면 한부모가족이라는
과정을 거쳐서 재혼에 이르렀기 때문에 재혼 여부에 대한 판단, 재혼 배우자의 선
택 등이 신중한 과정을 거쳐 재혼이 이루어져야 함에도 불구하고 그렇지 않은 경
우가 훨씬 더 많다. 이는 이혼에 허용적인 성격, 불안정한 제도로서의 특성과 역
할 모델의 부재, 재혼 파트너 간의 이질성, 사회적 낙인 등 재혼의 특성 때문이기
도 하다(이여봉, 2017).

　현재 우리나라에서 재혼의 이혼율에 대한 정확한 통계는 없다. 통계청에 의하
면 초혼 후 이혼, 재혼 후 이혼의 경우는 신고서 상의 조사항목이 아니므로 관련
통계는 서비스되고 있지 않다고 한다. 하지만 전문가들에 따르면 재혼의 이혼율
을 75%까지 보고 있다(매일경제, 2014.12.16.). 이는 초혼보다 재혼에서 더 높은
이혼 가능성이 있음을 시사한다. 그러므로 행복하기 위한 또 다른 선택인 재혼을
선택할 때는 심사숙고할 필요가 있다.

다양한 가족의 형태

다양한 형태에 따른 가족유형은 어떤 것이 있을까요?

확대가족
조부모, 부모, 자녀로
구성된 가족

무자녀가족
자녀가 없이 부부만으로
이루어진 가족

핵가족
부부와 그들의 미혼
자녀로 구성된 가족

입양 가족
부부가 혈연 관계와 상관없
이 사람을 법적인 자녀로
받아들여 이룬 가족

다문화가족
서로 다른 국적, 인종,
문화를 가진 남녀가
이룬 가족

분거 가족
직장이나 학업 등으로
인해 서로 떨어져 사는
가족

한부모가족
사별, 이혼 등으로
배우자 없이 자녀와
함께 사는 가족

1인 가구
미혼, 이혼, 사별 등으로
배우자가 없이 혼자
생활하는 형태

재혼가족
사별이나 이혼 후
새 배우자와 결혼하여
이룬 가족

조손가족
조부모와 손자녀만으로
이루어진 가족

출처 : 윤인경(2015). 기술·가정(2). 서울 : 미래엔. 14쪽

2. 가족의 다양성

1) 1인 가구

1인 가구가 급속도로 증가하고 있음은 이미 1장에서 언급했다. 2020년을 기준으로 1인 가구는 전체 가구 수의 31.7%를 차지하고 있으며, 총 664만 3.3554가구이다. 1인 가구 형성 원인을 30대 이하는 독신과 만혼, 40~60대는 이혼, 70대 이상의 고령층에서는 배우자 사망으로 나타났다.

성별·연령별 증가 패턴을 보면 2000년에는 남성(94만 5천 가구, 비중 42.5%)보다 여성(127만 9천 가구, 57.5%) 1인 가구 비중이 더 높았으나, 2019년에는 남성(305만 3천 가구, 49.7%)과 여성(309만 4천 가구, 50.3%) 간의 차이가 크지 않으며, 2047년에는 남성 1인 가구 비중이 여성 1인 가구 비중을 추월할 것으로 전망하고 있다(통계청, 2017).

1인 가구를 1인 가족이라고 언급하기에는 다소 낯선 감이 있지만 법과 정책에는 1인 가구를 가족으로 포함하고 있다. 건강가정기본법 제3조 2의2에서 1인 가구라 함은 '1명이 단독으로 생계를 유지하고 있는 생활 단위를 말한다'고 정의하고 있으며, 제15조 건강가정기본계획수립에는 1인 가구의 복지 증진을 위한 대책을 마련할 수 있는 근거가 있고, 제20조 가족실태조사는 1인 가구의 연령별·성별·지역별 현황과 정책 수요 등에 관한 사항이 포함되어야 한다고 명시하고 있다. 이처럼 1인 가구는 가족의 범주 안에 있는 것을 확인할 수 있다. 이에 따라 여성가족부(2021)에는 제4차 〈가족실태조사〉에서 처음으로 1인 가구에 대해서도 조사하였는데, 주요 내용은 다음과 같다.

1인 가구는 여성(53%)이 남성(47%)보다 많고, 연령별로 70세 이상 26.7%, 60대 19.0%, 50대 15.4%로 50대 이상의 고령층이 전체 1인 가구의 61.1%로 과반 이상을 차지하고 있다(그림 13-3). 혼인 상태는 미혼 40.2%, 사별 30.1%, 이혼 또는 별거 22.3%, 유배우 7.4%로 나타났다. 소득은 월 50~100만원 미만과 100~200

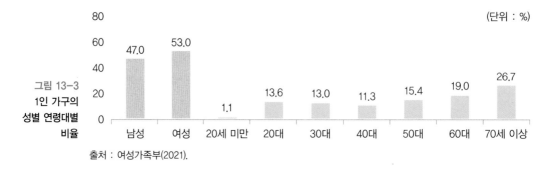

그림 13-3
1인 가구의
성별 연령대별
비율

출처 : 여성가족부(2021).

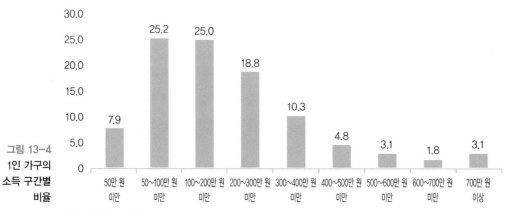

그림 13-4
1인 가구의
소득 구간별
비율

출처 : 여성가족부(2021).

만 원 미만이 각각 25%로 가장 많고, 월 200만 원대가 18.8%로 전반적으로 소득
수준이 낮았다(그림 13-4).

　　1인 가구로 생활하는 주된 이유는 '학업이나 직장(취업)'(24.4%), '배우자의 사
망'(23.4%), '혼자 살고 싶어서'(16.2%) 순으로, 20~40대는 학업·취업 사유가,
60~70세 이상은 배우자의 사망이라고 응답했다(그림 13-5).

　　생활비는 본인이 마련한다는 비율이 69.5%로 가장 높았으며, 20대의 23.5%는
부모의 지원을 받고 있었고, 60대의 24.7%와 70세 이상의 45.7%는 공적 지원을
받고 있다고 답했다. 부담이 되는 지출 항목으로 주거비(35.7%), 식비(30.7%), 의
료비(22.7%) 순으로 나타났으며, 주거비 부담은 20~50대에서 비교적 높고(20대
43.2%, 30대 53.0%, 40대 49.4%, 50대 40.5%), 식비 부담은 20대 이하(12~19
세 51.6%, 20대 45.1%)에서 높고, 의료비 부담은 60대 이상(60대 26.4%, 70세

행복한 삶을 위한 가족의 이해

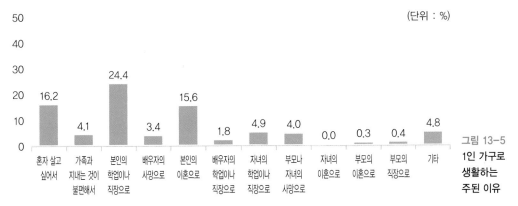

출처 : 여성가족부(2021).

그림 13-5
1인 가구로
생활하는
주된 이유

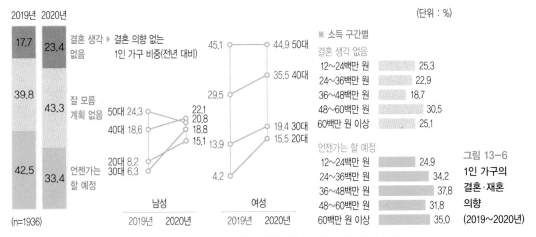

출처 : 정인·오상엽(2020). 한국 1인 가구 보고서. KB 금융지주 경영연구소 1인가구연구센터. 14쪽.

그림 13-6
1인 가구의
결혼·재혼
의향
(2019~2020년)

이상 55.5%)에서 비교적 크게 나타났다.

또 다른 조사 〈한국 1인 가구 보고서〉(KB 금융지주 경영연구소 1인가구연구센터, 2020)에 따르면, 1인 생활의 동기는 직장·학교 등 비자발적인 계기가 많았던 과거와는 달리 최근에는 자발적으로 1인 생활을 시작하는 경우가 많았다(자발적 42.5%, 비자발적 39.9%, 중립적 17.6%). 1인 생활 계기가 완전히 자발적 의지만으로 형성되었다고 보기는 어려우나 1인 가구들이 스스로의 의지를 가장 우선시하는 흐름이 감지된다는 점에 주목할 필요가 있다. 연령대별로는 20대는 학교·직장 때문인 경우가 절반을 넘고 있으나, 30·40대부터는 혼자 사는 게 편해서 1인 생활을 시작한 경우가 더 많으며, 1인 생활의 시작을 자연스럽게 받아들이는 경우도 많아지고 있다. 1인 생활을 선택한 본인의 의지를 우선시하는 모습은 삶의 주도권을 강하게 의식하는 가치관으로 연결되어 있었다.

향후 10년 이상 1인 생활 지속 의향도는 2018년도 34.5%, 2019년 38.0%, 2020년 44.1%로 지속적으로 상승하였는데, 남성보다는 여성이 1인 생활을 장기간 계속할 것으로 예상했으며, 1인 가구로 오래 지낼수록 1인 생활이 장기간 지속될 것이라고 예상했다. 이에 따라 1인 가구의 결혼 의향은 특히 30대 남성과 20대 여성의 하락폭이 컸다(그림 13-6). 사회에서 흔히 말하는 결혼적령기에 해당하는 1인 가구가 현재 자신의 삶에 만족하고 있으며, 앞으로도 결혼의향이 없다는 것은 혼인율과 출산률의 지속적인 감소를 예측할 수 있다. 결혼 의향이 없는 이유로 남성 1인 가구는 '경제적 부담', 여성은 '결혼하고 싶지 않다'는 응답이 가장 많았다. 이것은 아직 한국 사회에서 남성들에게는 경제적인 부담을 주는 분위기가 남아 있고, 여성들에게는 출산, 육아, 가사노동 등으로 인해 결혼생활이 자신의 직업적 성취에 도움이 되지 않는다는 인식이 팽배한 것으로 풀이된다.

1인 생활에 대해 약 60%가 만족감을 표시했는데, 남성에 비해 여성의 만족도가 높으며, 전체적인 만족도는 주거 만족도에 크게 좌우되고 있었다. 또한 1인 가구는 시간적 여유를 통해 다양한 여가 활동을 하고 있음에도 단체 활동 참가자는 많지 않은 편이다. 1인 가구들은 최근 2년간 참여하고 있는 단체 활동이 '없다'는 응답이 63%를 차지했으며, 27%만 동호회나 소모임에 참여했다.

1인 생활을 하며 가장 걱정하는 것은 경제 활동 지속 가능 여부이다. 1인 가구들의 경제력, 건강, 외로움에 대한 걱정 수준은 상당히 높은 편으로 특히 현재보다는 미래에 이러한 문제들을 해결할 수 있을지에 대한 우려가 더 큰 편이었다. '외로움'은 1인 가구가 겪는 가장 큰 심리적 어려움이지만 남들에게 가장 듣고 싶지 않은 말이기도 하다(그림 13-7).

다수의 1인 가구에게서 자기 주도성이 강하게 드러났는데, 특히 여성에게 이러한 현상이 뚜렷하다. 하지만 자기 주도 성향 강화에도 불구하고 1인 생활에 대한

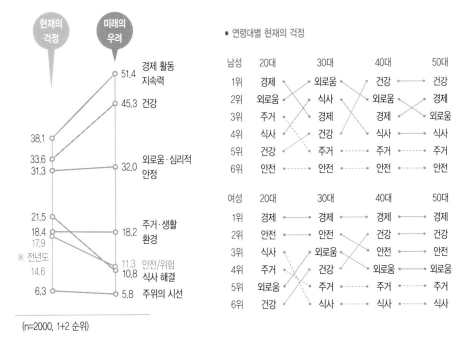

• 연령대별 현재의 걱정

남성	20대	30대	40대	50대
1위	경제	외로움	건강	건강
2위	외로움	식사	외로움	경제
3위	주거	경제	경제	외로움
4위	식사	건강	식사	식사
5위	건강	주거	주거	주거
6위	안전	안전	안전	안전

여성	20대	30대	40대	50대
1위	경제	경제	경제	경제
2위	안전	안전	건강	건강
3위	식사	외로움	안전	안전
4위	주거	건강	외로움	외로움
5위	외로움	주거	주거	주거
6위	건강	식사	식사	식사

현재의 걱정 / 미래의 우려

경제 활동 지속력 51.4 / 38.1
건강 45.3
외로움·심리적 안정 32.0 / 33.6 / 31.3
주거·생활 환경 18.2 / 21.5 / 18.4 / 17.9 ※ 전년도 14.6
안전/위험 11.3 / 식사 해결 10.8
주위의 시선 5.8 / 6.3

(n=2000, 1+2 순위)

그림 13-7
1인 생활의
걱정거리

출처 : 정인·오상엽(2020). 한국 1인 가구 보고서. KB 금융지주 경영연구소 1인가구연구센터. 19쪽.

불안감도 함께 혼재 되어 있어 삶의 안정감을 줄 수 있는 지원과 서비스가 필요한 것으로 보인다. 1인 가구에 대한 정책적인 관심과 지원은 우리 사회에 가장 많은 구성비를 가지고 있는 1인 가구에게 필수적이다. 1인 가구에 대한 지속적인 관심과 연구를 통해서 자신이 원하는 삶을 영위할 수 있도록 정책적인 지원이 필요한 시점이다.

2) 무자녀가족

과거 한국 사회에서는 결혼 후 자녀를 출산하여 양육하는 것을 당연하게 여겼으나, 현대사회에서는 딩크족, 싱크족, 싱커족[*] 등의 신조어가 있는 것처럼 자

---

[*] 12장 참고

표 13-3
무자녀 유형
분류

분류	자녀 갖기 시도 경험이 없는 이유		무자녀 유형
자녀 갖기 시도 경험 없음	자녀 갖기를 원하지 않아서		자별형
	당분간 자녀 갖기를 연기하고 있어서		연기형
	자녀 갖기를 원하지만 본인이나 배우자의 건강 문제 때문에		비자발형
	자녀 갖기를 원하지만 나이가 많아서		비자발형
분류	현재 자녀 갖기 시도 여부 및 시도하지 않는 이유		무자녀형
자녀 갖기 시도 경험 있음	현재도 시도		비자발형
	현재 자녀를 갖고자 시도하지 않음	과거에는 자녀를 원했으나 현재는 원하지 않음	자발형
		불임으로 판정받았거나 의심	비자발형
		원인 미상이나 오랫동안 임신이 되지 않음	비자발형

출처 : 최연실·성미애·이재림(2014). 한국 무자녀 부부의 초상I : 무자녀 유형에 따른 심리적 복지, 부부관계 및 자녀에 대한 태도, 가족과 문화, 26(1), 40~71. 50쪽.

녀 없이 사는 가족이 많다. 우리는 그들을 무자녀가족이라고 하고, '차일드 프리 (childfree)', '그저 아이를 갖지 않는 가족'이라는 개념으로 인식한다. 하지만 무자녀가족도 다양한 유형으로 구분할 수 있다. 최연실 외(2014)의 연구에 의하면 무자녀가족을 자발형, 비자발형, 연기형으로 구분하였다. 구체적인 내용은 표 13-3과 같다.

다양한 무자녀가족의 유형 중 본 장에서는 자발적 무자녀가족에 대해서 집중해 보고자 한다. 최근 합계 출산률은 지속적으로 감소하는 추세로 2010년 1.23명에서 2020년 0.84명으로 급속도로 떨어지고 있다(통계청, 2021). 합계출산율이 떨어지는 데는 자발적 무자녀가족의 증가가 한몫하고 있다. 자발적 무자녀가족이 증가하는 데는 여러 가지 이유가 있다. 첫째, 개인주의 사고의 확산이다. 개인주의 사고를 하는 젊은 세대들은 결혼에 수반되는 다양한 책임을 피하고자 하며, 특히 자녀양육과 관련된 경제적인 비용과 부모역할에 대한 막중한 책임을 원하지 않아 무자녀가족을 선택하게 된다. 둘째, 여성들의 학력이 높아지고 과거에 비해 사회활동이 현저히 증가하였음에도 여전히 가족 내에서 여성이 이중 노동을 수행해야 하는 상황은 여성들로 하여금 단기·장기적으로 무자녀를 선택하게 한다(유영주 외, 2020). 셋째, 자녀 출산 및 양육에 대한 경제적·심리적 비용이 증가하면서 자

행복한 삶을 위한 가족의 이해

녀에 대한 가치관이 변화하고, 부모–자녀관계가 우선시되는 자녀 중심 가족에서 부부관계가 우선시되는 부부 중심 가족으로의 의식 변화도 무자녀가족을 증가시켰다. 무자녀 부부는 자녀양육에 대한 책임으로부터 자유롭고 자아 성취의 기회를 더 많이 가지며 보다 친밀하고 만족스러운 부부관계를 즐기고 경제적인 여유를 누리기 위해서 무자녀를 선택한다.

무자녀가족은 사회의 편견이나 압력 등으로 인해 어려움을 경험하기도 한다. 특히, 출산을 강조하는 한국 사회에서 무자녀 부부를 이기적인 사람으로 간주하는 경향이 있다. 이러한 사회적 편견이 그들의 가족생활 적응에 부정적인 영향을 미쳐서는 안 되며, 각자의 삶에 대한 선택을 존중하는 사회적 분위기 조성이 필요하다.

다른 한편으로는 경제적인 어려움, 일·가정 양립의 어려움 등 그들이 처한 상황으로 인해 어쩔 수 없이 무자녀가족을 선택한 경우도 있다. 이를 개선하기 위한 사회의 노력이 필요하다. 예를 들어, 질 높은 보육 시설의 확충과 육아 휴직의 확실한 보장, 재택 근무의 활성화, 탄력 근무제, 현실적인 자녀 양육비와 자녀 교육비 지원 등 다양한 가족친화정책이 실시되어야 한다. 즉, 정부는 자녀를 함께 키울 수 있는 사회 구조적인 환경을 갖추어서 많은 부부들이 자녀를 낳고 싶어도 현실적인 어려움으로 인해 자녀 낳기를 포기하는 사회가 되지 않도록 사회환경을 조성해야 한다.

관심
갖기

사유리와 정상가족신화

방송인 사유리씨가 KBS 예능 프로그램 〈슈퍼맨이 돌아왔다〉에 출연하게 되었다는 소식이 전해졌다. 제작진은 "아이들이 처음 만나는 영웅이라는 의미로 슈퍼맨"이라면서, 이 프로그램을 통해 사유리씨가 육아를 하면서 함께 성장하는 모습을 만나볼 수 있을 것이라는 기대를 전했다. 하지만 일주일이 채 지나기도 전에 사유리씨의 출연을 반대하는 청원이 진행 중이라는 뉴스가 온라인 공간에서 공유되기 시작했다. 우선 이 뉴스의 필요성과 의미에 대해서부터 따져 물어야 할 것 같다. 뉴스 등장 당시 청원 인원은 1,000명대에 불과했다. 뉴스를 통해 청원 내용이 알려지면서 '논란'으로 번졌다. 애초 논란거리가 아닌 사안을 장사 수단으로 삼은 언론이 만든 논란이었다.

··· 중략 ···

〈슈퍼맨이 돌아왔다〉는 남성의 육아 참여를 소재로 하는 프로그램이다. 남성 육아 참여의 인식 제고에는 도움이 되었지만, 남성 육아를 돌봄의 영역보다 놀이의 영역으로 제한해 돌봄에서의 성별 분업을 그대로 드러냈다는 비판도 많이 받았다. 강한 정상 가족 중심성, 무엇보다 이성애를 정상 규범화한다는 비판도 있다. 유아나 아동이 등장하는 경우에도 성별에 따라 연인 관계처럼 묘사하는 경우가 대표적이다. 단지 해당 프로그램만의 문제도 아니다. 혼자 아이를 키우는 사람들을 조명했던 몇몇 다큐멘터리 프로그램들에서도 유사한 시각이 발견된다. 이들 육아 관련 프로그램들이 보이는 공통점 중 하나가 여전히 정상가족신화에서 벗어나지 못한다는 점이다.

우리나라는 정말로 수많은 아이들을 해외 입양이라는 허울을 통해 포기한 과거가 있다. 많은 여성들이 일부의 가족 형태만을 '정상'이라고 규정짓는 제도적 제한과 사회적 인식의 무게에 눌려 아이를 보내는 선택을 해야만 했다. 특정 존재의 모습을 비정상과 결핍의 틀 안에만 해석하는 것, 이는 우리 사회의 배제와 혐오를 가속화하는 인식을 형성하고 있다. 해당 청원의 근간에는 이러한 인식 구조가 깔려 있다. 즉, 사유리씨 가족은 정상 가족의 범주에서 벗어난다는 것이다. 비혼 출산을 장려하는 것으로 보일 수 있다는 우려는 출산이 여성의 권리 문제라는 점을 무시하는 인식에서 나온 것이기도 하다. 아이를 낳는 것은 여성이며 여성들이 자신의 생의 기획과 친밀성의 문제 등을 고려하면서 결정하는 것이기 때문이다.

이런 맥락에서 언론과 미디어의 역할을 되짚어 볼 필요가 있다. 여성이 출산을 선택하고 결정할 때 필요한 정보를 제공하는 것은 물론, 우리 사회의 제도와 담론이 어떤 결정은 막고 어떤 결정만 허용하는지에 대해 살펴야 한다. 비혼이면서 출산을 선택하는 사람들이 경험하는 제도적 제한을 어떻게 바꾸어야 할지를 논의해야 할 시점이다. 미디어에 다양한 가족과 양육의 형태가 등장할 때, 이것이 더 이상 정상 가족을 신화화하는 소재로 활용되지 않도록, 결핍의 패러다임으로 바라보지 않도록 하려면 무엇이 필요한지도 이야기해야 한다. 미디어가 개입해야 하는 지점이 있다면 바로 이 지점이다. 결코 배제하려는 목소리에 힘을 실어 주는 논란만 양산해서는 안된다.

출처 : 경향신문 오피니언(2021.04.05.).

행복한 삶을 위한 가족의 이해

3) 한부모가족

한부모가족은 18세 미만의 미성년 자녀를 둔 가정에서 부모의 한쪽 또는 양쪽이 사망·이혼·별거·유기(遺棄)·미혼모(부) 등의 이유로 혼자서 자녀를 키우며 부모 역할을 담당하는 한부모와 자녀로 구성된 가족을 의미한다.

과거에는 한부모가족을 편부모가족이라고 하였지만 '편(偏)'자가 결손, 모자람, 부족 등의 사회적 편견과 부정적인 이미지를 주기에 '한부모가족'이라는 단어로 변경하여 사용하고 있다. 한 명의 부모라도 '하나로서 온전하고 가득차다'라는 우리말인 '한'을 사용함으로써 한부모가족이 행복하고 건강할 수 있다는 긍정적인 점을 강조하고 있다(김순기 외, 2021). 또한 강점 관점을 통해 한부모가족이 가족 결손의 상황이지만 가족 결손 대신 가족의 다른 강점을 파악하고 강점을 활용하여 문제 해결을 하며 특수한 욕구를 지닌 가족으로 이해하려는 추세이다(Shera, W., & Wells, L. M., 이경아 외 공역, 2004).

많은 한부모가족이 생계 부양과 역할과중 등으로 인한 어려움과 정서적 어려움, 사회적 편견 등으로 고통을 경험한다. 하지만 실제로 이혼 후 한부모 가장은 오히려 생활 만족도가 높아졌으며(장혜경 외, 2001; 조희선·전보영, 2013), 한부모가족의 부모–자녀관계가 양부모 가족보다 더 긍정적인 개방적 의사소통을 하며, 부모와 자녀 모두 스트레스 상황에 잘 적응한다는 연구 결과도 있다(이소영 외, 2002; 전보영·조희선, 2016).

〈한부모가족실태조사〉(여성가족부, 2018)에 따르면, 한부모가족이 된 이유는 이혼 77.6%, 사별 15.4%, 기타 7.0%로 이혼에 의해 한부모가족이 된 경우가 압도적으로 많았다. 한부모가족의 가장 어린 자녀 연령은 미취학 15.0%, 초등학생 35.1%, 중학생 이상 50.0%로 가장 어린 자녀 연령의 평균은 11.8세로 2015년에 비해 다소 떨어진 것으로 보인다. 한부모가족 가장의 평균 연령은 43.1세이고, 평균 1.5명의 자녀를 양육한다.

한부모가족의 가장 큰 어려움은 경제적인 부분이다. 한부모가족의 월평균 소득은 약 220만 원으로, 전체 가족의 절반 수준에 해당되며, 자산은 1/4 수준이다. 그뿐만 아니라 취업한 한부모의 41.2%가 10시간 이상 근무하며, 주 5일제 근무하는 한부모는 36.1%에 불과하며, 정해진 휴일이 없는 경우도 16.2%로 나타났다. 그 결과, 한부모가족에서는 전 연령에 걸쳐 한부모의 80% 이상이 '양육비·교육비 부담'의 어려움을 경험하고 있다. 또한 한부모가족은 비양육자로부터 정기적으로 양육비 지원을 지급 받지 못하고 있다는 사실이다. 양육 부모 중 78.8%가 양육비를 지급 받지 못하고 있으며, 최근까지 정기 지급을 받았다는 비율은 15.2%에 불과하다(여성가족부, 2018). 이 결과는 과거에 비해 나아진 상황이긴 하다. 양육비를 한 번도 받은 적이 없는 경우가 2012년 83.0%에서 73.1%로 줄었고, 최근까지 정기 지급을 받은 것은 5.6%에서 15.2%로 나아졌다. 하지만 양육 부모가 혼자서 일·가정을 양립하기란 쉬운 일이 아니므로 비양육자는 양육비를 정기적으로 지급해야 하고, 만약 양육비를 지급하지 않을 경우 사회 제도가 이를 보완해야 하며, 양육비를 지급하지 않는 부모들에게 강력한 법적 처벌도 따라야 한다.

결과적으로 한부모가족의 건강성을 높이기 위해서 다양한 영역에서 지원과 지지가 필요하다. 첫째, 정부는 경제적인 어려움을 해소할 수 있는 통합적이고 체계적인 정책 지원, 즉 주택 우선 분양 정책, 실질적인 직업 교육과 훈련, 직업 상담 서비스 등을 제공해야 한다. 둘째, 한부모가족과 지역사회를 통합시켜 주는 연계망 구축, 지역사회 돌봄 체계 등 안전한 생활을 영위할 수 있는 지역 공동체 및 자조 모임 등이 이루어져 한부모가족의 건강성을 높일 수 있도록 해야 한다. 셋째, 한부모 대상의 자아존중감 회복 및 향상, 부모역할, 생계 설계를 위한 교육과 상담 프로그램 등이 지원되어야 하며, 자녀 대상으로도 자아존중감 회복 및 향상, 가족에 관한 이해, 심리·정서를 위한 상담 및 교육이 지원되어야 한다. 넷째, 부자(父子)가족이 증가하고 있음으로 이에 대한 지원이 필요하다. 지금까지 한부모가족 지원은 모자가족 중심으로 이뤄져 있었기 때문에 부자가족이 소외되고 있었다. 모자가족과 부자가족의 어려움은 조금 다르기 때문에 각 가족에 맞는 맞춤형 지원이 필요하다. 마지막으로, 한부모가족의 또 다른 어려움은 사회 인식이다(조희선·전보영, 2013). 과거에 비해 한부모가족에 대한 수용이 높아지긴 했으나,

아직도 한부모가족에 대한 편견이 남아 있기 때문에 이러한 편견을 불식시키기 위한 정부·사회 차원의 노력이 필요하다.

누구나 한부모가족이 될 수 있다. 따라서 한부모가족을 가족 해체, 가족 문제로 보지 말고 개인의 상황에 대한 적응으로 이해함과 동시에 최선의 선택임을 인정하고 존중해 주는 자세가 필요하다.

관심
갖기

한부모가족이 갖는 장점

- 부모와 자녀 간의 애정과 친밀감이 강화된다.
- 한부모와 부모로서의 역량과 역할 기술이 향상된다.
- 부모와 자녀 모두 개인적으로 성장하는 계기가 된다.
- 부모–자녀간의 대화가 많아지며 대화 기술이 좋아진다.
- 경제적으로 자립적이고 독립적인 부양 능력이 좋아진다.
- 부모로서 자녀의 성장과 발달 과정을 세심히 목격하는 기쁨을 갖는다.
- 한부모는 개인적으로 문제해결능력과 자신감이 많아진다.
- 부모와 자녀가 함께 협력하며 가정에 대한 책임감(의사결정, 가사)을 공유한다.
- 가족으로서의 응집력과 적응력이 향상된다.
- 한부모 자신이 적응 능력과 잠재력을 발휘할 수 있다.
- 부모가 자녀양육과 좋은 부모역할에 대해 더 많은 관심과 책임감을 갖는다.
- 한부모는 두 명의 부모역할을 동시에 함으로써 자녀에게 양성적으로 유능한 개인으로 좋은 역할 모델이 될 수 있다.
- 양부모 가족이었을 때 부부간의 불일치한 양육 방식 갈등에서 벗어나 한부모만의 일관되고 안정된 양육 방식을 유지할 수 있다.
- 한부모가족 이전에 부부갈등이 많았던 경우, 그러한 갈등에서 벗어난 자녀가 심리적, 정서적으로 안정된 생활을 할 수 있다.
- 여성 한부모는 보다 자립적으로 독립적인 생활 태도와 능력을, 남성 한부모는 보다 섬세하고 자상한 양육 태도와 능력을 개발할 수 있다.
- 한부모가족의 자녀는 심리적으로 성숙하고 책임감과 독립심이 강하다.

출처 : 한국건강가정진흥원(2013). 혼자서도 행복하게 자녀키우기, 16쪽.

4) 재혼가족

재혼가족이란 재혼에 의해서 형성된 가족이나 최소한 배우자 중 한 사람이 이전의 결혼에서 낳은 자녀를 데리고 와서 형성한 가족을 말한다. 다양한 결합 형태로 재혼가족을 구성하고 있다. 남편과 아내가 둘 다 자녀가 없는 상태로 결혼을 할 수도 있고, 아내는 자녀가 있고 남편은 없다거나, 남편은 자녀가 있고 아내는 없는 경우도 있다. 또한 아내와 남편 모두 자녀가 있을 수도 있고, 부부가 전혼에서 자녀가 있으면서 그 후 자녀를 더 갖게 되는 경우가 있다.

재혼가족은 초혼가족과는 다른 특성을 갖는다(현은민, 2003). 첫째, 구조적 특성으로 재혼가족의 구조는 복잡하고 그 경계가 모호하다. 경계 모호성은 누가 가족 안에 또는 밖에 있으며, 가족 안에서 누가 어떤 역할을 할 것인가에 대한 가족들의 지각이 불확실하다는 것이다. 전혼에서의 부모 혹은 자녀 역할, 일정 기간 경험했던 한부모가족 안에서의 역할, 새로운 재혼가족에서의 역할 정립이 혼란을 겪기도 하고 무엇이 맞는 것인지 아닌지에 대한 의구심이 생길 수 있다. 예를 들어, 계부모에 대한 호칭을 뭐라고 해야하는지, 누가 얼마만큼 어떤 영역에서 자녀 훈육과 교육에 책임을 질 것인지, 자녀양육에 대한 친부모의 관여 범위는 어떻게 할 것이지, 확대된 친족 관계는 어떻게 유지할 것인지 등 새로운 경계와 역할 정립이 재혼가족의 당면 과제이다. 그러므로 역할과 경계를 명확하게 하기 위해서는 보다 적극적인 의사소통과 의사결정기술이 필요하다.

둘째, 역동적 특성으로 재혼가족은 개인의 생애주기와 가족생활주기가 일치하지 않는 경우가 있다. 예를 들어, 남편은 초혼이라서 가족생활주기상으로는 가족형성기(신혼기)이지만, 아내는 재혼이라서 중학생 자녀를 키우고 있다면 두 사람 사이의 가족생활주기는 일치하지 않는다. 따라서 가족원이 동시에 서로 다른 발달 단계에 직면할 수 있으므로 가족의 문화가 융통성 있게 조절되어 바람직한 적응을 위한 노력을 해야 한다.

또한 초혼 가족과는 다른 특성을 지닌 재혼가족이 건강하게 적응해 나가기 위해서는 '재혼가족신화'를 극복해야 한다(Burr, Day, & Bahr, 1993). 첫째, 즉각적인 사랑 신화이다. 가족간의 사랑이 발달하는 데는 상당한 시간이 필요하다. 그럼에도 불구하고 재혼가족들은 가족간의 친밀감이나 사랑이 빨리 생길 것이라는 비현실적인 기대를 갖고 있다. 이로 인해 가족간에 즉각적인 사랑이 생기지 않았을 때 서로에 대한 서운함 감정을 갖게 되고 이는 가족응집성을 해치게 된다. 가족이란 이름으로 가족이 되기는 했으나 가족 안에 적극적인 소통과 노력이 있을 때 서로에 대한 친밀감이 조금씩 생긴다. 계부모와 계자녀는 즉각적인 친밀감이 생기지 않을 수 있음을 기억하고 천천히 가까워지려는 태도를 가지고 노력을 게을리해서는 안된다.

둘째, 즉각적인 적응 신화이다. 부부관계, 부모-자녀관계, 원가족과의 관계 등 많은 측면에서 적응해야 함에도 불구하고 쉽게 적응하리라는 기대를 한다. 가족구성원과 가족관계에 따른 변화의 적응은 쉬운 것이 아니므로 시간을 가지고 적응해 나아가야 한다.

셋째, 구원자, 보상 신화이다. 끊임없이 전 배우자와 현재 배우자를 비교하면서 전 배우자가 자신에게 해주지 않았던 것들을 현재의 배우자가 채워 줄 것이라고 기대한다. 오히려 큰 기대는 큰 실망을 가져올 뿐만 아니라 재혼가족 관계의 질을 떨어뜨릴 수가 있다. 또한 자녀가 있을 경우, 현재 배우자가 자녀들에게 친부모보다 더 나은 삶을 보장할 수 있다고 믿는 것도 비현실적인 기대이다.

넷째, 재혼가족과 초혼가족이 똑같을 것이라는 핵가족 신화이다. 외형상 재혼가족은 초혼 핵가족과 같은 모습이기 때문에 자칫 재혼가족이 초혼 핵가족과 같을 것이라고 생각한다. 하지만 이런 믿음으로 인해 재혼가족이 지닌 복잡성과 다양성을 인정하지 못하게 된다. 따라서 재혼가족은 재혼가족의 복잡한 구조와 관계망에 대해서 명확하게 이해해야 한다.

재혼가족의 부부 중 최소 한 사람은 전혼 관계에서 부부관계를 경험했으므로 전혼의 부부관계가 현재의 부부관계에 영향을 미칠 수 있다. 따라서 이를 탐색하여 전혼 부부관계가 현재 부부관계에 미치는 부정적인 영향을 최소화해야 한다. 또한 자녀를 양육하다가 재혼을 하게 되면 부부관계보다 전혼에서의 친부모-자녀관계가 먼저 존재하고, 더 친밀할 수도 있다. 이로 인해 새로 형성된 부부가 친밀감을 형성하는 데 어려움을 겪을 수 있다. 전혼에서 생긴 부모–자녀관계가 중요하지 않은 게 아니라 부부관계가 재혼가족의 핵심이라는 것을 잊어서는 안된다. 건강한 부부관계를 만드는 것이 재혼가족에서 가장 중요하다.

재혼가족의 부모–자녀관계를 살펴보면, 초혼 가족은 부부관계가 먼저 시작되고, 자녀를 출산하고 양육하면서 부모역할을 준비하고, 자녀의 성장에 따라 부모–자녀관계도 발전·성장한다. 하지만 재혼가족에서는 재혼과 동시에 배우자 자녀의 부모역할을 하게 된다. 만약 계자녀가 고등학생이라면 고등학생 자녀를 둔 부모가 된다. 따라서 고등학교 자녀의 특성에 대한 이해와 함께 자녀가 성장해 온 배경을 이해함으로써 급하게 자녀와 친해지려고 노력을 기울이기보다는 하나씩 서로에 대해서 알아가는 것이 필요하다. 계자녀들은 종종 자신의 친부모에 대한 애정과 충성심으로 인해 계부모와 친밀해지기를 거부하기도 한다. 만약, 친부모가 이혼을 한 경우라면 재혼으로 인해 부모의 재결합에 대한 기대가 완전히 무너졌기 때문에 계부모에 대한 분노, 원망, 적개심 등의 부정적인 감정을 가질 수도 있다. 따라서 계부모 입장에서 자녀의 이런 감정에 대해서 인정해 주고, 공감해 주어야 한다.

재혼을 단편적인 사건으로 이해하면 안된다. 재혼은 이전에 사별이나 이혼 등 개인에게 큰 스트레스를 주는 생애사건을 경험한 이후에 발생한 것이다. 이혼한 경우 이혼 과정에서 경험하게 되는 상실감이나 배신감으로 상처를 갖고 있을 수 있고, 사별한 경우에는 배우자에 대한 죄책감을 갖기도 한다. 상실감, 배신감, 죄책감 등의 해결되지 않는 부정적인 정서를 가지고 재혼을 하는 경우에는 여러 가지 정서적 혼란을 경험할 수도 있고, 친밀한 가족 관계 형성에 부정적인 영향을 미칠 수도 있다. 따라서 재혼하기 전에 사별 혹은 이혼으로 인한 부정적인 정서의 해소가 반드시 필요하다. 또한 사별 혹은 이혼 이후 형성된 한부모가족의 삶이 있었을 것이다. 한부모가족을 형성하고 있는 기간 동안 각 가족원은 자신의 역할에 익숙해졌을 수도 있고, 긴밀한 부모–자녀관계를 형성해 온 자녀들은 재혼에 대한 불안, 분노 등의 부정적인 정서를 갖기도 한다. 따라서 이런 부정적인 정서에 대한 이해와 고려가 필요하다.

재혼가족 구성원은 자신의 감정과 느낌을 솔직하게 표현하고 이를 서로 이해하는 과정이 필요하다. 이러한 부정적인 감정을 다루지 않고 회피하다보면 친밀하고 건강한 재혼가족이 될 수 없음을 기억하여 친밀감을 형성하기 위한 속도는 천천히 진행하지만, 그 노력은 꾸준히 이루어질 때 건강한 재혼가족이 될 수 있다.

재혼가족은 새로운 부부관계, 부모−자녀관계의 적응, 경제적인 부담, 역할과 경계의 모호성 등 가족관계를 위협할 만한 요소들이 많은 것은 사실이다. 하지만 재혼가족에게는 특별한 강점이 있다. 대부분의 재혼가족은 사별, 이혼 등의 큰 어려움을 경험하고, 일정 기간 독신생활을 하거나 한부모가족의 형태로 살면서 적응의 어려움을 경험한 뒤에 재혼가족을 형성한 것이기 때문에 가족의 소중함과 가족의 행복에 대한 열망이 크다. 이는 재혼가족이 더욱 건강하고 성숙한 가족으로 살기 위한 큰 원동력이 될 것이다.

우리 사회는 아직 재혼가족에 대한 편견이 많이 있다. 콩쥐와 팥쥐, 신데렐라, 백설 공주, 헨젤과 그레텔 등 어린 시절부터 접해 온 동화 속에 이른바 나쁜 계모의 등장으로 인해 새엄마에 대한 편견이 자리잡고 있으며, 이로 인해 계부모가 계자녀를 양육하는 데 위축되기도 한다. 하지만 이것은 재혼가족의 성공적인 적응에 걸림돌이 됨으로 가족에 대한 열린 시작, 다양한 가족의 존중과 수용이 중요하다.

5) 다문화가족

'다문화가족'이란 국제결혼가정, 이주노동가정, 북한이탈주민가정 등 민족, 인종, 문화가 다른 구성원으로 이루어진 가족을 말하여 우리나라에서는 2008년 '다문화가족지원법'이 제정되면서 '다문화가족'이라는 용어가 본격적으로 사용되기 시작하였다.

외국인과의 혼인은 1990년 전체 혼인 건수 중 국제결혼이 차지한 비율은 4,710건, 1.2%에 불과했지만, 2000년은 12,319건 3.7%로 증가하였고, 2010년에는

34,725건으로 전체 혼인 중 10.6%나 차지하였다. 그 뒤 10년 동안 외국인과의 혼인 건수는 점차 줄고 있지만 2020년 기준으로 다문화 가구는 368천 가구이며, 가구원은 1,093천 명으로(통계청, 2021) 다문화가족은 우리 사회의 보편적인 가족으로 자리잡고 있다.

혈연을 중시하는 우리 사회의 가족가치관 때문에 다문화가족은 그다지 환영받지 못했지만 한국의 국제적 지위 향상, 인터넷 통신의 발달, 외국과의 다양한 교류의 활성화, 농촌 총각의 결혼 문제 등과 관련하여 최근에 국제결혼에 대한 부정적인 정서가 점차 감소하고 있다(김승권 외, 2004.). 여성가족부(2020)에 따르면, 국제 결혼에 대한 수용도가 92.7%에 이를 만큼 다문화가족에 대해서 수용적인 태도가 증가하는 것을 확인할 수 있다.

우리나라에서는 2009년부터 다문화가족지원법 제4조 및 동법 시행령 제2조에 따라 전국 〈다문화가족실태조사〉를 3년마다 실시하고 있다. 가장 최근 결과인 2018년 〈다문화가족실태조사〉를 바탕으로 다문화가족의 모습을 살펴보고자 한다. 다문화 가구는 결혼이민자 가구 85.7%, 기타 귀화자 가구 14.3%로, 결혼 이민자 가구가 절대적으로 많다. 평균 가구원 수는 2.92명으로 부부+자녀가 34.0%로 가장 많고, 부부 가구 17.0%, 1인 가구가 14.4%, 부부+자녀+배우자의 부모·형제 가족 10.6%이다.

다문화가족의 평균 자녀 수는 0.95명이고 평균 연령은 8.3세로 나타났다. 자녀의 성장 과정을 살펴보면 저학년 자녀의 53.4%가 혼자 방치되는 시간이 많고, 학교급이 높아질수록 일반 가족 자녀의 취학률의 격차가 심해지고 있다(중학교 5.1%, 고등학교 4.5%, 대학교 18.0%). 이는 다문화가족 자녀가 학교 생활에 잘 적응하지 못하는 것으로 풀이할 수 있으므로 다문화가족의 자녀가 한국 사회에 잘 적응할 수 있도록 다방면에서 많은 노력이 필요하다.

다문화가족의 부부관계를 살펴보면, 부부간 문화적 차이를 느낀 적이 있다는 응답이 55.9%로 2015년(59.2%)에 비해 약간 줄기는 했으나 여전히 문화적 차이로 어려움을 경험하고 있다는 것을 알 수 있다. 한국에서 생활하는 체류 기간이 길어질수록 식습관, 의사소통에서의 문화적 차이 경험은 줄고 있으나 가사분담

방식, 저축 등 경제 생활에 대한 부부간 차이 경험은 체류 기간이 길어질수록 늘고 있다.

또한 결혼 이민자들에게 자신이나 집안 어려움을 의논하는 사람, 일자리 관련 의논하는 사람, 자녀 교육을 의논하는 사람, 여가나 취미 생활 같이 할 사람, 몸이 아플 때 도움을 요청할 사람 등이 있는지에 대해서 물어보면 항목별로 30~40%가량이 가족을 제외하면 의논하거나 도움을 요청할 상대가 '한국에 없다'고 응답하였다. 또한 저학력·저소득층일수록, 배우자와 이혼·별거, 사별 상태에 있을수록 사회적 관계가 더 취약하다는 것도 드러났다. 지난 1년간 각종 모임·활동 참여 비율은 전반적으로 감소하였으며, 모임·활동 참여에 대한 관심 자체가 저하된 경향이 포착되었다. 이는 체류 기간이 장기화되고 한국어 능력은 향상되었지만, 사회적 관계는 개선되지 못한 채 오히려 소외 문제가 심각해질 우려를 보여주고 있다.

과거에 비해 결혼 이민자들의 인종 및 국적에 대한 우리 사회의 문화적 편견, 혈연 중심의 가족가치관 등에 대한 차별적인 인식이 다소 감소하기는 했으나 여전히 한국에서 사는 다문화가족은 언어·문화적인 어려움뿐만 아니라 고립·소외라는 어려움도 경험하고 있다. 2009년 이후 국제결혼이 줄어들고 있고, 다문화가족이 어느 정도 자리를 잡았다고는 하지만 다문화가족이 건강한 가족으로 자리매김하기 위해서는 이들의 적응을 돕는 정책과 프로그램에 대한 연구가 다각도에서 필요하다(유영주 외, 2020).

글로벌 시대의 '다문화주의 관점'에서 볼 때, 우리가 어떤 관점을 갖느냐에 따라 다문화가족이 우리 사회의 성숙한 구성원으로 자리매김할 수 있는지가 달려 있다. 결혼 이민자들에게 우리 문화에 '동화'하기를 일방적으로 강요하기보다는 서로의 문화를 수용하고 인정하는 사회적 분위기가 형성되어야 한다. 결혼 이민자들의 모국 문화에 대해 우리 사회가 심도 있게 이해할 수 있는 기회를 마련해야 하며, 동시에 국제결혼에 대한 편견을 해소하기 위한 노력도 기울여야 한다.

다문화가족에 대한 인식조사 결과(한국가족상담교육단체협의회, 2013), 다문화 관련 교육을 받은 사람이 교육 경험이 없는 사람보다 국제결혼에 대한 수용성, 친구 수용 의지, 다문화가족에 대한 개방성 등이 유의미하게 높고, 고정 관념·차별은 유의미하게 낮게 나타났다. 이는 다문화 교육이 다문화에 대한 고정 관념 및 차별 의식 감소와 다문화 개방성에 중요한 영향을 미침을 알 수 있다. 따라서 유·초·중·고등학교에서는 다문화가족 자녀들과 비다문화가족 자녀들의 다양한 멘토-멘티 프로그램, 대학에서는 증가하고 있는 외국인 유학생들을 위한 멘토 프로그램의 활성화, 지자체에서는 중년 세대 대상 다문화가족을 위한 다양한 봉사와 연계의 장을 마련하는 등 교육 방법과 내용을 차별화하여 다양한 다문화 교육을 실시할 필요가 있다.

우리 사회에서 다문화가족의 모습은 더 이상 낯설지 않다. 하지만 다문화가족은 여전히 다양한 어려움을 호소하고 있다. 이제는 우리가 그들의 삶과 문화를 존중하여 함께 더불어 살아가야 할 때이다.

6) 조손가족

조부모가 부모를 대신하여 18세 이하의 손자녀를 양육하는 가족을 조손가족이라 한다. 조손가족은 2005년 58,058가구, 2015년에는 153,000가구로 3배 가까이 급증했다. 2035년이면 다시 두 배가 증가하여 321,000가구로 증가할 것으로 추산하고 있다(통계청, 2017). 조손가족은 여러 가지 어려움에 처해 있지만, 정부는 조손가족에 대한 실태 파악조차 제대로 하고 있지 않다.

조손가족에 대한 정부 차원의 실태 조사는 2010년 여성가족부 주도로 한 차례 있었다. 조손가족의 형성 이유는 부모의 이혼 및 재혼이 53.2%로 가장 높게 나타났고, 다음은 부모의 가출 및 실종 14.7%, 부모의 질병 및 사망 11.4%, 부모의 실직 및 파산 7.6%로 나타났다.

손자녀 양육 애로 사항으로는 66.2%가 경제적 문제라고 응답하였고, 손자녀 생활 및 학습지도, 손자녀 장래 준비 어려움, 가족 건강 문제로 순으로 답하였다 (그림 13-8). 대부분의 조손가족은 성인 자녀로부터 부양을 받을 수 없고, 조부모

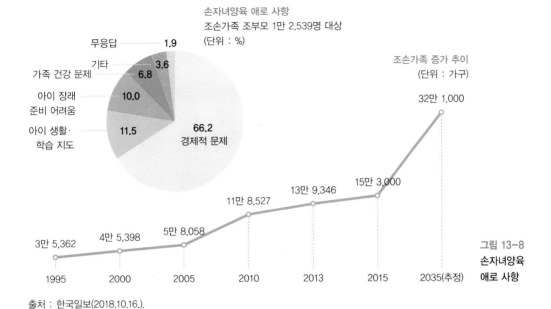

손자녀양육 애로 사항
조손가족 조부모 1만 2,539명 대상
(단위 : %)

무응답 1.9
기타 3.6
가족 건강 문제 6.8
아이 장래 준비 어려움 10.0
아이 생활·학습 지도 11.5
66.2 경제적 문제

조손가족 증가 추이
(단위 : 가구)

32만 1,000
15만 3,000
13만 9,346
11만 8,527
5만 8,058
4만 5,398
3만 5,362

1995   2000   2005   2010   2013   2015   2035(추정)

그림 13-8
손자녀양육
애로 사항

출처 : 한국일보(2018.10.16.).

가 경제 활동을 하기 어려운 상황이라서 빈곤의 상태에 머무를 수밖에 없다. 또한 조부모들은 조부모이면서 동시에 부모역할을 감당해야 하는 역할 부담과 손자녀 양육에 따른 가사노동의 증가, 손자녀들의 생활 및 학습 지도, 미래에 대한 걱정으로 인해 정서적인 어려움도 경험하고 있다.

한편으로는 조부모들은 손자녀를 돌보면서 삶에 대한 책임감과 의지가 생기고, 손자녀와 함께 생활하게 되어 마음이 편해졌다는 등 비교적 긍정적인 평가도 있다. 조손가족의 조부모들은 가족주의라는 전통적 가치관을 바탕으로 자신들이 혈연에 대해 책임을 다할 수 있다는 점을 무엇보다도 다행으로 여기고 있어 손자녀와의 관계도 비교적 적극적이고 긍정적으로 접근하고 있음을 알 수 있다(여성가족부, 2007).

우리는 조손가족을 가족 해체 과정에서 야기된 병리적인 현상이 아니라 가족해체의 대안으로 대두된 차선의 선택이란 입장에서 접근해야 한다. 국민기초생활보장법에 의한 저소득층 지원 정책과 한부모가족지원법에 의해 일부 조손가족이 지원을 받고는 있으나 조손가족을 주 대상으로 하는 정책은 없다. 따라서 조손가족을 위한 맞춤형 정책과 복지 서비스가 있어야 하며, 경제적인 어려움의 여부를 떠나서 조손가족의 다양한 욕구와 특성이 반영된 전문 프로그램의 개발과 보급이 이루어져야 한다.

대법 "아이에게 더 이익이 된다면 조부모가 손자녀 입양 가능"

입양 대상 아동에게 이익이 된다면 조부모도 손자나 손녀를 입양할 수 있다는 대법원의 첫 판단이 나왔습니다. 대법원 전원 합의체는 오늘 A씨 부부가 외손자를 입양하겠다며 낸 미성년자 입양 허가 청구소송 상고심에서 입양을 불허한 원심을 깨고 사건을 울산 지법으로 돌려보냈습니다.

… 중략 …

1심과 2심은 "친엄마가 살아 있는 상황에서 입양이 이뤄지면 조부모가 부모가 되고, 엄마는 누나가 돼 가족 내부 질서와 친족 관계에 중대한 혼란이 초래된다"며 청구를 받아주지 않았습니다. 하지만 대법원은 "미성년자에게 친부모가 있는데도 그들이 자녀를 양육하지 않아 조부모가 손자녀의 입양 허가를 청구하는 경우, 입양의 요건을 갖추고 입양이 자녀의 복리에 부합한다면 허가할 수 있다"고 판단했습니다. 특히 대법원은 "입양으로 가족 내부 질서나 친족 관계에 혼란이 초래될 수 있더라도, 구체적 사정을 살펴 입양이 외손자에게 더 이익이 된다면 입양을 허가해야 한다"고 덧붙였습니다.

출처 : MBC 뉴스(2021.12.23.).

7) 사회적 가족

사회적 가족에 관한 정의는 명확하지 않다. 선택적 가족이라고 할 수도 있고, 비혈연 가족이라고도 할 수 있다. 사회적 가족은 혈연이나 법적 유대에서 벗어나 개인의 자율적 선택을 통해 사회적으로 획득된 가족으로, 유대, 돌봄, 부양 등을 실천하는 가족 형태를 의미한다. 이와 같은 사회적 가족은 혈연 중심의 전통적인 가족 관계와 기능의 중요성이 강조되던 우리 사회에서 점차 주목받고 있다. 2000

년대 이후 우리 사회의 전통적인 가족구조와 기능 및 가치관이 변화함에 따라 독거노인과 자원 봉사자와의 관계 맺음(이건정, 2013), 아동 양육 시설을 퇴소하는 청소년 1인 가구를 위한 소셜팸(송영신, 2015), 독거노인을 위한 공동체(이경미·민윤경, 2018) 등 사회적 가족에 대한 관심과 실천이 증가하였다.

이러한 사회적 가족은 다양한 형태의 친밀한 관계가 포함하여 생물학적 관계가 아닌 개인의 선택과 주체성에 의해 형성된다. 개인이 주체적으로 선택한 관계 속에서 정서적, 사회적, 물질적 부양과 돌봄을 제공함으로써 소속감과 유대를 유지하는 사회적 가족은 대안적 생활 방식으로 확산될 수 있을 것이다.

가족의 모습은 얼마든지 달라질 수 있고, 구성되었다가 해체되고 재구성될 수도 있다. 따라서 가족의 형태로 더 이상 차별 받는 사회가 되어서는 안 된다. 가족의 다양성을 존중하고 각 가족의 구성원들이 더욱 행복하고 질 높은 삶을 살기 위해서 개인, 가족, 사회가 모두 협력해야 한다.

REFERENCE

1장

김혜경 · 도미향 · 문혜숙 · 박충순 · 손홍숙 · 오정옥 · 홍달아기(2019). **가족복지론**. 고양 : 공동체.

네이버 국어사전. 기능. https://ko.dict.naver.com/#/search?query=%EA%B8%B0%EB%8A%A5.

대한민국정부(2020). 제4차 저출산 · 고령사회기본기획.

박미은 · 신희정 · 이혜경 · 이미림(2015). **가족복지론**. 고양 : 공동체.

박태영 · 김태한 · 김혜선 · 문정화 · 박소영 · 박진영 · 이재령 · 조성희(2019). **가족복지학의 이해**. 서울 : 학지사.

여성가족부(2021). 제4차 가족실태조사.

여성가족부(2021). 다양한 가족에 대한 국민인식조사.

연합뉴스(2010.05.13.). 2030년 한국 G20 4대 노인국가된다. https://news.naver.com/main/hotissue/read.naver?mid=hot&sid1=101&gid=334426&cid=302839&iid=768034&oid=001&aid=0003273543&ptype=011

유영주 · 김순기 · 노명숙 · 박지현 · 배선희 · 송말희 · 송현애 · 이영자 · 한상금(2021). **변화하는 사회의 가족학**. 파주 : 교문사.

이상림(2020). **청년기 가족형성**. 한국의 사회동향 2020.

정인 · 오상엽(2020). **한국 1인가구 보고서**. KB 금융지주 경영연구소 1인가구 연구센터.

중앙일보(2019.11.17.). 저출산 · 고령화로 교육비 뚝, 의료비 쑥…'나홀로족'늘며 식료품비 반토막. https://www.joongang.co.kr/article/23634786

진미정(2020). **가족과 가구 영역의 주요 동향**. 한국의 사회동향 2020.

최선화 · 공미예 · 전영주 · 최희경(2018). **변화하는 사회의 가족복지**. 서울 : 학지사.

투데이신문(2016.03.14.). 「대한민국 미래를 말하다」 김용현 "한국, 2305년 지도서 사라질 것". http://www.ntoday.co.kr/news/articleView.html?idxno=42014

통계청(2011). 장래인구추계.

통계청(2019). 장래가구추계 : 2017~2047년.

통계청(2020). 2020년 사회조사.

통계청(2021). 2020년 인구주택총조사 결과 〈등록센서스 방식〉.

한겨레신문(2021.08.25.). 합계출산율 0.84명 또 최저치…세종 1등, 서울 꼴찌. https://www.hani.co.kr/arti/economy/economy_general/1009044.html

한경혜·최혜경·안정신·김주현(2019). **노년학**. 서울 : 신정.

함인희(2001). **변화하는 사회, 다양한 가족**. 서울 : 양서원.

Chandler, J., Williams, M., Maconachie, M., Collett, T., & Dodgeon, B. (2004). Living alone: Its place in household formation and change. *Sociological Research Online, 9*(3), 42-54.

2장

김순옥·곽소현·노명숙·류경희·배선희·송현애·왕석순·이광자·이현주·이화자·한상금(2012). **가족상담**. 파주 : 교문사.

김애순(1993). **개방성과 직업, 결혼, 자녀관계가 중년기 위기감에 미치는 영향**. 연세대학교 대학원 박사학위 청구논문.

김애순(2015). **청년기 갈등과 자기 이해**. 서울 : 시그마프레스.

김영희·김경미(2018). **결혼과 가족**. 고양 : 파워북.

김은영·이규은(2014). **인간관계론**. 서울 : 동문사.

김혜숙·박선환·박숙희·이주희·정미경(2008). **인간관계론**. 파주 : 양서원.

송관재·김범준·홍영오(2003). **대인관계의 심리**. 성남 : 선학사.

이성태(2006). **인간관계론**. 파주 : 양서원.

이춘재·이옥경·서봉연·윤진·이재창·김충기·오경자·심응철·이명숙(1990). **청년심리학**. 서울 : 중앙적성출판사.

임혜경·김송이·이금진·이현(2012). **인간관계론**. 파주 : 양서원.

존 가트맨·최성해·조벽(2011). **내 아이를 위한 감정코칭**. 서울 : 한국경제신문.

Albert, E., & Catharine, M. Rational Emotive Behavior Therapy: A Therapist's Guide. 서수균·김윤희 공역(2007). **합리적 정서행동치료**. 서울: 학지사.

Arnett, J. J.(2007). Emerging adulthood: What is it, and what is it good for?. *Child development perspectives, 1*(2), 68-73.

Rosenberg, M.(1989). *Society and the adolescent self image*. Wesleyan University Press : Revised edition Co.

Schiraldi, G.(2001). *The Self-esteen workbook*. CA: New Harbinger publications, INC.

3장

김영희·김경미(2018). **결혼과 가족**. 고양 : 파워북.

배매리·이규미(2006). 청소년 외동아와 형제아의 부·모·또래 애착과 자기애. **한국가족복지학, 11**(1), 113-130.

정옥분·정순화(2014). **결혼과 가족의 이해**. 서울 : 학지사.

정현숙(2019). **가족관계**. 서울 : 신정.

정현숙·옥선화(2015). **가족관계**. 서울 : Knou Press.

Margaret, P.(1992). 정은아 역(1993). **내면아이의 상처 치유하기**. 서울 : 소울메이트.

Holmes, J.(1993). 이경숙 역(2005). **존 볼비와 애착이론**. 서울 : 학지사.

4장

국가법령정보센터. 대한민국헌법. https://www.law.go.kr/법령/대한민국헌법/

국립국어원 표준국어대사전. 사랑. https://stdict.korean.go.kr/search/searchResult.do

김승권(2000). **한국가족의 변화와 대응방안.** 서울 : 한국보건사회연구원.

김은정(2016). **고등학생의 성의식과 학교성교육에 대한 요구.** 우석대학교 대학원 박사학위논문.

김은희(2014). **정의론으로서 성윤리.** 대전 : 한국연구재단.

김향숙(2001). **대학생의 애착·사랑유형에 따른 성행동.** 동국대학교 대학원 박사학위논문.

네이버 오픈사전. 자만추. https://open-pro.dict.naver.com/_ivp/#/pfentry/df5d3d38-db59-45e8-
b556-739d7ca5b3d9/enegdwdxdyebegdxdwdsqyofgwrzrzuc

다음영화. 세상을 바꾼 변호인. https://movie.daum.net/moviedb/main?movieId=123268

배정원(2010). 성을 어떻게 이야기할 것인가-3H SEX(Sexual Health, Sexual Harmony, Sexual
happiness)를 지향하며. **가정의학회지, 31**(11), 239-245.

백경숙(2009). '사랑'과 'LOVE'의 은유 연구-대중음악 가사를 중심으로-. 부산대학교 대학원 석사학위논문.

변혜정·조중신(2005). **성폭력 피해자 치유·가해자 교정 프로그램 매뉴얼.** 서울: 여성가족부.

서배식(2001). **사랑철학.** 서울 : 형설출판사.

양선이(2014). 사랑의 이유 : 역사성, 이데올로기, 그리고 관계성. **인간·환경·미래, (12),** 63-87.

울산광역시교육청(2011). **안전한 학교 만들기 위한 아동·청소년 성폭력 대응 매뉴얼.** 울산: 울산광역시교육청.

유혜정(2006). **남성 섹슈얼리티의 사회화 기제로서 군대 성문화 연구-병사들의 성의식과 성경험을 중심으로-.**
상지대학교 대학원 석사학위논문.

이경래(2018). 사랑과 정의, 양립 가능한가-폴 리쾨르 이론을 중심으로-. **비교문화연구, 52,** 53-78.

이우금(2012). **기독청년과 비기독청년의 사랑에 관한 내러티브 탐구.** 평택대학교 피어선신학전문대학원 박사
학위논문.

이은진(2015). 성적 자기결정권에 대한 심리학 연구. **한국심리학회지 : 여성, 20**(3), 427-441.

이정은·최연실(2002). 미혼남녀의 심리경향에 따른 사랑의 유형 분석-Jung의 심리유형론과 Lee의 사랑유
형론을 중심으로-. **대한가정학회지, 40**(3), 137-153.

이지연·이은설(2005). 대학생의 데이트 성폭력 피해와 가해에 대한 설명 모형. **한국심리학회지 상담 및 심리
치료, 17**(2), 265-282.

임지룡(2005). '사랑'의 개념화 양상. **어문학, (87),** 201-233.

전라북도교육청(2009). **성폭력 피해·가해학생을 위한 교사용 지도서.** 전북 : 전라북도교육청.

정형숙(2007). **아동의 공포증에 관한 정신분석학적 연구-프로이트의 "꼬마 한스" 사례를 중심으로-.** 호서대
학교 연합신학전문대학원 석사학위논문.

중대신문(2015.03.23.). 우리 연애는 어떤 '삼각형'일까. http://news.cauon.net/news/articleView.
html?idxno=24926

차정화·전영주(2002). 이성교제 커플의 원가족 건강성과 친밀감간의 관계. **한국가족관계학회지, 7**(1), 39-57.

천명주(2014). **'자유중심의 성윤리'에서 '관계성에 입각한 행위자 중심의 성윤리'로 : 성윤리교육에의 적용가
능성을 중심으로.** 대전 : 한국연구재단.

한송이(2009). 미혼남녀의 사랑유형과 자아존중감, 관계만족도, 신뢰도와의 관계-Lee의 사랑유형이론을 중심으로-. 명지대학교 사회교육대학원 석사학위논문.

헌법재판소. 개인의 자기운명결정권 혹은 성적자기결정권의 의미. 대전 : 한국연구재단. https://www.krm. or.kr/krmts/search/detailView.html?metaDataId=4b76f6dc1526c0d60115273daad31101&category y=Text

홍은영(2011). 인간 성행동에 대한 윤리학적 고찰-푸코의 논의를 중심으로. 대전 : 한국연구재단.

Acevedo, B. P., & Aron, A.(2009). Does a long-term relationship kill romantic love?. *Review of General Psychology, 13*(1), 59-65.

Altman, I., & Taylor, D. A.(1973). *Social penetration: The development of interpersonal relationships.* Holt, Rinehart & Winston.

Badiou, A., & Truong, N. 저, 조재룡 역(2010). **사랑예찬**. 서울 : 도서출판 길.

Borland, D. M.(1975). An alternative model of the wheel theory. *Family Coordinator*, 289-292.

Fisher, H. E., Aron, A., & Brown, L. L.(2006). Romantic love: a mammalian brain system for mate choice. *Philosophical Transactions of the Royal Society B : Biological Sciences, 361*(1476), 2173-2186.

Hatfield, E. C., Pillemer, J. T., O'brien, M. U., & Le, Y. C. L.(2008). The endurance of love : Passionate and companionate love in newlywed and long-term marriages. *Interpersona : An International Journal on Personal Relationships, 2*(1), 35-64.

Hendrick, C., & Hendrick, S.(1986). A theory and method of love. *Journal of personality and social psychology, 50*(2), 392-402.

Kalat, J., & Shiota, M. 저, 민경환·이옥경·김지현 역(2007). **정서심리학**. 서울 : 시그마프레스.

Lee, J. A.(1973). *The colors of love: An exploration of the ways of loving.* Don Mills, Ontario : New Press.

Lee, J. A.(1974). Styles of loving. *Psychology today, 8*(5), 43-50.

Meyers, S. A., & Berscheid, E.(1997). The language of love: The difference a preposition makes. *Personality and Social Psychology Bulletin, 23*, 347-362.

Nurcahyo, F. A., & Liling, E. R.(2011). Exploring the important component of love in marriage relationship. http://dspace.uphsurabaya.ac.id:8080/xmlui/bitstream/handle/123456789/118/2_ Exploring_the_important_component_of_love.pdf?sequence=1

OED. LOVE. https://www.oed.com/viewdictionaryentry/Entry/110566

Reis, H. T., Aron, A., Clark, M. S., & Finkel, E. J.(2013). Ellen Berscheid, Elaine Hatfield, and the emergence of relationship science. *Perspectives on Psychological Science, 8*(5), 558-572.

Reiss, I. L.(1971). *Family systems in America.* NY : Holt.

Schwartz, P., & Rutter, V.(1998). *The gender of sexuality.* Rowman & Littlefield Publishers.

Sternberg, R. J.(1986). A triangular theory of love. *Psychological review, 93*(2), 119-135.

Sternberg, R. J. 저, 이상원·류소 역(2002). **사랑은 어떻게 시작하여 사라지는가**. 서울 : 사군자.

Strong, B., & DeVault, C.(1995). *The marriage and family experience*. Paul : West Publishing Co.

Strong, B., DeVault, C., & Cohen, T. F.(2013). *The marriage and family experience: Intimate relationships in a changing society(9th ed.)*. Cengage learning.

5장

곽금주(2013). 현대 청소년의 이성교제 문화. 서울 : 한국청소년상담복지개발원.

국립국어원 표준국어대사전. 호감. https://stdict.korean.go.kr/search/searchResult.do?pageSize=10&searchKeyword=호감

김경선(2017). 대학생의 내면화된 수치심과 이성관계만족도의 관계에서 관계진솔성의 매개효과. 아주대학교 교육대학원 석사학위논문.

김경은(2008). 성인애착이 남녀 이성교제에 미치는 영향. 총신대학교 선교대학원 석사학위논문.

김문성(2018). 욕망의 인간관계. 서울 : 스타북스.

김은미(2015). 애착과 자아탄력성이 대학생의 이별 후 성장에 미치는 영향: 의도적 반추와 문제중심대처를 매개변인으로 한 구조적 관계분석. 충북대학교 대학원 박사학위논문.

김은숙(2006). 패션상품 소비자의 점포 관계단절에 관한 연구. 숙명여자대학교 대학원 박사학위논문.

김재휘(2013). 설득 심리 이론. 서울 : 커뮤니케인션스북스(주).

김한중·강동욱(2019). 데이트폭력의 실태와 그 대책방안 – 일선경찰관의 관점에서 –. **법과정책연구, 19**(2), 179-212.

김형경(2012). **좋은 이별**. 서울 : 사람풍경.

류성곤(2016). **완화의학**. 서울 : 시그마프레스.

박종환(2007). **대학생의 정체성에 관한 현상학적 연구**. 백석대학교 기독교전문대학원 박사학위논문.

박현정(2015). 데이트폭력의 위험요소와 대책에 관한 고찰. **법학논총, 22**(2), 499-521.

배행자·이인선(2004). 호감(Attraction) 개념분석. **정신간호학회지, 13**(3), 323-333.

서울특별시(2018). F언니의 두 번째 상담실-데이트폭력 대응을 위한 안내서.

송연주(2019). 관계중독에 대한 개념 및 국내 연구 동향 분석. **가족과 가족치료, 27**(4), 699-721.

위키백과. 썸. https://ko.wikipedia.org/wiki/썸

이영선·김은영·강석영·김래선·유준호·최영희·윤민지(2013). **이성교제 경험 청소년 개별면접 인터뷰 & 이성교제 관련 상담사례 동향 분석**. 서울 : 한국청소년상담복지개발원.

장정은(2018). 에로스와 심리치료 : 사랑을 통한 치료로서의 정신분석. **목회와 상담, 31**, 225-253.

하이닥(2021.04.21.). 건강하게 슬퍼하는 방법 ③, 슬픔과 애도는 다르다. https://www.hidoc.co.kr/healthstory/news/C0000597869

한국여성인권진흥원. 스토킹, 데이트폭력. https://www.stop.or.kr/modedg/contentsView.do?ucont_id=CTX000065&srch_menu_nix=zYCE5436&srch_mu_site=CDIDX00005

헬스조선(2014.08.08.). 이별 후, 옛 연인 못 잊는 이유 있다. https://m.health.chosun.com/svc/news_view.html?contid=2014080701980

Braithwaite, S. R., Delevi, R., & Fincham, F. D.(2010). Romantic relationships and the physical and mental health of college students. *Personal Relationships, 17*(1), 1–12.

Carnelley, K. B., & Janoff-Bulman, R.(1992). Optimism about love relationships : General vs specific lessons from one's personal experiences. *Journal of Social and Personal Relationships, 9*(1), 5–20.

Furman, W., & Shaffer, L. A.(1999). A story of adolescence : The emergence of other-sex relationships. *Journal of Youth and Adolescence, 28*(4), 513–522.

Hogg, M. A., Hardie, E. A., & Reynolds, K. J.(1995). Prototypical similarity, self-categorization, and depersonalized attraction : A perspective on groupcohesiveness. *European Journal of Social Psychology, 25*, 159–177.

Kübler-Ross, E.(1969). *On death and dying.* Collier Books/Macmillan Publishing Co.

Kübler-Ross, E., & Kessler, D.(2009). The five stages of grief. In *Library of Congress Cataloging in Publication Data (Ed.), On grief and grieving* (pp. 7–30). https://grief.com/images/pdf/5%20 Stages%20of%20Grief.pdf

Levine, A., & Heller, R. 저, 이후경 역(2011). **그들이 그렇게 연애하는 까닭 : 사랑에 대한 낭만적 오해를 뒤엎는 애착의 심리학.** 서울 : 랜덤하우스코리아.

Miller, R. L.(1976). Mere exposure, psychological reactance and attitude change. *Public Opinion Quarterly, 40*(2), 229–233.

Peabody, S. 저, 류가미 역(2010). **사랑중독 : 관계에 대한 집착과 의존에서 벗어나기.** 서울 : 북북서.

Rollie, S. S., & Duck, S.(2006). Divorce and dissolution of romantic relationships: Stage models and their limitations. In M. A. Fine & J. H. Harvey (Eds.), *Handbook of divorce and relationship dissolution*(pp. 223–240). Lawrence Erlbaum Associates Publishers.

Whiteman, T., & Petersen, R. 저, 김인화 역(2004). **사랑이라는 이름의 중독.** 서울 : 사랑플러스.

Zajonc, R. B.(1968). Cognitive theories in social psychology. *Handbook of social psychology, 1*, 320–411.

6장

가족센터 홈페이지 www.familynet.or.kr

김영희·김경미(2018). **결혼과 가족.** 고양 : 파워북.

김춘경·이수연·이윤주·정종진·최웅용(2016). **상담학 사전.** 서울 : 학지사.

네이버 국어사전. 배우자. https://ko.dict.naver.com/#/entry/koko/3b0a133f9f294634958835d057cac41f

동아사이언스(2021.05.20.). **선호하는 이성의 조건, 나이 따라 바뀔까요?.** https://www.dongascience. com/news.php?idx=46694

유영주(1997). **결혼과 가족,** 서울 : 경희대학교 출판부.

이기숙·김득성·공미혜·김은경·전영주·손태홍·오경희(2016). **결혼의 기술.** 서울 : 신정.

이소영·김은정·박종서·변수정·오미애·이상림·이지혜(2018). **2018년 전국 출산력 및 가족보건·복지 실태 조사.** 한국보건사회연구원.

정옥분·정순화(2014). **결혼과 가족의 이해.** 서울 : 학지사.

하지현(2012). **청소년을 위한 정신 의학 에세이.** 서울 : 해냄.

Blackwell, D. L., & Lichter, D. T.(2000). Mate selection among married and cohabiting couples. *Journal of Family Issues, 21*, 275-302.

Lewis, R. A.(1973). A longitudinal test of a development framework for premarital dyadic formation. *Journal of Marriage and the Family, 35*(1), 16-25.

Murstein, B. I.(1970). Stimulus, value, role : A theory of marital choice. *Journal of Marriage and the Family, 32*, 465-481.

Olson, D. H., & DeFrain, J.(1994). *Marriage and the family: Diversity and strengths*. Mountain View. CA : Mayfield Publshing Company.

Smith, S. J.(2000). 나선숙 역(2008). **결혼 전에 꼭 알아야 할 101가지.** 서울 : 큰나무.

Stinnett, N., Walters, J., & Kaye, E.(1984). *Relationships in marriage and the family*. Macmillan.

Udry, R.(1971). *The social context of marriage*. New York : Lippincott Co.

Warren, N. C.(1994). *Finding the love of your life: Ten principles for choosing the right marriage partner*. Simon and Schuster.

7장

강유진(2017). 성인남녀의 비혼유형에 영향을 미치는 요인 : 사회인구학적 특징 및 가족가치관 요인을 중심으로. **한국지역사회생활과학회지, 28**(2), 241-256.

강은영·진미정·옥선화(2010). 비혼 여성의 비혼 자발성 관련요인 탐색 : 결혼 및 가족 가치관을 중심으로. **대한가정학회지, 48**(2), 135-144.

건강가정컨설팅연구소(2017). **결혼과 가족생활.** 서울 : 시그마프레스.

김경원(2004). **독신생활 동기요인과 경험에 대한 탐색적 연구.** 성신여자대학교 대학원 박사학위논문.

김명자·계선자·강기정·김연화·박미금·박수선·송말희·유지선·이미선(2009). **아는 만큼 행복한 결혼 건강한 가족.** 파주 : 양서원.

김송희(2016). **한국 여성의 혼전임신에 관한 연구.** 고려대학교 대학원 박사학위논문.

김양희, 문영소, 박정윤(2003). 미혼 남녀의 결혼관에 대한 연구. **중앙대학교 생활과학논집, 17**, 53-72.

김정석(2006). 미혼남녀의 결혼의향 비교분석. **한국인구학, 29**(1), 57-70.

김지영(2005). **동거를 통해 본 성별 관계의 지속과 변형 : 20~30대 여성의 경험을 중심으로.** 이화여자대학교 일반대학원 석사학위논문.

김형화(2012). **비혼독신의 자기분화와 가족분화가 영적 안녕감과 결혼태도 및 삶의 만족에 미치는 영향.** 백석대학교 기독교전문대학원 박사학위논문.

김혜영·선보영(2011). 여성의 만혼화와 결혼의향 : 결정요인을 중심으로. **한국사회, 12**(2), 3-25.

김혜영·선보영·진미정·사공은희(2007). **1인 가구의 비혼 사유와 가족의식.** 한국여성정책연구원.

노미선(2008). **고학력 30대 비혼여성의 성별/나이의 위치성에 대한 연구.** 이화여자대학교 대학원 석사학위논문.

다음백과. 결혼. https://100.daum.net/encyclopedia/view/b01g2738b

대법원(1979.05.08.). 선고 79므3 판결. https://casenote.kr/%EB%8C%80%EB%B2%95%EC%9B%90/79

%EB%AF%803

대법원(1995.03.10). 선고 94므 1379, 1386 판결. https://www.law.go.kr/LSW/precInfoP.do?precSeq=190033

대법원 종합법률정보. 민법 제812조(혼인의 성립). https://glaw.scourt.go.kr/wsjo/lawod/sjo192.do?contI
    d=3247391&jomunNo=812&jomunGajiNo=0&viewGbnCd=01&contKindCd=03

대법원 종합법률정보. 민법 제826조의2(성년의제). https://glaw.scourt.go.kr/wsjo/lawod/sjo192.do?cont
    Id=3247391&jomunNo=826&jomunGajiNo=2&viewGbnCd=05&contKindCd=03

류상희 · 정병삼 · 박균열(2019). 현대 한국인의 결혼 결정 요인 고찰. **효학연구**, (19) , 21-50.

박주희(2016). 가족가치관과 사회적 지지에 대한 기대가 남녀 대학생의 결혼의향에 미치는 영향. **한국가정관
    리학회지, 34**(4), 21-35.

변미리 · 신상영 · 조권중(2008). **서울의 1인 가구 증가와 도시정책 수요연구**. 서울 : 서울연구원.

변수정(2017). 비혼 동거 인구의 경험 및 가치관. **보건 · 복지 Issue&Focus, 332,** 1-8.

서울신문(2019.02.10.). 결혼 · 혈육만 법적 보호자로 인정해 줄 건가요?. https://www.seoul.co.kr/news/
    newsView.php?id=20190211015003

어성연 · 조희금 · 고선강(2010). 전문직 미혼 남녀의 만혼현상에 대한 연구. **한국가족자원경영학회지, 14**(2),
    1-19.

오병무 편저(1987). **전통의례개설-세시풍속과 통과의례**. 전북: 남원문화원.

옥귀주(1999). **미혼독신자의 생활실태와 만족, 불만족 수준**. 경성대학교 교육대학원 석사학위논문.

우은정(2001). **한국사회 비혼여성들의 욕망과 억압과 탈주에 관한 연구-30대 초반 비혼여성들과의 심층면접
    을 중심으로**. 한양대학교 대학원 석사학위논문.

유명복(2019). 독신의 정체성(identity)에 관한 연구. **기독교교육정보, 63,** 123-148.

이상혁(2009). **기술 · 가정**. 서울 : (주)미래엔

이수진(2005). 젠더관점에서 본 결혼선택의 규정요인. **노동정책연구, 5**(1), 131-156.

이연수(2005). **싱글 마케팅**. 서울 : 비즈니스북스.

이연주(2008). 동거와 한국가족 : 전국조사에서 나타난 동거자의 특성. **한국인구학, 31**(2), 77-100.

이재경 · 김보화(2015). 2, 30대 비혼 여성의 결혼 전망과 의미 : 학력 집단 간 차이를 중심으로. **한국여성학,
    31**(4), 41-85.

이진숙 · 이윤석(2014). 비혼 1인가구의 사회적 관계. **한국인구학, 37**(4), 1-24.

정예리(2011). **해체가족 여성결혼이민자와 그 자녀의 삶-필리핀 여성을 중심으로-**. 중앙대학교 대학원 박사
    학위논문.

정현숙 · 옥선화(2013). **가족관계**. 서울 : Knou press.

진미정 · 성미애(2021). 청년층의 동거 경험 및 동거 수용성과 결혼 의향의 관련성. **한국가정관리학회지, 39**(2),
    1-14.

찾기쉬운 생활법령정보. 법률혼과 사실혼. https://easylaw.go.kr/CSP/UnScRlt.laf?section=&search_
    put=법률혼과 사실혼

최정민 · 박영미(2012). 미혼 직장여성의 네트워크거주 실태분석, **국토연구, 73**(1), 63-82.

통계청(2020). **2020년 사회조사.**

통계청(2021). 2020 인구주택총조사 표본 집계 결과, 인구·가구 기본 항목.

편집부(2016). [(2) 사회문화] 1인 전성시대 혼자, 독신, 독거, 비혼. DBpia 연구동향 리포트, 1(3), 1-8.

Austrom, D. R., & Hanel, K.(1985). Psychological issues of single life in Canada : An exploratory study. International Journal of Women's Studies, 8, 12-23.

Bandura, A.(1977). Social learning theory. Englewood Cliffs, NJ : Prentice-hall.

Becker, G. S.(1973). A theory of marriag : Part I. Journal of Political Economy, 81(4), 813-846.

Becker, G. S., Landes, E. M., & Michael, R. T.(1977). An economic analysis of marital instability. Journal of political Economy, 85(6), 1141-1187.

Bumpass, L. L., & Sweet, J. A.(1989). National estimates of cohabitation. Demography, 26(4), 615-625.

Cargan, L., & Melko, M.(1982). Singles : Myths and realities. Sage Publications (Beverly Hills).

Casper, W. J., & DePaulo, B.(2012). A new layer to inclusion: Creating singles-friendly work environments. In Work and quality of life(pp. 217-234). Springer, Dordrecht.

Heuveline, P., & Timberlake, J. M.(2004). The role of cohabitation in family formation : The United States in comparative perspective. Journal of Marriage and Family, 66(5), 1214-1230

Kenrick, D. T., Griskevicius, V., Neuberg, S. L., & Schaller, M.(2010). Renovating the pyramid of needs : contemporary extensions built upon ancient foundations. Perspectives on Psychological Science, 5(3), 292-314.

Manning, W. D., & Cohen, J. A.(2012). Premarital cohabitation and marital dissolution : An examination of recent marriages. Journal of marriage and Family, 74(2), 377-387.

Olson, D. H., DeFrain, J., & Skogrand, L.(2014). Marriages and families : Intimacy, diversity, and strengths(6th ed.). New York: McGraw-Hill Higher Education.

Polgar, N.(2017). Reframing catholic theological ethics from a scotistic perspective. Religions, 8(10), 200.

Rindfuss, R. R., & VandenHeuvel, A.(1990). Cohabitation : A precursor to marriage or an alternative to being single?. Population and development review, 703-726.

8장

강민지·유계숙(2018). 청년층 세대 비교로 살펴본 가족 건강성과 기능 요구도: 1차 및 2차 에코부머를 중심으로. 한국가족관계학회지, 23(3), 131-152.

강운선(2010). 제7차 사회·문화 교과서의 가족 단원에 대한 비판적 내용 분석. 사회와교육, 49(2), 33-52

김민혜(2010). 고등학교 '사회문화' 및 '기술가정'의 가족 관련 단원 내용 분석 : 구조기능론과 갈등론을 중심으로. 이화여자대학교 교육대학원 석사학위논문.

김승권(1998). 최근 출산형태 및 가족주기 변환에 따른 정책과제. 보건복지포럼, 1998(3), 7~17.

김승권(2004). 한국 가족정책의 동향과 발전방안. 보건복지포럼, 2004(5), 6-32.

김승권·양옥경·조애저·김유경·박세경·김미희(2004). 다양한 가족의 출현과 사회적 지원체계 구축방안. 세

종 : 한국보건사회연구원.

김승권·조애·이삼식·김유경·송인주(2000). **2000년 전국 출산력 및 가족보건실태조사**. 세종 : 한국보건사회 연구원.

김유경(2014). 가족주기 변화와 정책제언. **보건복지포럼, 2014**(5), 7-22.

김유경·이진숙·이재림·김가희(2014). **가족의 갈등과 대응방안 연구-가족관계 갈등과 가족기능 갈등을 중심 으로**(연구보고서 2014-14). 세종 : 한국보건사회연구원.

김자영(2008). **실과(기술·가정) 교과서의 가족관련 단원 내용 비교분석: 구조기능론·발달론과 건강가정 관 점에서**. 한국교원대학교 대학원 석사학위논문.

김혜신(2011). **결혼이주여성과 한국인 남성 부부의 가족건강성 연구**. 전남대학교 대학원 박사학위논문.

김혜영(2008). 한국가족의 다양성 증가와 그 이중적 함의. **아시아여성연구, 47**(2), 7-37.

네이버영화. 어느 가족. https://movie.naver.com/movie/bi/mi/basic.naver?code=172174

대법원 종합법률정보. 민법 제779조(가족의 범위). https://glaw.scourt.go.kr/wsjo/lawod/sjo190P_10.do? contId=3247391&lawodJomunKey=0779001&contKindCd=03

박귀영(2008). **조손가계의 경제구조 분석 : 확대가계 및 핵가족 가계와의 비교를 중심으로**. 성신여자대학교 석사학위논문.

박수미·정기선(2006). 사회적 소수자에 대한 편견적 태도에 관한 연구. **여성연구, 2**(71), 5-26.

변화순·최윤정(2004). **가족정책 방향 정립 및 통합적 시행방안 연구**. 서울 : 한국여성개발원.

양옥경(2000). 한국 가족개념에 관한 질적 연구. **한국가족복지학, 6**, 69-99.

양정혜·김지경(2002). 구조기능 이론의 관점으로 중학교 기술·가정 교과서의 「I.나와 가족생활」 단원 내용 분석. **대한가정학회지, 40**(12), 1-11.

옥선화(1995). 가족의 위기와 전망. 한국가족학회 편. **한국 가족문제 : 진단과 전망**. 서울 : 하우.

위키백과. 인륜성의 체계. https://ko.wikipedia.org/wiki/인륜성의_체계

위키백과. 제로웨이스트. https://ko.wikipedia.org/wiki/제로웨이스트

유계숙(2004). 건강가족의 요소에 관한 연구 : 가족체계와 건강성을 중심으로. **한국가족관계학회지, 9**(2), 25-42.

유영주(1984). 한국 도시가족의 가족생활주기 모형설정에 관한 연구. **한국가정관리학회지, 2**(1), 111-129.

유영주(1994). **건강한 가족을 위한 가족원의 역할**. 제16차 한국아동학회 총회 추계학술대회 자료집.

유영주(2004a). **한국 건강가정의 의미와 방향 모색-건강한 가족·가족관계를 중심으로-**. UN 세계가정의 해 10주년 기념 심포지움 자료집. 서울: (사)한국건강가정실천운동본부.

유영주(2004b). 가족강화를 위한 한국형 가족건강성 척도 개발 연구. **한국가족관계학회지, 9**(2), 119-151.

유영주·김순기·노명숙·박지현·배선희·송말희·송현애·이영자·한상금(2018). **변화하는 사회의 가족학(제2 판)**. 서울 : 교문사.

장재형(2021). **내 곁에서 내 삶을 받쳐 주는 것들**. 고양 : 미디어숲.

정문자·정혜정·이선혜·전영주(2007). **가족치료의 이해**. 서울 : 학지사.

정미라(2021). 가족과 상호인정의 원리-헤겔의 인륜성 개념을 중심으로-. **헤겔연구**, (49), 23-46.

정현숙·성미애·기쁘다(2020). **가족관계**. 서울 : Knou Press.

정현숙·유계숙(2001). **가족관계**. 서울 : 도서출판 신정.

조희금·박미석(2004). 건강가족기본법의 이념과 체계. **한국가정관리학회지, 22**(5), 331–344.

키움투자자산운용(2019.01.11.). 2019년 새해소원 5가지 한꺼번에 이루는 방법.https://m.post.naver.com/viewer/postView.nhn?volumeNo=17559953&memberNo=42802173

한국민족문화대백과사전. 가족. http://encykorea.aks.ac.kr/Contents/Item/E0000351

Barrett, M., & McIntosh, M.(1980). The 'family wage' : some problems for socialists and feminists. *Capital & Class, 4*(2), 51–72.

Becvar, D. S., & Becvar, R. J.(2013). *Family therapy : A systemic integration*. Pearson Education.

Berry, V. L.(2008). *The relative contribution of family conflict to children's health and development*. University of Bath, Department of Social and Policy Science.

Burgess, E. W.(1926). The family as a unity of interacting personalities. *The Family, 7*(1), 3–9.

DeFrain, J., & Asay, S. M. (2007). Family strengths and challenges in the USA. *Marriage & Family Review, 41*(3–4), 281–307.

DeFrain, J., & Stinnett, N.(2002). Family strengths. In J. J. Ponzetti et al. (Eds.), *International encyclopedia of marriage and family* (2nd ed.). New York: Macmillan.

Duvall. E. M.(1957). *Family development*. Philadelphia : J. B. Lippincott.

Freidman, M. M.(1986). *Family nursing : Theory and assessment, ended*. New York: Appleton-Century–Crofts.

Harvey, M., & Evans, R. E.(1994). Family business and multiple levels of conflict. *Family Business Review, 7*(4), 331–348.

Hochschild, A. R.(1997). *The time bind: When work becomes home and home becomes work*. New York: Metropolitan Books.

Kellermanns, F. W., & Eddleston, K. A.(2004). Feuding families : When conflict does a family firm good. *Entrepreneurship theory and Practice, 28*(3), 209–228.

Mace, D. R.(1985). Personal communication. Cited in Stinnett, N.; and DeFrain, J. (1985). *Secrets of strong families*. Boston: Little, Brown.

Michaelson, V., Pickett, W., King, N., & Davison, C.(2016). Testing the theory of holism : A study of family systems and adolescent health. *Preventive medicine reports, 4*, 313–319.

Murdock, G. P.(1949). *Social structure*. New York : Macmillan.

Olson, D. H., & DeFrain, J. 저, 이선형·임춘희(2014). **건강가정론**. 서울: 학지사.

Otto, H. A.(1975). *The use of family strength concepts and methods in family lifeeducation : A handbook*. Beverly Hills, California : Holistic Press.

Schulz, D. A.(1972). *The changing family : Its function and future*. Person College

Smith, S. R., & Hamon, R. R.(2012). *Exploring family theories (3rd ed.)*. New York : Oxford University Press.

Sprey, J.(1969). The family as a system in conflict. *Journal of Marriage and the Family, 31*, 699–706.

Stinnett, N., & DeFrain, J.(1985). *Secrets of strong families*. Boston: Little, Brown.

Stinnett, N., & Sauer, K. (1977). Relationship characteristics of strong families. *Family Perspective, 11*(3), 3–11.

Turgay, A.(1986). The child, family, and school : Systemic triangulation. *Interchange, 17*(1), 70–73.

White, J. M., Klein, D. M., & Martin, T. F.(2014). *Family theories : An introduction (4th)*. Thousand Oaks, CA: Sage Publications, Inc.

Zimmerman, S. L.(1988). *Understanding family policy*. SAGE Publication.

Zimmerman, S. L.(1992). *Family policy and family well-being : The role of political culture*. Newbury Park. CA: Sage.

9장

건강가정컨설팅연구소(2017). **결혼과 가족생활**. 서울 : (주)시그마프레스.

고성혜·최연실·성미애(2017). **가족상담 및 치료**. 서울 : Knou Press.

권윤아·김득성(2008). 부부 간 역기능적 의사소통 행동 척도 개발-Gottman의 네 기수(騎手) 개념을 중심으로. **대한가정학회지, 46**(6), 101–113.

기쁘다·성미애(2021). **가족역동과 상담**. 서울 : Knou Press.

김미라(2001). **부부친밀도에 미치는 요인 연구**. 목원대학교 대학원 석사학위논문.

김영애(2004). **인간관계 및 부부관계 개선을 위한 사티어 의사소통 훈련프로그램**. 서울 : 김영애 가족 치료 연구소.

김유숙(2015). **가족치료 이론과 실제**. 서울 : 학지사.

머니투데이(2020.01.26.). 설 명절 지나고 "이혼해"…우리나라만 이럴까?. https://news.mt.co.kr/mtview.php?no=2020012313390094480

박경애(2020). **심리치료와 상담**. 고양 : 공동체.

박미송(2009). **母-子미술치료가 청각장애어머니와 건청아동의 의사소통 증진에 미치는 영향**. 조선대학교 디자인대학원 석사학위논문.

박민지(2006). **부부친밀감에 영향을 미치는 원가족 분화수준과 가족규칙 및 부부의사소통**. 연세대학교 대학원 석사학위논문.

박성호(2001). **부부의 자아존중감, 내적통제성 및 의사소통과 결혼만족도와의 관계**. 서강대학교 대학원 석사학위논문.

(사)한국가족문화원(2009). **새로 본 가족과 한국사회**. 서울 : 경문사.

옥선화·정민자·고선주(2008). **결혼과 가족**. 서울 : 하우.

Olson, D. H., Olson, A., & Larson. P. J. 저, 김덕일·나희수 역(2011). **커플 체크업**. 서울: 학지사.

유영주·김순옥·김경신(2013). **가족관계학**. 파주 : 교문사.

이기숙·고정자·권희경·김득성·김은경·김향은·옥경희(2009). **현대 가족관계론**. 서울 : 파란마음.

이선미·전귀연(2001). 결혼초기 남편과 아내의 부부갈등과 갈등대처방식이 결혼만족도에 미치는 영향. **한국가정관리학회지, 19**(5), 203–220.

이여봉(2008). **가족 안의 사회, 사회 안의 가족**. 파주 : 양서원.

임주현(2002). **행복한 부부, 이혼하는 부부**. 파주 : 문학사상사.

임영란(1992). 한국개신교 교인의 결혼만족도에 관한 연구. 이화여자대학교 대학원 석사학위논문.

위키백과. 결혼이야기. https://ko.wikipedia.org/wiki/%EA%B2%B0%ED%98%BC_%EC%9D%B4%EC%95%BC%EA%B8%B0_(2019%EB%85%84_%EC%98%81%ED%99%94)

위키백과. 공감. https://ko.wikipedia.org/wiki/%EA%B3%B5%EA%B0%90

정신의학신문(2020.09.10.). 배우자의 모습을 조각하다 「미켈란젤로 효과」. http://www.psychiatricnews.net/news/articleView.html?idxno=21583

정현숙(2016). **가족생활교육**. 서울 : 신정.

정현숙·성미애·기쁘다(2020). **가족관계**. 서울 : Knou Press.

조유리(2000). 부부갈등 및 갈등대처행동과 결혼만족도. 전남대학교 대학원 석사학위논문.

Gottman, J. M., & Silver, N. 저, 최성애 역(2014). **가트맨의 부부 감정 치유**. 서울: (주)을유문화사.

Gottman, J. M., Gottman, J. S., & Declaire, J. 저, 정준희 역(2007). **부부를 위한 사랑의 기술**. 서울: 해냄.

최규련(1995). 가족체계의 기능성, 부부간 갈등 및 대처방안과 부부의 심리적 적응과의 관계. **대한가정학회지, 33**(6), 99-113.

최규련(2007). **가족관계론**. 고양 : 공동체.

최규련(2012). **가족대화법**. 서울 : 신정.

최외선·현은민·전귀연·이기숙·김득성·손난주·구순주·배기주·홍상욱·박혜인·최보가(2008). **결혼과 가족**. 대구 : 정림사.

Calvin, C. M., & Cromwell, B. J. 저, 서동인·원료종·노영주 역(1988). **가족관계와 의사소통: 응집성과 변화(제2판)**. 서울: 까치.

통계청(2021). 2020년 혼인, 이혼 통계 보도자료.

통계청(2020). 여성가족패널조사.

Field, D. 저, 이종록 역(1991). **결혼의 일곱 가지 얼굴**. 서울: 두란노 서원.

현경자(2005). 결혼의 질과 안정을 저해하는 부부갈등 영역 : 성별에 따른 유사점과 차이점. **정신건강과 사회복지, 21**, 158-193.

Bahr, S. J.(1989). *Family interaction*. New York : McGraw-Hill.

Benoit, W. L., & Cahn, D. D.(1994). A communication approach to everyday argument. In D.D. Chan (Ed.), *Conflict in personal relationships*, (163-182). Hillsdale, NJ : Lawrence Erlbaum.

Burgess, E. W., & Locke, H. J.(1945). *The family : From institution to companionship*. American Book Co.

Chodoff, P., Friedman, S. B., & Hamburg, D. A.(1964). Stress, defenses and coping behavior: Observations in parents of children with malignant disease. *American Journal of Psychiatry, 120*(8), 743-749.

Colman, R. A., & Widom, C. S.(2004). Childhood abuse and neglect and adult intimate relationships : A prospective study. *Child Abuse and Neglect, 28*(11), 133-1151.

Cuber, J. F., & Harroff, P. B.(1971). *Five types of marriage*. Family in transition.

Deutch, M.(1969). Conflict : Productive and destructive. *Journal of Social Issues, 25*, 7-41.

Gottman, J. M.(1995). *Why marriages succeed or fail and how you can make yours work*. New York: Simon and Schuster.

Gottman, J. M., & Levenson, R. W.(1988). The social psychophysiology of marriage. In P. Noller & M. A. Fitzpatrick(Eds.), *Perspectives on marital interaction*(pp. 182-200). Philadelphia : Multilingual Master.

Hawkins, J. L., Weisberg, C., & Ray, D. L.(1977). Marital communication style and social class. *Journal of Marriage and the Family*, 479-490.

Jacobson, N. S., & Margolin, G.(1979). *Marital therapy : Strategies based on social learning and behavior enhancing principles*. N.Y. : Brenner.

Lewis, R. A., & Spanier, G. B.(1979). Theorizing about the quality and stability of marriage. *Contemporary Theories about the Family, 1*, 269-273.

Markman, H.(1981). Prediction of marital distress : A five-year follow-up. *Journal of Consulting and Clinical Psychology, 49*, 760-761.

Notarius, C., & Markman, H.(1994). *We can work it out : Making sense of marital conflict*. New York : Putnam.

Olson, D. H., Olson, A. K., & Larson, P. J.(2012). Prepare-enrich program: Overview and new discoveries about couples. *Journal of Family & Community Ministries, 25*, 30-44.

Paolucci, B., Hall, O. A., & Axinn, N. W.(1977). *Family decision making : An ecosystem approach*. JohnWiley & Sons.

Satir, V.(1967). *Conjoint family therapy*. Palo Alto, CA : Science and Behavior Books.

Skolnick, A.(1979). *The intimate environment : Exploring marriage and the family(2nd ed.)*. Boston : Lottle, Brown and the Company.

Spanier, G. B., & Cole, C. L.(1974). Toward clarification and investigation of marital adjustment. *Revision of a paper presented at the National Council on Family relations*, Toronto. October.

Ting-Toomey, S.(1983). An analysis of verbal communication patterns in high and low marital adjustment groups. *Human Communications Research, 9*(4), 306-319.

10장

강혜원·한경혜(2005). 부정적 가족 생활사건, 배우자 지지와 정신건강: 성별차이를 중심으로. **대한가정학회지, 43**(8), 5-68.

기쁘다·성미애(2021). **가족역동과 상담**. 서울: Knou Press.

김경민·한경혜(2004). 중년기 남녀의 가족 생활사건 경험이 심리적 복지감에 미치는 영향. **한국노년학, 24**(3), 21-230.

김미옥(2000). **장애아동가족의 적응과 아동의 사회적 능력에 관한 연구 : 가족탄력성 효과를 중심으로**. 이화여자대학교 대학원 박사학위논문.

김안자(2009). 가족레질리언스가 가족 건강성에 미치는 영향. **한국가족복지학, 27**, 73-101.

김유숙(2010). **가족상담**. 서울 : 학지사.

김익균(2008). **가족관계학**. 파주 : 교육과학사.

매일경제(2016.02.18.). 부부간 권력 격차가 큰 결혼은 유지되기 힘들다. https://www.mk.co.kr/opinion/
columnists/view/2016/02/131388/

박범신(2005). **남자들, 쓸쓸하다**. 파주 : 푸른숲.

박현선(1998). **빈곤 청소년의 학교 적응 유연성**. 서울대학교 대학원 박사학위논문.

서해정·민소영·안태윤·이사라(2011). **경기도 위기가정 생활실태 및 지원방안 연구**. (재)경기도가족여성연구원.

신병식(2009). 라캉 정신분석과 권력 개념 : 초자아와 권력의 양면성. **현대정신분석, 11**(2), 87-110.

심재철·박태영(2018). 가족의 권력구조가 아동학대에 미치는 영향에 대한 사례연구. **한국사회복지학회 학술
대회 자료집**, 598-614.

옥선화·정민자·고선주(2008). **결혼과 가족**. 서울 : 하우.

Walsh, F. 저, 양옥경·김미옥·최명민 역(2001). **가족과 레질리언스**. 서울 : 나남.

유영주·김순옥·김경신(2013). **가족관계학**. 파주 : 교문사.

이기숙·고정자·권희경·김득성·김은경·김향은·옥경희(2009). **현대 가족관계론**. 서울 : 파란마음.

이여봉(2008). **가족 안의 사회, 사회 안의 가족**. 파주 : 양서원.

정현숙·성미애·기쁘다(2020). **가족관계**. 서울 : Knou Press.

조선일보(2021.03.20.). 끊이지 않는 경비원 폭행…몽둥이 폭행·갑질·보복에 경비원은 운다. https://www.
chosun.com/national/national_general/2021/03/20/EH3E2I4SKJFF7FXBUGVRJJPNTI/

Gottman, J. M., Gottman, J. S., & Declaire, J. 저, 정준희 역(2007). **부부를 위한 사랑의 기술**. 서울: 해냄.

한국경제(2021.03.16.). 코로나發 이혼 상담 급증했다…"잠재된 문제 봇물 터져". https://www.hankyung.
com/society/article/202103166615i

헤럴드경제(2021.03.08.). 한국여성의전화 "작년 3만9000건 상담…가정폭력 40%로 증가". http://news.
heraldcorp.com/view.php?ud=20210308000651

Alford, R. R., & Friedland, R.(1985). *Theory of power*. London : Cambridge University Press.

Angell, R. C.(1936). *The family encounters the depression*. New York : Charles Scribner and Sons.

Blood Jr, R. O., & Wolfe, D. M.(1960). *Husbands and wives*. New York : The Free Press.

Boss, P. G.(1988). *Family stress management*. California : Sage Publications.

Boss, P. G.(2006). *Loss, trauma, and resilience : Therapeutic work with ambiguous Loss*. New
York : W. W. Norton and Company.

Carter, E. A., & McGoldrick, M.(1980). *The family life cycle : A framework for family therapy*. New
York: Gardner Press.

Chang, H.(2016). Marital power dynamics and well-being of marriage migrants. *Journal of Family
Issues, 37*(14) : 1994-2020.

Cromwell, R. E., & Olson, D. H.(1975). Multidisciplinary perspectives of power. *Power in families*,

15–37.

Danielson, C. B., Hamel-Bissell, B. H., & Winstead-Fry, P. W.(1993). *Families, health & illness : Perspectives on coping and intervention*. St. Louise : Mosby-year Book, Inc.

Hawley, D. R., & DeHaan, L.(1996). Toward a definition of family resilience: Integrating life-span and family perspectives. *Family Process, 35*(3), 283–298.

Hill, R.(1949). *Families under stress : Adjustment to the crises of war separation and reunion*. New York, Harper & Brothers.

Holmes, R. S., & Rahe, R.(1967). The social readjustment rating scale. *Journal of Psychosomatic Research, 11*, 213–218.

Lamanna, M. A., & Riedman, A.(1991). *Marriages and families*. California : Wadsworth Publishing Co.

LeBaron, C. D., Miller, R. B., & Yorgason, J. B.(2014). A longitudinal examination of women's perceptions of marital power and marital happiness in midlife marriages. *Journal of Couple & Relationship Therapy, 13*(2) : 93–113.

Luthar, S., Cicchetti, D., & Becker, R(2000). The construct of resilience : A critical evaluation and guidelines for future work. *Child Development. 71*, 43–562.

McCubbin, H. I., Comeau, J., & Harkins, J.(1981). Family inventory of resources for manegement. In McCubbin, H. I., Thomson, A. I., & McCubbin, M. A. (1996). *Family assessment : Resiliency, coping and adaptation-inventories for research and practice*. Madison, University of Wisconsin Publishers.

McCubbin, H. I., & McCubbin, M. A.(1988). Typologies of resilient families : Emerging roles of social class and ethnicity. *Family Relations*, 247–254.

McCubbin, H. I., & Patterson, J. M.(1983). The family stress process : The double ABCX model of adjustment and adaptation. *Marriage & Family Review, 6*(1–2), 7–37.

McCubbin, H. I., Thompson, A. I., & McCubbin, M. A.(1996). Family inventory of life events and changes(FILE). In H. I. McCubbin, A. I. Thompson,, & M. A. McCubbin. *Family assessment : Resiliency, coping and adaption-inventories for research and practice*. 725–752. Madison : University of Wisconsin System.

Olson, D. H., & Cromwell, R. E.(1975). *Power in families*. New York : Halsted Press.

Reynolds, J. R., & Turner, R. J(2008). Major life events : Their personal meaning, resolution, and mental health signifcance. *Journal of Health and Social Behavior, 49*, 223–237.

Sanchez Bravo, C., & Hernandez Silva, R. M.(2018). Marital satisfaction and power management in couples: Preventive health. *Revista Argentina De Clinica Psicologica, 27*(1), 72–82.

Sprey, J.(1975). Family power and process : To ward a conceptual integration. In R. E. Cromwell & D. H. Olson (Eds.) *Power in families*. New York : Halsted Press.

Straus, M. A.(1964). Power and support structure of the family in relation to socialization. *Journal of Marriage and the Family*, 318–326.

Szinovacz, M.(1987). Family power. In *Handbook of marriage and the family*, edited by M. Sussman and S. Steinmetz. New York : Plenum Press.

Thoits, P. A.(1995). Stress, coping, and social support processes : Where are we? What next?. *Journal of Health and Social Behavior*, 53-79.

Walsh, F.(1998). Beliefs, spirituality, and transcendence : Keys to family resilience. In M. McGoldrick (Ed.), *Re-visioning family therapy : Race, culture, and gender in clinical practice*(p. 62-77). The Guilford Press.

Walsh, F.(2006). *Strengthening family resilience(2nd ed.)*. New York : Guilford.

Walsh, F.(2015). *Strengthening family resilience(3rd ed.)*. New York : Guilford.

Winter, W. D., Ferreira, A. J., & Bowers, N.(1973). Decision-making in married and unrelated couples. *Family Process, 12*(1), 83-94.

Wolfe, D. M.(1959). Power and authority in the family. *Studies in Social Power, 6*, 99.

11장

국민일보(2018.05.08.). TV 속 '아버지'…가부장은 옛말, 아내 눈치보며 자녀에 올인. http://news.kmib.co.kr/article/view.asp?arcid=0923945428&code=11131100&cp=nv

김익균(2008). **가족관계학**. 파주 : 교육과학사.

김현식·정미옥·백지선(2017). 자녀 출산이 삶의 만족도에 미치는 영향에 관한 일 연구. **조사연구, 8**(3), 23-46.

네이버. 큰 엄마의 미친 봉고. https://movie.naver.com/movie/bi/mi/basic.nhn?code=196369

네이버국어사전. 성유형화. https://ko.dict.naver.com/#/entry/koko/a1913ddd193243138be23e15e326b273

네이버 사회학사전. 성역할. https://terms.naver.com/entry.nhn?docId=1520822&cid=42121&categoryId=42121

네이버 지식백과. 교육심리학용어사전. 성역할 정체감. https://terms.naver.com/entry.nhn?docId=1944084&cid=41989&categoryId=41989

네이버 지식백과. 두산백과. 아니마/아니무스. https://terms.naver.com/entry.naver?docId=3434495&cid=40942&categoryId=31606

네이버 지식백과. 사회복지학사전. 가족역할. https://terms.naver.com/entry.naver?docId=468430&cid=42120&categoryId=42120

네이버 지식백과. 심리학용어사전. 성역할고정관념. https://terms.naver.com/entry.nhn?docId=2094184&cid=41991&categoryId=41991

네이버 지식사전. 심리학용어사전. 양성성. https://terms.naver.com/entry.naver?docId=2094185&cid=41991&categoryId=41991

보건복지부(2019). 2018년 보육실태조사.

서울경제(2019.06.24.). 국민 70% '남편 돈벌고 아내 가정 돌보는' 전통적 성역할 "동의 못해". https://www.sedaily.com/NewsView/1VKJISNKGN

세계일보(2019.10.14.). "소득 낮고 자녀 어릴수록 워라밸 불균형". http://www.segye.com/newsView/2019

1013509201?OutUrl=naver

옥선화·정민자·고선주(2008). **결혼과 가족**. 서울 : 하우.

옥선화·장경섭·최연실·성미애·진미정·이재림·강은영(2011). **가족정책기초연구**. 여성가족부 정책보고서.

유영주·김순옥·김경신(2013). **가족관계학**. 파주 : 교문사.

이기숙·고정자·권희경·김득성·김은경·김향은·옥경희(2009). **현대 가족관계론**. 서울 : 파란마음.

위키백과. 82년생 김지영. https://ko.wikipedia.org/wiki/82%EB%85%84%EC%83%9D_%EA%B9%80%EC%A7%80%EC%98%81_(%EC%98%81%ED%99%94)

정현숙·성미애·기쁘다(2020). **가족관계**. 서울 : Knou Press.

최외선·현은민·전귀연·이기숙·김득성·손난주·구순주·배기주·홍상욱·박혜인·최보가(2008). **결혼과 가족**. 대구 : 정림사.

통계청(2019). 일가정양립지표 배포용.

통계청(2020). 2019년 생활시간조사 결과 보도자료.

한경혜·성미애·진미정(2020). **가족발달**. 서울 : Knou Press.

Bem, S. L.(1974). The measurement of psychological androgyny. *Journal of Consulting and Clinical Psychology, 42*(2), 155-162.

Hurlock, E. B.(1983). *Child development*. McGraw-Hill Kogakrsha. Ltd.

KBS NEWS(2019.05.26.). "새로운 남성성을 제시했다"⋯해외 석학이 바라본 'BTS 현상'. http://news.kbs.co.kr/news/view.do?ncd=4270437&ref=A

Schafer, R. B., & Keith, P. M.(1980). Equity and depression among married couples. *Social Psychology Quarterly*, 430-435.

Whitley, B. E.(1983). Sex role orientation and self-esteem: A critical meta-analytic review. *Journal of Personality and Social Psychology, 44*(4), 765.

Wiersma, U. J., & Van den Berg, P.(1991). Work-home role conflict, family climate, and domestic responsibilities among men and women in dual-earner families 1. *Journal of Applied Social Psychology, 21*(15), 1207-1217.

12장

구본용(2012). 청소년의 자아효능감과 학교적응관계에서 부모, 교사, 또래관계의 매개효과. **청소년학연구, 19**(3), 347-373.

김미영(2015). 에릭슨의 심리사회 발달적 인간 고찰. **사회복지경영연구, 2**(2), 27-42.

김신정·김영희(2007). 부모의 양육태도에 대한 고찰. **부모자녀건강학회지, 10**(2), 172-181.

김유리·안도희(2016). 가정의 심리적 환경이 청소년들의 인지적 융통성과 공감에 미치는 영향. **열린교육연구, 24**(3), 1-19.

김유숙(2015). **가족치료 이론과 실제**. 서울 : 학지사.

김은지·송효진·배호중·최진희·성경·황정미·김영미·박은정(2020). **저출산 대응정책 패러다임 전환연구(II) : 저출산 대응 담론의 재구성**. 한국여성정책연구원.

네이버 지식백과. 두산백과. 딩크족. https://terms.naver.com/entry.naver?docId=1167808&cid=40942&categoryId=31614

네이버 지식백과. 두산백과. 빈 둥지 증후군. https://terms.naver.com/entry.naver?docId=2118638&cid=41991&categoryId=41991

네이버 지식백과. 두산백과. 싱커족. https://terms.naver.com/entry.naver?docId=1235055&cid=40942&categoryId=31631

네이버 지식백과. 매일경제 용어사전. 헬리콥터부모. https://terms.naver.com/entry.naver?docId=17843&cid=43659&categoryId=43659

네이버 지식백과. 상담학사전. 자발적 무자녀 가족. https://terms.naver.com/entry.naver?docId=5674050&cid=62841&categoryId=62841

네이버 지식백과. 시사상식사전. 싱크족. https://terms.naver.com/entry.naver?docId=2180454&cid=43667&categoryId=43667

네이버지식백과. 트렌드지식사전. 빨대족. https://terms.naver.com/entry.naver?docId=2070446&cid=55570&categoryId=55570

네이버 지식백과. 한경 경제용어사전. 부메랑 세대. https://terms.naver.com/entry.naver?docId=2118006&cid=42107&categoryId=42107

네이버 지식백과. 한경 경제용어사전. 캥거루족. https://terms.naver.com/entry.naver?docId=2079901&cid=42107&categoryId=42107

문무경·조숙인·김정민(2016). 한국인의 부모됨 인식과 자녀양육관 연구. 육아정책연구소.

박경옥(2005). 청소년이 지각한 부모의 양육 태도가 학교 폭력에 미치는 영향에 관한 연구. 상지대학교 대학원 석사학위논문.

박성연·김상희·김지신·박응임·전은다·임희수(2017). 부모교육. 파주 : 교육과학사.

박영애(2013). 출산의지에 미치는 영향요인 연구. 한성대학교 박사학위논문.

박현주(2006). 기혼여성의 출산의도에 영향을 미치는 요인에 관한 연구. 가톨릭대학교 석사학위논문.

(사)한국가족문화원(2009). 새로 본 가족과 한국사회. 서울 : 경문사.

서석원·이대균(2014). 아버지의 양육참여가 아동의 사회성 발달에 미치는 영향: 어머니 양육스트레스의 매개효과. 열린유아교육연구, 19(2). 157-178.

아시아경제(2020.02.08.). "우리 아이 출석했는지 알려주세요" 대학가 '헬리콥터 맘·대디' 극성. https://view.asiae.co.kr/article/2020050714553950273

아빠육아지원(아빠넷). 아빠에게 아이를 맡겨야 하는 이유. http://worklife.kr/website/index/m5/reason_effect.asp

엄행철·조성연(2007). 대학생의 부모되의 동기와 부모됨의 의미 간의 자아존중감과 감정이입의 매개효과 검증. 한국지역사회생활과학지, 18(4), 555-567.

여성가족부(2017). 부모교육 매뉴얼.

여성가족부(2018). 자녀연령별 육아정보. http://http://www.mogef.go.kr/kps/olb/kps_olb_s001d.do;jsessionid=fVpunHJKwuH7DlIYuYh+-FUc.mogef20?mid=mda753&div1=&cd=kps&bbtSn=706540

유계숙·정현숙(2002). 부모됨의 의미와 동기에 대한 청년의 인식. **한국가정관리학회지, 20**(3). 39-47.

유영주·김순옥·김경신(2013). **가족관계학.** 파주 : 교문사.

유인숙·유영달(2006). 대상관계이론에 따른 예비부모교육프로그램이 자존감 및 부모자질에 미치는 영향. 한
국가족관계학회지, 1(3), 253-281.

유희정(2003). 부모자녀관계. 여성한국사회연구소(편), **가족과 한국사회 : 변화하는 한국가족의 삶 읽기.** 서
울 : 경문사.

이기숙·고정자·권희경·김득성·김은경·김향은·옥경희(2009). **현대 가족관계론.** 서울 : 파란마음.

이여봉(2008). **가족 안의 사회, 사회 안의 가족.** 파주 : 양서원.

이연숙·김하늬·이정우(2016). 남녀 대학생의 가족가치관 유형에 따른 자녀출산에 대한 인식. **한국가족자원
경영학회지, 20**(1), 109-140.

이영미·민하영·이윤주(2005). 부모간 갈등과 부모자녀간 의사소통에 따른 후기 청소년의 심리, 사회적 적
응. **한국가정관리학회지, 23**(5), 53-62.

이진숙(2004). 청소년 자녀가 지각한 부모의 부부관계 및 부모에 대한 애착과 학교적응의 관계. **한국가정관
리학회지, 22**(3), 47-61.

이현아(2014). **아버지도 두 마리의 토끼를 잡고 싶다.** (사)가정을건강하게하는시민의모임 주최 2014년 5월 가
족정책포럼 기조강연 자료집.

임선아(2013). 민주적 부모양육태도가 아동의 자기조절학습능력, 자존감, 학교적응에 미치는 구조모형 비교 :
저소득층 아동과 비저소득층 아동. **교육심리연구, 27**(1), 125-142.

임정하(2006). 한국적 부모 양육행동과 청소년의 발달특성과의 관계-청소년의 자아존중감과 사회적 책임감
을 중심으로-. **한국 인간발달학회지, 13**(1), 135-151.

연합뉴스(2020.03.10.). 사교육비 10년만에 최대⋯학생당 월평균 '30만원' 첫 돌파. https://www.yna.co.kr/
view/AKR20200310054300004?input=1195m

연합뉴스(2019.05.27.). "중장년층 10명 중 4명꼴 미혼자녀·노부모 이중부양". https://www.yna.co.kr/view/
AKR20190526054500017?input=1195m

장휘숙(2006). **전생애 발달심리학.** 서울 : 박영사.

정계숙·문혁준·김명애·김혜금·신희이·심희옥·안효진·양성은·이희선·정태회·제경숙·한세영(2012). **부모
교육.** 서울 : 창지사.

정순화(2017). **부모되기, 생각을 담다.** 서울 : 학지사.

정현숙·성미애·기쁘다(2020). **가족관계.** 서울: Knou Press.

정현숙·옥선화(2015). **가족관계.** 서울: Knou Press.

조성연·이정희·천희영·심미경·황혜정·나종혜(2005). **아동발달의 이해.** 서울 : 신정.

존 가트맨·최성애·조벽(2011). **내 아이를 위한 감정코칭.** 서울 : 한국경제신문사(한경비피).

최규련(2007). **가족관계론.** 서울 : 공동체.

최규련(2012). **가족대화법.** 서울 : 신정.

최영미·박윤환(2019). 결혼 및 울산에 대한 인식변화 분석과 저출산 원인의 유형화. **시민인문학, 36,** 101-137.

최외선·현은민·전귀연·이기숙·김득성·손난주·구순주·배기주·홍상욱·박혜인·최보가(2008). **결혼과 가**

족. 대구 : 정림사.

통계청(2019). 일가정양립지표 배포용.

통계청(2021a). 2021년 고령자 통계 보도자료.

통계청(2021b). 고용노동부 보도자료.

통계청(2021c). 2020년 출생 통계 보도자료.

통계청(2021d). 혼인, 이혼 통계 보도자료.

한겨레(2020.10.25.). 30대 남성의 '무자녀' 선택기…우린 아이를 갖지 않기로 했다. http://www.hani.co.kr/arti/society/society_general/967080.html#csidx624ecf0c1042a929d2353666655cc23

한현아(2000). **아버지의 놀이참여형태에 따른 유아의 사회성 발달 수준**. 우석대학교 일반대학원 석사학위논문.

Baumrind, D.(1971). Current patterns of parental authority. *Developmental Monographs, 4*(1), 1–103.

Baumrind, D.(1991). Parenting styles and adolescent development. in R. M. Lerner. A. C. Peterson and J. Brooks–Gunn (Eds.), *Encyclopedia of adolescence*. New York : Garland.

Brooks, J.(1991). *The process of parenting(3rd ed.)*. Palo Alto, CA : Mayfield.

Erikson, E. H.(1963). *Childhood and society(2nd ed.)*. New York : Norton.

Fernández, R., & Fogli, A.(2005). *Fertility : The role of culture and family experience*. NYC Working Paper, 1–12.

Grolnick, W. S., & Slowiaczek, M. L.(1994). Parents' involvementin children's schooling : A multidimensional conceptualization and motivational model. *Child Development, 64*, 237–252.

Lamb, M. E.(2002). Infant–father attachments and their impact on child development. In C. S. Tamis–LeMonda & N. Cabrera(Eds.), *Handbook of father involvement : Multicultural perspectives*(pp. 93–117), Mahwah, NJ : Lawrence Erlbaum.

Le Masters, E. E., & DeFrain, J.(1980). *Parents in contemporary America : A sympathetic view(5th eds.)*. CA: Wadsworth Publishing Company.

Morrison, G. S.(1978). *Parent involvement in the home, school, and community*. Columbus, Ohio : Charles. E. Merrill. pp. 22–23.

Newman, B., & Newman, P.(1995). *Development through life : A psychosocial approach(6th ed.)*. Brooks/Cole Publishing Company.

Olson, D. H., & Olson, A. K. 저, 21세기 가족문화연구소 역(2013). **건강한 부부관계 만들기**. 파주 : 양서원.

Schaefer, E. S. (1959). A circumplex model for maternal behavior. *Journal of Abnormal and Social Psychology, 59*, 226–384.

Silverstein, M., Conroy, S. J., Wang, H., Giarrusso, R., & Bengtson, V. L.(2002). Reciprocity in parent–child relations over the adult life course. *The Journals of Gerontology Series B : Psychological Sciences and Social Sciences, 57*(1), S3–S13.

Trommsdorff, G., Kim, U. & Nauck, B.(2005). Factors influencing value of children and intergenerational relations in times of social change : Analyses from psychological and socio–cultural perspectives : Introduction to the special issue. *Applied Psychology : An International Review, 54*(3), 313–316.

Veevers, J. E.(1973). The social meaning of parenthood. *Psychiatry, 36*, 291-310.

13장

경향신문(2021.04.05.). 사유리와 정상가족신화. www.khan.co.kr/opinion/column/article/2021040503000
05#csidx8e05686e1b36ab3a2cdcaaff5091a07

김순기 · 노명숙 · 박지현 · 배선희 · 송말희 · 송현애 · 오윤자 · 이영자 · 전보영 · 최희진 · 한상금(2021). **가족생활교육**. 파주 : 교문사.

김승권 · 양옥경 · 조애정 · 김유경 · 박세경 · 김미화(2004). **다양한 가족 출현과 사회적 지원체계 구축방안**. 한국
보건사회연구원

네이버 국어사전. 이혼. https://ko.dict.naver.com/#/entry/koko/7d794a07f9b84154bd814f90ef58bb3c

매일경제(2014.12.06.). 재혼한 부부의 이혼율 높아 심각한 사회문제. https://www.mk.co.kr/news/culture/
view/2014/12/1532886/

손서희(2013). 이혼한 어머니의 경험을 통해 본 비양육 아버지의 부모역할 수행과 공동부모역할 형성. Family
and Environment Research. **51**(4), 439-454.

송영신(2015). 여성 노인 1인가구의 실태 및 정책적 개선방안. **이화젠더법학. 7**(2). 33-72.

양육비이행관리원. www.childsupport.or.kr.

여성가족부(2007). 조손가족 실태조사 및 지원방안 연구.

여성가족부(2018). 한부모가족실태조사.

여성가족부(2019). 2018년 전국다문화가족실태조사 연구.

여성가족부(2020). 가족 다양성에 대한 국민 여론조사 결과.

여성가족부(2021). 제4차 가족실태조사.

유영주 · 김순기 · 노명숙 · 박지현 · 배선희 · 송말희 · 송현애 · 이영자 · 한상금(2020). **변화하는 사회의 가족학**. 파
주 : 교문사.

이건정(2013). 여성체육활동이 사회적 가족형성에 미치는 영향. **한국여성체육학회 학술세미나자료집. 39-47.**

이경미 · 민윤경(2018). 공동생산(co-production)에 기반한 공동체 주택의 의미에 대한 탐색. **한국지역사회
복지학, 66**, 165-200.

이소영 · 옥선화(2002). 자녀의 정서적 지원과 모-자녀간 의사소통 특성 지각에 따른 저소득층 여성가장의
생활만족도 및 우울감. **대한가정학회지, 40**(7), 53-68.

이여봉(2017). **가족 안의 사회 사회 안의 가족**. 서울 : 양서원.

장혜경 · 송다명 · 김영란 · 김정훈(2001). **여성한부모를 위한 사회적 지원방안**. 여성가족부 발간자료.

전보영(2010). **조손가족의 가족기능 향상을 위한 가족생활교육 프로그램의 개발 및 효과성 연구**. 성균관대학
교 대학원 석사학위논문.

전보영 · 조희선(2016). 부모의 이혼을 경험한 30-40대 기혼여성의 생애사 연구. **한국가정관리학회지, 34**(4),
51-75.

정인 · 오상엽(2020). **한국1인가구보고서**. KB 금융지주 경영연구소 1인가구 연구센터.

조선일보(2019.06.05.). 황혼이혼 6.6배 늘고, 황혼결혼 3.3배 늘었다. https://www.chosun.com/site/data/

html_dir/2019/06/05/2019060500280.html

조희선·전보영(2013). 생애사를 통해 본 이혼 한부모 여성가장의 삶의 적응. **한국가족관계학회지, 18**(3), 179-206.

최연실·성미애·이재림(2014). 한국 무자녀 부부의 초상 I: 무자녀 유형에 따른 심리적 복지, 부부관계 및 자녀에 대한 태도. **가족과 문화, 26**(1), 40-71.

찾기쉬운 생활법령정보. 재판상 이혼 사유. .https://easylaw.go.kr/CSP/CnpClsMain.laf?csmSeq=233& ccfNo=2&cciNo=1&cnpClsNo=1

통계청(2017). 인구동향조사.

통계청(2020). 2020년 사회조사.

통계청(2021). 2020년 혼인·이혼 통계.

한경혜·성미애·진미정(2020). **가족발달**. 서울 : Knou Press.

한경혜·손정연(2012). 베이비붐 세대의 은퇴 과정, 경제적·관계적 자원과 심리적 복지감 : 남녀차이를 중심으로. **한국가족복지학, 38**, 291-330.

한국일보(2018.1.16.). 탈출구 안보이는 가난·질병·세대갈등···多중고 신음하는 조손가족. https://www. hankookilbo.com/News/Read/201810151323346675

한국가족상담교육단체협의회(2013). **다문화가족에 관한 인식조사 발표 및 사회통합을 위한 심포지엄 자료집**.

한국건강가정진흥원(2013). **혼자서도 행복하게 자녀키우기**.

현은민(2003). 재혼가족의 아동 : 가족적·사회적 측면에서 경험하는 문제와 대책 고찰. **한국가족관계학회지, 8**(2), 101-225.

Bohannan, P.(1970). The six stations of divorce. In P. Bohannon (Ed.), *Divorce and after : An analysis of the emotional and social problems of divorce*. Garden City, NY : Anchor.

Burr, W. R., Day, R. D., & Bahr, K. S.(1993). *Family science*. Brooks/Cole Publishing Company.

MBC 뉴스(2021.12.23.). 대법 "아이에게 더 이익이 된다면 조부모가 손자녀 입양 가능". https://imnews. imbc.com/news/2021/society/article/6326535_34873.html

Shera, W., & Wells, L. M.(1999). Empowerment practice in social work : Developing richer conceptual foundations. 이경아·박정임·김민석·서홍란·하경희·이금진·유명이·강미경 공역 (2004). **사회복지에서의 역량강화 실천**. 서울: 양서원.

저자 소개

전보영

성균관대학교 철학박사(가족학 전공)
한국가족상담교육연구소 소장
한마루 커플&가족 상담교육센터 센터장
덕성여자대학교, 성균관대학교, 세종대학교, 한국방송통신대학교, 한성대학교, 한양여자대학교 강사
서울가족학교 예비·신혼부부교실 강사

빈보경

성균관대학교 박사수료(가족학 전공)
한국방송통신대학교 출강
가족생활교육 프로그램 개발 및 강의

최여진

성균관대학교 철학박사(가족학 전공)
마포구가족센터 센터장
한국방송통신대학교 외 다수 출강

행복한 삶을 위한 **가족의 이해**

2022년 2월 28일 초판 1쇄 펴냄

지은이 전보영·빈보경·최여진
펴낸이 류원식   **펴낸곳 교문사**
편집팀장 김경수   **본문편집** 김남권
표지디자인 신나리

주소 (10881)경기도 파주시 문발로 116
전화 031-955-6111
팩스 031-955-0955
홈페이지 www.gyomoon.com
E-mail genie@gyomoon.com
등록 1968. 10. 28. 제406-2006-000035호
ISBN 978-89-363-2299-1 (93590)
값 19,600원